ALLE ZEIT WACH
1842

18. Hämophilie-Symposion

Hamburg 1987

Herausgeber: G. Landbeck, R. Marx

Verhandlungsberichte:

Ärztliche Versorgung HIV-1-infizierter Hämophiler:
Verlauf der HIV-1-Infektion und Verhütung bedrohlicher Folgekrankheiten

Freie Vorträge zur Diagnostik und Behandlung angeborener und erworbener Blutungskrankheiten

Wissenschaftliche Leitung:

Prof. Dr. G. Landbeck, Hamburg
Prof. Dr. R. Marx, München

Moderatoren:

H. Beeser, Freiburg; L. Bergmann, Frankfurt; R. Brodt, Frankfurt; H. Egli, Bonn; M. Eibl, Wien; F.-D. Goebel, München; R. Kurth, Frankfurt; G. Landbeck, Hamburg; K. Lechner, Wien; R. Marx, München; H. Niessner, Wiener Neustadt; H. Rasche, Bremen; I. Scharrer, Frankfurt; K. Schimpf, Heidelberg; W. Schramm, München; H. Vinazzer Linz; E. Wenzel, Homburg/Saar; A. Werner, Frankfurt

Springer-Verlag
Berlin Heidelberg New York
London Paris Tokyo

Prof. Dr. med. G. Landbeck
Abteilung Hämatologie und Onkologie
Universität-Kinderklinik
Martinistraße 52
2000 Hamburg 20

Prof. Dr. med. R. Marx
8000 München

ISBN-13: 978-3-540-19154-4 e-ISBN-13: 978-3-642-73589-9

DOI: 10.1007/978-3-642-73589-9

CIP-Titelaufnahme der Deutschen Bibliothek

Hämophilie-Symposion:
Verhandlungsbericht / ... Hämophilie-Symposion. – Berlin ;
Heidelberg ; New York ; London ; Paris ; Tokyo : Springer.
Teilw. u.d.T.: Verhandlungsberichte / ... Hämophilie-Symposion
11 u.d.T.: Hämophilie-Symposion: ... Hämophilie-Symposion
NE: Hämophilie-Symposion: Verhandlungsberichte
18. Hamburg 1987. – 1988

Gesamtverarbeitung: Druckhaus Beltz, Hemsbach/Bergstraße
2127/3140/543210 – gedruckt auf säurefreiem Papier

Inhaltsverzeichnis

2. Informationen zum Stand der HIV-1-Impfstoffentwicklung

3. Risikoorientierte Verlaufsdiagnostik der HIV-1-Infektion

4. Verhütung bedrohlicher Folgekrankheiten der HIV-1-Infektion

5. *Interventionstherapie der HIV-1-Infektion*

6. *Substitutionstherapie HIV-1-infizierter Hämophiler mit Gerinnungsfaktorenkonzentraten*

II. Freie Vorträge zur Diagnostik und Behandlung angeborener und erworbener Blutungskrankheiten (ausgenommen HIV-1-Infektion)

Teilnehmerverzeichnis

Dr. K. Ackermann
Klinik und Poliklinik für Kieferchirurgie, Klinikum der Ludwig-Maximilian-Universität, München

Dr. K. Anderle
Immuno AG, Wien/Österreich

Dr. P. Arends
Güssing/Österreich

Prof. Dr. F. Asbeck
I. Medizinische Klinik, Städtisches Krankenhaus, Kiel

Frau Dr. K. Auberger
Kinderklinik der Universität im Dr. von Hauner'schen Kinderspital, München

Dr. G. Auerswald
Kinderklinik Zentralkrankenhaus St. Jürgen-Straße, Bremen

Dr. W. Baden
Abteilung Neonatologie, Universitätskinderklinik, Tübingen

Prof. Dr. L. Balleisen
Medizinische Klinik, Evangelisches Krankenhaus, Hamm

Prof. Dr. H. Bartels
Abteilung Hämophilie und Blutgerinnung, Poliklinik, Zentrum Innere Medizin, Medizinische Hochschule, Lübeck

Frau Prof. Dr. M. Barthels
Abteilung für Hämatologie und Onkologie, Zentrum Innere Medizin, Medizinische Hochschule, Hannover

Frau Dr. Ch. Beck
Fachärztin für Kinderheilkunde, Berlin

Dr. K.-H. Beck
Abteilung für Angiologie, Zentrum der Inneren Medizin, Klinikum der Johann-Wolfgang-Goethe-Universität, Frankfurt

Prof. Dr. H. Beeser
Zentrale Einrichtung Transfusionsmedizin, Zentrum Innere Medizin, Klinikum der Albert-Ludwigs-Universität, Freiburg

Dr. H.-J. Benz
Abteilung Orthopädie, Südwestdeutsches Rehabilitationszentrum für Kinder und Jugendliche, Neckargemünd

PD Dr. L. Bergmann
Abteilung Hämatologie und Onkologie, Zentrum der Inneren Medizin, Klinikum der Johann-Wolfgang-Goethe-Universität, Frankfurt

PD Dr. J.-H. Beyer
Abteilung Hämatologie und Onkologie, Medizinische Universitätsklinik und Poliklinik, Göttingen

Dr. D. Bock
Abteilung Transfusionsmedizin, Städtische Krankenanstalten, Bielefeld

Dr. P. Boesche
Medizinische Klinik, Klinikzentrum Mitte, Städtische Kliniken, Dortmund

Prof. Dr. D. Böttcher
Innere Abteilung, Krankenhaus Bethsda, Wuppertal

Frau Dr. J. Böttzauw
Medieinsk Afdeling A, Marselisborg Hospital, Aarhus/Dänemark

Dr. E. Bopp
Abteilung Pädiatrie, Städtische Krankenanstalten Süd, Flensburg

Dr. V. Bothe
Kinderklinik und Kinderpoliklinik, Klinikum der Julius-Maximilian-Universität, Würzburg

Dr. H.-H. Brackmann
Institut für Experimentelle Hämatologie und Bluttransfusionswesen der Universität, Bonn-Venusberg

Prof. Dr. C. Breederveld
Academisch Medisch Centrum, Amsterdam/Niederlande

Prof. Dr. W. D. Brittinger
Abteilung Innere Medizin, Südwestdeutsches Rehabilitationszentrum für Kinder und Jugendliche, Neckargemünd

Dr. W. Brockhaus
Abteilung Hämostaseologie, Zentrum für Innere Medizin, Klinikum der Stadt Nürnberg

Dr. H. R. Brodt
Zentrum der Inneren Medizin, Klinikum der Johann-Wolfgang-Goethe-Universität, Frankfurt

Dr. Ch. Brückmann
Kinderklinik der Universität im Dr. von Hauner'schen Kinderspital, München

Prof. Dr. D. Brunswig
Innere Abteilung, Evangelisches Krankenhaus, Bünde

Dr. St. Buchmann
Kinderklinik im Kaiserin-Auguste-Victoria-Haus, Freie Universität Berlin, Klinikum Charlottenburg, Berlin

PD Dr. U. Budde
Bluttransfusionsdienst, Allgemeines Krankenhaus Harburg, Hamburg

Frau Dr. M. Büttner
Fachärztin für Kinderheilkunde, Homburg/Saar

Dr. V. Daniel
Institut für Immunologie und Serologie, Klinikum der Ruprecht-Karls-Universität, Heidelberg

Frau Dr. B. Dietz
München

Prof. Dr. H. Dittrich
Hauptverband der Österreichischen Sozialversicherungsträger, Wien/Österreich

Dr. St. Döhring
Orthopädische Klinik und Poliklinik, Medizinische Einrichtungen der Universität, Düsseldorf

Prof. Dr. F. Dorner
Immuno AG, Wien/Österreich

Dr. J. Dräger
Kinderklinik, Städtisches Klinikum Holwedestraße, Braunschweig

Dr. W. Eberl
Kinderklinik, Städtisches Klinikum Holwedestraße, Braunschweig

Prof. Dr. R. Egbring
Abteilung Hämatologie, Medizinisches Zentrum für Innere Medizin, Klinikum der Philipps-Universität, Marburg

Frau Dr. B. Eggeling
Abteilung Onkologie, Städtische Kliniken, Kassel

Prof. Dr. H. Egli
Institut für Experimentelle Hämatologie und Bluttransfusionswesen der Universität, Bonn-Venusberg

Dr. J. Eibl
Immuno AG, Wien/Österreich

Frau Prof. Dr. M. M. Eibl
Institut für Immunologie der Universität, Wien/Österreich

Frau Dr. B. Eifrig
Abteilung für Blutgerinnungsstörungen, Universitätskrankenhaus Eppendorf, Hamburg

Dr. W. Ertelt
Kinderklinik, Olgahospital, Stuttgart

Dr. H. Faessler
Chiasso/Schweiz

Dr. Ch. Faul
Medizinische Klinik III, Klinikum der Eberhard-Karls-Universität, Tübingen

Dr. P. Felding
Klinisk Kemisk, Copenhagen/Dänemark

Prof. Dr. A. von Felten
Gerinnungslabor, Universitätsspital, Zürich/Schweiz

Dr. S. Fink
Arzt für Kinderheilkunde, Nidau/Schweiz

Prof. Dr. M. Fischer
Zentrallaboratorium, Krankenhaus der Stadt Wien-Lainz, Wien/Österreich

Dr. A. Fritz
Voralberger Gebietskrankenkasse, Dornbirn/Österreich

Dr. H.-U. FURRER
Sarnen/Schweiz

Frau Dr. S. GANDENBERGER
Kinderklinik der Universität im Dr. von Hauner'schen Kinderspital, München

Prof. Dr. H. GASTPAR
HNO-Klinik und Poliklinik, Klinikum der Ludwig-Maximilian-Universität, München

Prof. Dr. E. GEBAUER
Universitäts-Kinderklinik, Novi Sad/Jugoslavien

Dr. P. K. GILDSBERG
Kinderabteilung, Städtische Krankenanstalten, Kliniken Ost und Süd, Flensburg

Prof. Dr. F.-D. GOEBEL
Medizinische Poliklinik der Universität, München

Dr. F. J. GÖBEL
DRK-Kinderklinik, Siegen

Dr. H. GRIENBERGER
Kinderspital und Infektion, Allgemeines Österreichisches Landeskrankenhaus, Salzburg/Österreich

Dr. R. GRUSON
Wolfenbüttel

Dr. M. GSTÖTTNER
Oberösterreichische Gebietskrankenkasse, Linz/Österreich

Frau Dr. V. HACH-WUNDERLE
Abteilung Angiologie, Zentrum der Inneren Medizin, Klinikum der Johann-Wolfgang-Goethe-Universität, Frankfurt

Frau Dr. U. HAMMERSTEIN
Institut für Experimentelle Hämatologie und Bluttransfusionswesen der Universität, Bonn-Venusberg

Dr. W. HARRANT
Wiener Gebietskrankenkasse, Wien/Österreich

Dr. F. HASCHKE
Kinderklinik, Universitätsklinik, Wien/Österreich

Frau Prof. Dr. K. Hasler
Ambulanz, Zentrum Innere Medizin, Klinikum der Albrecht-Ludwigs-Universität, Freiburg

Frau Dr. I. Hauswald-Miles
Institut Regensburg, Blutspendedienst des BRK, Regensburg

Prof. Dr. W. Havers
Kinderklinik, Universitätsklinikum der Gesamthochschule, Essen

PD Dr. P. Hellstern
Institut für Transfusionsmedizin und Immunhämatologie, Klinikum der Stadt Ludwigshafen

Dr. G. Hintz
Abteilung Innere Medizin und Poliklinik, Freie Universität Berlin, Klinikum Charlottenberg, Berlin

Dr. H. Holzhüter
Hämophilie-Zentrum Nordwest, Bremen

Prof. Dr. D. K. Hossfeld
Abteilung Onkologie und Hämatologie, Medizinische Klinik, Universitätskrankenhaus Eppendorf, Hamburg

Dr. L. Hovy
Orthopädische Universitätsklinik Friedrichsheim, Frankfurt

Dr. J. Ingerslev
Centrallaboratoriet, Kommunehospital, Aarhus/Dänemark

Prof. Dr. L. Istvan
Ungarischer Bluttransfusionsdienst, Szombathely/Ungarn

Frau PD Dr. H. Janzarik
Zentrum Innere Medizin, Klinikum der Justus-Liebig-Universität, Gießen

Dr. R. Johs
Kinderklinik, Städtisches Klinikum Holwedestraße, Braunschweig

Dr. H. Kabisch
Abteilung für Hämatologie und Onkologie, Universitäts-Kinderklinik, Hamburg

Dr. A. Kaeser
Immuno GmbH, Heidelberg

Dr. B. Kamps
Institut für Experimentelle Hämatologie und Bluttransfusionswesen der Universität, Bonn-Venusberg

Dr. Th. Kamradt
Medizinische Einrichtungen der Rheinischen Friedrich-Wilhelms-Universität, Bonn

Dr. H.-J. Kapellmann
Orthopädische Klinik und Poliklinik, Medizinische Einrichtungen der Universität, Düsseldorf

Frau Dr. K. Karstens
Fachärztin für Kinderheilkunde, Dillingen

Frau Dr. S. Kazda
Klinik für Kinderheilkunde, Universitätskliniken, Innsbruck/Österreich

Frau Dr. B. Kehrel
Institut für Arterioskleroseforschung, Medizinische Einrichtungen der Westfälischen Wilhelm-Universität, Münster

Dr. J. Kerstan
Kinderklinik, Städtisches Krankenhaus, Hildesheim

PD Dr. B. Kirchhof
Innere Abteilung, St. Josef-Krankenhaus, Engelskirchen

Frau Dr. E. Klesmann
Kinderabteilung, Marienhospital, Papenburg

Dr. Ch. von Klinggräff
Kinderklinik, Städtisches Krankenhaus, Kiel

PD Dr. H. J. Klose
Facharzt für Kinderheilkunde, München

Dr. J. B. Knudsen
Department of Clinical Chemistry, Hvidovre Hospital, Copenhagen/Dänemark

Frau Dr. K. Köhler-Vajta
Fachärztin für Kinderheilkunde, Grünewald

Dr. R. Kobelt
Medizinische Universitätsklinik, Bern/Schweiz

Dr. A. J. Kok
Medisch Centrum Berg en Bosch, Bilthoven/Niederlande

Dr. B. Krackhardt
Zentrum der Kinderheilkunde, Klinikum der Johann-Wolfgang-Goethe-Universität, Frankfurt

Dr. W. Kreuz
Zentrum der Kinderheilkunde, Klinikum der Johann-Wolfgang-Goethe-Universität, Frankfurt

Dr. R. von Kries
Zentrum Kinderheilkunde, Medizinische Einrichtungen der Universität, Düsseldorf

Frau Dr. N. Kuhn
Kinderklinik, Kliniken der Stadt Wuppertal

Dr. G. Kurlemann
Kinderklinik, Medizinische Einrichtungen der Westfälischen Wilhelms-Universität, Münster

Dr. A. Kurme
Facharzt für Kinderheilkunde, Hamburg

Prof. Dr. R. Kurth
Paul-Ehrlich-Institut, Frankfurt

PD Dr. R. Kuse
Abteilung Hämatologie, Allgemeines Krankenhaus St. Georg, Hamburg

Prof. Dr. G. Landbeck
Abteilung Hämatologie und Onkologie, Universitäts-Kinderklinik, Hamburg

Dr. H. Lang
Immuno AG, Wien/Österreich

Prof. Dr. K. Lechner
I. Medizinische Universitätsklinik, Wien/Österreich

Dr. G. Leipnitz
Abteilung Klinische Hämostaseologie und Transfusionsmedizin, Universitätskliniken des Saarlandes, Homburg/Saar

Dr. K.-H. Leppik
Kinderklinik und Poliklinik, Universität Erlangen-Nürnberg, Erlangen

Dr. H.-G. LIMBACH
Kinderklinik, Universitätskliniken des Saarlandes, Homburg/Saar

Frau Dr. B. LOO
Institut für Experimentelle Hämatologie und Bluttransfusionswesen der Universität, Bonn-Venusberg

Frau Dr. K. MANG
Kinderklinik und Poliklinik, Universität Erlangen-Nürnberg, Erlangen

Dr. R. MANGOLD
Kinderklinik, Evangelisches Krankenhaus Bethanien, Iserlohn

Frau Dr. CH. MANNHALTER
I. Medizinische Universitätsklinik, Wien/Österreich

Dr. N. MAREK
Wiener Gebietskrankenkasse, Wien/Österreich

Dr. G. MARSMANN
Facharzt für Kinderheilkunde, Varel

Dr. M. MATEJKA
Universitätsklinik für Zahn-, Mund- und Kieferheilkunde, Wien/Österreich

Prof. Dr. R. MARX
München

Prof. Dr. G. MAU
Kinderklinik, Städtisches Klinikum Holwedestraße, Braunschweig

Prof. Dr. H. MAU
Bereich Medizin (Charité), Humbold-Universität zu Berlin, Berlin/DDR

Dr. N. MAURIN
Abteilung Innere Medizin II, Medizinische Einrichtungen der Rheinisch-Westfälischen Technischen Hochschule, Aachen

Dr. E. P. MAUSER-BUNSCHOTEN
Medisch Centrum Berg en Bosch, Bilthoven/Niederlande

Frau Dr. E. MEILI
Gerinnungslabor, Medizinische Klinik, Universitätsspital, Zürich/Schweiz

Dr. M. MERTNER
Facharzt für Kinderheilkunde, Münster

Frau Prof. Dr. A.-M. Mingers
Kinderklinik und Kinderpoliklinik, Klinikum der Julius-Maximilian-Universität, Würzburg

Frau Dr. Ch. Miyashita
Abteilung Klinische Hämostaseologie und Transfusionsmedizin, Universitätskliniken des Saarlandes, Homburg/Saar

Dr. Ph. de Moerloose
Abteilung Hämostaseologie, Kantonsspital, Genf/Schweiz

Dr. J. Mösseler
Facharzt für Kinderheilkunde, Dillingen

Dr. H. Müller
Orthopädische Universitätsklinik, Balgrist, Zürich/Schweiz

Dr. V. Muller
Bluttransfusionsdienst, Zentralinstitut für Transfusionsmedizin, Hamburg

Prof. Dr. G. Müller-Berghaus
Klinische Forschungsgruppe für Blutgerinnung und Thrombose, Max-Planck-Gesellschaft, Gießen

Doz. Dr. W. Muntean
Kinderklinik, Universitätsklinik, Graz/Österreich

Dr. J. D. Nielsen
Hvidovre Hospital, Copenhagen/Dänemark

Dr. K. Nienhaus
Chirurgische Intensivstation, Medizinische Universitätsklinik, Homburg/Saar

Dr. D. Niese
Medizinische Klinik, Medizinische Einrichtungen der Rheinischen Friedrich-Wilhelms-Universität, Bonn-Venusberg

Prof. Dr. H. Niessner
Interne Abteilung, Krankenhaus der Stadt Wiener Neustadt, Wiener Neustadt/Österreich

Frau Dr. U. Nowak-Göttl
Zentrum der Kinderheilkunde, Klinikum der Johann-Wolfgang-Goethe-Universität, Frankfurt

Prof. Dr. P. Ostendorf
Marienkrankenhaus, Hamburg

Prof. Dr. D. PAAR
Abteilung Klinische Chemie und Laboratoriumsdiagnostik, Zentrum für Innere Medizin, Universitätsklinikum der Gesamthochschule, Essen

Dr. CH. PECHLANER
Gerinnungslaboratorium, Universitätsklinik für Innere Medizin, Innsbruck/Österreich

Frau Dr. K. PETER
Hämatologisches Zentrallabor, Inselspital, Bern/Schweiz

Dr. N. PETERSEN
Blutbank, Städtische Kliniken, Dortmund

Dr. G. PINDUR
Gerinnungslabor, Zentrum Innere Medizin III, Medizinische Universitätsklinik, Ulm

Dr. H. PLENDL
Institut für Humangenetik, Klinikum der Christian-Albrechts-Universität, Kiel

Dr. B. POTZSCH
Klinische Forschungsgruppe für Blutgerinnung und Thrombose, Max-Planck-Gesellschaft, Gießen

Dr. H. POHLMANN
Abteilung Hämostaseologie, Medizinischc Klinik Innenstadt der Ludwig-Maximilians-Universität, München

Dr. H. POLLMANN
Abteilung Hämostaseologie, Kinderklinik, Medizinische Einrichtungen der Westfälischen Wilhelms-Universität, Münster

Dr. W. PROHASKA
Abteilung Klinische Chemie, Medizinische Einrichtungen der Universität zu Köln

Frau Dr. M. PUMM
Institut für Immunologie der Universität, Wien/Österreich

Dr. H. RADINGER
Kinderklinik, Medizinische Einrichtungen der Rheinischen Friedrich-Wilhelms-Universität, Bonn-Venusberg

Dr. A. A. RAHMAN
Abteilung für Blutgerinnungsstörungen, Universitätskrankenhaus Eppendorf, Hamburg

Dr. H. Ramschak
Medizinische Universitätsklinik, Graz/Österreich

Prof. Dr. H. Rasche
Medizinische Klinik I, Zentralkrankenhaus St. Jürgen-Straße, Bremen

Frau Dr. S. Rehmet
Zentrum der Kinderheilkunde, Klinikum der Johann-Wolfgang-Goethe-Universität, Frankfurt

Dr. A. Reichle
I. Medizinische Klinik, Klinikum rechts der Isar der Technischen Universität, München

Dr. A. Reisch
Institut für Medizinische Informatik und Biomathematik, Medizinische Einrichtungen der Westfälischen Wilhelms-Universität, Münster

Dr. R.-R. Riedel
Kinderklinik, Medizinische Einrichtungen der Rheinischen Friedrich-Wilhelms-Universität, Bonn-Venusberg

Prof. Dr. M. Rister
Kinderklinik, Klinikum der Christian-Albrechts-Universität, Kiel

Frau Dr. B. Rodemer
Abteilung Klinische Hämostaseologie und Transfusionsmedizin, Universitätskliniken des Saarlandes, Homburg/Saar

Dr. M. Rodriguez
Orthopädische Klinik, Universitätsklinikum Balgrist, Zürich/Schweiz

Prof. Dr. H. J. Rohwedder
Kinderabteilung, Städtische Krankenanstalten Ost, Flensburg

Frau Dr. S. Sauer
Kinderklinik und Poliklinik, Medizinische Einrichtungen der Universität Düsseldorf

Dr. M. Scharnetzky
Kinderklinik, Zweckverband Stadt- und Kreiskrankenhaus, Minden

Frau Prof. Dr. I. Scharrer
Abteilung Angiologie, Zentrum der Inneren Medizin, Klinikum der Johann-Wolfgang-Goethe-Universität, Frankfurt

Dr. H. SCHEEL
Abteilung Hämatologie und Onkologie, Kinderklinik, Klinikum der Eberhard-Karls-Universität, Tübingen

Frau Dr. E. SCHEIBEL
Haemofili-Ambulatoriet, Rigshospitalet, Copenhagen/Dänemark

Dr. H. SCHEIRING
Tiroler Gebiergskrankenkasse, Innsbruck/Österreich

Prof. Dr. KL. SCHIMPF
Rehabilitationsklinik und Hämophiliezentrum, Stiftung Rehabilitation, Heidelberg

Dr. K. SCHMITT
Kinder- und Infektionsabteilung, Landeskrankenhaus, Linz/Österreich

Prof. Dr. R. SCHMUTZLER
Wuppertal

Dr. R. SCHNEPPENHEIM
Kinderklinik, Klinikum der Christian-Albrechts-Universität, Kiel

Prof. Dr. K. E. SCHNEWEIS
Institut für Medizinische Mikrobiologie und Immunologie der Universität, Bonn-Venusberg

Prof. Dr. W. SCHRAMM
Abteilung Hämostaseologie, Medizinische Klinik Innenstadt der Ludwig-Maximilians-Universität, München

Dr. W. SCHRÖCKSNADEL
Abteilung für Innere Medizin, Universitätsklinik, Innsbruck/Österreich

Dr. G. SCHUBIGER
Kinderspital, Luzern/Schweiz

Dr. J. SCHUSTER
Immuno GmbH, Heidelberg

Dr. R. SCHWERDTFEGER
Abteilung Hämatologie und Onkologie, Freie Universität Berlin, Klinikum Charlottenberg, Berlin

Dr. E. SEIFRIED
Gerinnungslabor, Zentrum Innere Medizin III, Medizinische Universitätsklinik, Ulm

Dr. W. SIBROWSKI
Abteilung für Transfusionsmedizin, Universitätskrankenhaus Eppendorf, Hamburg

Frau Dr. G. SKRANDIES
Fachärztin für Innere Medizin, Hamburg

Dr. J. SOHRT
Kinderklinik, Medizinische Universitätsklinik, Göttingen

Dr. CH. STAIN
Paracelsus-Institut, Bad Hall/Österreich

Frau Dr. A. STEINBECK
Fachärztin für Kinderheilkunde, Bonn

Dr. A. STEINHOFF
Abteilung Hämatologie und Onkologie, Universitäts-Kinderklinik, Hamburg

Dr. W. STENZINGER
Abteilung Hämatologie, Medizinische Klinik A, Medizinische Einrichtungen der Westfälischen Wilhelm-Universität, Münster

Frau Dr. F. STÖRKEL
Abteilung Angiologie, Zentrum der Inneren Medizin, Klinikum der Johann-Wolfgang-Goethe-Universität, Frankfurt

Prof. Dr. A. H. SUTOR
Abteilung Hämatologie, Onkologie und Hämostaseologie, Kinderklinik, Klinikum der Albert-Ludwigs-Universität, Freiburg

Dr. M. SUTTORP
Kinderklinik, Klinikum der Christian-Albrechts-Universität, Kiel

Frau Dr. H. THAISS
Zentrum Pädiatrie, Klinikum der Albert-Ludwigs-Universität, Freiburg

PD Dr. S. THILO-KÖRNER
Medizinische Klinik, Klinikum der Justus-Liebig-Universität, Gießen

Prof. Dr. V. TILSNER
Abteilung für Blutgerinnungsstörungen, Chirurgische Klinik, Universitätskrankenhaus Eppendorf, Hamburg

Dr. H. TRAUN
II. Medizinische Abteilung und Lungenabteilung, Allgemeines Österreichisches Landeskrankenhaus, Salzburg/Österreich

Dr. A. Tscharre
Klinik für Kinderheilkunde, Universitätskliniken, Innsbruck/Österreich

Frau Dr. B. Türk-Kraetzer
Kinderkrankenhaus, Oldenburg

Prof. Dr. H. Vinazzer
Hämophiliezentrum, Linz/Österreich

Frau Dr. M. Vocks-Hauck
Kinderklinik im Kaiserin-Auguste-Victoria-Haus, Freie Universität Berlin, Klinikum Charlottenburg, Berlin

Dr. N. Wagner
Kinderklinik, Medizinische Einrichtungen der Rheinischen Friedrich-Wilhelms-Universität, Bonn-Venusberg

Prof. Dr. Th. Wagner
St. Anna Kinderspital, Wien/Österreich

Dr. B. Wegerich
Zentrum der Kinderheilkunde, Klinikum der Johann-Wolfgang-Goethe-Universität, Frankfurt

Dr. J. Weisser
Abteilung Pädiatrie, Südwestdeutsches Rehabilitationszentrum für Kinder und Jugendliche, Neckargemünd

Prof. Dr. E. Wenzel
Abteilung Klinische Hämostaseologie und Transfusionsmedizin, Universitätskliniken des Saarlandes, Homburg/Saar

Dr. A. Werner
Paul-Ehrlich-Institut, Frankfurt

Prof. Dr. G. Weseloh
Orthopädische Universitätsklinik im Waldkrankenhaus St. Marien, Erlangen

Dr. D. Wesemeyer
Abteilung Allgemeine Innere Medizin, I. Medizinische Klinik, Klinikum der Christian-Albrechts-Universität, Kiel

Dr. J. Wieding
Blutgerinnungslabor, Medizinische Universitätsklinik, Göttingen

Frau Dr. J. Sh. Wu
Abteilung für Hämatologie und Onkologie, Zentrum Innere Medizin, Medizinische Hochschule, Hannover

Frau Dr. M. Wyss
Abteilung Pädiatrie, Universitätsklinik, Genf/Schweiz

Dr. A. Zambach
Kinderabteilung, Städtische Krankenanstalten Ost, Flensburg

Dr. A. Zaunschirm
St. Anna Kinderspital, Wien/Österreich

Frau Dr. B. Zieger
Zentrum Pädiatrie, Klinikum der Albert-Ludwigs-Universität, Freiburg

Dr. V. Zikulnig
Kärntner Gebietskrankenkasse, Klagenfurt/Österreich

Prof. Dr. R. Zimmermann
Zentrum Innere Medizin, Klinikum der Ruprecht-Karls-Universität, Heidelberg

Begrüßung und Einleitung

G. LANDBECK (Hamburg)

Ich heiße Sie auch im Namen von Herrn Prof. MARX herzlich willkommen in Hamburg zum 18. Hämophilie-Symposion und zur nunmehr 8. Veranstaltung seit Frühjahr 1983 über Hämophilie und therapiebedingte HIV-Infektion, wenn wir die zusätzlichen Rundtischgespräche einbeziehen (Tabelle 1).

Tabelle 1. Wissenschaftliche Veranstaltungen zum Thema AIDS und Hämophilie seit Frühjahr 1983

1983/V	1. Rundtischgespräch, Frankfurt
/X	14. Hämophilie-Symposion, Hamburg
1984/X	2. Rundtischgespräch Hamburg
1985/XI	16. Hämophilie-Symposion, Hamburg
1986/VI	3. Rundtischgespräch, Frankfurt
/XI	17. Hämophilie-Symposion, Hamburg
1987/VI	4. Rundtischgespräch, Frankfurt
/XI	18. Hämophilie-Symposion, Hamburg

Diese Bemühungen seit Aufkommen erster Hinweise zur Übertragbarkeit des noch unbekannten Erregers einer zunächst nur im Endstadium – also als AIDS – erkennbaren lebensbedrohlichen Infektion durch Blut und Blutderivate sind keine stolze Bilanz. Sie waren und sind vielmehr notwendige Anstrengungen mit dem Ziel, aktuelle Informationen aus allen beteiligten Fachgebieten zu erhalten und auf interdisziplinärer Ebene zu diskutieren sowie eigene, auch präliminäre Erfahrungen auszutauschen, um der äußerst stürmischen Entwicklung neuer Erkenntnisse in Forschung und Klinik nachkommen zu können und diese in die Alltagsversorgung unserer hart bedrohten Patienten umzusetzen.

Die Verhandlungsberichte dieser Veranstaltungen entsprechen daher einer Chronologie unseres jeweiligen Wissensstandes, unserer Reaktionen und Entscheidungen.

So haben wir uns nach ersten Literaturhinweisen im Frühjahr 1983 zunächst mit infektionsverdächtigen Immunregulationsstörungen bei sonst gesunden Hämophilen und deren möglichen Ursachen befaßt, speziell kompetente Virologen und Immunologen in unsere Verhandlungen einbezogen sowie mit Ihrer aller Hilfe die Aufstellung einer jährlichen Todesursachenstatistik Hämophiler – zurückgehend bis 1978 –

begonnen, um möglichst rasch verbindliche Daten zu dieser noch unwägbaren Problematik zu erhalten [1, 2].

1984, nach Erkennung des LAV/HTLV III als AIDS verursachenden Erreger und den ersten, noch ausschließlich klinisch definierten hämophilen AIDS-Fällen in unserem Lande war das Betroffensein auch unserer Patienten – 2 Jahre nach ersten AIDS-Erkrankungen Hämophiler in den USA – zur Gewißheit geworden. Mit der folgenden Entwicklung erster Testverfahren zur LAV/HTLV III-Antikörperbestimmung und wachsender Möglichkeit des Infektionsnachweises bei gesund erscheinenden Hämophilen begann dann in diesem Jahr die Aufdeckung der Katastrophe. Andererseits war es aber auch möglich geworden, Infektionssicherheits-Studien mit kommerziellen, seit Herbst 1983 bereits überwiegend virusinaktivierten Gerinnungsfaktorenkonzentraten unterschiedlicher Herstellungsverfahren aufzunehmen und über Hepatitisviren hinaus auch auf HIV-Kontamination zu prüfen [3].

Konnte dann Ende 1985 nach verpflichtender Einführung des Anti-HIV-Screenings bei Blut- und Plasmaspenden (ab 1. 10. 1985) auch schon davon ausgegangen werden, daß die Gefahr der HIV-Infektion virusinaktivierter Faktorenkonzentrate als weitgehend gebannt einzustufen ist, d.h. abgesehen von einer noch nicht befriedigenden Hepatitis-Sicherheit mit hoher Wahrscheinlichkeit keine HIV-Neuinfektionen mehr erwartet werden müssen, so galt es jetzt, die HIV-infizierten Hämophilen mit Screening- und Bestätigungstests sicher zu erfassen und sich der unerwartet großen Gruppe Anti-HIV-positiver, meist noch unauffälliger Hämophiler zuzuwenden, um das individuelle Risiko der HIV-Infektion nach klinischen und immunologischen Verlaufsbefunden bei vorerst noch unterschiedlichen Vorstellungen über deren Wertigkeit und entsprechend unsicherer Zuordnung des Einzelfalles in Risikogruppen des einen oder anderen Klassifikationssystems einschätzen zu lernen [4].

Mit dem 1986 von den Centers for Disease Control (CDC; Tabelle 2) festgelegten klinischen Klassifikationssystem der HIV-Infektion wie auch der im gleichen Jahr publizierten, immunologische Befunde einbeziehenden Walter Reed-Klassifikation waren dann erstmals präzisere Vorgaben zu einer international vergleichbaren

Tabelle 2. Klassifikationssysteme der HIV-Infektion. Kriterien der CDC-Klassifikation 1986, zusätzlich aufgenommen T4-Zellzahlen der Walter Reed-Klassifikation und ältere Einteilung

vor 1986	CDC V/1986			Reed 1986 [zusätzlich]	
	I		Ak. HIV-Infektion		
	II		Asymptomatische HIV-Infektion	WR 1	T4 > 400
LAS	III		Pers. gen. Lymphadenopathie	WR 2	T4 > 400
ARC	IV		Andere Folgekrankheiten (± Lymphadenopathie)	WR 3–5	T4 < 400
		-A	Allgemeinsymptome (HIV-wasting-syndrome)		
		-B	HIV-Encephalopathie		
AIDS		-C	Sekundäre Infektionskrankheiten	WR 6	T4 ≪ 400
		-D	Sekundäre Malingome		
		-E	Weitere Krankheiten		

Risikoeinstufung gegeben. Die 1986 neben Todesfällen gemeldeten ARC- und AIDS-Erkrankungen Hämophiler verdeutlichten diesen Fortschritt. Sie zeigten zum anderen aber auch mit einem sprunghaften Anstieg der Zahl an AIDS erkrankten oder verstorbenen Hämophilen auf jetzt 60 Fälle, was wir künftig zu erwarten haben. So war das vorjährige Hämophilie-Symposion im wesentlichen auf die Diskussion prognostisch relevanter immunologischer und virologischer Parameter wie auch auf erste Ansätze einer Therapie der HIV-Infektion gerichtet [5, 6, 7, 8].

Mit weiteren Meldungen über manifest AIDS-kranke und verstorbene Hämophile am Anfang dieses Jahres, der oft spürbaren Hilflosigkeit und Sorge um womöglich versäumte rechtzeitige therapeutische Maßnahmen wie auch Fehleinschätzungen unmittelbar lebensbedrohlicher Situationen erschien es dann notwendig, zusammen mit Herrn Prof. KURTH vom Paul-Ehrlich-Institut Frankfurt kurzfristig ein weiteres Rundtischgespräch mit Immunologen, Virologen und jetzt auch AIDS-erfahrenen Klinikern zu organisieren, um das aktuelle Wissen über prognostische Verlaufsparameter zu erfahren, in Prävention, Frühdiagnostik und Therapie opportunistischer Infektionen enger eingewiesen zu werden und insbesondere Möglichkeiten einer noch rechtzeitigen therapeutischen Verlaufsintervention der HIV-Infektion zu diskutieren, also einem schicksalhaften Ablauf der HIV-Infektion Hämophiler entgegenzutreten.

Im Mittelpunkt der Verhandlungen dieses 4. Rundtischgespräches im Juni des Jahres in Frankfurt standen entsprechend die gerade bekannt gewordenen Ergebnisse der 1986 in den USA durchgeführten kontrollierten Phase II-Therapiestudie mit dem HIV-replikationshemmenden Azidothymidin (AZT) bei AIDS- und ARC-Patienten wie auch die Diskussion einer immunmodulatorischen Interventionsmöglichkeit mit hochdosierten IV-Immunglobulin-Applikationen im Frühstadium der HIV-Infektion.

Diese Sitzung konnte jedoch nur ein erstes Ausloten aktiver Hilfsmöglichkeiten sein. Auch war es schon bei der Planung des Rundtischgesprächs deutlich gewesen, daß alle therapeutischen Bemühungen um die Verhütung bzw. das Hinausschieben eines Zusammenbruchs des Immunsystems mit seinen lebensbedrohlichen Folgekrankheiten noch grundsätzlich als experimentell einzustufen sind und so auch nur im Rahmen prospektiver kooperativer und interdisziplinär verankerter Therapiestudien mit allen hierzu nötigen Auflagen ärztlich verantwortet werden können. Hinzu kommt, daß die Gruppe HIV-infizierter Hämophiler unter den Risikogruppen Besonderheiten aufweist, also nur eine bedingte Vergleichbarkeit mit diesen erlaubt, und so auch gesonderte Studien erfordert.

Das betrifft vor allem die weiterhin und lebenslang notwendige Substitutionstherapie und deren potentielle Auswirkung auf das Immunsystem, die nicht gering einzuschätzende Häufigkeit therapiebedingter chronischer Hepatopathien wie sicherlich auch unumgängliche Medikationen von Folgezuständen der Grundkrankheit, wenn Sie z. B. an chronische Arthropathien und Antirheumatika denken. Hinzu dürften HIV-infizierte Hämophile als früh erfaßte und kontinuierlich ärztlich betreute Personen gelten, womit sich ein sehr verantwortungsreicher ärztlicher Auftrag ergibt.

Diese Voraussetzungen für ein aktives ärztliches Vorgehen haben in den Diskussionen des Rundtischgespräches eine nachdrückliche Bestätigung erfahren und waren Anlaß genug, die Planung einer kooperativen Verlaufsstudie der HIV-Infektion

Hämophiler zügig voranzubringen, um auf dieser Grundlage interventionstherapeutische Studien aufnehmen und deren Ergebnisse beurteilen zu können.

So haben wir, d. h. Mitglieder der Arbeitsgruppe Hämophilie der Gesellschaft für Thrombose- und Hämostaseforschung, zusammen mit Immunologen und Virologen inzwischen zwei Arbeitssitzungen zur Studienplanung durchgeführt, erste Festlegungen zur Kontrolle prognostisch relevanter Verlaufsparameter der HIV-Infektion aus Klinik, Virologie, Immunologie und Hämatologie getroffen, die Voraussetzungen für Therapiestudien eingehend diskutiert, erste Schritte zur Klärung der Finanzierung zentraler Dokumentation und Referenzeinrichtungen unternommen und die Abfassung des Studienprotokolls soweit vorangebracht, daß wir nach Ende des Symposions und methodischer Abstimmung der beteiligten Immunologen und Virologen die Planungsphase alsbald abschließen können.

Mit dieser Entwicklung ärztlicher Aufgaben in der Versorgung HIV-infizierter Hämophiler erschien es folgerichtig und notwendig, das diesjährige Hamburger Symposion und damit alle Teilnehmer in die Diskussion der Studienplanung einzubeziehen, noch einmal über den aktuellen Stand studienrelevanter Erkenntnisse zu informieren und nicht zuletzt auch jeden zur Mitarbeit und Studienbeteiligung im Interesse dieser arg betroffenen Patienten zu motivieren. Hilfreiche weiterführende Ergebnisse sind erfahrungsgemäß nur bei hoher Rekrutierungszahl von Studienpatienten zu erwarten. Die erschreckende, aber schließlich doch relativ kleine Zahl infizierter Hämophiler erfordert eine bundesweite Kooperation, und darauf sollten wir uns alle einstellen.

Für die interdisziplinäre Leitung der Diskussionen wie auch für Übersichtsreferate haben sich dankenswerterweise wieder speziell erfahrene Kolleginnen und Kollegen aus der Hämostaseologie und allen beteiligten Fachdisziplinen zur Verfügung gestellt, die Sie bereits aus vorangehenden Sitzungen kennen. Als Virologen begrüße ich Herrn Prof. KURTH und Herrn Dr. WERNER vom Paul-Ehrlich-Institut Frankfurt, als Immunologen Frau Prof. EIBL vom Immunologischen Institut der Universität Wien und Herrn Privatdozent Dr. BERGMANN von der Abteilung Hämatologie und Onkologie des Zentrums der Inneren Medizin der Universität Frankfurt sowie als internistisch versierte ARC/AIDS-Kliniker Herrn Prof. GOEBEL von der Medizinischen Poliklinik der Universität München und Herrn Dr. BRODT vom Zentrum der Inneren Medizin der Universität Frankfurt.

Mein Dank gilt weiterhin den Kolleginnen und Kollegen, die bereit waren, spezielle Vortragsthemen zu übernehmen wie auch allen, die freie Vorträge zur Diagnostik und Therapie der Blutungskrankheiten angemeldet haben. Letztere bilden wieder den Abschluß des Symposions und werden uns aus der harten Problematik der HIV-Infektion herausführen.

Ein besonderer Dank in Ihrer aller Namen aber gilt der Firma Immuno, insbesondere Herrn Dr. SCHUSTER, für nun schon langjährige kontinuierliche und außerordentlich verständnisvolle organisatorische und finanzielle Hilfen, ohne die es zweifellos nicht möglich gewesen wäre, diese für uns alle wichtigen Informationsveranstaltungen und Arbeitssitzungen zur Bewältigung schwieriger Alltagsprobleme in der Versorgung Hämophiler und anderer Blutungskranker durchzuführen.

Damit ist das 18. Hämophilie-Symposion eröffnet.

Literatur

1. Landbeck G (1984) AIDS, opportunistic infections in hemophiliacs. Schattauer, Stuttgart New York
2. Landbeck G, Marx R (1986) 14. Hämophilie-Symposion, Hamburg 1983. Schattauer, Stuttgart New York
3. Landbeck G, Marx R (1986) 2. Rundtischgespräch: Therapiebedingte Infektionen und Immundefekte bei Hämophilen. 15. Hämophilie-Symposion, Hamburg 1984. Springer, Berlin Heidelberg New York London Paris Tokyo
4. Landbeck G, Marx R (1987) 16. Hämophilie-Symposion, Hamburg 1985. Springer, Berlin Heidelberg New York London Paris Tokyo
5. Landbeck G, Schimpf KL (1987) 3. Rundtischgespräch über aktuelle Probleme der Substitutionstherapie Hämophiler: Bedeutung, Verhütung und Kontrolle therapiebedingter Virusinfektionen. Prospektive Therapiestudien, Frankfurt 1986. Springer, Berlin Heidelberg New York London Paris Tokyo
6. Landbeck G, Marx R (1988) 17. Hämophilie-Symposion, Hamburg 1986. Springer, Berlin Heidelberg New York London Paris Tokyo
7. CDC (1986) Classification system for human T-lymphotropic virus type III/lymphadenopathy-associated virus infections. MMWR 35:334
8. Redfield RR, Wright DC, Tramont C (1985) The Walter Reed staging classification for HTLV III/LAV infections. N Engl J Med 314:131

I. Ärztliche Versorgung HIV-1-infizierter Hämophiler: Verlauf der HIV-1-Infektion und Verhütung bedrohlicher Folgekrankheiten

Planung prospektiver kooperativer Studien
zum Verlauf und zur therapeutischen
Verlaufsintervention der HIV-1-Infektion

1. Grundlagen: Berichte über klinische, hämatologische, immunologische und virologische Langzeitverlaufsstudien bei Patienten mit schwerer Hämophilie

Diskussionsleitung:

Immunologie:	M. Eibl (Wien)
Virologie:	A. Werner (Frankfurt)
ARC/AIDS-Klinik:	R. Brodt (Frankfurt)
Hämostaseologie:	H. Egli (Bonn)
	K. Lechner (Wien)

Todesursachenstatistik, AIDS-Erkrankungen und Erfassung HIV-1-infizierter Hämophiler in der Bundesrepublik Deutschland 1987

G. Landbeck (Hamburg)

Die im dritten Jahresquartal 1987 durchgeführten Erhebungen zur Fortschreibung der Todesursachen- und AIDS-Statistik Hämophiler sind in diesem Jahr erstmals auf eine Erfassung HIV-infizierter und nicht-infizierter Hämophiler erweitert worden, um die nötigen Basisdaten zur Planung multizentrischer Verlaufs- und Interventionstherapie-Studien bei HIV-Infizierten zu erhalten, wie zum anderen aber auch einen verläßlicheren Einblick in das Ausmaß dieser therapiebedingten Katastrophe der Jahre 1980–1984 zu bekommen.

Für die hohe Beteiligung an diesen umfangreichen Erhebungen möchte ich allen Kolleginnen und Kollegen besonderen Dank aussprechen. Konnte bei der Fülle der erbetenen Daten auch kaum mit einem termingerechten Rücklauf der Meldebögen und deren Auswertung gerechnet werden, so ist es doch gelungen, zum Symposion zumindest vorläufige Ergebnisse zusammenzustellen, deren Aussagen nach Rückfragen in Einzelfällen und abschließenden Berechnungen keine wesentlichen Veränderungen erfahren haben. Die endgültigen Auswertungsergebnisse liegen den nachstehenden Ausführungen zugrunde.

Todesursachenstatistik

Bezogen auf das mögliche Erstauftreten einer tödlich verlaufenden AIDS-Erkrankung bei Hämophilen der Bundesrepublik Deutschland und damit zurückgehend bis zum Januar 1980, sind bis Oktober 1987 insgesamt 164 verstorbene Patienten gemeldet worden (Tabelle 1)*. Von diesen entfallen auf die schwere Hämophilie 136, auf die mittelschwere 12, die leichte 13 und 3 auf die Subhämophilie. Der Anteil der Hämophilie A und B ist mit 91 : 9% leicht zugunsten der Hämophilie A verschoben [4, 5, 6, 8].

Unter den Todesursachen ist AIDS in diesem Jahr mit 38,5% an die Spitze gerückt (Tabelle 2). Allein 1987 wurden bislang 36 AIDS-Todesfälle gemeldet. Der Tod infolge Blutung (überwiegend intrakraniell) ist daher mit einem Anteil von nur 26% von der ersten an die zweite Stelle getreten.

Es folgt die dekompensierte Leberzirrhose als Endstadium einer chronisch verlaufenden Virushepatitis mit 28 Fällen bzw. 17%. Faßt man die der Substitutionstherapie

* Die 1983 rückwirkend erfaßten Todesfälle der Jahre 1978 und 1979 bleiben unberücksichtigt wegen erschwerter Nachprüfbarkeit

Tabelle 1. Gesamtzahl der von Januar 1980 bis Oktober 1987 als verstorben gemeldeten Hämophilen der Bundesrepublik Deutschland

Gesamtzahl Verstorbener: 164		
– davon	schwere Hämophilie	136
	mittelschwere Hämophilie	12
	leichte Hämophilie	13
	Subhämophilie	3
– davon	Hämophilie A	149 (91%)
	Hämophilie B	15 (9%)

Tabelle 2. Todesursachen Hämophiler (Januar 1980 bis Oktober 1987)

1. Blutung	43	(26,0%)
2. Leberzirrhose	28	(17,0%)
3. Malignome	9	(5,5%)
4. Sonstige innere Krankheiten	14	(9,0%)
5. Unfall	4	(2,5%)
6. Suizid	2	(1,0%)
7. Drogen	1	(0,5%)
8. AIDS	63	(38,5%)
	164	

zuzuschreibenden Infektionstodesfälle zusammen, so beläuft sich der Anteil therapiebedingter Todesursachen derzeit auf 55%.

Dieses nach den Erfahrungen der letzten Jahre fast erwartete Ergebnis demonstriert nachdrücklich die Notwendigkeit eines sicheren Ausschlusses infektiöser Plasmaspender und der Anwendung optimaler Virusinaktivierungsverfahren in der Herstellung von Faktorenkonzentraten mit vollzureichendem Nachweis der Infektionssicherheit in klinischen Therapiestudien. Dürfte inzwischen auch davon auszugehen sein, daß es auf diesem Wege seit Ende 1984 gelungen ist, eine Übertragung des HIV-1 mit hoher Wahrscheinlichkeit zu verhüten und einer Infektion mit HBV durch aktive Impfung entgegenzutreten, bedarf der sichere Ausschluß einer nur indirekt faßbaren Übertragung der nicht selten chronisch verlaufenden Hepatitis Non A/Non B noch weiterer intensiver experimenteller und klinischer Studien (s. Übersicht 7).

In der Todesursachenstatistik folgen mit kaum veränderter Häufigkeit gegenüber den Vorjahren maligne Neoplasien und sonstige innere Krankheiten, die auch nach den jüngsten Definitionskriterien der CDC vom August 1987 [2] nicht der HIV-Infektion und deren Folgekrankheiten zuzuordnen sind. Tod durch Unfall ist in kleiner Größenordnung geblieben. Suizid-Todesfälle sind in den letzten 3 Jahren nicht beobachtet worden.

Trennen wir nun die jährlichen Todesfälle nach AIDS und anderen Todesursachen auf (Tabelle 3), so ergibt sich eine nahezu 12monatige Verdoppelung der AIDS-Todesfälle Hämophiler seit 1984 bei einer sonst weitgehend konstant gebliebenen Zahl an Todesfällen durch andere Ursachen. Die seit 1984 stetig ansteigende Zahl Verstorbener ist somit im wesentlichen der HIV-Infektion anzulasten, während

Tabelle 3. Zunahme der AIDS-Todesfälle im Vergleich mit anderen Todesursachen

Jahr	AIDS	Andere	Insgesamt
1980	–	11	11
1981	–	12	12
1982	(1)*	13	14
1983	–	12	12
1984	4**	14	18
1985	7	12	19
1986	15	15	30
1987	36	12	48
	63***	101	164

* AIDS-Zuordnung nicht gesichert; ** 1 Patient homosexuell; *** 7 Patienten mit F. VIII-Inhibitor

Todesfälle infolge chronisch verlaufender viraler Hepatopathie bereits seit 1980 in fast gleichbleibender Zahl gemeldet werden [4, 5, 6, 8].

Der erste AIDS-Todesfall aus dem Jahre 1982 konnte virologisch nicht gesichert werden. Er verstarb an einer multifokalen Leukenzephalopathie. Die Zuordnungsproblematik ist bereits 1983 ausführlich diskutiert worden [4].

ARC- bzw. AIDS-Erkrankungen 1987

Das Ergebnis der Umfrage nach symptomatischen HIV-Infektionen bei Hämophilen ist in Tabelle 4 wiedergegeben, aufgegliedert nach dem klinischen Klassifikationssystem der CDC [1].

Zur *Gruppe III* mit persistierendem generalisierten Lymphadenopathie-Syndrom zählen 19 Hämophile. 23 Patienten sind der *Gruppe IV-A* mit Gewichtsverlust von mehr als 10% sowie entweder chronischer Diarrhoe über 4 Wochen oder chronischer Schwäche und Fieber über 4 Wochen bei Ausschluß anderer Ursachen, also dem sog. „wasting syndrome" zuzuordnen. Bei 12 Patienten sind Symptome einer HIV-Enzephalopathie vorhanden. Diese gehören entsprechend zur *Gruppe IV-B*.

Zur *Gruppe IV-C1* bzw. *IV-C2* mit sekundären Infektionskrankheiten, also opportunistischen Infektionen, zählen 47 bzw. 32 Hämophile. Jeweils 3 Patienten

Tabelle 4. Symptomatische HIV-1-infizierte Hämophile 1987. Gliederung nach Gruppen des klinischen Klassifikationssystems der CDC/1986

III	Pers. gen. Lymphadenopathie	19
IV-A	„wasting syndrome"	23
-B	HIV-Enzephalopathie	12
-C1	Sekundäre Infektionskrankheiten	47
-C2	Sekundäre Infektionskrankheiten	32
-D	Sekundäre Malignome	3
-E	Weitere Krankheiten	3

sind den *Gruppen IV-D,* also sekundären Malignomen, und *IV-E,* d.h. weiteren indikativen AIDS-Erkrankungen zuzuordnen.

Nach der bis August 1987 gültigen AIDS-Definition der CDC (Tabelle 5) sind somit 85 Patienten der Gruppen IV-C bis IV-E als AIDS-krank einzustufen, während die Symptomatik der Gruppen IV-A und IV-B einem AIDS-related complex (ARC) entspricht.

Folgen wir dieser Definition (Tabelle 6), so errechnet sich derzeit aus den Zahlen AIDS-kranker und an AIDS verstorbener Hämophiler eine Gesamtzahl von 148 AIDS-Fällen in der Bundesrepublik Deutschland mit nahezu gleichem Betroffensein beider Hämophilie-Typen, entspricht das Zahlenverhältnis doch in etwa deren Häufigkeitsverteilung. Der Anteil Verstorbener beläuft sich auf 43%. Im Oktober 1986, also 12 Monate zuvor, lag die von uns erfaßte Gesamtzahl hämophiler AIDS-Fälle noch bei 66, von denen 27 bzw. 41% als verstorben gemeldet worden waren.

Wenn wir hingegen die im August 1987 erneut revidierte und erweiterte AIDS-Definition der CDC als Grundlage unserer Erhebungen nehmen [2], dann würde sich die Zahl hämophiler AIDS-Fälle noch um jene 35 Patienten der CDC-Gruppen IV-A (wasting syndrome) und IV-B (HIV-Enzephalopathie) erhöhen und auf 183 ansteigen. Die Gruppen IV-A und IV-B werden nach diesem epidemiologisch orientierten Register also ab 1. 9. 1987 dem AIDS zugeordnet, so daß die gesamte Gruppe IV fortan zum AIDS zählt. Zur Zeit wäre dieses jedoch nur ein Zahlenspiel. Es ändert nichts an der Natur der gegenwärtigen HIV-Symptomatik dieser Patienten, und wir sollten vorerst noch aus Gründen der Datenvergleichbarkeit bei der alten CDC-Definition bleiben, solange nicht auch andere Länder, insbesondere die USA, ihre umgerechneten Zahlen bekanntgegeben haben.

Tabelle 5. Symptomatische HIV-1-infizierte Hämophile 1987. Gegenüberstellung der CDC-Klassifikation 1986 und der älteren Klassifikation

Ältere Klassifikation	CDC V/1986	Patienten	
LAS	III	19	
ARC	IV-A	23	35
	-B	12	
AIDS	IV-C1	47	85
	-C2	32	
	-D	3	
	-E	3	

Tabelle 6. Gesamtzahl gemeldeter AIDS-Erkrankungs- und Todesfälle Hämophiler (Oktober 1986 und Oktober 1987)

X/1986:	66 Patienten		
X/1987:	148 Patienten		
		– Hämophilie A	131 (88,5%)
		– Hämophilie B	17 (11,5%)
		– Verstorben	63 (43%)

HIV-1-Infektion bei Hämophilen

Zur Erfassung der absoluten Zahl HIV-1-Infizierter und Ermittlung des Anteiles Infizierter an der Gesamtzahl Hämophiler sind aus den Behandlungseinrichtungen der Bundesrepublik Deutschland 2621 Patienten gemeldet worden (Tabelle 7). Bei 2476 wurde die Prüfung auf Anti-HIV-1 vorgenommen, so daß der Anteil nicht untersuchter, wahrscheinlich hauptsächlich der leichten Hämophilie zuzuordnender Fälle mit 145 Patienten 5,5% beträgt.

Von den Anti-HIV-1-geprüften Hämophilen (Tabelle 8) zählen 2152 bzw. 86,9% zur Hämophilie A und 324 bzw. 13,1% zur Hämophilie B. Das entspricht annähernd einer normalen Verteilung beider Hämophilie-Typen.

Von 2476 auf Anti-HIV-1 untersuchten Patienten (Tabelle 9) ist bei 1172 bzw. 47,4% ein positives und bei 1304 bzw. 52,6% ein negatives Testergebnis erhalten worden, so daß sich also ein Anteil HIV-1-Infizierter von 47% ergibt. Aufgeteilt nach Hämophilie A und B zeigt sich (Tabelle 10), daß der Anteil Anti-HIV-1-positiver Patienten bei beiden Hämophilie-Typen mit 47,6% bzw. 45,6% nahezu gleich groß ist, also Faktor VIII- wie auch Faktor IX-Konzentrate in den Jahren 1980–1984 in etwa gleichem Maße zur HIV-1-Infektion geführt haben müssen. Das oft postulierte seltenere Betroffensein der Patienten mit Hämophilie B ist somit nur auf das seltenere Vorkommen dieses Hämophilie-Typs zurückzuführen, was bereits nach der Verteilung der AIDS-Todesfälle der letzten Jahre zu vermuten war.

Vergleichen wir die Häufigkeit der HIV-1-Infektion in den Schweregradgruppen der Hämophilie A und B (Tabelle 11), so ist zu erkennen, daß bei schwerer

Tabelle 7. Erfassung der HIV-1-infizierten und nicht-infizierten Hämophilen (Oktober 1987)

Gesamtzahl: 2621 Patienten	
– Anti-HIV-1 untersucht	2476
– Anti-HIV-1 nicht untersucht	145 (5,5%)

Tabelle 8. Anti-HIV-1-geprüfte Hämophile. Anteil von Patienten mit Hämophilie A und B

Gesamtzahl: 2476 Patienten	
– Hämophilie A	2152 (86,9%)
– Hämophilie B	324 (13,1%)

Tabelle 9. Anti-HIV-1-geprüfte Hämophile. Anteil der Patienten mit positivem und negativen Testergebnis

Gesamtzahl: 2476 Patienten	
– Anti-HIV-1-positiv:	1172 (47,4%)
– Anti-HIV-1-negativ:	1304 (52,6%)

Tabelle 10. Anteil Anti-HIV-1-positiver und -negativer Patienten bei Hämophilie A und B

Hämophilie A	
– Anti-HIV-1-positiv:	1024 (47,6%)
– Anti-HIV-1-negativ:	1128 (52,4%)
Hämophilie B	
– Anti-HIV-1-positiv:	148 (45,6%)
– Anti-HIV-1-negativ:	176 (54,4%)

Tabelle 11. Häufigkeit der HIV-1-Infektion in den Schweregradgruppen der Hämophilie A und B

Gruppe	Hämophilie A	Hämophilie B
Schwer	60%	61%
Mittelschwer	25%	32%
Leicht	6%	8%

Hämophilie der Anteil Betroffener mit 60% bzw. 61% am höchsten ist. Dieser fällt bereits bei mittelschwerer Hämophilie auf die Hälfte zurück und ist bei leichter Hämophilie noch wesentlich geringer. Die Differenzen dürften sich am ehesten durch die unterschiedliche Substitutionsfrequenz bzw. den unterschiedlichen Konzentratbedarf erklären.

Schlußbetrachtungen

Mit der Erfassung einer Gesamtzahl von rund 2600 Hämophilen der Bundesrepublik Deutschland ist es in diesem Jahr erstmals möglich geworden, einen verläßlicheren Einblick in die Problematik der therapiebedingten HIV-1-Infektion dieser Patientengruppe zu erhalten. Bei einer auf die Jahre 1979 bis 1984 begrenzbaren Infektionsmöglichkeit und einer unbekannten Gesamtzahl der in der Bundesrepublik Deutschland lebenden Hämophilen bedürfen die o. g. Auswertungsergebnisse jedoch einer kritischen Betrachtung.

Nach regionalen Erhebungen europäischer Länder ist mit einer Häufigkeit der Hämophilie in der Bevölkerung von 1 auf 10000 bis 14000 zu rechnen [3]. In der Bundesrepublik Deutschland dürften danach etwa 4200–6000 Hämophile leben, doch ist zu bedenken, daß die mittlere Lebenszeit der 60er Jahre bei nur 23–30 Jahren lag und erst Ende der 70er Jahre von der Wahrscheinlichkeit einer annähernd normalen Lebenszeiterwartung ausgegangen werden konnte [10]. Wenn wir somit eine Gesamtzahl von etwa 4200 Hämophilen unterstellen, so müßten wir mit unseren Erhebungen rund ⅔ der Fälle erfaßt haben. Die restlichen Patienten werden sich der Erfahrung nach vor allem in der womöglich anonymeren Betreuung von Hausärzten befinden, die von unseren Umfragen nicht erreicht werden. Auch ist es nicht auszuschließen, daß der hohe Zeitaufwand für die Erhebungsbögen die Mitarbeit einzelner Behandlungseinrichtungen behindert haben kann. Hierzu bedarf es noch weiterer Ermittlungen und Nachfragen.

Gehen wir also davon aus, daß sich unsere Ergebnisse auf die Erfassung von etwa ⅔ der Hämophilen der Bundesrepublik beziehen, so dürfte der Anteil HIV-1-Infizierter von 47% als weitgehend repräsentativ gelten. Auch die Zahl der an AIDS verstorbenen Patienten kann als verbindlich und deren Entwicklung seit 1984 als plausibel gewertet werden. Bezogen auf die erfaßte Zahl Anti-HIV-1-positiver Patienten sind bislang 5,4% bzw. 63 von 1172 Patienten an AIDS verstorben.

Mit nicht geringem Vorbehalt muß hingegen die Zuordnung des Einzelfalles HIV-1-Infizierter nach dem klinischen Klassifikationssystem CDC (1986) gesehen werden. Ist die Zahl der an einem klinisch manifesten AIDS (Gruppe IV-C bis -E) Erkrankten und Verstorbenen auch noch am ehesten als verläßlich einzuschätzen, zumindest nicht als kleiner anzunehmen, so kann eine zuverlässige Abgrenzung einer persistierenden generalisierten Lymphadenopathie (Gruppe III), eines HIV-wasting-syndrome (Gruppe IV-A) oder einer HIV-Enzephalopathie (Gruppe IV-B) von einem als asymptomatisch einzustufenden Infektionsverlauf (Gruppe II) kaum unterstellt werden, da in den Erhebungsbögen nach symptomatischen Fällen und der Gesamtzahl HIV-1-Infizierter, jedoch nicht ausdrücklich nach Patienten mit asymptomatischem Infektionsverlauf gefragt worden ist. Die nach Abzug der als „symptomatisch" gemeldeten Fälle verbleibende Zahl HIV-1-Infizierter (83%) darf also nicht ohne Einschränkung als „asymptomatisch" klassifiziert werden. Es ist vielmehr anzunehmen, daß ein Teil dieser Fälle nicht zugeordnete Patienten sind. Entspricht also der Anteil an AIDS verstorbener und erkrankter Patienten an der Gesamtzahl HIV-1-Infizierter (12%) bzw. der Gesamtzahl erfaßter Hämophiler (5,6%) auch weitgehend den Mitteilungen aus vergleichbaren anderen Ländern, so muß der niedrige Anteil gemeldeter Patienten der CDC-Klassifikationsgruppe III (2%) und IV-A, IV-B (3%) an der Gesamtzahl HIV-1-Infizierter bei einer Laufzeit der Infektion von jetzt 3–7 Jahren als äußerst zweifelhaft angesehen werden [9]. Das bedarf eingehender Nachprüfungen, um Risikoeinschätzungen des Infektionsverlaufs vornehmen zu können und unterstreicht zum anderen noch einmal die Notwendigkeit prospektiver multizentrischer Verlaufsstudien mit entsprechenden Auflagen für eine unumgängliche Verlaufsklassifikation im Einzelfall.

Abschließend sei noch darauf hingewiesen, daß vor allem Patienten mit schwerer Hämophilie und negativen Anti-HIV-1-Tests in den Jahren 1979–1983/84 vergleichbare Mengen an Faktorenkonzentraten derselben Produzenten und auch Chargen erhalten haben dürften wie jene mit positivem Testausfall. Zur Erklärung und Bedeutung dieses Phänomens ist bislang nichts auszusagen.

Literatur

1. CDC (1986) Classification system for human T-lymphotropic virus type III/lymphadenopathy-associated virus infections. MMWR 35:334
2. CDC (1987) Revision of the CDC surveillance case definition for acquired immunedeficiency syndrome. MMWR 36:1
3. Landbeck G (1969) Häufigkeit und Schweregrade der Hämophilie, Entwicklung der Blutungssymptomatik. In: Thies HA, Landbeck G (Hrsg) Hämophilie, XI. Symposion über Blutgerinnung. Schattauer, Stuttgart New York, S 27
4. Landbeck G (1986) Regulationsstörungen des Immunsystems und Acquired Immune Deficiency Syndrome Hämophiler als Folge der Substitutionstherapie mit Faktorenkonzentraten. In:

Landbeck G, Marx R (Hrsg) 14. Hämophilie-Symposion, Hamburg 1983. Schattauer, Stuttgart New York, S 7

5. Landbeck G (1986) Therapiebedingte Virusinfektionen bei Hämophilen. Entwicklung und derzeitiger Stand der Erkenntnisse; Todesursachenstatistik 1978–1984. In: Landbeck G, Marx R (Hrsg) 2. Rundtischgespräch: Therapiebedingte Infektionen und Immundefekte bei Hämophilen. 15. Hämophilie-Symposion, Hamburg 1984. Springer, Berlin Heidelberg New York London Paris Tokyo, S 7
6. Landbeck G (1986) LAV/HTLV III-Infektionen Hämophiler und Definitionsprobleme der Risikoklassifizierung. Todesursachen Hämophiler in der Bundesrepublik Deutschland 1978–1985. In: Landbeck G, Marx R (Hrsg) 16. Hämophilie-Symposion, Hamburg 1985. Springer, Berlin Heidelberg New York London Paris Tokyo, S 5
7. Landbeck G (1986) Nutzen und Risiken des hämophilen Gerinnungsdefekts. In: Landbeck G, Schimpf Kl (Hrsg) 3. Rundtischgespräch über aktuelle Probleme der Substitutionstherapie Hämophiler. Springer, Berlin Heidelberg New York London Paris Tokyo, S 3
8. Landbeck G (1986) Todesursachenstatistik und symptomatische HIV-Infektion Hämophiler 1986. In: Landbeck G, Marx R (Hrsg) 17. Hämophilie-Symposion, Hamburg 1986. Springer, Berlin Heidelberg New York London Paris Tokyo, S 7
9. Ragni MV, Tegtmeier GE, Levy JA et al. (1986) AIDS retrovirus antibodies in hemophiliacs treated with factor VIII or factor IX concentrates, cryoprecipitate, or fresh frozen plasma: prevalence seroconversion rate, and clinical correlations. Blood 67:592
10. Velikay N, Kundi M, Nowotny Ch, Lechner K (1986) Epidemiologische Untersuchungen über die Lebenserwartung von Hämophilen. In: Landbeck G, Marx R (Hrsg) 12. Hämophilie-Symposion, Hamburg 1981. Schattauer, Stuttgart New York, S 151

Prospektive Studie über das Risiko von AIDS und ARC bei Anti-HIV-1-positiven Hämophilen

CH. STAIN (Wien)

In unserer Studie sind 90 regelmäßig an unserer Abteilung betreute Hämophile enthalten. Diese 90 Patienten sind multitransfundiert, wurden 1982/1983 hinsichtlich ihrer T4-Zellen und T8-Werte sowie der T4/T8-Ratio immunologisch getestet, retrospektiv wurden aus eingefrorenen Sera HIV-1-Antikörper bestimmt. Zusätzlich wurde die Messung von IgG-Werten, des Blutbildes und anderer Laborparameter vorgenommen. 83 Patienten hatten eine schwere Hämophilie A oder B, was einen Prozentsatz von insgesamt 80% der schweren Hämophilie darstellt, die an unserer Abteilung betreut werden (Tabelle 1).

Das Ergebnis der Testung auf HIV-1-Antikörper aus eingefrorenen Sera ergab, daß zum Zeitpunkt 1982/1983 50 Patienten HIV-1-positiv und 40 Patienten HIV-1-negativ waren. Bis zum Jahre 1985 traten noch 5 weitere Serokonversionen auf (Tabelle 2).

Tabelle 3 zeigt den Verlauf der Erkrankung. Auf der linken Seite sind die HIV-negativen Patienten aufgeführt, die bislang keine Krankheitssymptome zeigen, darunter die 5 nachträglich serokonvertierten, die zum Zeitpunkt ebenfalls asymptomatisch sind. Auf der rechten Seite sind die HIV-Positiven, von denen 1982/1983 nur

Tabelle 1

Studienpatienten:
- 90 Patienten mit Hämophilie A und B
- Multitransfundiert
- 1982/1983 immunologisch untersucht
- HIV-1-Ak retrospektiv getestet
- Schwere Hämophilie A: 76 Patienten*
- Schwere Hämophilie B: 7 Patienten*
- Mittelschwere oder leichte Hämophilie: 7 Patienten

* 80 Prozent der in Betreuung stehenden Patienten mit schwerer Hämophilie

Tabelle 2. Prävalenz von HIV-1-Antikörpern bei einer Patientenkohorte von 90 Hämophilen

Gruppe	1982/1983	1983–1987 (serokonvertiert)
HIV-positiv	50 (55%)	→ 5
HIV-negativ	40 (45%) ↗	

Tabelle 3. Krankheitsverlauf der Patientenkohorte im Zeitraum 1982–1987

Zeitraum	CDC-Klassifikation	HIV-negativ	HIV-positiv
1982/1983	CDC III/IV	–	1
1983–1987	CDC II	5	28
	CDC III	–	4
	CDC IV	–	18 (6†)

1 Patient Symptome zeigte, bis heute jedoch schon 22 Patienten symptomatisch geworden sind. Von diesen insgesamt 22 erkrankten Patienten sind 6 bereits verstorben.

Abbildung 1 zeigt einen Kaplan-Meier-Plot über die kumulative Inzidenz an CDC-III und IV nach 60 Monaten. Diese liegt derzeit bei unserem Patientengut bei 45%, wobei besonders bemerkenswert ist, daß es in den letzten eineinhalb Jahren zu einem sprunghaften Anstieg gekommen ist.

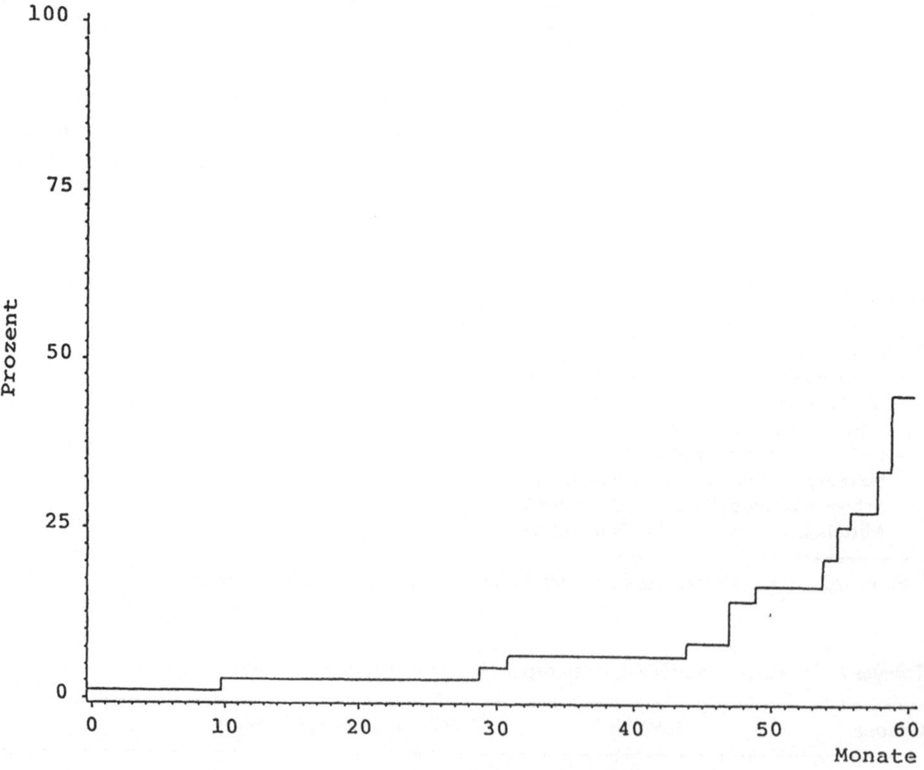

Abb. 1. Kumulative Inzidenz an CDC III/IV (alle 1982 HIV-1-positiven und später serokonvertierten Patienten)

Tabelle 4 faßt die Symptomatologie zusammen. Dargestellt sind die Krankheitszeichen bei 22 HIV-positiven Patienten entsprechend den CDC-Kriterien. Hervorzuheben ist vielleicht, daß die Inzidenz der oralen hairy leukoplakia bei den Hämophilen, gemessen an anderen Risikogruppen, relativ hoch zu sein scheint.

Tabelle 5 zeigt die 1982/1983 erhobenen Laborwerte der HIV-positiven Patienten im Hinblick auf ihre eventuelle prognostische Relevanz. In der linken Spalte unter CDC-III und IV sind die Werte der später erkrankten Patienten denen der bis heute klinisch unauffälligen Patienten auf der rechten Seite gegenübergestellt. Die erkrankten HIV-Positiven hatten zum damaligen Zeitpunkt signifikant niedrigere T4-Werte und wesentlich höhere Serum-IgG-Spiegel. Bei allen anderen Parametern fanden sich keine signifikanten Unterschiede zwischen den beiden Gruppen. Keine prognostische Bedeutung hatten auch die Höhe der HIV-1-Antikörpertiter oder das Fehlen bestimmter Banden im Western Blot.

Tabelle 4. Klinische Symptome bei 22 Patienten

CDC-Klassifikation		Symptom	Patienten
CDC-III		Lymphadenopathie-Syndrom	4
CDC-IV	C1	Multifokale Leukencephalopathie	1
		Soor-Oesophagitis	3
		Pneumocystis carinii Pneumonie	3
		Toxoplasmose-Encephalitis	1
		Cryptococcose d. ZNS	1
		Disseminierte Herpers-simplex Infektion	1
	C2	Orale hairy Leukoplakia	6
		Herpes Zoster	2
		Oraler Soor	9
CDC-IV	D	Non-Hodgkin Lymphom	2
		(Morbus Hodgkin)	1
CDC-IV	E	Chronische lymphoide interstitielle Pneumonitis	1

Mehrere Patienten hatten mehr als nur eine Krankheitsmanifestation

Tabelle 5. Prognostische Wertigkeit verschiedener 1982/1983 bestimmter Blut- und Serumparameter

	Progression zu CDC-III, IV		Keine Progression (CDC-II)
Leukozyten ($\times 10^9$/l)	4,652	n.s.	5,004
Lymphozyten ($\times 10^9$/l)	1,696	n.s.	1,843
T4-Lymphzyten ($\times 10^9$/l)	0,483	$p < 0{,}01$	0,662
Thrombozyten ($\times 10^9$/l)	159	n.s.	186
Globulin (g/l)	37,7	n.s.	33,6
Gamma-Globulin (g/l)	23,2	n.s.	18,8
IgG (mg/dl)	2621	$p < 0{,}01$	2001

Die Unterschiede in den T4-Werten sind in Abb. 2 illustriert. Jeder Punkt stellt den Medianwert von mehreren Einzelmessungen dar. Auf der linken Hälfte ist der Medianwert des Gesamtkollektivs der symptomfreien Patienten angegeben, auf der rechten Seite der Medianwert der symptomatischen Patientengruppe. Keiner der bis heute erkrankten Patienten hatte vor 5 Jahren einen T4-Lymphozytenwert von mehr als 750/µl.

Abbildung 3 stellt den signifikanten Unterschied in den Serum-IgG-Werten dar. Auf der linken Hälfte ist der Medianwert der symptomatischen Gruppe und auf der rechten jener der bis heute symptomfreien Patienten eingezeichnet.

Abbildung 4 zeigt nochmals die prognostische Bedeutung der T4-Lymphozytenzahlen. Die unterste, punktierte Kurve stellt diejenigen Patienten dar, die vor 5 Jahren mehr als 750 T4-Lymphozyten hatten. Keiner von diesen wurde bis heute symptomatisch. Die mittlere Kurve repräsentiert die Patienten mit einem damaligen T4-Lymphozytenwert von mehr als 500. Die oberste Kurve steht für jene Patienten,

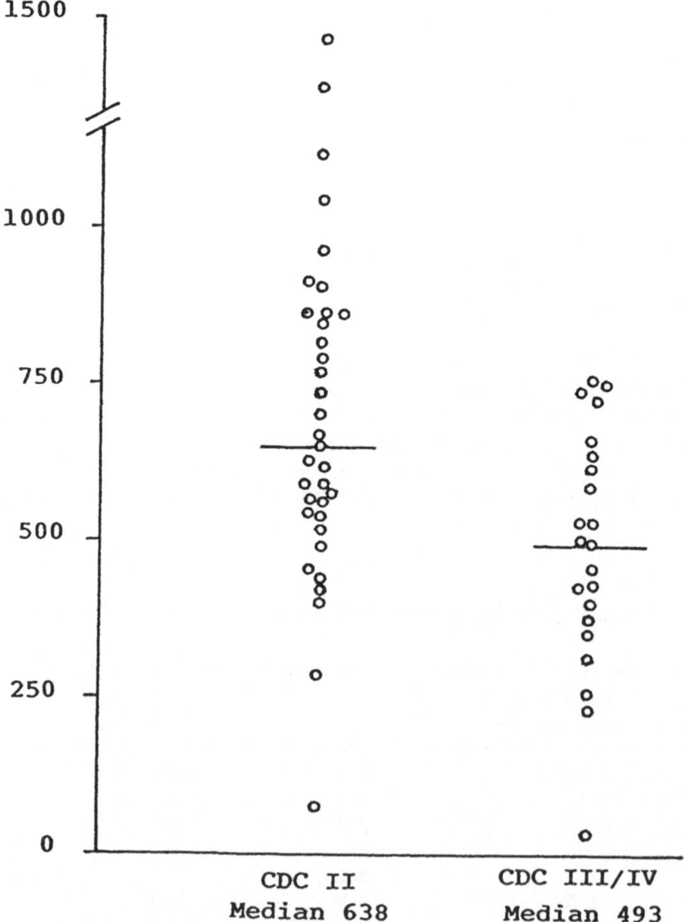

Abb. 2. Medianwerte von T4-Lymphozytenzahlen bei symptomfreien und erkrankten Patienten

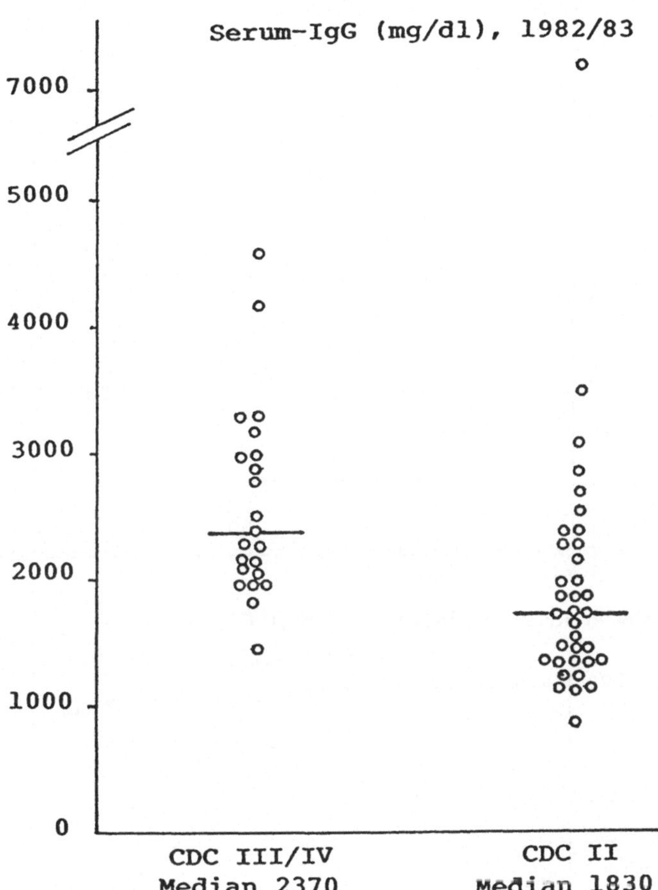

Abb. 3. Medianwerte von Serum IgG-Konzentrationen bei symptomfreien und erkrankten Patienten

die damals weniger als 500 T4-Lymphozyten aufwiesen. Anzumerken ist, daß für die mittlere und obere Kurve das Risiko letzten Endes gleich zu sein scheint, da es im letzten halben Jahr zu einer deutlichen Annäherung dieser beiden Kurven gekommen ist.

Die letzte Abbildung (Abb. 5) stellt die Überlebensrate aller HIV-1-positiven Hämophilen aus den Jahren 1982/1983 sowie der später noch serokonvertierten Patienten dar. Die Überlebensrate unserer HIV-1-positiven Hämophilen liegt nach 60 Monaten bei 85%.

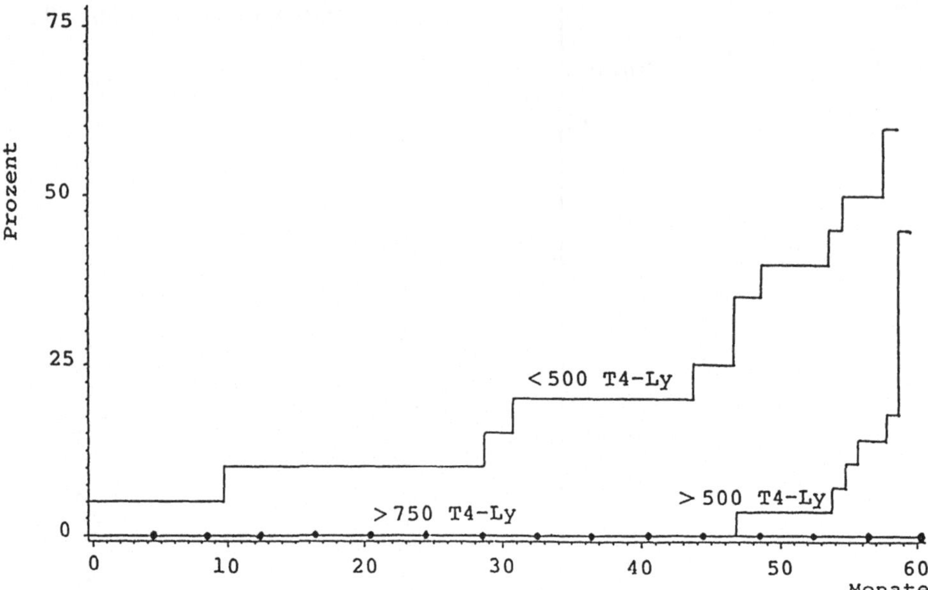

Abb. 4. Kumulative Inzidenz an CDC III/IV

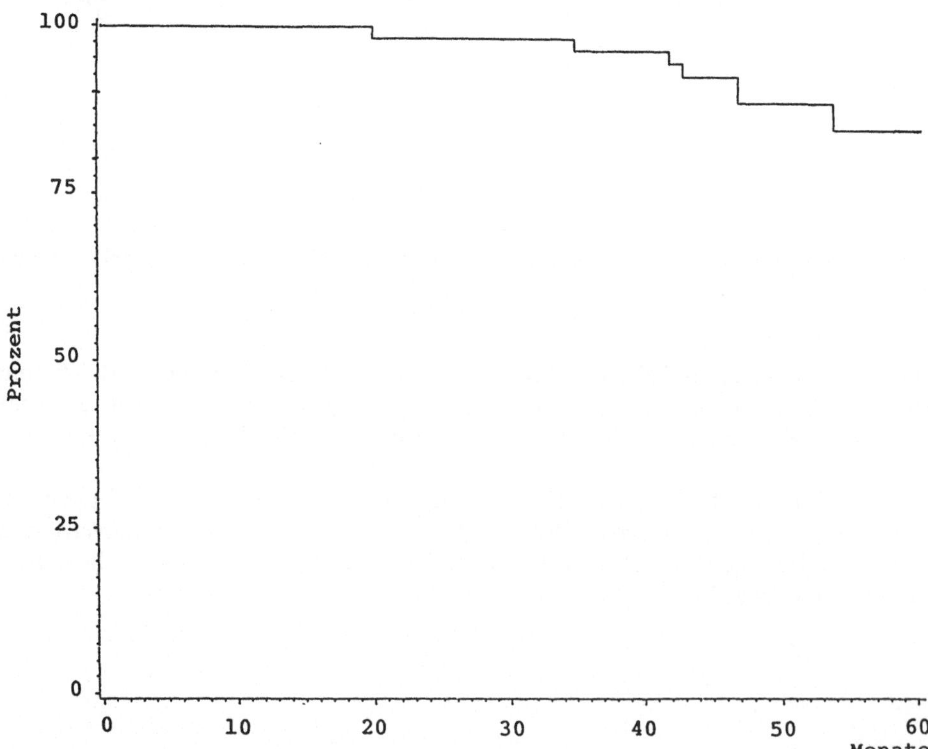

Abb. 5. Überlebenswahrscheinlichkeit aller 1982 HIV-1-positiven und später serokonvertierten Patienten

Klinisch-immunologische Befunde bei erwachsenen Hämophilen

T. KAMRADT, D. NIESE, H. H. BRACKMANN (Bonn)

Serologische Daten

395 von 656 am Institut für experimentelle Hämatologie der Universität Bonn behandelte Hämophilie-Patienten sind Anti-HIV-positiv. Unterteilt man die Gesamtzahl der hier betreuten Hämophilen in drei Untergruppen, Patienten mit leichter (> 5% Faktor VIII-Restaktivität), mittelschwerer (1–5% Faktor VIII-Restaktivität) und schwerer (< 1% Faktor VIII-Restaktivität) Hämophilie, dann läßt sich erkennen, daß die Patienten mit einer schweren Hämophilie, jene Patienten also, die am meisten Faktor VIII substituiert haben, in weitaus höherem Maße Anti-HIV-seropositiv sind (375/526 Patienten, 71%) als die Patienten mit einer leichten Hämophilie (6/78 Patienten, 8%). Die Patienten mit einer mittelschweren Hämophilie sind zu 27% (14/52 Patienten) Anti-HIV-positiv. Insgesamt sind 60% aller behandelten Hämophilen Anti-HIV-positiv. Die serologischen Untersuchungsergebnisse sind in Tabelle 1 zusammengefaßt.

Bisher wurden insgesamt 152 Sexualpartnerinnen HIV-infizierter Hämophiler serologisch untersucht. 15 dieser Frauen waren ebenfalls Anti-HIV-positiv. Darüber hinaus ist der Ehemann einer HIV-infizierten Patientin mit von Willebrand-Syndrom Anti-HIV-positiv. Insgesamt sind also 16 von 153 untersuchten Sexualpartnern (10,5%) seropositiv.

Tabelle 1. HIV-Seropositivitätsraten in Abhängigkeit vom Schweregrad der Hämophilie

Schweregrad der Hämophilie	Anzahl der Anti-HIV-positiven Patienten	% Anti-HIV-positiv
Leicht	6/ 78	8%
Mittel	14/ 52	27%
Schwer	375/526	71%
Gesamt	395/656	60%

Erkrankungen an AIDS

Von 1982 bis Oktober 1987 sind insgesamt 33 unserer hämophilen Patienten an AIDS erkrankt. In Abb. 1 ist die Anzahl der neudiagnostizierten AIDS-Patienten pro

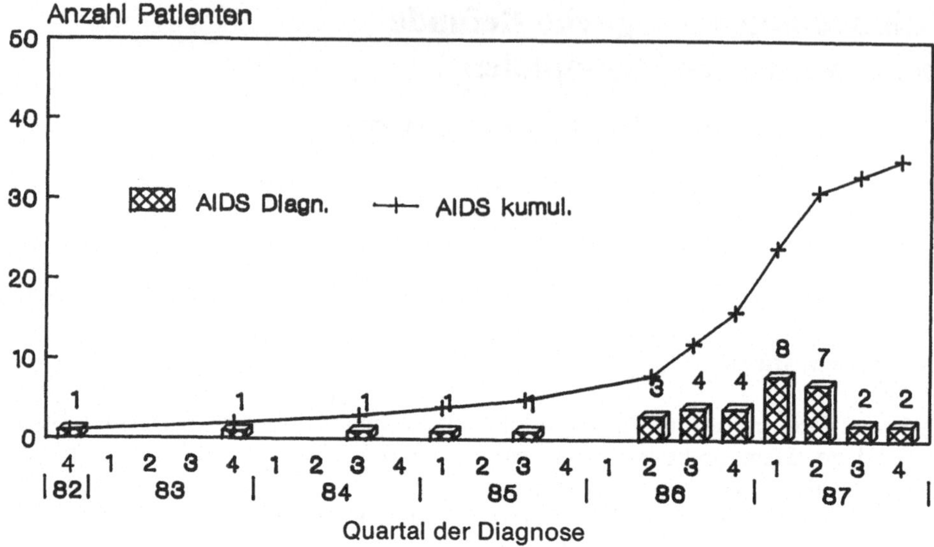

Abb. 1. Kumulative Inzidenz der AIDS-Erkrankungen im untersuchten Kollektiv von 395 Patienten

Quartal und kumulativ dargestellt. Eine deutliche Zunahme der AIDS-Inzidenz in den Jahren 1986 und 1987 ist zu erkennen. 1986 erkrankten 11, von Januar bis Oktober 1987 15 weitere Patienten an AIDS. Betrachtet man die Erstmanifestationen von AIDS in dieser Patientengruppe, dann erkennt man, daß opportunistische Infektionen die häufigste Primärmanifestation darstellen (20 Patienten), gefolgt von neurologischen Manifestationen (AIDS-Demenz-Komplex, 9 Patienten) Lymphomen (3 Patienten) und Kaposi-Sarkom (1 Patient). Tabelle 2 listet die bei unseren Patienten als Primärmanifestation von AIDS aufgetretenen opportunistischen Infektionen auf.

Tabelle 2. Opportunistische Infektionen bei 20 Hämophilen. Die Gesamtzahl der angeführten Infektionen ist größer als 20, da einige Patienten, bei der Diagnosestellung mehr als eine Infektion aufwiesen.

Opportunistische Infektionen als Primärmanifestation von AIDS	
Pneumocystis carinii Pneumonie	11
Toxoplasma-Enzephalitis	11
CMV-Pneumonie	2
Candida-Pneumonie	
Candida-Ösophagitis	
Extrapulmonale Tuberkulose	
Diss. *M. kansasii* Infektion	je 1
Progressiv multifokale Leukoenzephalopathie	
Kryptosporidiose	

Klinischer Verlauf der HIV-Infektion bei Hämophilen

Unser besonderes Interesse gilt der Untersuchung des Spontanverlaufes der HIV-Infektion bei Hämophilen und hier die Frage: „Gibt es im Spontanverlauf der HIV-Infektion Unterschiede zwischen Hämophilen und Patienten aus anderen Risikogruppen?“ Seit 1986 werden HIV-infizierte Hämophile regelmäßig in der Immunologischen Ambulanz der medizinischen Klinik betreut. Inzwischen konnten wir 301 Patienten untersuchen. Tabelle 3 listet auf, welchem Stadium CDC-Klassifikation [1] die Patienten bei ihrer jeweiligen Erstvorstellung zugeordnet wurden. Etwa die Hälfte aller Patienten war bei der Erstvorstellung klinisch symptomlos und wies auch keine pathologischen Laborveränderungen im Sinne der genannten CDC-Klassifikation auf. Ein weiteres Drittel der Patienten war klinisch zwar symptomlos, wies jedoch pathologische Laborbefunde auf. Zumeist handelt es sich dabei um deutlich verminderte T-Helferzellzahlen, in einigen Fällen um ausgeprägte Thrombopenien. Nur ein Sechstel aller Patienten hatte bei der ersten Vorstellung klinisch faßbare Symptome. Immerhin 8 Patienten hatten schon bei der ersten Untersuchung eine AIDS-typische opportunistische Infektion.

Tabelle 3. Stadieneinteilung nach der CDC-Klassifikation. Dargestellt sind die Ergebnisse bei der jeweils ersten Vorstellung der Patienten

Krankheitsstadium bei der Erstuntersuchung	
CDC-Stadium	Patientenzahl
II A	149
II B	96
III A	20
III B	14
IV A	4
IV B	4
IV C1	8
IV C2	6
Gesamt	301

174 dieser 301 Patienten wurden mehrfach untersucht. Der durchschnittliche Beobachtungszeitraum beträgt derzeit 9 Monate (1–23 Monate). In diesem Beobachtungszeitraum trat bei 63/174 Patienten, daß entspricht 36%, eine Verschlechterung des klinischen Stadiums ein. Die Verlaufsdaten sind in Abb. 2 zusammengefaßt.

Es ist sicherlich noch zu früh, um abschließend zu beurteilen, ob bei den Hämophilen grundsätzlich ein anderer klinischer Verlauf der HIV-Infektion vorliegt als bei anderen HIV-1-infizierten Patienten. Unsere bisherigen Untersuchungen lassen Anhaltspunkte dafür jedoch nicht erkennen.

Start		Folgeuntersuchungen										
CDC		IIA	IIB	IIIA	IIIB	IVA	IVB	IVC1	IVC2	IVD	IVE	+
IIA	90	(59)	11	8	4				5			3
IIB	70	23	(22)	4	4	1		2	6	1	1	6
IIIA	15			(9)	6							
IIIB	9			1	(5)				2			1
IVA	4					(1)		1				2
IVB	4						(1)					3
IVC1	7							(2)				5
IVC2	5								(3)			2
IVD	0											
Summe	204	82	33	22	19	2	1	5	16	1	1	22

Abb. 2. Klinischer Verlauf der HIV-Infektion bei Hämophilen. In der linken Spalte ist dargestellt, welchem klinischen Stadium die Patienten bei ihrer Erstuntersuchung zugeordnet wurden. Danach ist dargestellt, in welchem Stadium die Patienten bei der jeweils letzten Untersuchung angelangt waren. Betrachtet man das am Beispiel der 78 mehrfach untersuchten Patienten, die bei der Erstuntersuchung dem Stadium II A zugeordnet wurden, so waren bei der letzten Untersuchung nur noch 54 in diesem Stadium. 11 wurden bei der letzten Untersuchung dem Stadium II B zugeordnet, 7 dem Stadium III A etc. Entsprechendes gilt für die anderen Patientengruppen

Literatur

1. Centers for Disease Control. Revision of the Centers for Disease Control surveillance case definition for acquired immunodeficiency syndrome. MMWR 1987; 36 suppl no. 15:15–155

Virologische Untersuchungen bei HIV-seropositiven Hämophilen

K. E. Schneweis (Bonn)

Bei der virologischen Untersuchung der HIV-seropositiven Hämophilen gingen wir von der immer wieder aufgeworfenen Frage aus, ob die Faktor VIII- oder Faktor IX-Präparate in einem Teil der Fälle nicht zu einer Infektion, sondern durch darin enthaltene inaktivierte Virus-Antigene nur zu einer Immunisierung geführt hätten und ob daher vielleicht eine Gruppe der HIV-seropositiven Hämophilen von der Infektion verschont geblieben sei. Um dies zu klären, haben wir Virusisolierungen bei 124 HIV-seropositiven Hämophilen durchgeführt.

Zur Methodik: Aus 20 ml Heparin-Blut wurden die Lymphozyten gewonnen. Sie stellen sich nach der Präparation als kleine ruhende Zellen dar (Abb. 1a). Nach Stimulation mit Phythämagglutinin, Interleukin-2 und Polybrene entstehen große, reichlich proliferierende Lymphoblasten (Abb. 1b). In zwei parallelen Untersuchungsreihen wurden die Patienten-Lymphozyten zwei- bzw. dreimal auf Lymphozyten-Kulturen entsprechender Art von normalen Blutspendern übertragen. Nach 8 bis 14 Tagen, selten früher oder später, erschien in den Kulturen der zytopathische Effekt,

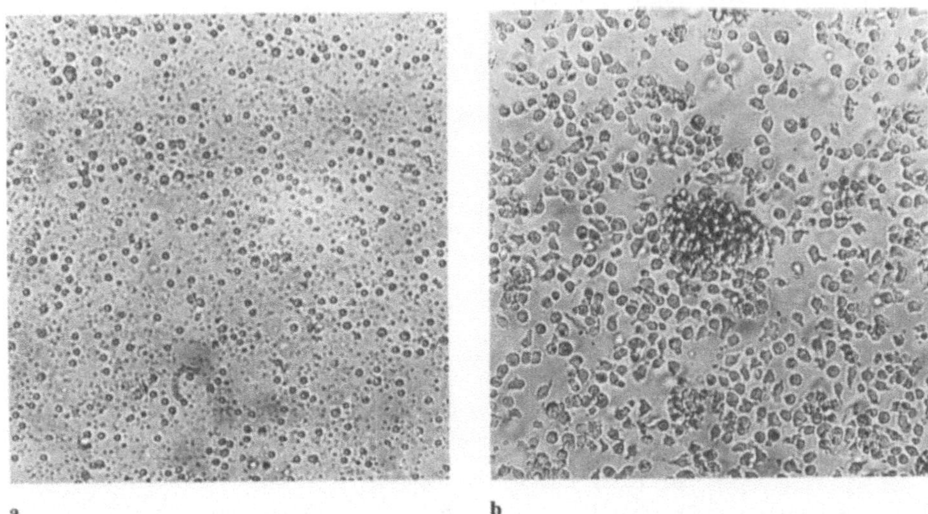

Abb. 1a, b. **a** Frisch angesetzte Kultur von peripheren Blutlymphozyten. **b** Kultur von peripheren Blutlymphozyten 3 Tage nach der Stimulation mit Phythämagglutinin und Interleukin-2 (Mikrophot. Vergr. 25 ×, Nachvergr. 4 ×)

der die Virusproduktion anzeigte: Aus einer Ansammlung von proliferierenden Lymphozyten quillt ein zunächst noch kleines, blasig degeneriertes Syncytium hervor (Abb. 2a), das in der Folge zu riesigen, bizarren Gebilden heranwachsen kann (Abb. 2b). Wir vergewisserten uns mit Hilfe der Immunfluoreszenz davon, daß es sich um einen spezifischen zytopathischen Effekt handelte, indem in den vom zytopathischen Effekt befallenen Zellen HIV-1-spezifische Antigene nachgewiesen wurden.

Eine weitere Bestätigung erfolgte dadurch, daß sich das zytopathogene Agens mit dem zellfreien Überstand übertragen ließ und daß in dem zellfreien Überstand die reverse Transkriptase des HIV vorhanden war.

Die Untersuchungen bei 124 seropositiven Hämophilen ergaben in 27 Fällen, d. h. in 22% ein positives Ergebnis. Die erfolgreichen Virusisolierungen verteilten sich nicht gleichmäßig auf die gesamte untersuchte Gruppe. Wenn man die untersuchten Patienten nach den Infektionsstadien aufgliedert, in die sie einzuordnen waren, so erkennt man, daß die Rate der erfolgreichen Virusisolierungen mit dem Fortschreiten der Infektion größer wird. Bei den symptomlosen Patienten im Stadium II wurde das Virus in 19% der Fälle, bei den LAS-Patienten in 29% der Fälle und bei den AIDS-Patienten in 73% der Fälle isoliert. Im Endstadium der HIV-Infektion wird die Virus-Isolierung wieder schwieriger. Das ist verständlich, weil in diesem Stadium der Infektion nur noch wenige CD4$^+$-Lymphozyten vorliegen (Tabelle 1).

Wenn die Gruppe der symptomlosen Patienten in die beiden Untergruppen II A und II B aufgeteilt wird, wobei in die Gruppe II A die symptomlosen Patienten mit mehr als 400 CD4$^+$-Lymphozyten/µl, in die Gruppe II B die symptomlosen Patienten mit weniger als 400 CD4$^+$-Lymphozyten/µl einzuordnen sind, so erkennt man, daß die Isolierungsrate zunimmt, wenn die Zahl der CD4$^+$-Lymphozyten abgesunken ist (Tabelle 1).

Es ist in diesem Zusammenhang interessant, daß in der Gruppe II B auch am häufigsten eine Progression des Krankheitsbildes zu beobachten war (vgl. die vorangehende Mitteilung von KAMRADT).

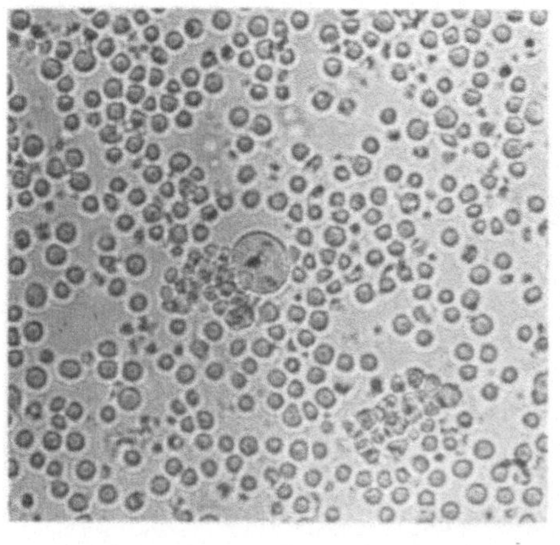
a

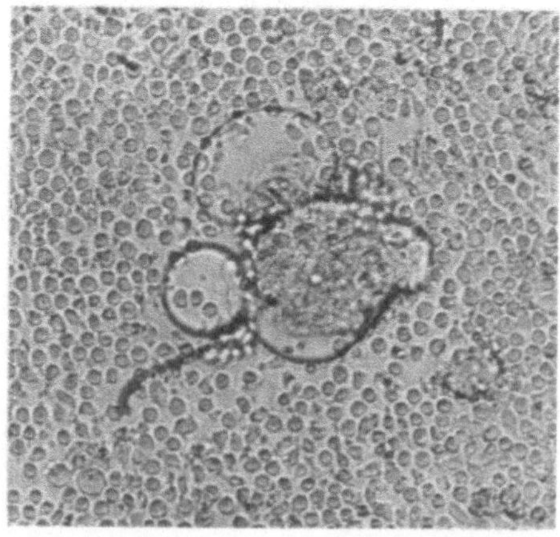
b

Abb. 2a, b. a Kultur von peripheren Blutlymphozyten mit beginnendem zytopathischen Effekt durch HIV-1, **b** desgleichen mit stark ausgeprägtem zytopathischen Effekt (Mikrophot. Vergr. 25 ×, Nachvergr. 5,5 ×)

Tabelle 1. Isolierung von HIV-1 aus den Blutlymphozyten von Hämophilen in den verschiedenen Stadien der HIV-Infektion (CDC-Klassifikation). Zähler = Anzahl der positiven Isolierungen. Nenner = Anzahl der Untersuchungen. Doppeluntersuchungen wurden nur beim Fortschreiten der Infektion oder bei Änderung des Untersuchungsergebnisses berücksichtigt (*$p < 0,01$; $> 0,001$)

IIA	IIB	IIIA	IIIB	IVA	IVB	IVC1	IVC2	IVD	Endstadium
3/42* (7%)	11/32* (34%)	1/8	3/6	0/1	0/1	4/5	3/3	1/1	3/7
14/74 (19%)		4/14 (29%)		8/11 (73%)					(43%)

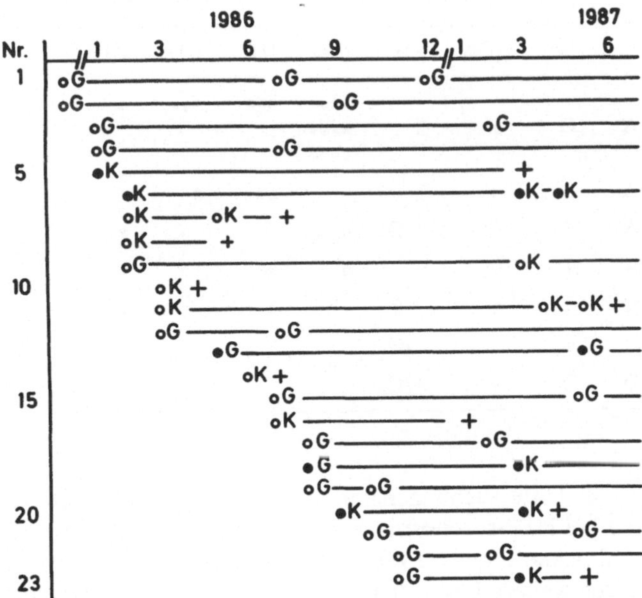

Abb. 3. Verlaufsbeobachtungen bei Untersuchungen zur Virusisolierung bei HIV-seropositiven Hämophilen. Ergebnis der Virusisolierung negativ (○), positiv (•), Patient symptomlos („gesund") (G), krank (K), verstorben (+)

In Verlaufsbeobachtungen haben wir negative und positive Ergebnisse bei Gesunden oder beides auch bei Kranken über die Dauer von mehr als einem Jahr z. T. mehrfach reproduzieren können (Abb. 3).

Die in unseren Untersuchungen ermittelte Frequenz der Virusisolierung bei HIV-seropositiven Hämophilen entsprach derjenigen, die auch bei HIV-Seropositiven aus anderen Risikogruppen festgestellt worden war [2, 3]. Wie kürzlich mitgeteilt wurde, hat auch eine andere Arbeitsgruppe bei der Untersuchung von 66 Hämophilen ähnliche Zahlen erzielt [1]. Somit ergibt sich derzeit kein Anhalt dafür, daß unter HIV-seropositiven Hämophilen eine Gruppe von Patienten vorkäme, die lediglich immunisiert, aber nicht infiziert wäre. Für den Einzelfall kann das natürlich nicht ausgeschlossen werden.

Bei einem Teil der Patienten haben wir das Ergebnis der Virusisolierung mit dem Nachweis von p24-Antigen und p24-Antikörpern im Serum oder Plasma der Patienten verglichen. (Vom Anti-p24-Antikörper ist nämlich bekannt, daß er mit dem Fortschreiten der Infektion oft verschwindet, während das p24-Antigen beim Fortschreiten der Infektion auftritt.) Wenn man die drei Parameter in den einzelnen Infektionsstadien miteinander vergleicht, so gewinnt man den Eindruck, daß die Virusisolierung früher und zuverlässiger die Progression der Infektion anzeigt als die beiden anderen Parameter (Tabelle 2).

Tabelle 2. Isolierung von HIV-1, Nachweis von p24-Antigen und -Antikörpern in den verschiedenen Infektionsstadien der HIV-Infektion (CDC-Klassifikation) bei 45 Hämophilie-Patienten

	Isol.	p24	a-p24	IIA	IIB	IIIA	IIIB	IVA	IVB	IVC1	IVC2	IVB
A	Ø	Ø	+	●●●●● ●●●●● ●●●●	●●●	●●●	●				●	●
A_1	Ø	+	+		●●	●				●		
A_2	Ø	Ø	+/Ø	●			●					
B	+	Ø	+	●	●●		●●			●●	●	●
C	+	Ø	+/Ø		●		●			●		
D	+	+	+/Ø						●	●		●
D_1	Ø	+	+/Ø						●			

Die Untersuchungen haben nicht nur ihren Platz im Rahmen der Verlaufskontrollen bei HIV-seropositiven Hämophilen, sondern tragen auch zum Verständnis der Pathogenese der HIV-Infektion bei. Die bis jetzt gewonnenen Ergebnisse müssen durch weitere Untersuchungen auf eine sichere Basis gestellt werden.

Literatur

1. Andrews CH A, Sullivan JL, Brettler DB, Brewster FE, Forsberg AD, Scesney S, Levine PH (1987) Isolation of human immunodeficiency virus from hemophiliacs: Correlation with clinical symptoms and immunologic abnormalities. J Pediatr 111:672–677
2. Gallo RC, Shaw GM, Markham PH D (1986) The etiology of AIDS: In: DeVita VT, Hellman S, Rosenberg ST A (eds) AIDS: etiology, diagnosis, treatment, and prevention. JB Lippincott Comp
3. Salahuddin SZ, Markham PH D, Popovic M, Sarngadharan MG, Orndorf SH, Fladagar A, Patel A, Gold J, Gallo RC (1985) Isolation of infectious human T-cell leukemia/lymphotropic virus type III (HTLV-III) from patients with acquired immunodeficiency syndrome (AIDS) or AIDS-related complex (ARC) and from healthy carriers: A study of risk groups and tissue sources. Proc Natl Acad Sci (USA) 82:5530–5534

Diskussion

LECHNER (Wien):

Ich habe eine Frage an Herrn Kamradt. Bei der Auflistung der Symptome Ihrer Patienten habe ich vermißt Soor des Mundes und orale hairy Leukoplakia, die bereits zur Gruppe CDC IV zählen. Gibt es diese bei Ihnen nicht?

KAMRADT (Bonn):

Das, was wir aufgelistet haben, waren die Primärmanifestationen von AIDS bei diesen 22 Patienten, die an AIDS erkrankt waren. Fast alle hatten nebenbei eine orale Candidiasis. Auch im ARC-Stadium gibt es einige Patienten mit Candidiasis oder mit hairy Leukoplakia. Das Dia über 20 Patienten mit opportunistischen Infektionen enthielt die Primärmanifestationen. Diese beziehen sich nur auf solche, die uns zur Diagnose AIDS veranlaßten. Es sind jedoch auch Patienten darunter, die evtl. schon vor einem halben Jahr eine Candidiasis bekommen haben, doch wurden sie erst jetzt einem manifesten AIDS zugeordnet.

LECHNER (Wien):

Ich weiß! Das ist eben der Punkt, den ich ansprechen möchte. Ich glaube, wir haben alle noch die ursprüngliche Definition von AIDS im Kopf, die da heißt: Pneumocystis oder Toxoplasmose. Aber ein oraler Soor ist nach der heutigen Definition AIDS.

BRODT (Frankfurt):

Soweit mir bekannt ist, ist es die Candida ösophagitis. Ein Patient, der sehr gut betreut ist, bekommt zunächst einen oralen Soor. Der wird dann behandelt und entwickelt unter Behandlung natürlich keine Ösophagitis. Insofern vollziehen wir jetzt die Schwierigkeit der Definition und teilweise die Fragwürdigkeit der Einbeziehung solcher Krankheiten als Primärmanifestation nach.

LECHNER (Wien):

Ich meine aber, das unterstreicht die Notwendigkeit, daß wir eine einheitliche Sprache sprechen müssen. Denn Herr Landbeck hat uns in seiner Einleitung klar gezeigt, daß eine hairy Leukoplakia oder ein Mundsoor, den wir früher auch nicht als AIDS gewertet hatten, der Gruppe CDC IV entspricht und damit AIDS , und zwar sogar nach der alten Nomenklatur. Die neue Nomenklatur geht ja noch weiter. Ich glaube also, wir müssen, wenn wir solche Statistiken zeigen, klar sagen, nach welcher Nomenklatur wir vorgehen.

KAMRADT (Bonn):

Wir haben uns auf die bis August 1987 gültige Nomenklatur bezogen und die sehr häufige Candidiasis herausgenommen.

Frau EIBL (Wien):

Ich glaube, wir sollten diese Frage in der allgemeinen Diskussion weiter diskutierten.

MARX (München):

Wie viele HIV-infizierte Partnerinnen von Hämophilen haben Kinder bekommen?

BRACKMANN (Bonn):

Uns ist von vier infizierten Ehefrauen in den letzten zwei Jahren je eine Geburt gemeldet worden, und alle Kinder sind nicht infiziert.

STAIN (Wien):

Sie haben einen Patienten mit Kaposi-Sarkom gezeigt. Meine Frage ist: Wo war dieses Kaposi-Sarkom lokalisiert, und wie wurde die Diagnose gesichert?

KAMRADT (Bonn):

Lokalisiert war es primär pharyngeal. Die Diagnose ist histologisch gesichert worden.

Verlaufsstudien bei nicht HIV-infizierten Patienten mit schwerer Hämophilie A und B

E. Seifried, G. Pindur, D. Ellbrück (Ulm)

Einleitung

Die Behandlung angeborener Gerinnungsdefekte, insbesondere der schweren Hämophilie A und B, mit hochkonzentrierten Gerinnungsfaktoren Ende der 60iger und zu Beginn der 70iger Jahre brachte eine Verbesserung der Lebensqualität und eine Verlängerung der Lebenserwartung für die betroffenen Patienten. Frühzeitig wurde klar, daß die Therapie mit aus großen Pools menschlichen Plasmas hergestellten Konzentraten zu Virusübertragungen führt. Nachdem die Post-Transfusionshepatitis (Hepatitis A, Hepatitis B, Hepatitis Non A/Non B) als Nebenwirkung der Substitutionstherapie erkannt war, kam seit etwa 1982 das erworbene Immundefektsyndrom (AIDS) als weitere Komplikation hinzu. Seit etwa 1984/85 werden die Konzentrate zur Inaktivierung des Human Immunodeficiency Virus (HIV) chemischen, Dampf- oder Erhitzungsvorgängen unterzogen. Trotz einzelner Berichte über eine HIV-Serokonversion bei mit trocken erhitzten Präparaten behandelten Hämophilen kann davon ausgegangen werden, daß das Risiko einer Serokonversion unter Patienten, die ausschließlich mit den genannten virus-reduzierten Produkten aus Anti-HIV-negativen Spenderplasmen behandelt werden, gering ist. Patienten, die zum Zeitpunkt der Umstellung auf ein Virus-inaktiviertes Präparat HIV-negativ waren, sind daher in der Regel bei Fehlen sonstiger Risikofaktoren weiterhin seronegativ. Bei diesen Patienten wurden in der vorliegenden Studie klinische, immunologische, hämatologische und virologische Verlaufsuntersuchungen von 1983–1987 durchgeführt und mit den Befunden an HIV infizierten Hämophilen verglichen.

Material und Methoden

Patienten

54 Patienten mit Hämophilie A oder B im Alter von 12–73 Jahren wurden untersucht. 29 Patienten hatten eine schwere, 3 eine mittelschwere und 6 eine leichte Hämophilie A. 12 Patienten hatten eine schwere, 3 eine mittelschwere und 1 eine leichte Hämophilie B (Tabelle 1). Alle Patienten wurden seit vielen Jahren im Ulmer Hämophilie-Zentrum betreut. Die Menge des Faktorenbedarfs variierte abhängig vom Schweregrad, von der Blutungsneigung, von operativen Eingriffen, interferierenden Erkrankungen usw. innerhalb eines weiten Rahmens. 11 Patienten hatten

Tabelle 1. Übersicht über die Prävalenz von HIV-Infektionen bei 54 Hämophilie-Patienten in Abhängigkeit vom Schweregrad der Hämophilie

	Hämophilie	Schwer	Mittelschwer	Leicht	Summe	
Gesamt	A*	29	3	6	38	54
	B	12	3	1	16	
HIV negativ	A	15	3	6	24	35
	B	8	2	1	11	
HIV positiv	A	13	0	0	13	18
	B	4	1	0	5	
ARC	A	1	–	–	–	
	B	–	–	–	–	
AIDS	A	2	–	–	–	
	B	–	–	–	–	

* 1 Patient nicht getestet

ausschließlich Faktorenkonzentrate aus örtlichen Spenderpools, die übrigen Patienten mit schwerer Hämophilie hatten ausschließlich Präparate aus importierten Spenderplasmen erhalten.

Methoden

Bei allen Patienten wurden klinische, radiologische, hämatologische, immunologische, virologische und klinisch-chemische Untersuchungen durchgeführt.

Die Zellzählung erfolgte mit dem Coulter Counter in EDTA-Blut. Die Hämophiliediagnostik basierte auf konventionellen Faktor VIII- bzw. Faktor IX-Bestimmungsmethoden. Die Einteilung in Schweregrade orientierte sich an den üblichen Kriterien. Die Immunglobuline im Serum wurden lasernephelometrisch bestimmt; das Gesamteiweiß, Bilirubin und Transaminasen wurden mit Routinemethoden quantifiziert. Serologische Untersuchungen hinsichtlich Hepatitis-, Zytomegalie-, Epstein-Barr-, Herpes- und Adenovirus und Toxoplasmose wurden entweder in Radioimmunoassays, Komplementfixation oder mit ELISA durchgeführt. Für die Bestimmung der Lymphozytensubpopulationen wurden die mononukleären Zellen in Heparinblut durch Dichtezentrifugation über einen Ficoll-Gradienten gewonnen. Die Lymphozyten wurden durch entsprechende monoklonale Antikörper (CD3, CD4, CD8) markiert und durch indirekte Immunfluoreszenz mikroskopisch quantifiziert.

Die HIV-Antikörper wurden bei allen Patienten mit einem ELISA und 2 Bestätigungstests (Western Blot, Immunfluoreszenztest) bestimmt.

Die statistische Auswertung erfolgte unter Verwendung des Wilcoxon Rangsummentests.

Ergebnisse

Klinischer und serologischer Status

1983 wurden bei 8 von 35 Patienten mit Hämophilie A und B Antikörper gegen HIV-1 (damals HTLV III) gemessen (Seifried et al. 1986). Einen aktuellen und detaillierten Überblick über den HIV-Status einzelner Subgruppen im November 1987 gibt Tabelle 1. Von insgesamt 54 untersuchten Patienten zeigten 18 eine Serokonversion, 35 waren HIV-negativ geblieben, 1 Patient wurde auf eigenen Wunsch nicht untersucht. Die Antikörper-Titer für Herpes-, Zytomegalie-, Epstein-Barr, Hepatitis A und B-Virus und Toxoplasmose unterschieden sich nicht zwischen HIV-negativen und HIV-positiven. Wurden die nichtinfizierten Patienten in häufig substituierte (schwere Hämophilien) und selten substituierte Patienten (leichte und mittelschwere Hämophilien) unterteilt, so konnten virusserologisch keine Unterschiede zwischen den beiden Gruppen nachgewiesen werden (Tabelle 2).

Tabelle 2. Klinische (A) und serologische (B) Untersuchungen bei Patienten mit Hämophilie A und B (1987)

		HIV-positiv	HIV-negativ	
			schwer	leicht und mittel
A	Milzvergrößerung	3	0	0
	Lymphadenopathie	7	0	1
	Fieber-Episoden	2	0	0
	Diarrhöe	3	0	0
B	HSV IgG	55%	58%	64%
	CMV IgG	31%	90%	46%
	EBV IgG	55%	100%	89%
	Toxoplasmose IFT	55%	58%	55%
	HB_S-AG	8%	0%	0%
	Anti-HB_S	69%	90%	46%
	Anti-HB_C	85%	79%	36%
	Anti-HAV	31%	37%	36%

Bei der klinischen Untersuchung ergaben sich Unterschiede: In der nicht serokonvertierten Gruppe wurden bei 1 Patienten leicht vergrößerte Lymphknoten festgestellt, während bei den infizierten Patienten bei 7 eine Lymphadenopathie, bei 3 eine Splenomegalie, bei 2 Fieberepisoden und bei 3 eine Diarrhöe beobachtet wurde. Ein Patient mußte dem Stadium ARC (AIDS-related complex) zugeordnet werden, 2 Patienten waren an AIDS erkrankt, 1 davon verstorben. Alle übrigen Patienten waren klinisch gesund, d.h. weder serokonvertierte noch nichtserokonvertierte wiesen klinisch Vorstadien oder Manifestationen eines erworbenen Immundefektsyndroms auf.

Lymphozytensubpopulationen

Einen Überblick über die Lymphozytenzahlen und die Verteilung auf ihre Subpopulationen geben die Tabellen 3 und 4. Während die peripheren Lymphozytenzahlen von 1983 bis 1987 bei den HIV-positiven Patienten von 2400 ± 1100/µl auf 1400 ± 700 abgefallen waren, blieb die Lymphozytenzahl bei den HIV-negativen Patienten konstant bei etwa 1900/µl. Diese Abnahme spiegelte sich in den Subpopulationen wieder. Die CD4-Zellen fielen bei den Infizierten von 500 ± 200 auf 300 ± 200, die CD8-Zellen gleichsinnig von 1100 ± 900 auf 600 ± 300/ml ab, während bei den nichtbetroffenen Patienten der Verlauf der CD4-Zellen von 600 ± 200 auf 800 ± 400/µl gegensinnig war und bei den CD8-Zellen konstant bei 600 ± 200 blieb. Entsprechend blieb bei ersterer Gruppe die CD4/CD8-Ratio bei 0,64 ± 0,5 konstant, während bei letzterer die Ratio sich von 1,1 ± 0,7 auf 1,6 ± 0,6 verbesserte.

Tabelle 3. Verlauf immunologischer, hämatologischer und klinisch-chemischer Parameter bei HIV-serokonvertierten Patienten mit schwerer Hämophilie A und B

	1983	1986	1987	*p*
Leuko (10^3/µl)	5,3 ± 1,3	4,4 ± 1,7	4,4 ± 1,6	
Thrombo (10^3/µl)	215 ± 75	165 ± 85	182 ± 77	
Lympho (10^3/µl)	2,4 ± 1,1	1,6 ± 1,0	1,4 ± 0,7	
CD3 (10^3/µl)	1,6 ± 0,9	1,2 ± 1,0	0,9 ± 0,5	
CD4 (10^3/µl)	0,5 ± 0,2	0,4 ± 0,3	0,3 ± 0,2	
CD8 (10^3/µl)	1,1 ± 0,9	0,9 ± 0,6	0,6 ± 0,3	
CD4/CD8	0,64 ± 0,46	0,61 ± 0,47	0,63 ± 0,53	
IgG (mg %)	2055 ± 522	2387 ± 668	2950 ± 1100	
IgM (mg %)	209 ± 100	309 ± 159	366 ± 270	
Gesamteiweiß (g/l)	79 ± 5	84 ± 8	87 ± 10	
Gammaglobuline (g/l)	21 ± 4	23 ± 8	26 ± 7	

Tabelle 4. Verlauf immunologischer, hämatologischer und klinisch-chemischer Parameter bei HIV-negativen Patienten mit schwerer Hämophilie A und B

	1983	1986	1987	*p*
Leuko (10^3/µl)	5,7 ± 1,2	6,2 ± 2,1	6,6 ± 2,1	
Thrombo (10^3/µl)	251 ± 71	270 ± 72	270 ± 50	
Lympho (10^3/µl)	1,8 ± 0,5	1,9 ± 0,6	1,9 ± 0,6	
CD3 (10^3/µl)	1,1 ± 0,3	1,1 ± 0,5	1,4 ± 0,5	
CD4 (10^3/µl)	0,6 ± 0,2	0,7 ± 0,4	0,8 ± 0,4	
CD8 (10^3/µl)	0,6 ± 0,2	0,5 ± 0,3	0,6 ± 0,2	
CD4/CD8	1,1 ± 0,7	1,5 ± 0,7	1,6 ± 0,6	
IgG (mg %)	1738 ± 442	1786 ± 435	1734 ± 385	
IgM (mg %)	206 ± 116	206 ± 106	171 ± 76	
Gesamteiweiß (g/l)	79 ± 6	79 ± 5	83 ± 6	
Gammaglobuline (g/l)	18 ± 4	15 ± 4	16 ± 4	

Tabelle 5. Vergleich immunologischer, hämatologischer und klinisch-chemischer Parameter zwischen HIV-positiven und -negativen Patienten mit schwerer Hämophilie A und B 1987

	HIV-positiv	HIV-negativ	*p*
Leuko (10^3/μl)	4,36 ± 1,61	6,61 ± 2,13	< 0,01
Thrombo (10^3/μl)	182 ± 77	270 ± 50	< 0,001
Lympho (10^3/μl)	1,35 ± 0,69	1,18 ± 0,60	n. s.
CD3 (10^3/μl)	0,92 ± 0,47	1,36 ± 0,48	n. s.
CD4 (10^3/μl)	0,34 ± 0,23	0,81 ± 0,35	< 0,001
CD8 (10^3/μl)	0,59 ± 0,29	0,56 ± 0,21	n. s.
CD4/CD8	0,63 ± 0,53	1,56 ± 0,67	< 0,001
IgG (mg %)	2950 ± 1100	1734 ± 385	< 0,001
IgM (mg %)	366 ± 270	171 ± 76	< 0,001
Gesamteiweiß (g/l)	87 ± 10	83 ± 6	< 0,05
Gammaglobuline (g/l)	26 ± 7	16 ± 4	< 0,001

Beim Vergleich der Lymphozytensubpopulationen 1983 ergab sich zwischen positiven und negativen Patienten kein signifikanter Unterschied. 1987 errechneten sich signifikante Unterschiede für die CD4-Subpopulationen und für die CD4/CD8-Ratio, während die periphere Lymphozytenzahl und die CD8-Zellen nicht signifikant unterschiedlich waren (Tabelle 5).

Hämatologische und klinisch-chemische Parameter

Die peripheren Thrombozytenzahlen lagen 1987 bei den HIV-positiven Patienten signifikant niedriger als bei HIV-negativen Patienten; derselbe Trend ergab sich für die Leukozytenzahlen. Die IgG- und IgM-Immunglobuline und die Gammaglobuline in der Eiweißelektrophorese waren bei HIV-infizierten signifikant höher als bei nicht-infizierten Hämophilen (Tabelle 5). Bei einem Patienten war es im Zusammenhang mit rezidivierenden Fieberepisoden und chronisch rezidivierenden Diarrhöen zu einer peripheren Thrombozytopenie gekommen (Seifried et al. 1988, in diesem Band), die wegen einer starken Blutungsneigung zunächst mit Steroiden, dann mit intravenösen IgG-Immunglobulinen therapiert werden mußte. Unter dieser Behandlung kam es zu einer Normalisierung der Thrombozytenzahlen, einem Wiederansprechen der Blutungen auf Faktor VIII-Substitution und zu einer deutlichen klinischen Besserung bezüglich des Allgemeinbefindens und der genannten Beschwerden.

Diskussion

67 Prozent aller Patienten unseres Hämophilie-Zentrums waren nicht mit HIV-1 infiziert. Bezogen auf Patienten mit schwerer Hämophilie waren 59% nicht infiziert, bei leichten und mittelschweren Hämophilien waren 92% seronegativ. Die im Vergleich zur Literatur geringe HIV-Antikörper-Prävalenz (Ragni et al. 1987, Jason et al. 1986, Jones et al. 1985) läßt sich auf die unterschiedliche Herkunft der Faktorenkonzentrate zurückführen. Alle Patienten, die primär mit Präparaten aus

Tabelle 6. Vorbehandlung nicht HIV-infizierter Patienten mit schwerer Hämophilie A und B

Bis 1984	Ab 1984/1985	Ab 1987	
PPSB DRK	STIM 4 Immuno	STIM 4 Immuno	$n = 8$
F. VIII-Cryo DRK	STIM 3 Immuno	STIM 3 Immuno	$n = 1$
F. VIII DRK	F. VIII HS Alpha	F. VIII HS Alpha	$n = 2$
FEIBA	–	–	$n = 2$
Autoplex	Autoplex HT	Autoplex HT	$n = 1$
F. VIII Immuno*	STIM 3	STIM3	$n = 1$
F. VIII Cutter	F. VIII HT Cutter	F. VIII HS Cutter	$n = 8$
		Gesamt	$n = 23$

* selten substituiert

örtlichen Plasmapools behandelt und 1984 auf dampf- bzw. hitzebehandelte Präparate umgestellt worden waren, blieben HIV-negativ. Die Prävalenz HIV-Infizierter, die mit importierten Produkten versorgt wurden, liegt bei 60% und entspricht etwa dem publizierten Anteil. In Tabelle 6 sind die nicht infizierten Patienten hinsichtlich der Therapie aufgeschlüsselt. Warum ein Teil der mit importierten Produkten behandelten Patienten infiziert wurde und ein kleinerer Teil nicht, ist bisher nicht bekannt. Möglicherweise muß eine individuelle Suszeptibilität für das Virus diskutiert werden.

Die hämatologischen und immunologischen Ergebnisse stimmen mit denen in der Literatur überein (Abrams et al. 1986, Kreiss et al. 1986, Eyster et al. 1985, Walsh et al. 1985) und weisen eine Abnahme der Lymphozytenzahlen, der T-Helfer- und der Thrombozytenzahlen sowie einen Anstieg der IgG-Immunglobuline auf. Während manche Autoren die absolute T4-Lymphozytenzahl als Parameter von prognostischer Bedeutung für die Entwicklung von AIDS oder Immundefekt-bezogenen Infektionen betrachten (Eyster et al. 1987), konnte diese Hypothese von anderen nicht bestätigt werden. Von Allain et al. (1987) wird dem Nachweis des HIV-Antigens und der Abnahme von Antikörpern gegen p 24 und gp 41 eine größere prädiktive Bedeutung beigemessen.

Der Vergleich der Leukozyten-, Thrombozyten- und Lymphozytenzahlen und die IgG-Immunglobuline nicht HIV-infizierter Hämophiler über die Jahre 1983, 1986 und 1987 ergab keine Veränderung. Die CD 4-Zellen waren angestiegen, während die CD 8-Zellen unverändert geblieben waren, so daß die CD 4/CD 8-Ratio 1987 höher lag als 4 Jahre zuvor. Der deutliche Anstieg der CD 4-Zellen bei HIV-negativen Patienten und der mäßiggradige Abfall der CD 4-Zellen bei den HIV-positiven Patienten führte zu einem signifikanten Unterschied zwischen den beiden Gruppen.

Die zelluläre Immunität, gemessen an den T-Zell-Subpopulationen, stellt sich heute bei den nicht infizierten Patienten besser dar als 1983. Ob dies Folge einer niedrigeren Substitutionsfrequenz, Folge von weniger Infektionen durch die Behandlung mit virusreduzierten Präparaten, Folge einer geringeren Eiweißbelastung durch die neuen Konzentrate oder Folge einer veränderten Beeinflussung des Immunsystems durch die Konzentrate (Eibl et al. 1987) ist, läßt sich weder aus den vorliegenden Untersuchungen noch aus bisher publizierten Arbeiten ableiten.

Acknowledgements. Für die Durchführung der labortechnischen Untersuchungen bedanken wir uns bei Frau D. Lampl, G. Engl und Chr. Schöpflin. Das Manuskript wurde dankenswerterweise von Frau R. Matzke fertiggestellt.

Literatur

Abrams DI, Kiprov DD, Goedert JJ, Sarngadharan MG, Gallo RC, Volberding PA (1986) Antibodies to human T-lymphotropic virus type III and development of the acquired immundeficiency syndrome in homosexual men presenting with immune thrombocytopenia. Ann Intern Med 104:47–50

Allain JP, Laurian Y, Paul Da, Verroust F, Leuther M, Gazengel C, Senn D, Larrieu MJ, Bosser C (1987) Long-term evaluation of HIV antigen and antibodies to p24 und gp41 in patients with hemophilia. N Engl J Med 317:1114–1121

Eibl MM, Ahmad R, Wolf HM, Linnau Y, Götz E, Mannhalter JW (1987) A component of factor VIII preparations which can be separated from factor VIII activity down modulates human monocyte functions. Blood 69:1153–1160

Eyster ME, Goedert JJ, Sarngadharan MG, Weiss SH, Gallo RC, Blattner WA. Development and early natural history of HTLV III antibodies in persons with hemophilia. JAMA 1985; 253:2219–2223

Eyster ME, Gail MH, Ballard JO et al. (1987) Natural history of human immuno-deficiency virus infections in hemophiliacs: effect of T-cell subsets, platelet counts, and age. Ann Intern Med 1987; 107:1–6

Jason J, Holman RC, Dixon G, Lawrence DN, Bozeman LH, Chorba TL, Tregillus L, Evatt BL (1986) Effects of exposure to factor concentrates containing donations from identified AIDS patients. JAMA 256:1758–1762

Jones P, Hamiilton PJ, Bird G, Fearns M, Oxley A, Tedder R, Cheingsong-Popov R, Codd A (1985) AIDS and hemophilia: morbidity and mortality in a well defined population. Brit Med J 291:695–699

Kreiss JK, Kitchen LW, Prince HE et al. (1986) Human T-cell leukemia virus type III antibody, lymphadenopathy, and acquired immune deficiency syndrome in hemophiliac subjects. Am J Med 80:345–350

Ragni MV, Winkelstein A, Kingsley L, Spero JA, Lewis JH (1987) 1986 Update of HIV seroprevalence, seroconversion, AIDS incidence, and immunologic correlates of HIV infection in patients with hemophilia A and B. Blood 70:786–790

Seifried E, Pindur G, Stötter H, Porzsolt F, Rasche H, Erfle V, Hehlmann R, Heimpel H (1986) HTLV III antibodies and immunological alterations in hemophilia patients. Klin Wschr 64:115–124

Seifried E, Pindur G, Ellbrück D, Gaedicke G (1988) Immunthrombozytopenie bei HIV-Infektion und Hämophilie A. In: G. Landbeck (Hrsg) 18. Hämophilie-Symposium 1988. Springer, Heidelberg

Walsh C, Krigel R, Lennette E, Karpatkin S (1985) Thrombocytopenia in homosexual patients: prognosis, response to therapy, and prevalence of antibody to the retrovirus associated with the acquired immunodeficiency syndrome. Ann Intern Med 103:542–545

Diskussion

Schneweis (Bonn):

Erklärt sich der Unterschied zwischen den HIV-negativen und HIV-positiven Patienten, der heute in bezug auf die T4-Helferzellen besteht, nun dadurch, daß Sie bei den HIV-negativen Patienten von 1983 bis 1987 einen signifikanten Anstieg der T-Helferzellen gefunden haben, oder mehr aus dem nichtsignifikanten Abfall der T4-Helferzellen bei den HIV-positiven Patienten?

Seifried (Ulm):

Beides. Die T4-Zellen waren absolut gesehen bei den infizierten Patienten nicht signifikant niedriger zum jetzigen Zeitpunkt im Vergleich zu 1983, während die T4-Zellen bei den Nichtinfizierten signifikant höher lagen als 1983. Daraus ergibt sich wohl insgesamt der Unterschied.

Frau Eibl (Wien):

War Ihre Behandlungsstrategie der nichtinfizierten und der infizierten Patienten gleich?

Seifried (Ulm):

Da gab es keinen Unterschied.

Neurologische, psychometrische und elektroenzephalographische Befunde bei HIV-seropositiven Hämophilen

R.-R. Riedel, Ch. Helmstaedter, P. Clarenbach (Bonn)

Bei rund 40% der HIV-seropositiven Patienten kommt es im Verlauf der Infektion zu einer klinischen Beteiligung des peripheren und zentralen Nervensystems. In Autopsie-Serien wurden sogar Affektionen des Nervensystems in 70 bis 90% der Fälle gefunden.

Wesentlich wichtiger als die Erfassung des sogenannten Neuro-AIDS ist die Erfassung der frühen klinischen Befunde von Patienten mit einer Erstmanifestation von neurologischen oder psychopathologischen Befunden, die wir bei ungefähr 12% der Patienten finden. Diese Patienten weisen noch keine Veränderungen der immunologischen Parameter auf; CCT- oder MRT-Untersuchungen sind nicht pathologisch.

Bei Patienten, die sich in der Phase der Serokonversion befinden, sehen wir eine spontan remittierende Enzephalopathie. Im weiteren Verlauf der Erkrankung kommt es zu Polyneuropathien, zu vakuolären Myelopathien, zu Myositiden mit Einschlußkörperchen sowie zu zerebralen granulomatösen Angitiden. Im Stadium IIb und III (nach Brodt/Helm) erkranken die Patienten an einer subakuten Enzephalitis und im Stadium III an einer HIV-assoziierten Enzephalopathie, die dem AIDS-Demenz-Komplex klinisch entspricht.

Bei Neuro-AIDS-Patienten werden unter anderem auch die folgenden Erkrankungen manifest: Primäre Lymphome, systemische Lymphome mit ZNS-Beteiligung, Kaposi-Sarkome sowie opportunistische Infektionen wie Zytomegalie, Toxoplasmose und Tuberkulose.

HIV-positive Patienten unserer Ambulanz werden einem umfangreichen Untersuchungsprogramm unterzogen, das ungefähr zweieinhalb Stunden in Anspruch nimmt. So wird ein Ruhe-Wach-EEG in den Vormittagsstunden abgeleitet, welches konventionell und frequenzanalytisch ausgewertet wird.

Ferner werden die Patienten mit einer umfangreichen psychometrischen Testbatterie (d-2, AVLT, CI, Benton, v. Zerssen) getestet. Ein Kurz-IQ-Test wird zur Erfassung des prämorbiden Intelligenzquotienten ermittelt. Dieser dient der Beurteilung des AVLT-Tests sowie des Benton-Testverfahrens. Beide Tests dienen der Beurteilung der Merkfähigkeit. Die Konzentration wird mittels des d-2-Tests beurteilt. Hinweise für einen möglicherweise vorliegenden depressiven Verstimmungszustand entnehmen wir der mitlaufenden v. Zerssen-Skala. Da Patienten mit depressiven Verstimmungsbildern in ihrer zerebralen Leistungsfähigkeit eingeschränkt sind, müssen testpsychologische Ergebnisse dieser Patienten mit Vorbehalt bewertet werden.

Schließlich wird ein neurologischer Status erhoben. Auf die Durchführung einer Lumbalpunktion wird in der Regel wegen der möglichen Blutungskomplikationen verzichtet.

Die Untersuchungen erfolgen in Zusammenarbeit mit Dr. BRACKMANN, Institut für Hämatologie sowie mit Dr. KAMRADT und Dr. NIESE von der Medizinischen Klinik. Wir ordneten unsere Patienten nicht nach den CDC-Kriterien den klinischen Stadien, sondern denen der BRODT/HELM-Klassifikation zu, da die CDC-Klassifikation den Neurologen mit besonderen Fragen konfrontiert. Die im Stadium I–IIb erhobenen EEG-Befunde weisen eine Besonderheit auf: Bei unseren HIV-seropositiven Hämophilen werden überproportional häufig unspezifische Vigilanzschwankungen registriert.

Nach mündlichen Angaben der Berliner Arbeitsgruppe finden sich diese Kurvenauffälligkeiten auch bei dort untersuchten Patienten, ohne daß diese Häufung im Augenblick zu erklären wäre. Vigilanzschwankungen werden üblicherweise als nicht pathologisch beurteilt. Im Gegensatz hierzu sind dysrhythmische und fokale EEG-Veränderungen, die sich in allen Stadien fanden, als krankhaft verändert zu bewerten. In diesem Zusammenhang muß allerdings berücksichtigt werden, daß ungefähr 10% der Bevölkerung dysrhythmische EEG-Veränderungen aufweisen. Die EEGs der Patienten im Stadium I sind zu über 80% nicht pathologisch verändert. In der Abb. 1 ist ein Beispiel für eine registrierte Vigilanzschwankung dargestellt. Zu Beginn ist noch eine gute Alpha-EEG-Ausprägung zu erkennen; im weiteren Verlauf kommt es dann zu einer Kurvenabflachung, zur Registrierung von langsameren und schnelleren Wellen und zur erneuten Wiederaufnahme der Alpha-Grundaktivität (Ableitung gegen Vertex).

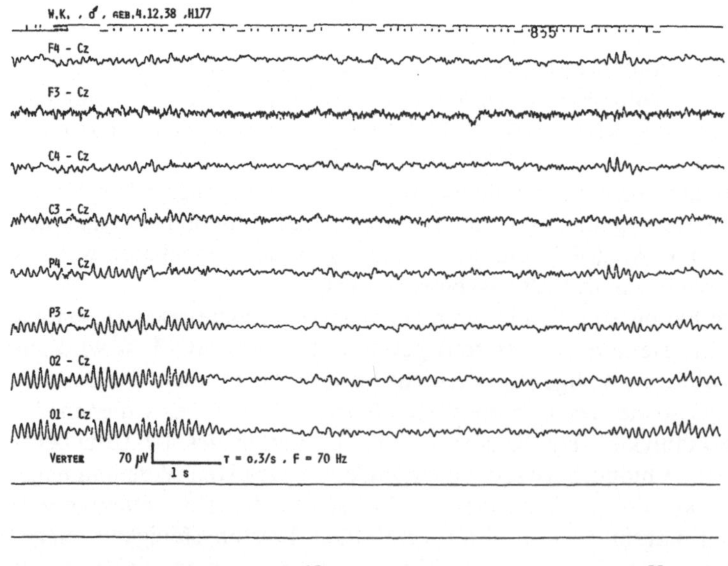

Abb. 1. Vigilanzschwankungen

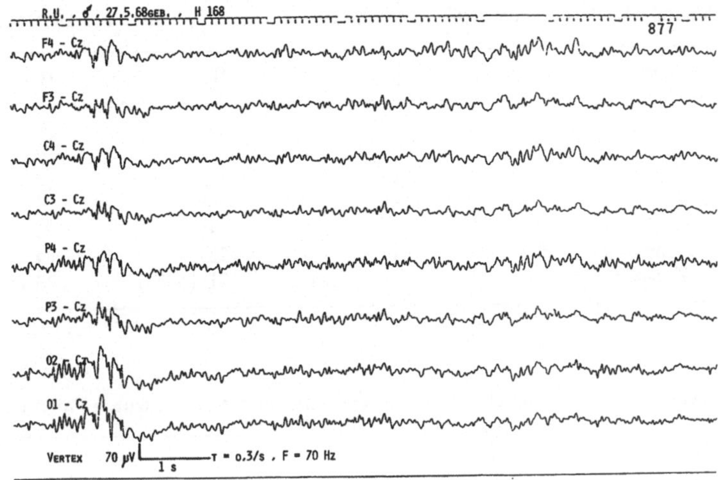

Abb. 2. Dysrhythmisches EEG

Im Stadium II nimmt im Vergleich zum Stadium I der prozentuale Anteil der Vigilanzschwankungen und der dysrhythmischen EEG-Veränderungen zu. In Abb. 2 ist ein Kurvenausschnitt (Vertexableitung) aus einem dysrhythmisch veränderten EEG bei einem 20jährigen Patienten dargestellt. Bei den 14 Patienten des Stadiums III fanden sich in 80% pathologisch auffällige EEG-Kurven (Tabelle 1).

In der psychometrischen Testung ist auffallend, daß die amnestischen Qualitäten Aufmerksamkeit und Konzentration in den Stadien I–IIb sich nach unseren, bis zu diesem Zeitpunkt vorliegenden Daten nur im Trend stadienbezogen unterscheiden. Im Moment müssen die Ergebnisse vor allem für das Stadium III statistisch abgesichert werden. Allerdings imponiert hier besonders eine Merkfähigkeitsstörung. Statistisch signifikante Daten liegen zur Zeit nicht vor (Tabelle 2).

In einer Übersicht sind die von uns erhobenen Befunde der neurologischen Untersuchung zusammengefaßt (Tabelle 3). Die Patienten wurden auch hier nach den klinischen Kriterien den Stadien der Brodt/Helm-Klassifikation zugeordnet. Unauffällige Befunde wurden im Stadium I in 62%, im Stadium IIa in 59%, im Stadium IIb in 59% und im Stadium III in 36% erhoben. Von besonderem Interesse sind die Zahlen für das Stadium I/II, da die Anzahl der auffälligen Befunde in diesen

Tabelle 1. EEG (Gesamtzahl der untersuchten Patienten: 182)

Stadium	I	IIa	IIb	III
Anzahl	81	31	56	14
Ohne Befund	42	10	12	1
Vigilanz	27	11	22	1
Dysrhythmie	9	10	20	10
Focus	2	–	2	2

Tabelle 2. Psychometrie (Gesamtzahl der untersuchten Patienten: 180). Auffällige Testergebnisse

Stadium	I	IIa	IIb	III
Anzahl	80	36	50	14
CI	9	7	10	7
AVLT	16	9	19	11
D-2	10	5	3	7
DCS/Benton	14	4	12	6
Test gesamt	49	25	44	31
v. Zerssen	41 (51%)	21 (58%)	28 (56%)	12 (86%)

Tabelle 3. Neurologische Befunde (Gesamtzahl der untersuchten Patienten: 188)

Stadium	I	IIa	IIb	III
Anzahl	81	37	56	14
Keine Symptome	50	22	33	5
Cerebell. Symptome	11	4	10	3
Hirnnerven	2	4	2	3
Pyramidenbahn	1	–	–	2
Hinterstränge	15	3	6	6
Peripherie	12	5	7	4

frühen Stadien denen des AIDS-Vollbildes entspricht. Die in unserer Querschnittsstudie für das Stadium III erhobenen auffälligen Befunde liegen über den zur Zeit angegebenen Literaturangaben. Im Stadium III sind doppelt so viele Patienten an einer Polyneuropathie erkrankt wie in den Vorstadien. Bei einem derartigen Anstieg dieser Symptomatik sind möglicherweise metabolische Stoffwechselstörungen von Bedeutung. Zu denken ist insbesondere an Resorptionsstörungen und an die häufig beschriebenen Diarrhöen. In diesem Rahmen ist noch der hohe Anteil an Hinterstrangsymptomen beim AIDS-Vollbild zu sehen.

Fassen wir zusammen: Bei der HIV-Infektion handelt es sich nicht nur um eine immunologische Erkrankung im engeren Sinne, sondern wir beobachten bei diesen Patienten auch Symptome des zentralen und/oder peripheren Nervensystems. Nach unseren bisherigen Erfahrungen eignen sich das EEG, die neurologische Untersuchung sowie die psychometrische Testung für die Erhebung von Querschnittsdaten und zur Verlaufskontrolle. So sehen wir in allen Stadien einen ungewöhnlich hohen Prozentsatz an enzephalitischen Beschwerdebildern. Dagegen sind Polyneuropathien nur mit einer Häufigkeit von bis zu 28% vor allem im Stadium III vertreten. Inwieweit es sich hier um ein Spezifikum der Hämophilen handelt, muß sich in weiteren Verlaufsuntersuchungen herausstellen.

Diskussion

MARX (München):

Sind schon Beobachtungen zwischen der HIV-Infektion und der neurologischen Störung unter Hirnblutungen gemacht worden? Hier in Hamburg ist auf einem früheren Symposion schon einmal die relative Häufigkeit der Hirnblutungen bei Hämophilen beschrieben worden. Aber das könnten Sie mit Ihrem EEG sicher nicht direkt nachweisen.

RIEDEL (Bonn):

Sie sprechen da einen sehr entscheidenden Punkt an. Das EEG ist letztendlich eine reine Screening-Untersuchung. Im EEG haben wir eine Momentaufnahme des Gehirns und können auch entsprechende fokale Veränderungen, wenn sie strukturell umgebaut sind, nicht mehr unbedingt erkennen, vor allem, wenn diese Strukturen tiefer liegen. Bei plötzlich akut auftretenden neurologischen Symptomen, über die die Patienten, gerade die HIV-Patienten, berichten, würden wir mit einem entsprechenden EEG-Befund bzw. neurologischem Status natürlich sofort ein CT veranlassen. Wir haben bei den Patienten, die wir hier zusammen mit Herrn Dr. Brackmann untersucht haben, noch kein derartiges Ereignis beobachten können.

SCHIMPF (Heidelberg):

Sie sagten vorhin, daß Patienten der Gruppe CDC II mit einer peripheren Polyneuropathie nicht automatisch zur Gruppe CDC IV-B zählen. Nach meiner Meinung müssen alle Patienten, die ZNS-Symptome, aber keine peripheren Symptome haben, der Gruppe IV-B zugeordnet werden. Wie ist Ihre Ansicht dazu?

RIEDEL (Bonn):

Wir diskutieren darüber. Ich habe bei den Dias extra ausgeführt, daß wir uns zur Zeit noch auf die BRODT-HELM'sche Klassifikation beziehen, also I, II und III. Wir sind der Auffassung, daß Patienten, die jetzt eine Polyneuropathie entwickeln und keine pathologisch veränderten immunologischen Parameter haben, nicht in das Stadium CDC IV-B eingeordnet werden sollten, weil man natürlich bei jungen Patienten davon ausgehen kann, daß die Polyneuropathie, wenn sie HIV-positiv sind, auf die HIV-Infektion zurückzuführen ist. Aber inwieweit das jetzt parainfektiös ist oder ein direkter Befall des Nervs vorliegt, können wir heute noch nicht beurteilen. Es gibt eine einzige Arbeit von HO aus dem Jahre 1985, nach der im Nervus suralis das Virus direkt nachgewiesen und isoliert worden ist, so daß wir heute sehr vorsichtig sind mit einer Zuordnung zur Gruppe IV-B. Beim AIDS-Demenz-Komplex oder bei einer subakuten Encephalitis mit zerebellarer Symptomatik würde ich mich Ihnen anschließen.

SCHIMPF (Heidelberg):

Sie sprechen auch von Hinterstrangsymptomen. Diese Fälle müssen doch auch schon zur Gruppe IV-B zählen.

RIEDEL (Bonn):

Das sind Patienten, die Blutungen aufweisen. Auch nach Rücksprache mit unserer neurologischen Abteilung haben wir uns nicht dazu entschließen können, einen Patienten mit Hinterstrangsymptomatik der Gruppe IV-B zuzuordnen und haben bisher den immunologischen Verläufen einen führenden Wert beigemessen mit Ausnahme der Patienten mit AIDS-Demenz-Komplex, bei dem eine durchschnittliche Lebenserwartung von ungefähr 3 Monaten besteht. Mit der Zuordnung zur Gruppe IV sind wir insoweit im Augenblick noch etwas zurückhaltend.

N.N.:

Ich habe eine Frage zur Wertigkeit der subjektiv beobachteten neurologischen Störungen, also Merkfähigkeitsstörungen und Konzentrationsstörungen. Haben Sie da mal bei der Anamnese geschaut, inwieweit diese mit Ihren Tests korreliert?

RIEDEL (Bonn):

Unsere Testverfahren sind wahrscheinlich noch nicht fein genug. Über 50% der Patienten klagen über Merk- und Konzentrationsstörungen, während die testpsychologischen Untersuchungen bei Patienten der Gruppe CDC II höchstens einen Anteil von etwa 20% ergeben. Wenn Sie dann die Depressionsskala und die Krankheitsverleugnung hinzunehmen, erkennen Sie, daß Patienten, die über Merkfähigkeitsstörungen klagen, überproportional häufig auch einen Ausschlag in der Krankheitsverleugnungsskala aufweisen. Ob dieses miteinander zusammenhängt, können wir noch nicht sagen. Es fällt jedoch auf, daß testpsychologische Ergebnisse von dem, was Patienten subjektiv empfinden, abweichen.

SCHIMPF (Heidelberg):

Ich habe noch eine Frage gerade zu diesem Befund. Wir wissen doch alle, daß die Patienten auch chronische Lebererkrankungen haben. Viele Patienten mit chronischer Hepatitis klagen über Müdigkeit und Konzentrationsstörungen. Es könnte sein, daß sich das mischt. Haben auch Sie entsprechende Erfahrungen bei Patienten, bei denen sicher ist, daß sie nur eine chronische Lebererkrankung und keine HIV-Infektion haben?

RIEDEL (Bonn):

Bisher haben wir uns innerhalb der Kliniken so geeinigt, daß wir gesagt haben, wir untersuchen ein Kontrollkollektiv von HIV-negativen Hämophilen. Das sind leider bisher nur 23 Patienten gewesen, weil es sehr schwierig ist, einen HIV-negativen Patienten dazu zu bewegen, sich zweieinhalb Stunden einer entsprechenden Prozedur zu unterziehen.

Wenn Sie aber jetzt die Ergebnisse dieser 23 Patienten, die ich aus Zeitgründen hier nicht vorgestellt habe, den anderen gegenüberstellen, dann ist zu sehen, daß von den 23 Patienten nur sechs Vigilanzschwankungen im EEG aufwiesen. Wenn Sie das nachher statistisch bereinigen, finden Sie eine entsprechende Zunahme in den BRODT-HELM-Stadien II und III, so daß das Stadium I entsprechend unauffällig ist.

Wenn Sie dann die testpsychometrischen Untersuchungen nehmen, dann finden Sie, daß bei der Konzentrations- und Merkfähigkeit 10% auffällig sind. Sie können das statistisch bei diesen kleinen Zahlen zwar trendweise bereinigen, aber deshalb habe ich hier noch keine statistischen Zahlen genannt, sondern wir müssen jetzt erst noch ungefähr 100 Negative testen, um nachher wirklich verbindliche Aussagen machen zu können. Gerade bei der Testpsychologie weiß jeder, daß so etwas auf wackeligen Beinen steht.

WEISSER (Neckargemünd):

Wir haben schon in der Zeit vor HIV, vor AIDS, festgestellt, daß ein hoher Prozentsatz der Bluter pathologische EEGs hat, aus welchen Gründen auch immer, z. B. früher durchgemachte Blutungen, Angiitiden o. ä. Jedenfalls nützt der einzelne EEG-Befund heutzutage in der AIDS-Ära, wenn einer mit möglichen neurologischen Symptomen kommt, relativ wenig, weil es sehr gut sein kann, daß jemand den Befund per se oder aus anderen Gründen schon lange hat, vielleicht seit der Kindheit. Eine regelmäßige EEG-Kontrolle ist also eigentlich sehr viel wichtiger als das einzelne EEG.

RIEDEL (Bonn):

Wir gehen davon aus, daß diese Patienten in die Verlaufskontrolle kommen. Frühere EEG-Befunde sind selten vorhanden, doch habe ich darauf hingewiesen, daß nach der Literatur ungefähr 10% der Bevölkerung Dysrhythmien im EEG aufweisen. Die Patienten können natürlich Mikroblutungen haben, doch sind im EEG nur dann Veränderungen zu sehen, wenn z.B. ein Ödem vorhanden ist. Kleine fokale Veränderungen, die tiefer sitzen, erfassen Sie nicht. Dafür brauchen Sie Tiefenableitungen, und das ist das Problem.

BRODT (Frankfurt):

Ich bin sehr froh, daß Sie diese psychometrischen Messungen hier vorgestellt haben, weil ich weiß, wie aufwendig das ist. Wir in Frankfurt sind bisher noch nicht in der Lage gewesen, das durchzuführen.

Haben Sie schon einmal Einzelverläufe, auch wenn es nur einige sind, zusammengestellt? Ich frage dies deshalb, weil wir sehr früh mit EEG-Verläufen angefangen haben und in Einzelverläufen gesehen haben, daß sich diese niedrige Grundaktivität zum Beispiel wieder beschleunigt hat, was nicht unbedingt mit dem psychischen Befund korrelierte.

RIEDEL (Bonn):

In meiner Zusammenfassung habe ich extra auf den intraindividuellen Verlauf hingewiesen. Wir haben jetzt 30 Patienten in Kontrollen gehabt. Dabei fällt auf, daß die psychometrischen Daten durch Lerneffekt, also Wiederholungen der gleichen Testbatterie, ungefähr stabil sind. In der Grundaktivität des EEG haben wir keine Schwankungen gesehen. Diese lag in der Frequenzanalyse bei 9,5 bis 9,8. Verlangsamungen haben wir nicht beobachtet.

VON KRIES (Düsseldorf):

Der Hauptgrund, den Sie beschrieben hatten, waren ja Vigilanzschwankungen, die Sie im EEG gesehen haben. Nun sind Vigilanzschwankungen ja etwas, was relativ schwierig zu standardisieren ist. Wenn die ein bißchen geblinzelt haben, dann nimmt sich das sicherlich ähnlich aus. Haben Sie eine fotografische Ableitung gemacht, oder wie haben Sie standardisiert, daß Sie sicher sagen können: Die einen hatten weniger Vigilanzschwankungen als die anderen?

RIEDEL (Bonn):

Dadurch, daß wir neben der konventionellen Ableitung auch noch frequenzanalytisch gearbeitet haben, können wir sagen, daß die Patienten entsprechende Vigilanzschwankungen hatten. Bei einer Frequenzanalyse können Sie statistisch genau ausrechnen, wie viel Beta- und Thetazellen prozentual auftreten. Ferner wird bei der Auswertung, je nachdem, wie eng oder wie breit Sie den Artefaktbereich werten, der Artefakt auf dem Bildschirm angehalten und Sie müssen dann entscheiden: Ist es ein Artefakt oder ist es zu verwerten? Wenn eine oder zwei Vigilanzschwankungen, diese Abflachungen, auftreten, dann ist das also nicht auffällig zu werten. Das passiert in jedem EEG. Wenn es aber öfter auftritt als zweimal, dann müssen wir es zumindest registrieren. Wir arbeiten gerade an einer multizentrischen Standardisierung, damit man diese Veränderungen dann wirklich bundesweit erfassen kann.

VON KRIES (Düsseldorf):

Also Standardisierungen von Daten, die sozusagen aus dem EEG-Labor kommen?

RIEDEL (Bonn):

Das ist keine Routine. Wir bearbeiten das EEG nur entsprechend auf, weil neben der Neurologie auch die Klinik für Epileptologie in Bonn beteiligt ist, die sich beide sehr intensiv damit beschäftigen.

Thrombozytopenie bei HIV-1-Infektionen

I. Scharrer (Frankfurt)

Die Häufigkeit der Thrombozytopenie wird bei den an dem Vollbild AIDS erkrankten Homosexuellen von Weller (1986) und Castella et al. (1985) mit 30% angegeben (Tabelle 1). Bei dem ARC der Homosexuellen soll sie etwas seltener, in 8%, auftreten. 34 Prozent der an AIDS bzw. ARC erkrankten Kinder leiden nach Oleske (1986) daran.

Tabelle 1. Häufigkeit der HIV-1-assoziierten Thrombozytopenie

	Risikogruppe u. Krankheitsstadium	Autoren
30%	AIDS-Homosexuelle	Weller et al. 1986
8%	ARC-Homosexuelle	Weller et al. 1986
29%	AIDS-Homosexuelle	Castella et al. 1985
34%	AIDS/ARC-Kinder	Oleske et al. 1986
18%	Seropositive „asymptomatische" Hämophile	McGrath et al. 1986

Vor dem Auftreten von AIDS in den Jahren 1975–1979 registrierten Eyster et al. (1985) in einer retrospektiven Studie an 1551 Patienten eine Häufigkeit der Thrombozytopenie von 5% in substituierten Hämophilen. Damit war die Thrombozytopenie signifikant häufiger bei substituierten Hämophilen als in der Normalbevölkerung. Diese Patienten hatten keine klinischen Zeichen von AIDS.

McGrath et al. (1986) fanden in 18% ihrer seropositiven asymptomatischen Hämophilen eine Thrombozytopenie. Im Vergleich dazu wiesen 60% dieser asymptomatischen Hämophilen eine Lymphopenie auf.

Das Ursachenspektrum der Thrombozytopenie bei der HIV-assoziierten Infektion ist sehr breit (Tabelle 2). Mehrere Autoimmunreaktionen, z.B. zirkulierende Immunkomplexe, werden als Ursache vermutet.

Stricker et al. (1985) beschrieben einen Autoantikörper gegen ein 25K-Plättchenprotein, das in 95% der Homosexuellen mit ITP gefunden wurde. Möglicherweise spielen auch zytotoxische Anti-T-Zell-Autoantikörper, die auch von Stricker et al. (1987) nachgewiesen wurden, für die Entwicklung der ITP eine Rolle. Engelhard et. al. (1986) nehmen eine direkte Zerstörung der Thrombozyten durch die vermehrte NK-Zell-Aktivität an.

Weiterhin muß ein direkter Einfluß der Infektion, so z. B. der Viren selbst wie auch der CMV oder auch ein septischer Verlauf als Ursache diskutiert werden.

Tabelle 2. Ursachen der HIV-1-assoziierten Thrombozytopenie

- ITP, Autoimmunreaktionen
  Zirkulierende Immunkomplexe
  Auto AK gegen 25K-Plättchenprotein
  (Stricker et al. 1985)
- Zytotoxische Anti-T-Zell-Auto AK
  (Stricker et al. 1987)
  Zerstörung der Thrombozyten durch NK-Zellen
  (Engelhard et al. 1986)
- Septikämie, infektions- bzw. viral-bedingt
- Hepatopathie
- Genetische Faktoren (HLA-DR5 – Raffoux et al. 1987)

Eyster (1985) et al. fanden bei ihren Patienten eine häufige Koinzidenz zwischen der Thrombozytopenie und einer chronischen Lebererkrankung.

Auch genetische Faktoren, wie z. B. das Vorliegen von HLA-DR5 sollen nach den Untersuchungen von Raffoux et al. (1987) das Auftreten der Thrombozytopenie bei seropositiven Homosexuellen begünstigen.

In der Regel weisen die Patienten die typischen Befunde für eine ITP (Scharrer 1986) auf: Verkürzung der Thrombozytenüberlebenszeit mit gesteigertem Abbau in der Milz, erhöhtes Plättchen-IgG und positiver Nachweis von Thrombozytenantikörpern sowie eine gesteigerte Megakariozytose im Knochenmark (Castella et al. 1985, Zon et al. 1987).

Häufig klagen die Patienten über eine vermehrte Blutungsneigung (Tabelle 3). Daneben ist zu bedenken, ob nicht die HIV-assoziierte Thrombozytopenie auch ein Co- bzw. Risikofaktor für die Manifestationsgeschwindigkeit der AIDS-Erkrankung ist. Mehrere Autoren (Tabelle 3) beschrieben, daß etwa 8–18% dieser Patienten in einem Zeitraum von nur 14–21 Monaten das Vollbild AIDS entwickeln. Dagegen konnten Holzman et al. (1987) keinen Unterschied in der Progressionsrate des AIDS zwischen den Patientenkollektiven mit und ohne ITP erkennen. In ihrem Patientengut war die Dauer der Seropositivität der entscheidende Faktor für die Manifestation des AIDS.

Die therapeutischen Möglichkeiten bei der HIV-assoziierten Thrombozytopenie mit Blutungsneigung sind auf Tabelle 4 dargestellt. In der Literatur besteht allgemeine Übereinkunft, daß nur dann behandelt werden sollte, wenn bei einer Zahl von

Tabelle 3. Klinische Bedeutung der HIV-assoziierten Thrombozytopenie

- Vermehrte Blutungsneigung
- Prä-AIDS? bzw. erhöhtes Risiko für AIDS-Manifestation?
  (Eyster et al. 1987, Walsh et al. 1985, Goldzweig et al. 1986, Abrams et al. 1986)
- Kein erhöhtes Risiko für AIDS-Manifestation?
  (Holzman et al. 1987)

Tabelle 4. Therapeutische Möglichkeiten bei HIV-assoziierter Thrombozytopenie mit Blutungsneigung

1. Hochdosierte IVIG-Gabe (0,4 g/kg für 5 Tage)
2. Corticosteroide (4 Wochen, 1 mg/kg) (nicht bei HBs-Ag-Träger)
3. Splenektomie (Infektionsprophylaxe beachten)
4. Anti-Rh (D) Immuneglobulin (?)

weniger als 50000 eine Blutungsneigung auftritt. Das Mittel der ersten Wahl ist hierbei die hochdosierte intravenöse Gammaglobulingabe. Damit konnten GONZAGA et al. (1987) sowie OKSENHENDLER et al. (1987), TERTIAN et al. (1987), ORDI et al. (1986), ENGELHARD et al. (1986), ZEITLHUBER et al. (1984) und mehrere andere Autoren bei einer hohen Dosis von 0,4 g/kg KG über 5 Tage zumindest eine kurzfristige spontane Remission erreichen. Die wahrscheinlichste Hypothese zur Erklärung des Wirkmechanismus der intravenösen Gammaglobulintherapie bei der ITP wurde von FEHR et al. (1982) aufgestellt. Es könnte sich danach um eine Hemmung der Phagozytose durch Blockierung der Fc-Rezeptoren der Makrophagen handeln. Die Gabe von Corticosteroiden in der Dosis von 1 mg/kg KG über 4 Wochen wurde ebenfalls versucht. Bei dieser Therapie muß jedoch die allgemein bekannte Gefahr einer vermehrten Infektionsneigung abgewogen werden.

Auch nach der Splenektomie sollte auf eine sorgfältige Infektionsprophylaxe bei diesen Patienten geachtet werden. Es empfiehlt sich eine vorherige Impfung gegen Pneumokokken zur Verhütung des Opsi-Syndroms.

Die Tabelle 5 zeigt eine Zusammenstellung von BARBUI et al. (1987), die überprüft, ob splenektomierte Patienten im Vergleich zu nicht splenektomierten Kranken häufiger das Vollbild AIDS entwickeln. Dabei handelt es sich zwar um verschieden große Patientenkollektive und um wahrscheinlich unterschiedliche Krankheitsstadien. Auffällig ist jedoch, daß 25% der splenektomierten Patienten an AIDS erkranken. Demgegenüber stehen Kasuistiken, die zeigen, daß nach einer Splenektomie sich der Immunstatus und die Thrombozytopenie verbesserte. Auch wir konnten bei einem seropositiven asymptomatischen Hämophilen mit einer ITP nach Splenektomie eine Normalisierung des Immunstatus und der Plättchenzahl beobachten.

Tabelle 5. Risiko der AIDS-Manifestation nach Splenektomie bei HIV-1-assoziierten Thrombozytopenien (Mod. nach BARBUI et al. 1987)

Splenekt. Pat.	→ AIDS	Nichtsplenekt. Pat.	→ AIDS	Autoren
10	→ 4	23	→ 2	WALSH et al. 1985
7	→ 1	18	→ 1	GOLDZWEIG et al. 1986
4	→ 2	4	→ 1	ROSENFELDT et al. 1986
15	→ 2	20	→ 1	ABRAMS et al. 1986
36	→ 9 = 25%	65	→ 5 (8%)	

Tabelle 6. Therapieerfolge bei erwachsenen Patienten mit HIV-assoziierter Thrombozytopenie (Mod. nach Oksenhendler et al. 1987)

Therapie	Spontane Remission	Dauerremission
Prednison (n = 26)	58%	23 %
IVIG (n = 17)	71%	5,8%
Splenektomie (n = 14)	–	71 %

Tabelle 6 zeigt an einem größeren Erwachsenenpatientenkollektiv von Oksenhendler et al. die Erfolgsraten der erwähnten therapeutischen Möglichkeiten. Ausgewertet wurden die Therapieverläufe erwachsener Patienten. Die Häufigkeit der Spontanremission durch Prednison mit 58% und die der Dauerremission nach Splenektomie mit 71% entspricht den Erfahrungen bei der ITP anderer Ursachen. Auffällig ist die hohe spontane Remissionsrate durch intravenöse Gammaglobulingabe mit 71%. Dieses gute therapeutische Ansprechen bei HIV-assoziierten Thrombozytopenien wurde auch von anderen Autoren mitgeteilt. Im Unterschied zu dem Verlauf bei Kindern, bei denen Imbach et al. schon 1981 Dauerremissionen bei Kindern mit ITP durch intravenöse Gammaglobulingabe erreichen konnten, ist jedoch bei den erwachsenen Patienten meist nur eine vorübergehende Remission von Tagen bis höchstens Wochen erzielt worden. Damit ist diese Therapie nur für kleinere Eingriffe wie für Zahnextraktionen oder *vor* einer Splenektomie geeignet.

Auch mit Anti-Rh (D) in hoher Dosierung von 3000 µg über 4 Tage wurden von Durand et al. (1986) ein vorübergehender Thrombozytenanstieg bei Patienten berichtet. Weitere Erfahrungen sind jedoch notwendig, um diese Therapiemöglichkeit beurteilen zu können.

Aufgrund der besonderen Immunsituation der seropositiven Patienten und ihrer extremen Gefährdung durch multiple Erreger ist eine allgemein gültige Therapieempfehlung bei einer HIV-assozziierten Thrombozytopenie 1987 noch nicht möglich.

Bei jedem Patienten sollte individuell abhängig vom Krankheitsstadium, von seinem Immunstatus und seinem besonderen Gefährdungsraster die für ihn beste therapeutische Möglichkeit sorgfältig abgewogen werden.

Literatur

Abrams DI, Kiprov DG, Goedert JJ, Sarngadharan MG, Gallo RC, Volberding PA (1986) Antibodies to human t-lymphotropic virus type III and development of the acquired immunodeficiency syndrome in homosexual men presenting with immune thrombocytopenia. Ann Intern Med 104:47–50

Barbui T, Cortelazzo S, Minetti B, Galli M, Buelli M (1987) Does splenectomy enhance risk of AIDS in HIV-positive patients with chronic thrombocytopenia? Lancet 342–343

Castella A, Croxson TS, Mildvan D, Witt DH, Zalusky R (1985) The bone marrow in AIDS. AJCP 425–432

Durand JM, Harle JR, Verdot JJ, Weiller PJ, Mongin M (1986) Anti-Rh (D) immuneglobulin for immune thrombocytopenic purpura. Lancet 49–50

Engelhard D, Waner JL, Kapoor N, Good RA (1986) Effect of intravenous immuneglobulin on natural killer cell activity: possible association with autoimmune neutropenia and idiopathic thrombocytopenia. J Ped 108:77–81

Eyster ME, Goedert JJ, Sarngadharan MG, Weiss SH, Gallo RC, Blattner WA (1985) Development and early natural history of HTLV-III antibodies in persons with hemophilia. JAMA 15/253:2219–2223
Eyster ME, Gail MH, Ballard JO, Al-Mondhiry H, Hoedert JJ (1987) Natural history of human immunedeficiency virus infection in hemophiliacs: effects of T-cell subsets, platelet counts and age. Ann Intern Med 107:1–6
Fehr J, Hofmann V, Kappeler U (1982) Transient reversal of thrombocytopenia in idiopathic thrombocytopenic purpura by high-dose intravenous gammaglobulin. N Engl J Med 306:1254
Goldsweig HG, Grossman R, William D (1986) Thrombocytopenia in homosexual men. Am J Hematol 21:243–247
Gonzaga AL, Bonecker CW, Conesa LCG, Almeida RMM, Pecego MMN, Dos Santos NCP (1987) IVIG therapy for HIV-related thrombocytopenia purpura. Hemophilia World 3–6
Holzman RS, Walsh CM, Karpathin S (1987) Risk for the acquired immunodeficiency syndrome among thrombocytopenic homosexual men seropositive for the human immunodeficiency virus. Ann Intern Med 3/106:383–386
Imbach P, Baradun S, D'Apusso V, Baumgartner C, Hirt A, Morell A, Rossi E, Schöni M, Vest M, Wagner HP (1981) High-dose intravenous gammaglobulin for idiopathic thrombocytopenic purpura in childhood. Lancet 1:1128–1231
McGrath KM, Spelman D, Barnett M, Kellner S (1986) Spectrum of HTLV-III infection in a hemophilic cohort treated with blood products from a single manufacturer. Amer J Hematol 23:239–245
Oksenhendler E, Bierling P, Farcet JP, Rabian C, Seligmann M, Clauvel JP (1987) Response to therapy in 37 patients with HIV-related thrombocytopenic purpura. Brit J Hematol 66:491–495
Oleske in Krueger GRF (1986) Immuneglobulin-therapy of lymphoproliferative syndroms, mainly AIDS-related complex and AIDS. Aifo 5:262–268
Ordi J, Vilardell M, Alijotas J, Barquinero J, Vila M (1986) Serum thrombocytopenia and high-dose immuneglobulin treatment. Ann Intern Med 2/104:282–283
Raffoux C, David V, Conderc LD (1987) HLA-A, B and DR antigen frequencies in patients with AIDS-related persistent generalized lymphadenopathy (PGL) and thrombocytopenia. Tissue Antigens 29:60–62
Rosenfelt FP, Rosenbloom BE, Weinstein IM (1986) Immune thrombocytopenia in homosexual men. Ann Intern Med 104:583
Scharrer I (1986) Idiopathische Thrombozytopenie und andere thrombozytäre Blutungsübel. Med Welt 37:42–46
Stricker RB, Abrams DI, Corash L, Shuman MA (1985) Target platelet antigen in homosexual men with immune thrombocytopenia. N Engl J Med 313:1375–1379
Stricker RB, McHugh TM, Moody DJ, Morrow WJM, Stites DP, Shuman MA, Levy JA (1987) An AIDS-related cytotoxic autoantibody reacts with a specific antigen on stimulated CD4 T-cells. Nature 327:710–713
Tertian G, Risler N, Le Bras P, Kaplan C, Delfraissy JF, Solal-Celigny P, Tchernia G (1987) Intravenous gammaglobulin treatment for thrombocytopenic purpura in patients with human immunodeficiency virus (HIV) infection. Eur J Hematol 39:180–181
Walsh C, Krigel R, Lennette E, Karpatkin S (1985) Thrombocytopenia in homosexual patients: prognosis, response to therapy and prevalence of antibody to the retrovirus associated with the acquired immunodeficiency syndrome. Ann Intern Med 103:545–547
Weller in Krueger GRF (1986) Immuneglobulin-therapy of lymphoproliferative syndrome, mainly AIDS-related complex and AIDS. Aifo 5:262–268
Zeitlhuber U, Haschke F, Püspök R, Lechner K, Knapp W, Imbach P (1984) Hemophilia and thrombocytopenia in a patient with impaired cellular immunity. Blood 48:393–395
Zon LI, Arkin C, Groopman JE (1987) Haematologic manifestations of the human immundeficiency virus (HIV). Brit J Haematol 2/66:251–256

Diskussion

Frau Eibl (Wien):

Vielen Dank, Frau Scharrer, für die sehr kurze und trotzdem sehr umfassende Einführung. Ich möchte eine ganz kurze Frage zu der letzten Arbeit stellen, die Sie zitiert haben: Steroide versus Immunglobulin. War das eine randomisierte Studie, eine retrospektive oder eine prospektive Studie?

Frau Scharrer (Frankfurt):

Das war eine retrospektive Studie.

Thrombozytopenie bei zwei HIV-positiven Hämophilie B-Patienten. Therapieversuche mit Immunglobulinen, Nebennierenrindensteroiden, Azathioprin und Danazol

E. Lechler, W. Prohaska (Köln)

In einer Gruppe von 44 Patienten mit einer schweren Hämophilie fanden wir in zwei Fällen mit Hämophilie B eine schwere Thrombozytopenie. Die Behandlungsversuche bezüglich der Thrombozytopenie sollen vorgestellt werden. Zweimal war der Behandlungsversuch wegen eines operativen Eingriffs indiziert und zweimal ging es um den Versuch einer längerfristigen Beeinflussung der Thrombozytopenie.

Der *1. Patient* (A. Cl.) stellte sich 1985 im Alter von 44 Jahren zum ersten Mal bei uns vor. Er entwickelte 1979 nach Blutübertragung eine Hepatitis und war für ein halbes Jahr hospitalisiert. 1983 sei durch eine Bauchspiegelung eine chronisch aggressive Hepatitis mit Übergang in Zirrhose festgestellt worden. Über acht Monate sei eine Behandlung mit Kortisonpräparaten und Azathioprin durchgeführt worden mit erneuten starken Anstieg der Transminasen nach Beendigung.

Bei unserer Untersuchung waren SGOT auf 60 U/l und SGPT auf 87 U/l und die Gammaglobuline aus 23,9% erhöht. Die Cholinesterase und der Quickwert waren normal, die Thrombozyten wurden mit 42000/µl bestimmt. Die körperliche Untersuchung zeigte ein Palmarerythem und Spidernaevi, sonographisch waren die Kriterien einer Leberzirrhose nachweisbar. Die Anti-HIV-Bestimmung war positiv.

Über die früheren Thrombozytenwerte erhielten wir Angaben aus dem Heimatkrankenhaus. Von 1983 an mit 99000/µl Thrombozyten zeigte sich ein kontinuierlicher Abfall auf Werte von 42000/µl bzw. 19000/µl im Jahre 1985. Ein Zusammenhang mit der Leberzirrhose war für uns unsicher (bei einmaliger ambulanter Untersuchung).

Vier Monate später wurde der Patient wegen schwer stillbaren Nasenblutens stationär aufgenommen. Die behandelnden Ärzte hatten gleichfalls Zweifel an einer zirrhosebedingten Genese der Thrombozytopenie und leiteten einen Behandlungsversuch mit Methylenprednisolon beginnend mit 90 mg in absteigender Dosierung ein und ergänzten vom 12. Tag an die Behandlung mit 150 mg Azathioprin (Abb. 1). Vom 6. bis 11 Tag erfolgte eine Thrombozytenüberlebenszeitbestimmung. Die Recovery betrug 46% (Norm ca. 70%), die Überlebenszeit 4–5 Tage (Norm ca. 9 Tage), die Milz war szintigraphisch leicht vergrößert. Der Befund wurde als mit einer Immunthrombozytopenie vereinbar angesehen.

Unter 90 mg Methylenprednison trat ein mäßiger Anstieg der Thrombozyten von 28000/µl bis 68000/µl ein mit Abfall nach Reduzierung des Steroids. Dieser Abfall wurde auch durch Azathioprin nicht aufgehalten. Bei weiterer Reduzierung des Steroids wurde die Azathioprinbehandlung über 5 Monate ohne jeden Erfolg auf die Thrombozytenzahl fortgeführt. Es war also insgesamt nur ein kurzfristiger Erfolg

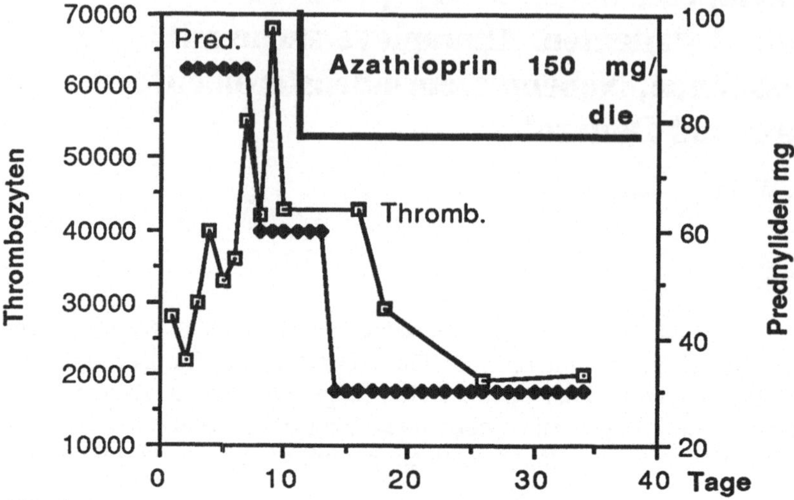

Abb. 1. Behandlung einer Thrombozytopenie bei schwerer Hämophilie B mit Prednyliden und Azathioprin

unter Steroiden zu verzeichnen, der möglicherweise höher ausgefallen wäre bei einer höheren Dosis.

Ein halbes Jahr später wurde bei diesem Patient die Extraktion von vier Zähnen erforderlich. Nachdem durch die Thrombozytenüberlebenszeit und durch die Steroidtherapie eine immunologische Genese der Thrombozytopenie wahrscheinlich geworden war, entschlossen wir uns zu einer Immunglobulinbehandlung (Sandoglobin) (Abb. 2). Über 5 Tage wurden 30 g Immunglobuline/die infundiert (bei 91 kg KG). Die Thrombozyten stiegen von 28000/μl auf 63000/μl zum Ende der Immunglobulinbehandlung an und stiegen nach weiteren 4 Tagen auf 118000. Zwei Tage später – zum Zeitpunkt der Entlassung – war ein Abfall mit 66000/μl deutlich zu erkennen. Bei einer Kontrolle 6 Monate später betrugen die Thrombozyten 3000/μl.

Der *2. Patient* (E. Kl.) war 1984 39 Jahre alt, als zweimal im Abstand von 7 Wochen eine Thrombozytopenie mit jeweils 7000/μl Thrombozyten diagnostiziert wurde. Die Thrombozytenüberlebenszeit wurde mit 2,5 Tagen deutlich erniedrigt und mit einer Immunthrombozytopenie vereinbar gefunden. Wir leiteten einen Behandlungsversuch mit 3 × 200 mg Danazol, einer androgenen Substanz, ein. Nach 17 Tagen wurde ein Anstieg der Thrombozyten auf 37000/μl registriert, die Behandlung wurde aber wegen Kopfschmerzen ausgesetzt. Fünf Monate später ergab eine Kontrolle 12000/μl Thrombozyten. Bei einer erneuten Aufnahme der Behandlung mit 3 × 200 mg Danazol stieg die Thrombozytenzahl bis zu 43000/μl an. Unter Reduzierung der Dosierung auf 2 × 200 mg wurden Thrombozytenwerte zwischen 27000/μl und 32000/μl über 7 Monate beobachtet. Nach erneuter Beendigung der Behandlung hielten sich die Thrombozyten in gleicher Höhe über 4 Wochen. Dann erfolgte wegen eines Uretersteins eine stationäre Aufnahme zur Ureterolithotomie. Zur Vorbereitung der Operation wurde eine Behandlung der Thrombozytopenie mit Immunglobulininfusion eingeleitet (Abb. 3). Nach 5 Tagen und einer Gesamtdosis von 135 g (bei 65 kg KG) waren die Thrombozyten erst von 34000/μl auf 51000/μl angestiegen. Daraufhin

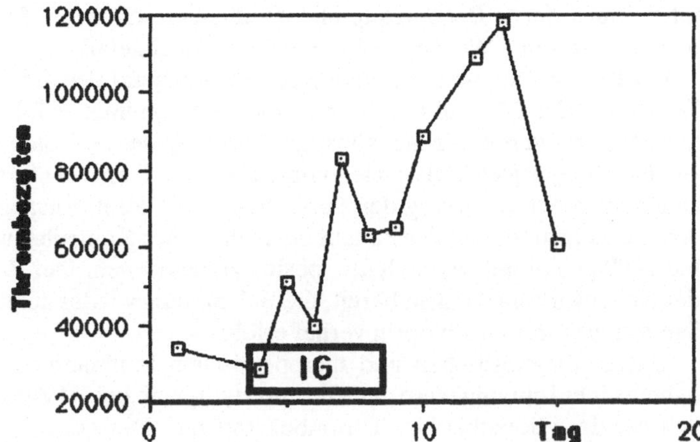

Abb. 2. A. Cl. (44 Jahre) Hämophilie B und Thrombozytopenie, Immunglobulintherapie, 30 g/Tag für 5 Tage

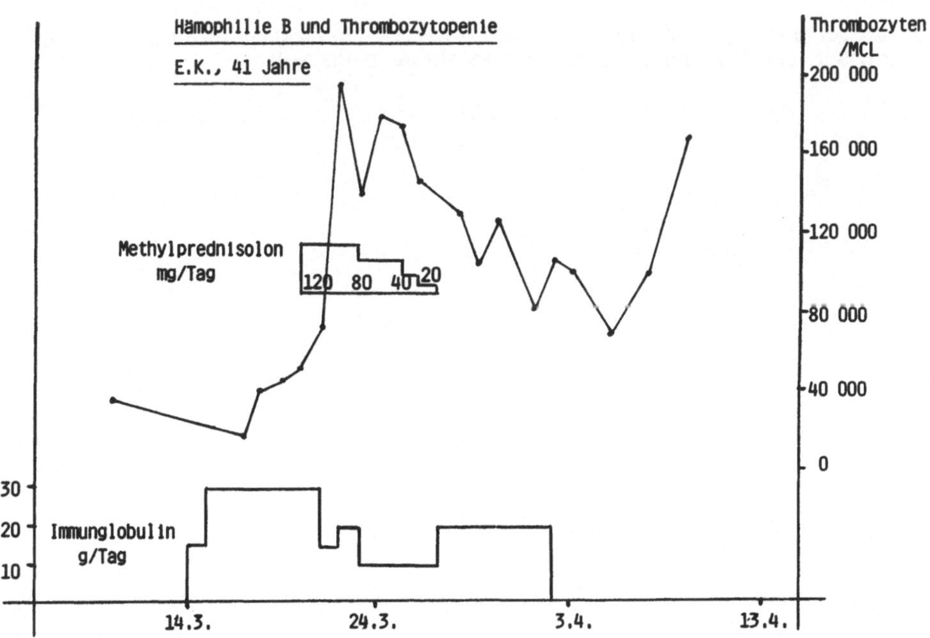

Abb. 3. Behandlung einer Thrombozytopenie bei schwerer Hämophilie B mit Immunglobulinen und Methylprednisolon

wurde die Immunglobulintherapie mit 120 mg Methylprednisolon ergänzt. Innerhalb von 2 Tagen erfolgte ein massiver Anstieg der Thrombozyten. Unter Fortführung der Immunglobulininfusion wurde die Steroidtherapie mit absteigender Dosierung innerhalb 7 Tagen beendet. Die Immunglobulinzufuhr wurde 1 Woche länger durchgeführt. Nach deren Beendigung blieben die Thrombozyten für eine weitere Woche hoch und waren 4 Wochen später auf 15000/µl abgefallen.

Bei beiden Patienten konnten also entsprechend den Erfahrungen mit dem M. Werlhof die Thrombozyten mit Immunglobulinen erfolgreich vorübergehend normalisiert werden. Eine günstige Wirkung der Steroide kann anhand dieser Beobachtungen gleichfalls angenommen werden. Danazol führte bei einem Patienten zu einem leichten Anstieg der Thrombozyten. Dieser Anstieg ist grundsätzlich auf dem Hintergrund, daß der Patient bei mehrfacher Kontrolle in den letzten Monaten nur 8000/µl Thrombozyten hatte, positiv zu beurteilen. Der Patient war aber wegen der Nebenwirkungen nicht bereit, die Behandlung wieder aufzunehmen. Der einmalige Versuch mit Azathioprin verlief erfolglos.

Unsere diagnostischen und therapeutischen Maßnahmen unterstützen die Annahme einer Immungenese der Thrombozytopenie bei HIV-positiven Patienten ähnlich der der idiopathischen Thrombozytopenie. Der genaue Mechanismus ist aber noch nicht definiert [1].

Literatur

1. Schaadt M (1986) Thrombozytopenie und LAV/HTLV-III-Infektion. In: Steigleder KG (Hrsg) AIDS, Neuere Erkenntnisse, Bericht 2, 1986. Grosse, Berlin, p 91

Diskussion

Frau SCHARRER (Frankfurt):
Waren das HIV-positive Patienten?

PROHASKA (Köln):
Es waren zwei HIV-positive Patienten.

Frau SCHARRER (Frankfurt):
Asymptomatisch?

PROHASKA (Köln):
Der eine Patient ist asymptomatisch, der andere leidet unter rezidivierenden Diarrhöen, die aber jeweils nicht länger als eine Woche anhalten.

Frau SCHARRER (Frankfurt):
War die Indikation zu IMUREK auf die Thrombozytopenie oder auf die Lebererkrankung bezogen, die Sie anfänglich erwähnt haben?

PROHASKA (Köln):
Nein, die Indikation wurde aufgrund der Thrombozytopenie gestellt. Es sollte versucht werden, den Erfolg durch die Steroide, durch die immunsuppressive Wirkung für längere Zeit zu konservieren, was aber leider nicht gelungen ist.

Frau SCHARRER (Frankfurt):
Es sollte hier noch erwähnt werden, daß dieses Vorgehen nicht ganz ungefährlich ist, genauso wie Danazol, das ich aus diesem Grunde nicht in meiner Einführung erwähnt hatte. Gerade bei der Immunsituation dieser Patienten könnte es gefährlich sein.

PROHASKA (Köln):
Könnten Sie das näher spezifizieren? Welche Gefährdung könnte durch das Danazol bei dem Patienten auftreten?

Frau SCHARRER (Frankfurt):
Bei symptomatischen und bei asymptomatischen Hämophilen ist beschrieben worden, daß die T4-Zellen abgenommen haben.

Immunthrombozytopenie bei HIV-Infektion und Hämophilie A

E. SEIFRIED, G. PINDUR, D. ELLBRÜCK, G. GAEDICKE (Ulm)

Einleitung

Die primären Targetzellen des HIV sind die T-Helfer (CD4)-Lymphozyten, die an ihrer Oberfläche OKT- bzw. CD4- und Leu3-Antigene tragen (BARRÉ-SINOUSSI et al. 1983, MCDOUGAL et al. 1986). In zahlreichen Studien konnte nachgewiesen werden, daß die Zahl der T4-Zellen nach Serokonversion zeitabhängig abnimmt und als ein wesentlicher Prädiktor für die Erkrankung von AIDS zu betrachten ist. Im Verlauf der HIV-Infektion werden periphere Zytopenien beschrieben, wobei außer über Lymphopenien, Anämien und Neutropenien auch über Thrombozytopenien berichtet wurden (Übersicht bei MURPHY et al. 1987).

Im folgenden soll über einen HIV-serokonvertierten Patienten berichtet werden, der im Verlauf einer Erkrankung eine Autoimmunthrombozytopenie entwickelte.

Material und Methoden

Die PAIgG wurden auf autologen Plättchen mit einem Radioimmun-Antiglobulintest gemessen (MÜLLER-ECKHARDT et al. 1978, ebendort). Die Immunglobulinkonzentrationen im Serum wurden mittels Laser-Nephelometrie bestimmt. Die peripheren mononukleären Zellen wurden aus Heparinblut über einen Ficoll-Gradienten gewonnen. Die T-Lymphozyten-Subpopulationen wurden unter Verwendung der monoklonalen Antikörper CD3, CD4 und CD8 differenziert und durch indirekte Immunfluoreszenz unter dem Fluoreszenzmikroskop quantifiziert. Die peripheren Thrombozytenzahlen wurden entweder mit dem Coulter-Counter aus EDTA-Blut oder bei Thrombozytenzahlen $< 20 \times 10^9$/l unter dem Mikroskop gezählt.

Fallbericht

Bei einem jetzt 12jährigen Jungen mit einer schweren Hämophilie A (Faktor VIII:C $< 1\%$), der sich in prophylaktischer Heimselbstbehandlung befand, waren 1983 erstmals eine Hepatosplenomegalie und eine Lymphadenopathie aufgetreten. Die T4-Lymphozyten waren deutlich erniedrigt, die T4/T8-Ratio lag bei 0,35. Anhand einer nachträglich untersuchten, tiefgefrorenen Serumprobe wurde Seropositivität hinsichtlich HIV nachgewiesen. Ansonsten war das Kind klinisch unauffällig. Im Herbst 1986 klagte der Junge über eine zunehmende Blutungsneigung und eine mangelnde Wirksamkeit der Substitutionsbehandlung. Trotz gesteigerter Dosierung konnten Blutungen nicht mehr beherrscht werden. Die hämatologische Untersuchung ergab zu diesem Zeitpunkt eine periphere Thrombozytenzahl von < als 20 × 10^9/l. Die PAIgG (Plättchen-assoziierten Immunglobuline) und die freien antithrombozytären Antikörper im Serum waren deutlich erhöht. Die IgG-Immunglobuline und das Gesamteiweiß im Serum waren ebenfalls deutlich erhöht. Die T4-Lymphozytensubpopulationen waren weiter abgefallen, entsprechend lag die T4/T8-Ratio bei 0,18. Die Leber- und die Milzgröße waren im Vergleich zum Vorbefund von 1983 unverändert. Im weiteren Verlauf kränkelte das Kind; es klagte über Leistungsdruck, subfebrile Temperaturen und Übelkeit. Es entwickelte ein makulöses Exanthem, Aphthen in der Mundschleimhaut sowie chronische Bronchitiden und eine Diarrhöe. Später kam es zu Konzentrations- und Sehstörungen, die mit Paraesthesien und Kopfschmerzen verbunden waren.

Der Verlauf der Thrombozytenzahlen ist in Abb. 1 dargestellt. Im Oktober 1986 lagen die Thrombozytenzahlen zwischen 15 und 30 × 10^9/l. Bei gleichzeitig ausgeprägter Blutungsneigung wurde zusätzlich zur Substitution mit einem Faktor VIII-Konzentrat eine Steroid-Behandlung in einer Dosierung von 1 mg/kg KG/Tag eingeleitet, wonach es zu einer Normalisierung der Plättchenzahl kam. Simultan zur Dosisreduktion fielen die Plättchen jedoch wieder auf die Ausgangswerte ab. Wegen der bekannten HIV-Infektion wurde im weiteren auf die immunsuppressive Therapie mit Steroiden verzichtet und auf eine Therapie mit intravenös verabreichten Immun-

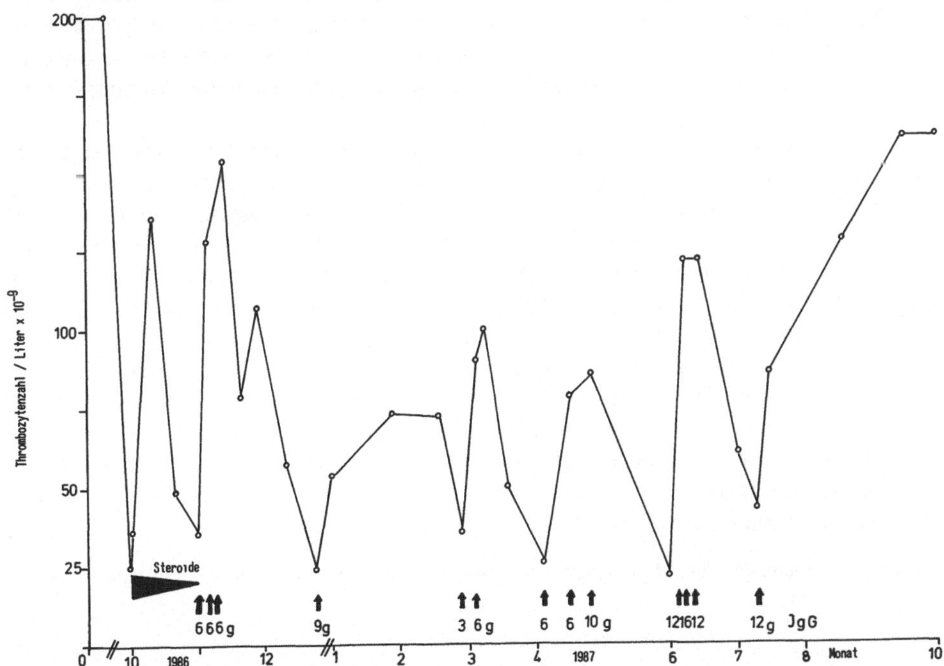

Abb. 1. Verlauf peripherer Thrombozytenzahlen im Blut eines 12jährigen Kindes mit schwerer Hämophilie A, HIV-Infektion und peripherer Thrombozytopenie. Einfluß einer Steroidmedikation und einer intravenösen Therapie mit IgG-Immunglobulinen

globulinen in einer Dosierung zwischen 6 und 12 g/Tag (siehe Abb.) übergewechselt. Die iv.-IgG-Behandlung führte zu einem Anstieg der peripheren Thrombozytenzahlen und einem Sistieren der Blutungsneigung, so daß diese Therapiemodalität über etwa 9 Monate fortgeführt wurde. Die Intervalle zwischen den Infusionen lag bei etwa 6–8 Wochen.

Zeitgleich mit den Phasen der Thrombozytopenie kam es jeweils zu verstärkten Krankheitssymptomen wie Diarrhöen, Temperaturen und Aphthen. In diesen Phasen mußte das Kind mehrfach stationär betreut werden. Im Juli 1987 wurde die letzte Immunglobulintherapie verabreicht. Seit diesem Zeitpunkt bis Februar 1988 blieben die Thrombozytenzahlen etwa im Normalbereich, eine Immunglobulinbehandlung war nicht mehr erforderlich und gleichzeitig erholte sich das Kind klinisch, d. h. die vorher geschilderten Krankheitssymptome blieben aus. Aufgrund eines Anstiegs der T-Helfer-Zellen verbesserte sich die T4/T8-Ratio auf 0,45.

Diskussion

Die Thrombozytopenie war in den Anfängen des erworbenen Immundefekt-Syndroms einer der erstbeschriebenen Befunde bei homosexuellen Männern, erst spät wurde der Zusammenhang mit dem HIV hergestellt. Der Mechanismus der Autoantikörperproduktion bei diesen Patienten ist bisher nicht vollständig geklärt (Murphy et al. 1987, Zoher Bel-Ali et al. 1987). Der Zusammenhang mit der immunologischen Imbalanz, der bei HIV-Infektionen vorkommt, ist jedoch offensichtlich, so daß möglicherweise Mechanismen wie postinfektiöse Antigenalterationen, polyklonale B-Zell-Aktivierung, Induktion kreuzreagierender Antikörper und Interaktionen im idiotypischen Netzwerk eine Rolle spielen können (Übersicht bei Murphy et al. 1987).

Der Verlauf der klinischen Symptomatik und der peripheren Thrombozytenzahlen bei unserem Patienten deutet daraufhin, daß durch die intravenöse Verabreichung von Immunglobulinen ein positiver Einfluß auf das Krankheitsgeschehen genommen werden konnte. Der Einzelbericht steht in Übereinstimmung mit Berichten von Panzer et al. (1986), die bei insgesamt 5 HIV-serokonvertierten Patienten mit schwerer Hämophilie A und Autoimmunthrombopenie einen positiven Einfluß dieser Therapiemodalität nachweisen konnten.

Zusammenfassend kann diese Behandlung für Patienten mit Hämophilie und Autoimmunthrombopenie als wirksam beschrieben werden. Sie ist indiziert zur Akutbehandlung von Blutungen und vor operativen Eingriffen. Inwieweit durch eine Dauersubstitution mit intakten IgG-Immunglobulinen bei infizierten Patienten eine Reduktion infektiöser Komplikationen erreicht werden kann, muß in prospektiv angelegten Studien geprüft werden.

Acknowledgement. Für die Abfassung des Manuskriptes bedanken wir uns bei Frau Rita Matzke

Literatur

Barré-Sinoussi F, Chermann JC, Rey F et al. (1983) Isolation of a T-lymphotrophic retrovirus from a patient at risk for acquired immune deficiency syndrome (AIDS). Science 220:868–871

Imbach P, D'Apuzzo V, Hirt A et al. (1981) High-dose intravenous gammaglobulin for idiopathic thrombocytopenic purpura in childhood. Lancet 1:228–231

McDougal JS, Kennedy MS, Sligh JM, Cort SP, Mawle A, Nicholson JK (1986) Binding of HTLV III/LAV to T4 + T-cells by a complex of the 110K viral protein and the T4 molecule. Science 231:382–385

Müller-Eckhardt C, Schulz C, Sauer KH, Dienst C, Mahn I (1978) Studies on the platelet radioactive anti-immunglobulin test. J Immunol Meth 19:1–11

Murphy MF, Methcalfe P, Waters AH, Carne CA, Weller IVD, Linch DC, Smith A (1987) Incidence and mechanism of neutropenia and thrombocytopenia in patients with human immunodeficiency virus infection. Brit J Haematol 66:337–340

Ordi J, Vilardell M, Alijotas J, Barquinero J, Vila M (1986) Serum thrombocytopenia and high-dose immunoglobulin treatment. Ann Intern Med 104:282–283

Panzer S, Zeitelhuber U, Hach V, Brackmann HN, Niessner H, Müller-Eckhardt C (1986) Immune thrombocytopenia in severe hemophilia A treated with high-dose intravenous immunglobulin. Tranfusion 26:69–72

Zoher BA, Dufour V, Najean Y (1987) Platelet kinetics in human immunodeficiency virus induced thrombocytopenia. Am J Haematol 26:299–304

Diskussion

RISTER (Kiel):

Die von Ihnen behandelten Kinder hatten bei 25000 Thrombozyten immer eine Blutungsneigung. Ist das richtig?

SEIFRIED (Ulm):

Die Indikation war eine starke Blutungsneigung, die nicht auf Substitution mit Faktor VIII-Hochkonzentrat ansprach.

Die Behandlung der HIV-assoziierten Thrombopenie mit Immunglobulinen (IgG) bei Patienten mit Hämophilie B

G. Leipnitz, M. Köhler, N. Graf, C. Köhler, E. Wenzel (Homburg/Saar)

Einleitung

Das Auftreten von Thrombozytopenien bei HIV-(human immunodeficiency virus) infizierten Patienten wurde bisher vor allem im Zusammenhang mit fortgeschrittenen Stadien der Infektion (LAS/Lymphadenopathie-Syndrom; ARC/AIDS-related complex und AIDS/acquired immune deficiency syndrome) beschrieben [9, 12, 13, 14]. Nachstehend möchten wir über 3 HIV-infizierte Patienten mit Hämophilie B berichten, die bereits im Stadium CDC II (Centers for Disease Control, Atlanta Georgia) wegen schweren Thrombozytopenien mit ausgeprägter Hämatombildung einer Behandlung bedurften.

Fallberichte

Fall 1: Patient J. T., Alter 26 Jahre, seit dem zweiten Lebensjahr bekannte schwere Hämophilie B (Faktor IX-Restaktivität < 1%), bei Bedarf (Blutungen) zunächst Substitution mit Plasma, später Faktor IX-Konzentraten. Im Anschluß an eine operative Spitzfußkorrektur (1972) Hepatitis, seitdem erhöhte Transaminasenwerte und positive Hepatitisserologie für Anti-HBs, -HBe und -HBc. Vor zwei Jahren (X/1985) HIV-Antikörpertest in ELISA-(enzyme-linked immunosorbent assay)Technik und Kontrolle mit der Western-Blot-Methode positiv. Seit der Diagnosestellung bis zum Beginn dieses Jahres (1987) klinisch und laboranalytisch keine Auffälligkeiten, gelegentliche Substitution mit hitzeinaktivierten Faktor IX-Präparaten bei Blutungen oder kleineren Traumata.

Im Februar dieses Jahres stellte sich der Patient mit ausgeprägten Hämatomen an Extremitäten und Stamm notfallmäßig vor. Bei der laboranalytischen Abklärung ergab sich eine Thrombozytopenie von 25000/μl, eine Faktor IX-Substitution hatte der Patient bereits über zwei Tage zuhause durchgeführt. Die sofortige stationäre Aufnahme wurde veranlaßt, und die Substitution mit Faktor IX-Konzentraten mit dem Ziel einer Stabilisation der Faktor IX-Aktivität um 40–50% fortgesetzt. Aufgrund der Arbeiten von Rubinstein [4] und Oleske [5] wurde die Entscheidung für eine hochdosierte intravenöse IgG-Therapie mit 0,3 g Immunglobulinen pro kg KG und Tag getroffen. Nach viertägiger Therapie konnt J. T. mit einer Thrombozytenzahl um 100000/μl aus der stationären Behandlung entlassen werden. Die in der Klinik durchgeführte Diagnostik ergab folgende Befunde: im Sternalpunktat Linksverschiebung der Megakaryozyten, reaktive Plasmazellvermehrung, DD: ITP oder HIV-assoziierte Thrombopenie.

Kein richtungsweisender Befund für thrombozytäre Auto- oder Alloantikörper. Ultrasonografisch geringgradige Hepato- und Splenomegalie. Verkürzung der Thrombozytenüberlebenszeit auf 3 Tage (Norm 7–11 Tage), starke Speicherung (70%) der mit $Indium_{111}$ markierten autologen Thrombozyten in der Milz (Norm um 20%).

In der Folgezeit kam es zu einem raschen Absinken der Plättchenzahl, und es bedurfte immer häufiger auch länger andauernder IgG-Therapien, um die Thrombozytenzahl über 20000/µl zu halten. Wegen der sich abzeichnenden Therapieresistenz und wegen der o. a. Befunde fiel im Juni 1987 die Entscheidung zur Splenektomie. Nach zehntägiger Vorbereitung mit täglichen Immunglobulininfusionen wurde der Eingriff bei einer Thrombozytenzahl um 140000/µl unter einer flankierenden Substitution mit Faktor IX-Konzentrat und Frischplasma durchgeführt. Der postoperative Verlauf gestaltete sich komplikationslos. Die Plättchenzahl stieg nach dem Eingriff bis auf Werte um 650000/µl an. Zwar setzte etwa 6 Wochen nach dem Klinikaufenthalt eine langsame Verminderung der Thrombozytenzahl ein, die sich zur Zeit (X/1987) bei Werten um 80000/µl bewegt, eine Indikation für eine therapeutische Intervention ergab sich bis dato jedoch nicht. Derzeitige immunologische Parameter: CDC-Stadium II, WR(Walter Reed)-Stadium 2, OKT4/8 0,9 und T4-Zellen 980/µl. Der Patient ist seit seiner Entlassung nach der Splenektomie wieder voll arbeitsfähig.

Abb. 1 zeigt den Verlauf der Thrombozytenzahl bei dem Patienten aus Fall 1 während des Jahres.

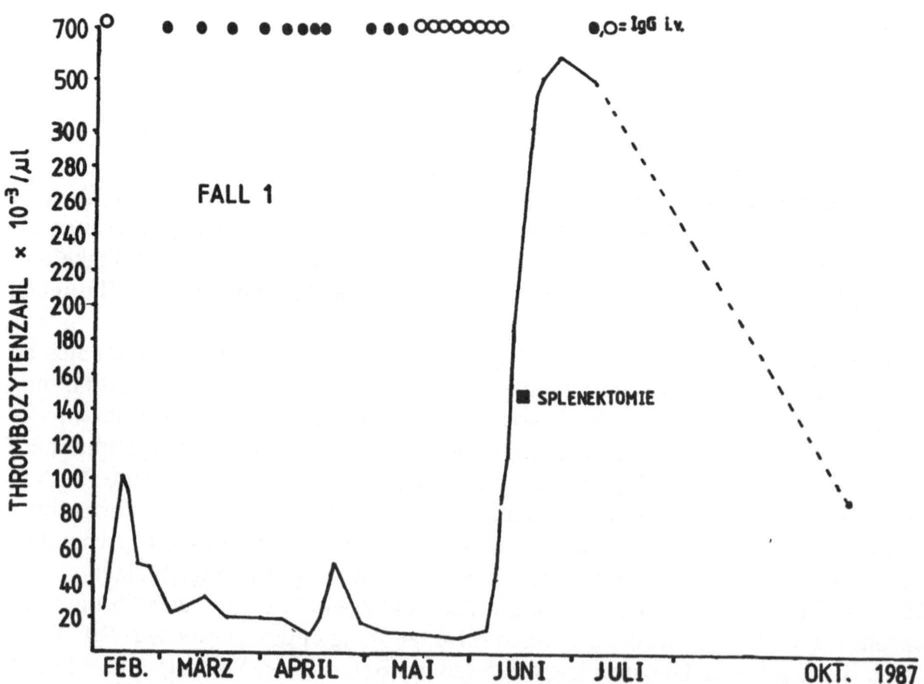

Abb. 1. Zeitlicher Verlauf der Thrombozytenzahlen des Patienten aus Fall 1. ○ = IgG-Therapie für mehr als einen Tag; ● = ambulante IgG-Therapie für einen Tag; ■ = Zeitpunkt der Splenektomie

Fall 2: Patient D. B., Alter 16 Jahre, seit Kindheit bekannte schwere Hämophilie B (Faktor IX-Restaktivität < 1%), regelmäßige Faktor IX-Substitution in Heimselbstbehandlung. 1985 Unterschenkelfraktur mit operativer Osteosynthese. Vor 18 Monaten erstmalig HIV-Antikörpertest in ELISA- und Western-Blot-Technik positiv. Seit der Diagnosestellung bis zu Beginn des Jahres 1987 unauffälliger Verlauf.

Ende Januar dieses Jahres wurde der junge Patient mit großflächigen Hämatomen an Stamm und oberen Extremitäten sowie diskreten petechialen Blutungen an den Unterschenkeln vorgestellt. Eine dreitägige Substitution mit je 1500 I. E. Faktor IX-Konzentrat hatte keine Besserung der Symptomatik erbracht. Wegen einer Thrombozytenzahl von 19000/μl erfolgte die sofortige stationäre Aufnahme. Neben weiteren Faktor IX-Substitutionen wurde eine i. v. IgG-Therapie mit 0,3 g pro kg KG und Tag veranlaßt. Am vierten Tag dieses Therapieregimes konnte der junge Patient mit einer Plättchenzahl um 100000/μl entlassen werden. Die Entwicklung der Thrombozytenzahl zeigte zunächst weiter steigende Tendenz mit einem Zenit bei 150000/μl. Danach sank die Plättchenzahl bis gegen Ende des Monats Februar auf ein Minimum von 20000/μl ab. Durch eine zweitägige Immunglobulintherapie in der o. a. Dosis konnte erneut ein kurzfristiger Anstieg der Thrombozytenzahl auf Werte über 80000/μl erreicht werden.

Die während des stationären Aufenthalts durchgeführten Untersuchungen ergaben eine normale Knochenmarkhistologie, keinen Anhalt für Spleno- oder Hepatomegalie und keine Hinweise auf eine Hepatopathie. Es wurde aber eine Beladung der Thrombozyten mit Antikörpern der Klasse IgM nachgewiesen.

Wegen dieses Befundes und des guten Ansprechens des Patienten auf die Immunglobulintherapie wurde eine Intervallbehandlung des Jungen mit IgG-Infusionen vereinbart. Im Rahmen der Heimselbstbehandlung erhält D. B. alle 14–21 Tage eine Immunglobulininfusion mit 0,3 g pro kg KG und Tag. Mit diesem Therapieregime hat der Junge seit 7 Monaten Thrombozytenzahlen zwischen 30000/μl und 80000/μl und lebt von der Klinik relativ unabhängig. Derzeitige immunologische Parameter: CDCII, WR2, OKT4/8: 0,8 und T4-Zahl 640/μl. Die Laborkontrollen werden vom Hausarzt durchgeführt, so daß die Lebensqualität des jungen Patienten unter der Therapie und Überwachung nur wenig leidet. Ein normaler Schulbesuch wurde so ermöglicht.

Abb. 2 stellt den Verlauf der Plättchenzahlen des Patienten aus Fall 2 dar.

Fall 3: Patient C. B., Alter 13 Jahre, Bruder des Propositus. Ebenfalls seit Kindheit bekannte schwere Hämophilie B (Faktor IX-Restaktivität < 1%), regelmäßige Faktor IX-Substitution in Heimselbstbehandlung. Vor 18 Monaten erstmalig HIV-Antikörpertest in ELISA- und Western-Blot-Technik positiv. Seit Bekanntwerden des Befundes bis zum Jahresbeginn 1987 unauffälliger Verlauf.

Der Junge wurde zusammen mit seinem o. g. Bruder vorgestellt. Bei C. B. waren die Symptome geringer ausgeprägt, es fanden sich nur kleine Hämatome an stoßexponierten Stellen der Extremitäten. Die Kontrolle der Thrombozytenzahl ergab einen Wert von 61000/μl. Wegen der tolerablen Symptomatik wurde auf eine stationäre Aufnahme verzichtet und statt dessen eine dreitägige ambulante Immunglobulintherapie mit 0,3 g pro kg KG und Tag eingeleitet. Am dritten Behandlungstag konnte ein Anstieg der Plättchenzahl auf über 160000/μl verzeichnet werden. Zwar fiel die Thrombozytenzahl in den folgenden Wochen wieder auf Werte um 60000/μl ab, eine

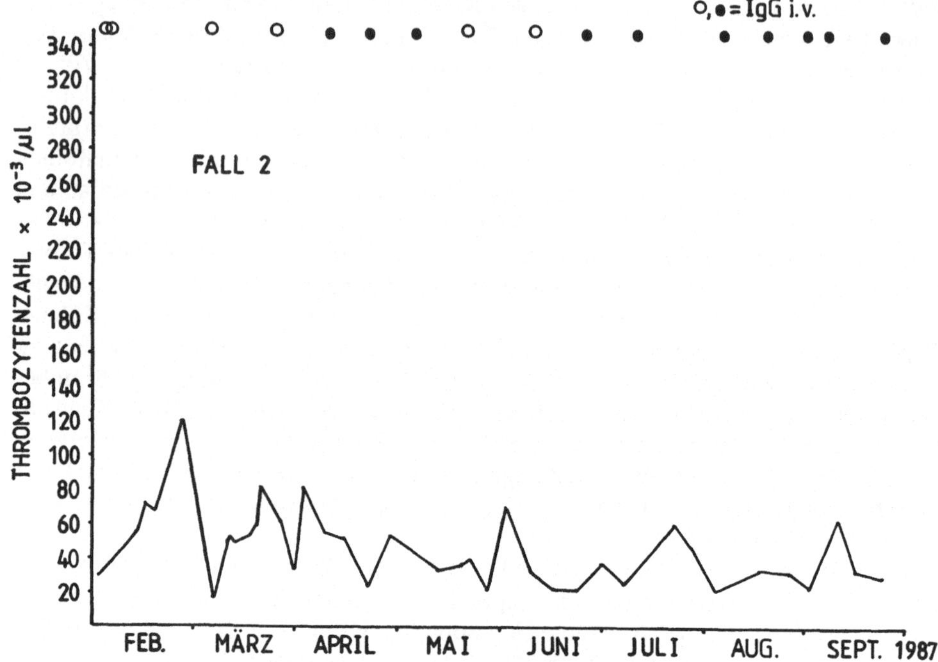

Abb. 2. Zeitlicher Verlauf der Thrombozytenzahlen des Patienten aus Fall 2

einmalige ambulante Infusion in der o. a. Dosis Ende des Monats März reichte jedoch aus, einen Wiederanstieg auf über 80000/µl zu bewirken. Wegen einer Pyelonephritis des Patienten wurde Mitte Mai 1987 eine kurzfristige Normalisierung der Plättchenzahlen nötig. Durch eine zweitägige Immunglobulintherapie der erwähnten Dosis gelang es, einen Anstieg der Plättchenzahl auf über 200000/µl zu erzielen. Zwar trat auch nach dieser Therapie wieder eine langsame Verminderung der Thrombozytenzahl ein, eine erneute IgG-Infusion wurde aber erst gegen Mitte Juli 1987 bei Erreichen der 60000/µl-Grenze nötig.

Im Falle dieses Patienten konnte bisher auf eine Dauerbehandlung mit Immunglobulininfusionen verzichtet werden. Die Thrombozytenzahl wird regelmäßig vom Hausarzt kontrolliert. Bei einer Plättchenzahl zwischen 40000–60000/µl genügt eine einmalige Infusion mit 0,3 g pro kg KG und Tag in der Regel, um eine mittelfristige Remission zu erreichen.

Bei der begleitend durchgeführten Diagnostik ergab sich kein Anhalt für Splenooder Hepatomegalie, laboranalytisch bestand kein Hinweis auf eine Hepatopathie. Wie bei seinem Bruder konnte auch bei diesem Patienten eine Beladung der Thrombozyten mit IgM-Antikörpern nachgewiesen werden. Derzeitiger Immunstatus: CDC-Stadium II, WR-Stadium 2, OKT4/8: 0,9 und T4-Zahl 520/µl.

Der Patient ist voll leistungsfähig und weder durch die HIV-Infektion noch durch die Therapie der Thrombopenie in seiner Lebensqualität eingeschränkt.

Abb. 3 zeigt den Verlauf der Thrombozytenzahlen des Patienten aus Fall 3.

Tabelle 1 faßt noch einmal die wichtigsten Fakten der Kasuistiken zusammen.

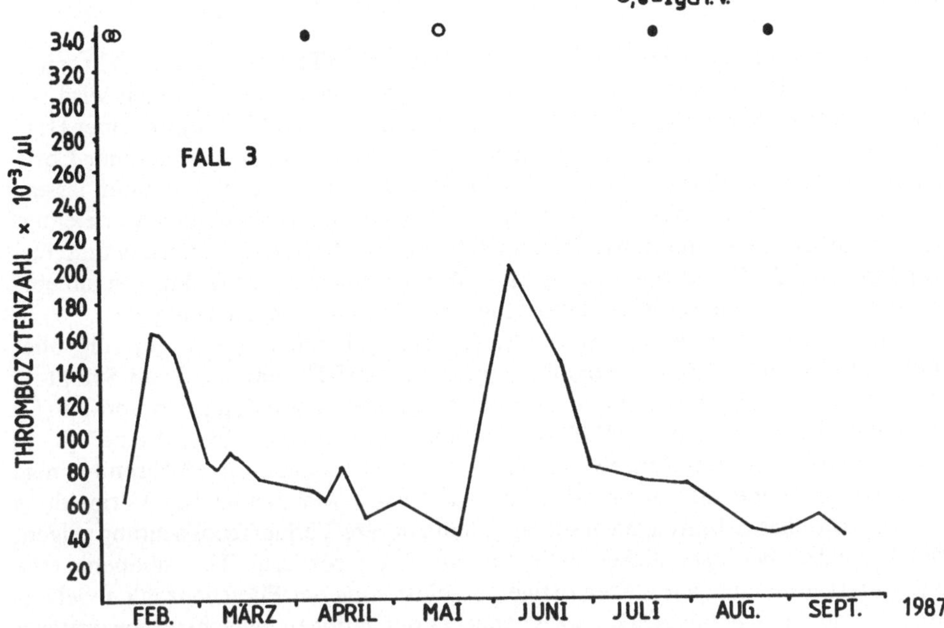

Abb. 3. Zeitlicher Verlauf der Thrombozytenzahl des Patienten aus Fall 3

Tabelle 1. Zusammenfassung wichtiger Daten der Kasuistiken

Fall	I	II	III
Alter (Jahre)	26	16	13
Hämophilietyp (s) = schwer	B (s)	B (s)	B (s)
HIV-positiv seit (Monate)	24	18	18
CDC-Stadium	II	II	II
WR-Stadium	2	2	2
OKT4/8	0,9	0,8	0,9
T4/µl	980	640	520
Hepatopathie	++	–	–
Splenomegalie	+	–	–
Thrombozytäre Antikörper	(+)	++	++
Thrombozytenüberlebenszeit	verkürzt	–	–
Thrombozytopenie bei Aufnahme (/µl)	25000	19000	61000
Symptome	Hämatome	Hämatome	Hämatome
Therapie	IgG i.v. F. IX i.v.	IgG i.v. F. IX i.v.	IgG i.v. F. IX i.v.
Erfolg	mäßig	gut	gut
Zusatzmaßnahmen	Splenektomie	–	–
Thrombozytenzahl (/µl) unter i.v. IgG alle 14–21 d	– um 80000 nach Splenektomie	um 40000	um 40000

Diskussion

Die Therapie der Thrombozytopenie bei Patienten mit ITP (Idiopathische Thrombozytopenische Purpura) mittels Steroiden oder Immunglobulinfraktionen wird seit mehreren Jahren erfolgreich betrieben [1, 8, 9]. Für die in Verbindung mit einer HIV-Infektion auftretenden Thrombopenien werden die Erfolgsaussichten einer Corticoidtherapie zurückhaltend beurteilt. Es liegen Berichte vor, die vermuten lassen, daß die Immunsuppression das Auftreten opportunistischer Infektionen erleichtert bzw. beherrschbare Infektionsstadien in eine fulminante Verschlechterung umschlagen können [15]. Deshalb schied die Steroidbehandlung bei der Diskussion um eine adäquate Therapie unserer thrombozytopenischen Patienten frühzeitig aus.

Die Arbeiten von Rubinstein [4], Oleske [5] und Schaad [6], die über Behandlungserfolge mit Immunglobulininfusionen bei Thrombopenie als Symptom des „Pediatric AIDS" berichten, und die wirksame Anwendung von anti-Rh(D) Immunglobulinen bei der AIDS-assoziierten Thrombopenie Erwachsener [8, 9] gaben schließlich den Anstoß zur Wahl dieser Therapieform. Während einige Autoren [10] eine IgG-Behandlung als kurzfristige Maßnahme zur Vermeidung lebensbedrohlicher Blutungen ansehen, konnte unsere Verlaufsbeobachtung zeigen, daß besonders bei jugendlichen Patienten mit HIV-assoziierter Thrombopenie eine IgG-Intervalltherapie zur längerfristigen Stabilisierung der Plättchenzahlen vielversprechende Ansätze bietet. Dennoch bedarf es der geringen Fallzahl wegen weiterer Erfahrungen zur Stützung dieser optimistischen Einschätzung.

Die Durchführung einer Splenektomie unter Berücksichtigung der Vorbefunde (verkürzte Thrombozytenüberlebenszeit, gesteigerter Abbau von Plättchen durch die Milz, schlechtes Ansprechen auf die Immunglobulintherapie) führt nach der Arbeit von Mönch et al. [11] und aufgrund der eigenen Beobachtungen (Fall 1) zu einer eindrucksvollen Remission. Die mittelfristige Prognose dieser Therapieform muß jedoch zurückhaltend beurteilt werden, da der von uns behandelte Patient vier Monate nach der Splenektomie bereits eine Thrombozytopenie bietet, und bei weiterem Absinken der Plättchenzahl die Notwendigkeit einer erneuten therapeutischen Intervention abzusehen ist. Ein ähnlicher Verlauf der Thrombozytenzahl nach der Milzexstirpation wurde auch von Monch et al. gesehen [11]. Im Vergleich mit den Ergebnissen der IgG-Intervalltherapie (Fall 2, 3) muß die Splenektomie beim jetzigen Kenntnisstand als Behandlungsform der zweiten Wahl angesehen werden, da allein durch den operativen Eingriff bei den Hämophilie-Patienten ein hohes Risiko eingegangen werden muß. Dabei ist das postoperative Infektionsrisiko trotz der zur Verfügung stehenden Vakzinen (z. B. Pneumovax) wegen der HIV-Infektion nur schwer kalkulierbar. Bei Patienten, die sich noch im Wachstumsprozeß befinden, sollte daher die IgG-Behandlung im Vordergrund stehen, da vor allem in dieser Gruppe mit einem guten Ansprechen der Therapie zu rechnen ist [2, 3, 7]. Nebenwirkungen sind nach dem aktuellen Stand der Literatur bei Einhaltung der Anwendungsvorschriften wenig wahrscheinlich. Vielmehr weisen die Beobachtungen einiger Autoren [2, 3, 4, 5, 6, 7] darauf hin, daß der prophylaktische Einsatz einer Immunglobulintherapie den Krankheitsverlauf des „Pediatric AIDS" nachhaltig günstig beeinflußt.

Zusammenfassend läßt sich bemerken, daß zur Therapie der HIV-assoziierten Thrombopenie [12, 13, 14] erfolgversprechende Behandlungskonzepte zur Verfügung stehen, deren kurzfristiger Erfolg unbestreitbar ist. Inwieweit aus diesen Ansätzen, Lösungen für eine mittel- bis langfristige Therapie abgeleitet werden können, muß eine Verlaufsbeobachtung bei einer größeren Patientenzahl über einen längeren Zeitraum zeigen.

Literatur

1. Fehr J, Hofmann V, Kappeler U (1982) Transient reversal of thrombocytopenia in idiopathic trombocytopenic purpura by high-dose intravenous gamma globulin. New Engl J Med 306:1254–1248
2. Engelhard D, Waner JL, Kapor NG, Good RA (1986) Effect of intravenous immune globulin on natural killer cell activity: possible association with autoimmune neutropenia and idiopathic thrombocytopenia. Journal of Pediatrics 108:77–81
3. Gupta A, Novick BE, Rubinstein A (1986) Restauration of suppressor T-cell functions in children with AIDS following intravenous gamma globulin treatment. AJDC 140:143–146
4. Rubinstein A (1986) Pediatric AIDS. Curr Probl Pediatr 16:361–409
5. Oleske JM, Connor EM, Bobila R, CCooper R, Epstein L, Joshi V, Minnefor A (1986) The use of IVIG in children with AIDS. Vox Sang 52:172
6. Schaad UB (1987) 2-year follow-up of a pediatric AIDS case unter intensive management including IVIG therapy. Vox Sang 52:172
7. Cavelli TA, Rubinstein A (1986) Intravenous gamma-globulin in infant acquired immunodeficiency syndrome. Pediatric Infectious Disease 5:S207–S210
8. Baglin TP, Smith MP, Boughton BJ (1986) Rapid and complete response of immune thrombocytopenic purpura to a single injection of rhesus anti-D immunoglobulin. Lancet 7:1329–1330
9. Biniek R, Malessa R, Brockmeyer NH, Luboldt W (1986) Anti-Rh(D) immunoglobulin for AIDS-related thrombocytopenia. Lancet 13:627
10. Panzer S, Zeitelhuber U, Hach V, Brackmann HH, Niessner H, Müller-Eckhardt C (1986) Immune thrombocytopenia in severe hemophilia A treated with high-dose intravenous immunoglobulin. Transfusion 26:69–72
11. Mönch H, Köstering H, Schuff-Werner P, Müller-Eckhardt C, Nagel GA (1986) Hemophilia A, idiopathic trombocytopenia and HTLV-III-infection impressive remission after splenectomy. Onkologie 9:239–240
12. Eyster ME, Gail MH, Ballard JO, Al-Mondhiry H, Goedert JJ (1987) Natural history of human immunodeficiency virus infections in hemophiliacs: effect of T-cell subsets, platelet counts, and age. Ann Intern Med 107:1–6
13. Stricker RB, Abrams DI, Corash L, Shuman MA (1985) Target platelet antigen in homosexual men with immune thrombocytopenia. New Engl J Med 313:1375–1380
14. Walsh VM, Nardi MA, Karpatkin S (1984) On the mechanism of thrombocytopenic purpura in sexually active homosexual men. New Engl J Med 311:635–639
15. Shafer RW, Offit K, Macrris NT, Horbar GM, Ancona L, Hoffman IR (1985) Possible risk of steroid administration in patients at risk for AIDS. Lancet 20:934–935

Diskussion

BERGMANN (Frankfurt):

Mir ist aufgefallen, daß bei Ihren Kurven die Thrombozyten jeweils dann angestiegen sind, wenn Sie nicht sporadisch Immunglobuline substituiert, sondern mindestens für 2 oder 3 Tage nacheinander eine Substitution durchgeführt haben. Ich glaube, daß es ein ganz wichtiger Punkt ist, den man hier herausstellen sollte, daß hochdosierte Immunglobulintherapie dann effektvoll ist, wenn man das wirklich konsequent an mehreren Tagen hintereinander durchführt und nicht einmal oder zweimal pro Woche oder einmal alle 14 Tage Immunglobuline substituiert. Das ist auch vom pathophysiologischen Mechanismus her sicherlich verständlich.

LEIPNITZ (Homburg/Saar):

Kurzfristige Therapien hat bei den beiden jüngeren Patienten jetzt auch der Hausarzt durchgeführt. Bei dem ganz Kleinen ist ja auch einmal – das war im Rahmen dieser Pyelonephritis – nach einer eintägigen Substitution mit ungefähr 25 g ein sehr erfolgreicher Anstieg gesehen worden, so daß wir schon dazu tendieren, eine kurzzeitige Substitution durchzuführen. Sie haben aber sicherlich recht, wenn Sie sagen, daß über mehrere Tage durchgeführte Substitutionen im Erfolg wesentlich deutlicher sind und auch länger anhalten.

VON KRIES (Düsseldorf):

So recht klar ist mir die Rationale für die kleinen Immunglobulingaben, die auch Herr Bergmann ansprach, nicht geworden. Was war die Indikation? Hatten die Kinder dann gerade eine Blutungsneigung, oder lagen die Thrombozyten bei 30000, oder sind sie unter 30000 abgefallen? Und warum einmal alle 14 Tage und einmal alle drei Wochen?

LEIPNITZ (Homburg/Saar):

Primär wird die Kontrolle ambulant beim Hausarzt durchgeführt. Sobald sich die Zahlen der Grenze von 30000 nähern, soll therapiert werden, entweder durch uns oder durch den Hausarzt, je nach psychologischer Situation. Wenn jedoch Hämatome auftreten, deren Ursache im Kindesalter oft schwierig festzustellen ist, soll zusätzlich behandelt werden.

NIESSNER (Wiener Neustadt):

Da es sich um ein beträchtliches Kostenproblem bei den Immunglobulinen handelt, darf ich doch noch auf die Therapieform kommen, das Anti-D, die Frau Scharrer mit Fragezeichen angeführt hat. Gibt es hier Erfahrungen?

LEIPNITZ (Homburg/Saar):

Es gibt Erfahrungen, allerdings nur bei Erwachsenen. Wir haben uns eigentlich mehr auf die pädiatrischen Arbeiten, auch die von RUBINSTEIN, gestützt.

Frau SCHARRER (Frankfurt):

Anti-D meinen Sie jetzt?

LEIPNITZ (Homburg/Saar):

Ja. Dieses Anti-D ist, soweit ich weiß, bei homosexuellen Männern erfolgreich eingesetzt worden. Bei Kindern oder bei Jugendlichen haben wir keine Erfahrungen, zumindest sind mir keine bekannt. Wir konnten aber annehmen, daß sich bei den Kindern eher ein Erfolg durch Immunglobuline einstellt. Deswegen haben wir das nicht ausprobiert, sondern haben gleich Immunglobuline genommen.

POLLMANN (Münster):

Könnten Sie noch einmal sagen, wie sich die Helferzellzahl unter der hochdosierten Immunglobulingabe verändert hat?

LEIPNITZ (Homburg/Saar):

Der erste Patient hatte eine T4-Zahl von ungefähr 900, der zweite eine um 600 und der dritte eine um über 500. Diese haben sich im Laufe der Therapie nicht wesentlich geändert. Wir müssen anmerken, daß die Bestimmung dieser Zahlen nicht in unserem Hause durchgeführt wird, sondern in der Inneren Medizin.

LECHNER (Wien):

Gibt es eigentlich irgendwelche gesicherten Daten darüber, daß Patienten, die eine Hämophilie plus Thrombozytopenie bzw. Autoimmunthrombozytopenie haben, tatsächlich eine meßbar erhöhte Blutungsneigung aufweisen, z.B. in Form von zerebralen Blutungen oder erhöhtem Substitutionsbedarf? Bei einigen wenigen Patienten, die wir beobachtet haben, ist das eigentlich nicht von vornherein so.

LEIPNITZ (Homburg/Saar):

Die Hämophilie dieser drei Patienten war bis zum Februar dieses Jahres eigentlich sehr unkompliziert. Um so mehr waren wir erschrocken über das Bild, das sie boten: große Hämatome. So etwas hatten wir vorher nicht gesehen. Deswegen hatten wir schon befürchtet, daß sie jetzt eine vermehrte Blutungsneigung haben und auch entsprechend behandelt. Das Risiko war uns zu hoch.

Frau Eibl (Wien):

Die Komplikationsrate der zerebralen Blutung bei Thrombozytopenie ist aus den verschiedenen Berichten etwa in der Größenordnung von 1% zu entnehmen. Es wäre denkbar, da der Prozentsatz so gering ist, daß man relativ kleine Unterschiede an kleineren Kollektiven nicht erfaßt.

Wenzel (Homburg/Saar):

Ich möchte noch einmal zurückkommen auf das, was Herr Leipnitz am Schluß seines Vortrages gesagt hat. Aus diesen Kasuistiken sollte nicht entnommen werden, daß wir dieses Vorgehen bei Thrombozytopenie als Aufforderung zu einer wissenschaftlichen Studie sehen.

Thrombozytopenie bei einem 12jährigen HIV-positiven Hämophilen

R. VON KRIES (Düsseldorf)

Wir berichten über einen Patienten mit schwerer Hämophilie A und Thrombozytopenie. Die klinischen Daten des Patienten: Alter 12 Jahre, schwere Hämophilie, Dauerbehandlung mit 500 Einheiten Faktor VIII dreimal pro Woche. HIV-Infektion 1985 gesichert. Klinische Symptome der HIV-Infektion bestanden bis Mai 1986 nicht. Gehäufte Infektionen oder Lymphknotenvergrößerungen wurden nicht beobachtet.

Im Mai 1986 wurde der Junge auffällig durch eine ausgeprägte petechiale Blutungsneigung. Die Thrombozytenzahlen lagen zu diesem Zeitpunkt bei 14000/μl. Die Diagnose einer ITP erschien wahrscheinlich, da die Thrombopoese im Knochenmark gesteigert und die Immunglobulinbeladung der Thrombozyten vermehrt war. Das Ansprechen auf die Prednison-Therapie (2 mg/kg KG) war ausgezeichnet: Innerhalb von 48 Stunden kam es zu einem Anstieg der Thrombozytenzahlen auf Werte von mehr als 100000/μl. Nach Reduktion der Prednison-Dosis blieben die Werte in einem Bereich von 80000 bis 100000. In diesem Bereich lagen die Werte zunächst auch nach Absetzen der Medikation.

Diese Daten wurden im Juni 1986 erhoben. Dann fuhr der türkische Junge in seine Heimat und stellte sich erst im November wieder bei uns vor. Zu diesem Zeitpunkt bestand keine Blutungsneigung. Überraschenderweise waren nun aber die Thrombozyten mit 11000/μl (Kontrolle 9000/μl) deutlich erniedrigt. Obwohl klinisch keine Blutungsneigung bestand, hatten wir Bedenken, den lebhaften 12jährigen Jungen mit schwerer Hämophilie A und deutlich erniedrigten Thrombozytenzahlen unbehandelt zu lassen. Deshalb wurde erneut Prednison gegeben. Wiederum sahen wir einen eindrucksvollen Anstieg der Thrombozytenzahlen. Diesmal wurde die Prednison-Dosis sehr viel langsamer über insgesamt 4 Monate reduziert. Bei einer Prednison-Dosis unterhalb der Cushing-Schwelle und in den letzten 2 Monaten auch nach Absetzen der Prednison-Behandlung lagen nun die Thrombozytenzahlen in einem Bereich von 30000 bis 60000.

In diesem Fall sollen zwei Fragen diskutiert werden.

1. Kommt es bei einem Hämophilen mit einer Thrombozytopenie von 30000 bis 60000 Thrombozyten/μl zu einer Zunahme der Blutungshäufigkeit? Der Junge hatte nie Nasenbluten oder Schleimhautblutungen. Die Häufigkeit der Muskel- und Gelenkblutungen unterschieden sich nicht von der des Vorjahres. Der Bedarf an Faktor VIII stieg nicht an. Kein Klinikaufenthalt bzw. Schulausfall wegen Muskel- und Gelenkblutungen. Somit kann die erste Frage dahingehend beantwortet werden, daß bei diesem Jungen Thrombozytenzahlen von 30000 bis 60000/μl trotz der bekannten schweren Hämophilie A gut toleriert wurden.

2. Kommt es unter einer langdauernden Prednison-Behandlung zu einer Progression der HIV-Infektion? Dem Jungen ging es unter der Prednison-Behandlung gut. Gehäufte Infektionen wurden nicht beobachtet. Regelmäßig kontrolliert wurden der Intracutantest auf Recall-Antigene: Bei jeder Kontrolle sahen wir 3 positive Reaktionen mit einem Gesamt-Score von 8–14 (im Altersnormalbereich). Die T4/T8-Ratio blieb konstant größer als 1. Somit ergaben sich bei diesem Jungen weder anhand der Klinik noch anhand der Laborparameter Hinweise für eine Progression der HIV-Infektion unter der Prednison-Behandlung.

Die Frage, ob bei allen HIV-positiven Patienten mit behandlungsbedürftiger Thrombozytopenie die Immunglobulingabe immer ein Muß ist, sollte somit in jedem Einzelfall erwogen werden.

Diskussion

Frau SCHARRER (Frankfurt):

Die Kurven der einzelnen Vorträge zeigen sehr schön, wie unterschiedlich Kinder und Erwachsene reagieren. Das ist zwar eine allgemein bekannte Tatsache, aber ich glaube, das sollten wir uns alle noch einmal in Erinnerung rufen, zum einen bei den therapeutischen Möglichkeiten und dann auch möglicherweise in der Progressionsgeschwindigkeit bei der Entwicklung der AIDS-Manifestation. Wir stehen wahrscheinlich alle noch ganz am Anfang, aber wir sollten das in Zukunft doch beachten.

Frau EIBL (Wien):

Zur Therapie möchte ich anmerken, daß bei ITP im Kindesalter zerebrale Blutungen ohne andere vorherige Manifestationen auftreten können. Das sollte bei Therapieentscheidungen nicht unbedacht bleiben.

VON KRIES (Düsseldorf):

In den letzten 8 Jahren haben wir sicherlich pro Jahr mindestens 15 Kinder über 8 Jahre mit einer ITP gesehen. Insgesamt sind es etwa 120 Kinder. Von diesen ist mir ein einziger Fall einer Hirnblutung in Erinnerung. Nur waren das eben auch Thrombozytenzahlen, die unter 10000 lagen. Herr Professor Landbeck stimmt mir sicherlich zu.

LANDBECK (Hamburg):

Für die monosymptomatische akute ITP im Kindesalter entspricht das den allgemeinen Erfahrungen.

SCHIMPF (Heidelberg):

So ist das immer mit der Statistik und dem Einzelfall. Ich habe auch einen 15jährigen an einer Stammhirnblutung verloren, bei dem diese das erste Symptom seiner Thrombozytopenie war. Es war ein HIV-positiver Patient mit Hemmkörper. Letztere sind nach dem Bonn-Schema normalisiert worden. Für mich hat sich natürlich auch die Frage ergeben, ob man grundsätzlich jeden Hämophilen, der HIV-positiv ist und niedrige Thrombozytenzahlen aufweist, auch wenn er keine Symptome hat, so behandeln sollte, daß die Thrombozyten ansteigen.

RIEDEL (Bonn):

Wir haben in den letzten Jahren 136 Patienten mit ITP untersucht, die keine weitere Blutungskrankheit hatten. Bei diesen liegt die Rate der Hirnblutungen unter 1%. Über die Häufigkeit der Hirnblutungen bei thrombozytopenischen Hämophilen gibt es keine verläßlichen Angaben, so daß wir diese beiden Gruppen auseinanderhalten müssen.

Weiterhin sollten wir die ITP beim Hämophilen, sei er nun positiv für HIV oder nicht, von einer Thrombozytopenie trennen, die auch mit verminderter Leukozyten- und Erythrozytenzahl einhergeht.

BUDDE (Hamburg):

Nach den Zahlen aus Bonn ist die Thrombozytopenie bei den Hämophilen ganz hoch assoziiert mit einem positiven HIV-Befund. Also praktisch alle thrombopenischen Patienten sind auch HIV-positiv. Die ITP bei Hämophilen ohne HIV-Antikörper ist doch eher eine Rarität.

VON KRIES (Düsseldorf):

Können Sie mir den Unterschied einer ITP und einer Thrombozytopenie beim Hämophilen erklären, weil keiner so genau weiß, was nun eigentlich die Ursache ist?

BERGMANN (Frankfurt):

Bei einer HIV-induzierten Thrombopenie finden sich thrombozytäre Antikörper wie bei einer ITP. Insofern ist keine Trennung möglich. Ich glaube schon, daß man das zusammen sehen muß.

Frau SCHARRER (Frankfurt):

Ich möchte Herrn Bergmann unterstützen. Wir wissen doch alle, daß eine Vielzahl von Viren eine Thrombozytopenie auslösen kann, die wir nach der Befundkonstellation als ITP bezeichnen. Ich darf auch noch einmal an die Studie von EYSTER erinnern, in der bei 1551 Hämophilen in den Jahren 1975–1979 in 5% der Fälle eine ITP gefunden worden ist. Vor Auftreten des HIV ist eine ITP bei Hämophilen durchaus bekannt gewesen, wenngleich auch selten.

Frau EIBL (Wien):

Wir sollten die Diskussion hier abschließen und zur allgemeinen Diskussion übergehen.

LECHNER (Wien):

Entsprechend dem, was hier im Programmheft steht, sollten wir vor allem sprechen über die klinische Klassifikation des Infektionsverlaufs. Wir stehen hier – das ist bereits bei Herrn Landbeck in der Einführung und dann in der Diskussion angeklungen – vor einer gar nicht so leichten Situation, weil es nämlich mindestens drei miteinander konkurrierende Klassifikationen gibt, nämlich die Standardklassifikation der CDC, die vom Mai 1986 stammt, dann eine neue CDC-Klassifikation, die erst jetzt herausgekommen ist, und dann die Walter-REED-Klassifikation, die auch wieder von manchen verwendet wird. Auch wenn sich Herr Werner in Vorgesprächen etwas dagegen gewehrt hat, möchte ich ihn jetzt doch bitten, zu diesem Punkt Stellung zu nehmen.

WERNER (Frankfurt):

Meine Zurückhaltung erklärt sich aus der Tatsache, daß wir zur gleichen Zeit wie Walter REED eine Klassifikation versucht haben, um den Verlauf der HIV-Infektion beurteilen zu können. Diese ist bereits als sog. BRODT-HELM'sche Klassifikation erwähnt worden.

Mit Zunahme der Kenntnis des Krankheitsbildes und -verlaufs werden wir sicherlich noch weitere Klassifikationsänderungen erwarten können. Die ursprüngliche AIDS-Definition der CDC ist nur vom klinischen Bild und der Morphologie ausgegangen. Die erweiterte und jetzt gültige CDC-Definition muß ihre Praktikabilität erst beweisen, setzt sie doch z.B. zur Erkennung bzw. zum Ausschluß einer Candida ösophagitis eine eingreifende Diagnostik voraus wie Endoskopie und Biopsie. Ähnliches gilt für die Bronchoskopie zur Diagnose der Pneumocystis carinii-Pneumonie. Wenn man weiß, daß ein Patient einen Soor hat, so bekommt er Ketokonazol und in 5 Tagen ist der Befund abgeklungen. Dann wird kaum ein Kliniker dem Patienten Eingriffe zumuten, um den Definitionskriterien zu genügen. Die bronchoskopisch schwierige Pneumonie-Diagnostik wird man dem Patienten ebenfalls ersparen, da das klinische Bild nicht selten so eindeutig ist, daß man ohne risikoreiche Untersuchungen zu behandeln beginnt. Die neuen Definitionskriterien der CDC sind für die Klinik und Verlaufsbeurteilung unpraktikabel. Pathologen können sich danach richten, die Klinik aber nicht. Gegenüber diesen AIDS-Manifestationen sind die Definitionskriterien der Vorstadien weniger kritisch zu sehen. Hier muß man sich selbstverständlich auf etwas einigen, auch wenn noch vieles im Fluß ist.

LECHNER (Wien):

Danke vielmals für diese sehr klaren Worte. Dann möchte ich Sie fragen, wie machen Sie es jetzt in der Praxis?

BRODT (Frankfurt):

Wir nehmen unsere Klassifikation – das ist für uns natürlich am einfachsten, denn die kennen wir am besten –, da sie der Walter-REED-Klassifikation entspricht. Die Nummern sind zwar etwas anders gewählt, aber sie sind immer vergleichbar, und sie sind auch immer umsetzbar. Die Studien sind vergleichbar, so daß wir uns darauf beschränken.

Laborbefundvergleiche zwischen HIV-infizierten und nicht HIV-infizierten Patienten mit schwerer Hämophilie

V. Bothe, A.-M. Mingers (Würzburg)

Wir haben zur Frage, ob man bei gesunden HIV-infizierten Hämophilen anhand ihrer Laborwerte eine Prognose über den Weiterverlauf stellen kann, die Werte aus den Jahren 1980, 1983 und 1987 von unseren 8 HIV-Infizierten mit denen von 7 Nichtinfizierten mit schwerer Hämophilie verglichen.

Einer der 8 HIV-Infizierten (im folgenden mit Patient A bezeichnet) ist dem Stadium III zuzuordnen. Ein weiterer HIV-Infizierter fällt seit etwa 4 Jahren durch Transaminasen-Erhöhungen sowie seit etwa 3 Jahren durch Störungen des ZNS (Leistungsabfall, Depressionen, Tremor) und sehr hohen HIV-Ak-Titern seit einigen Monaten auf (ELISA: +, F. A.: >1:8192) (= Patient B), andererseits seit fast einem Jahr jedoch zunehmende Besserung bis wieder zur normalen ganztägigen Berufstätigkeit.

Bei der Auswertung der Befunde erwiesen sich Mittelwert- und Medianberechnungen als wenig hilfreich, so daß wir unsere Ergebnisse in Form von Einzelverlaufskurven wiedergeben.

Wie Abb. 1 zeigt, ergaben sich bei den Thrombozytenzahlen keine sicheren Unterschiede zwischen Infizierten und Nichtinfizierten sowohl bezüglich der aktuellen Thrombozytenzahlen als auch deren Änderungen seit 1980. Kontinuierliche Thrombozytenzahlenabnahmen mitunter bis in den thrombopenischen Bereich gab es in beiden Gruppen. Auf die Beziehungen zwischen Thrombozytenzahlenabnahmen in Abhängigkeit von der Substitutionstherapie haben wir schon früher hingewiesen [1, 2].

Leukozyten und Lymphozyten nahmen von 1983–1987 bei allen Infizierten an Zahl ab (Abb. 1), liegen zur Zeit aber bei den klinisch gesunden Infizierten noch in gleicher Höhe wie bei den Nichtinfizierten.

Bei den Lymphozyten-Subpopulationen (Abb. 2) fällt auf, daß der Anteil der T3-Lymphozyten in beiden Gruppen von 1983–1987 deutlich zugenommen hat.

Die T4-Lymphozyten (Abb. 2) haben bei den Nichtinfizierten in der Regel prozentual zugenommen. Bei den Infizierten zeigen sich unterschiedliche Verläufe, u. a. bei Patient A ein rapides Absinken, bei Patient B ein deutlicher Anstieg.

Die Patienten A und B zeigen auch hinsichtlich ihrer Suppressor-Zellen und ihrer T4/T8-Ratio ein konträres Verhalten, so daß nun bei Patient A die Ratio unter 0,1 liegt, bei Patient B dagegen bei 3,27.

Betrachtet man dagegen die Absolutzahlen (Abb. 3), so nehmen im Gegensatz zu den Nichtinfizierten bei einigen Infizierten die T3-Lymphozyten ab, die T4-Lymphozyten sinken außer bei Patient B bei allen Infizierten ab, die Suppressor-Zellen nehmen bei allen Infizierten ab. In der Absolutzahl der Lymphozyten zeigen sich keine sicheren Gruppenunterschiede.

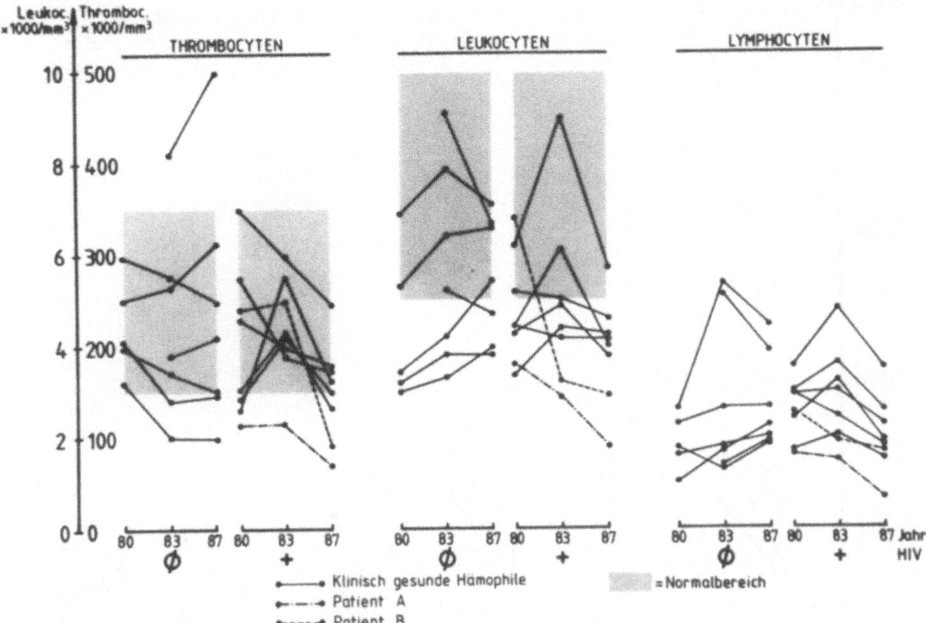

Abb. 1. Thrombozyten-, Leukozyten- und Lymphozytenzahlen bei HIV-infizierten und nicht HIV-infizierten Hämophilen

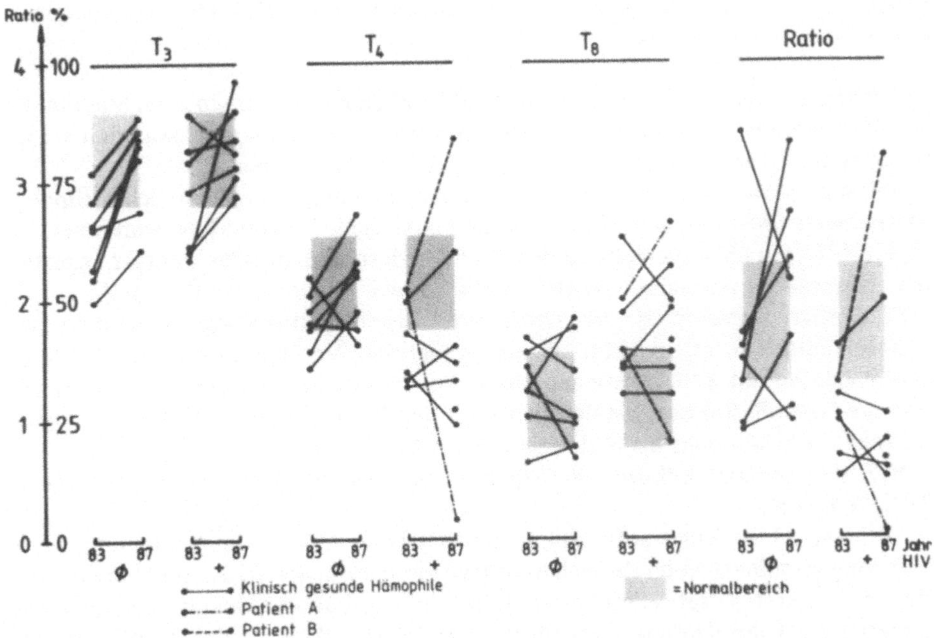

Abb. 2. T3-, T4-, T8-Lymphozyten (in %) und T4/T8-Ratio bei HIV-infizierten und nicht HIV-infizierten Hämophilen

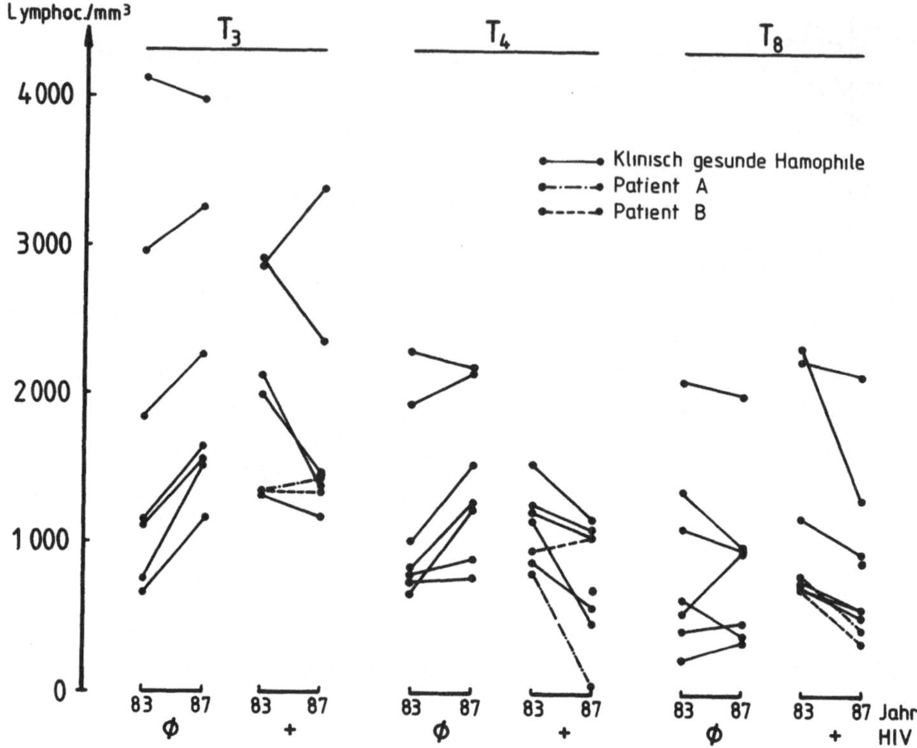

Abb. 3. T3-, T4-, T8-Lymphozyten/mm³ bei HIV-infizierten und nicht HIV-infizierten Hämophilen

Abgesehen von einer Anämie bei dem HIV-infizierten Patienten A im Stadium III (Hb 10,8 g/dl bei 3,79 Mio Ery/mm³) waren bei allen getesteten Hämophilen beider Gruppen die roten Blutbilder stets unauffällig, auch bei Patient B.

Bei der Auswertung der Immunglobulinbestimmungen ergeben sich Gruppenunterschiede (Abb. 4), d.h. die Immunglobuline IgG, IgA und IgM waren bei fast allen Infizierten im Gegensatz zu den Nichtinfizierten mehr oder weniger angestiegen. Wesentliche Ausnahme ist eine deutliche IgG-Abnahme bei Patient A.

Eindeutige Unterschiede bezüglich ihrer Eiweißelektrophoresen ergaben sich zwischen beiden Gruppen nicht. Die ausgeprägtesten Veränderungen zeigen sich bei dem Patienten mit ZNS-Störungen (Abb. 5), Anstieg des Gesamteiweiß sowie der Gamma-Globulinfraktion bis deutlich über den Normalbereich bei gleichzeitigem Absinken des Albumins bis in den pathologischen Bereich.

Von den übrigen Labordaten scheinen nicht die aktuellen Haptoglobinwerte darstellenswert.

Uns war schon lange aufgefallen, daß bei Hämophilen die Haptoglobinwerte bevorzugt im subnormalen Bereich liegen bei meist normalen Eisen- und Ferritinwerten und diskreten auf Hämolysen hinweisenden Laborveränderungen [3]. Die dargestellten Haptoglobin-, Ferritin- und Fe-Werte (Abb. 6) der Nichtinfizierten bestätigen dies. Bei den HIV-Infizierten findet man auch höhere, d.h. normale Haptoglobinwerte, bei ihnen außerdem Ferritinwerte oberhalb der Norm.

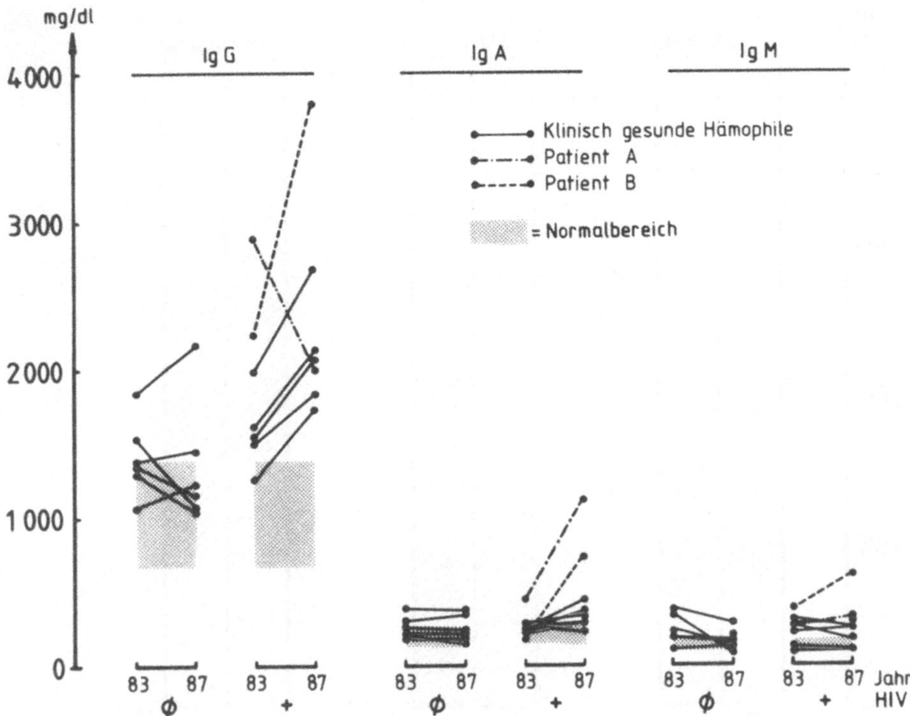

Abb. 4. Immunglobuline bei HIV-infizierten und nicht HIV-infizierten Hämophilen

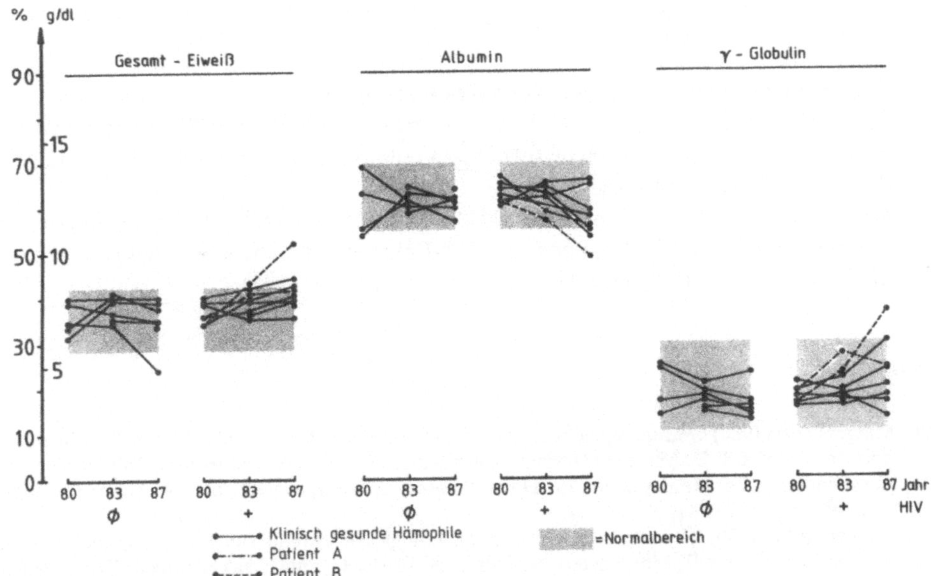

Abb. 5. Eiweißelektrophorese bei HIV-infizierten und nicht HIV-infizierten Hämophilen

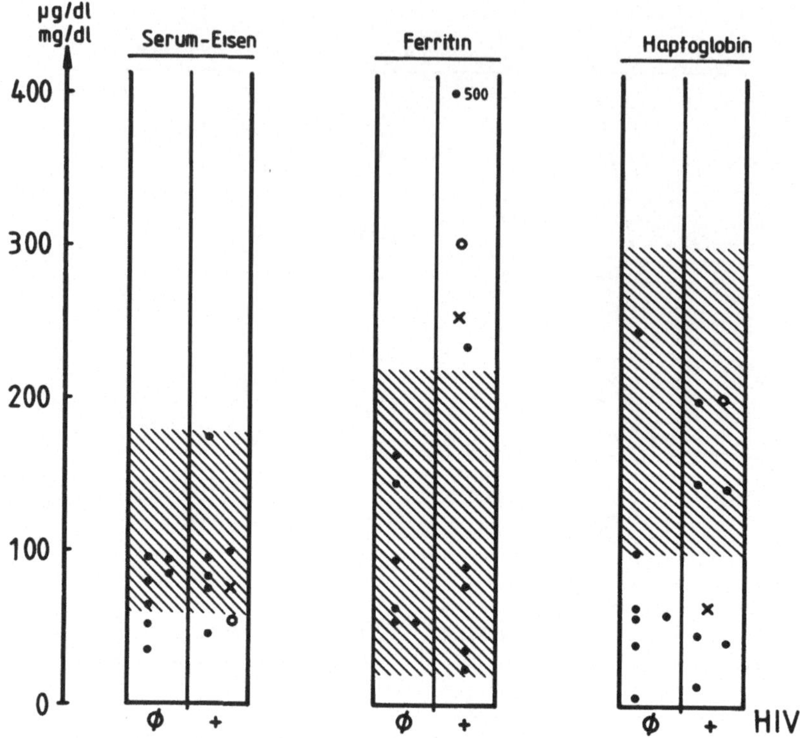

Abb. 6. Serum-Eisen, Ferritin und Haptoglobin bei HIV-infizierten und nicht HIV-infizierten Hämophilen

Aus unseren Befunden ziehen wir die Folgerungen:

1. Eine verbindliche Prognose über den Weiterverlauf ihrer HIV-Infektion ist bei unseren vorwiegend klinisch unauffälligen Hämophilen anhand der hier vorliegenden Labordaten nicht möglich.
2. Bei einem unserer im Sinne einer AIDS-Erkrankung auffälligen HIV-infizierten Patienten haben wir die Diagnose „AIDS-Erkrankung“ vorerst zurückgenommen, da keine Defekte im Immunsystem bisher erkennbar sind.

Literatur

1. Mingers AM (1986) Gerinnungsfaktoren bei Hämophilie A-Patienten unter Faktor VIII-Substitution. In: Landbeck G, Marx R (Hrsg) 2. Rundtischgespräch. Therapiebedingte Infektionen und Immundefekte bei Hämophilen. 15. Hämophilie-Symposion, Hamburg 1984. Springer, Berlin Heidelberg, S 339–349
2. Mingers AM (1986) Therapiebedingte hämostaseologische Veränderungen bei Hämophilen. In: Wenzel E, Hellstern E, Morgenstern E, Köhler M, Blohm G von (Hrsg) Rationelle Therapie und Diagnose von hämorrhagischen und thrombophilen Diathesen. Schattauer, Stuttgart, S 3.51–3.54
3. Mingers AM (unveröffentlichte Befunde)

Diskussion

LECHNER (Wien):

In der noch verbleibenden Zeit sollten wir die Diskussion über die Klassifikation der HIV-Infektion fortsetzen. Ich hätte gerne Ihre Meinung zu Klassifikationen gehört, die hier vorgestellt worden sind. Das ist für uns von essentieller Bedeutung, um zu vergleichbaren Aussagen zu kommen. Das gilt insbesondere auch für die Klassifikation der Vorstadien und deren Abgrenzung zum AIDS, wie z. B. die Zuordnung von Mundsoor und der hairy Leukoplakia. Die Frage ist nicht nur eine rein statistische, sondern auch eine eminent therapeutische. Wenn wir die Therapie in den Vordergrund stellen, ist die Definition der Vorstadien und ihre Bedeutung wichtiger als die der massiven Entwicklung von opportunistischen Infektionen oder von Lymphomen, denn dann sieht es mit der Therapie schon sehr viel schlechter aus.

In der gegenwärtigen Situation ist es also grundsätzlich wichtig, daß wir die Vorsymptome möglichst genau klassifizieren, wissen wir doch, daß diese relativ lange vor der Hauptsymptomatik auftreten, und wir uns überlegen müssen, ob solche Patienten mit den jetzt verfügbaren Medikamenten, wie z. B. das AZT, behandelt werden sollen oder ob wir die Behandlung nur vom Symptom, wie Mundsoor, hairy Leukoplakia, oder von der klinischen Symptomatik plus Labormethoden, d. h. Zahl der T4-Zellen, abhängig machen sollen. Diese Frage möchte ich zunächst an Herrn Brodt richten.

BRODT (Frankfurt):

Das Problem stellt sich vor allem bei solchen Patienten, die aktuell in die Klinik kommen und man als ärztlichen Befund eine orale Candidiasis erhebt. Man weiß nicht, ob nicht irgendein intercurrenter Infekt mit anderen Viren durchgemacht worden ist, die diese Candidiasis verursacht hat, oder ob Antibiotika genommen worden sind, die nicht angegeben werden. Wir wissen also nichts über die Ursache. Es ist daher sehr wichtig, daß man diese Patienten im Längsschnitt des Infektionsverlaufs sieht und sie immer wieder untersucht. Einen Patienten mit oralem Soor würde ich in relativ kurzem Zeitraum wieder einbestellen, um die Befunde zu verifizieren. Auch niedrigere Helferzellzahlen können auf eine Gesamtlymphopenie zurückzuführen sein, die auch mal ein anderer Virusinfekt verursachen kann. Sind jedoch Symptome vorhanden, wie z. B. massive Candidiasis, die mit lokalen Therapeutika nicht zu beherrschen sind, oder eine hairy Leukoplakia, die auch ohne Therapie kommt und geht, dann sind wir im Zweifel, denn AIDS kommt und geht eben nicht.

In Verlaufsbeobachtungen müssen wir dezidiert alle Frühsymptome der HIV-Infektion, also des Lymphadenopathiesyndroms, AIDS-related complex, festhalten, weil wir nur über einen langen Zeitraum Veränderungen sehen und zutreffend klassifizieren können. Für optimale Verlaufsbeobachtungen sind selbst solche Stadieneinteilungen, wie wir sie getroffen haben, nicht ausreichend, wird man doch wahrscheinlich mehrere Jahre brauchen, bis man zuverlässige Ergebnisse über Therapieerfolge oder unterschiedliche Verläufe bei Hämophilen wie auch anderen Risikogruppen erhält.

Schramm (München):

Welcher Klassifizierung sollte man den Vorzug geben, der CDC-Klassifizierung oder der Frankfurter oder der nach Walter Reed? Kommt man an der am weitesten verbreiteten CDC-Klassifikation auch gar nicht vorbei, so könnten Klassifikationen, die Laborwerte mehr berücksichtigen, vielleicht besonders für klinische Studien wichtig sein. So wäre wohl mehr ein Und als ein Oder wichtig.

Lechner (Wien):

Nach meiner Auffassung ist jede Klassifikation nur so gut, als sie für die Therapieentscheidung gut ist und wir danach entscheiden können, ob ein Patient mit einem nicht ungefährlichen Medikament behandelt gehört. Er muß also ein Risikostadium erreicht haben, das die Risiken der Therapie akzeptabel macht. Das ist die Klassifikation, die wir als Kliniker brauchen, genauso wie beim Morbus Hodgkin und anderen Krankheiten. Es muß also eine therapeutisch relevante Klassifikation sein. Eine brauchbare ist bisher nicht zu nennen.

Niese (Bonn):

Wir haben eine CDC-Definition für das Krankheitsbild AIDS und eine CDC-Verlaufsklassifikation. Die kürzlich vorgenommene Erweiterung des AIDS auf die gesamte Gruppe IV der CDC-Klassifikation ist sicherlich Ursache der Begriffsverwirrung, die wir heute bemerkt haben. Die klinische Zuordnung nach den Gruppenkriterien der CDC verleitet zu der Annahme, daß eine höhere Zahl auch ein schwerer wiegendes Krankheitsbild bedeutet. Das aber wissen wir nicht zuverlässig. Ich glaube, es ist wichtig, daß wir versuchen, eine Stadieneinteilung zu definieren, die eine Prognose der Erkrankung erkennen läßt, um Therapieentscheidungen daraus ableiten zu können.

Frau Eibl (Wien):

Die Frage der Stadieneinteilung hängt einmal davon ab, wie wir uns verständigen können. Zum anderen brauchen wir eine gemeinsame Einteilung, um die Erfahrungen überhaupt zu verstehen.

Lechner (Wien):

Darin wird Ihnen jeder zustimmen. Wenn meine Ausführungen so verstanden sein sollten, daß ich eine neue Einteilung will, dann ist das keineswegs so. Ich wollte vielmehr darauf hinweisen, daß es mehrere von der wissenschaftlichen Gemeinschaft akzeptierte Einteilungen gibt, die zum Teil unterschiedliche Ziele verfolgen. Wir sind interessiert an den Frühstadien der Erkrankung, wo wir noch hoffen, daß wir durch eine Intervention eine Progression verhüten können.

NIESSNER (Wiener Neustadt):

In dieser Diskussion vermisse ich Hilfe von der Virologie. Man könnte doch erwarten, daß zumindest in der Zukunft die Frage zu beantworten sein wird, ob ein Virusnachweis oder Antigennachweis für den Krankheitsverlauf von Bedeutung ist.

WERNER (Frankfurt):

Grundsätzlich haben Sie recht. Ich werde in meinem Vortrag nachher näher darauf eingehen. Wir haben nicht viel anzubieten, denn die Labormethodik der HIV-Infektion ist noch in der Entwicklung begriffen. Im Vordergrund müssen also klinische Kriterien stehen.

Frau EIBL (Wien):

Eine gewisse Hilfestellung bezüglich der Prognose kann die Immunologie geben. Außer den vielfach zitierten erniedrigten T4-Zellen gibt es eine Reihe von Faktoren, die Hinweise für eine ungünstige Prognose geben.

SCHNEWEIS (Bonn):

Aus den Zahlen war zu entnehmen, daß die Progression der HIV-Infektion zum AIDS bei Hämophilen um 10% liegt. Das würde bei Hämophilen etwa 4 Jahre oder länger bedeuten. Ich möchte Herrn Brodt fragen, wie diese Zahlen bei anderen Risikogruppen, den Homosexuellen und Drogenabhängigen, nach 4 Jahren aussehen.

BRODT (Frankfurt):

Wenn es 4 Jahre sind, ist das sehr schnell. Das wäre sogar zu schnell. Ich glaube auch nicht, daß dieses zutrifft. Diese Berechnungen sind sehr schwierig und daran kranken alle Verlaufsstudien einschließlich unserer eigenen. Eine verläßliche Aussage ist nur möglich, wenn man den Zeitpunkt der Infektion kennt, und das ist sehr selten der Fall.

Schlußbemerkungen LANDBECK (Hamburg):

Die engagierten Diskussionen zur Klassifikation der HIV-Infektion verdeutlichen nachdrücklich, daß wir zur verläßlichen Einschätzung des Einzelfalles, zur Beurteilung des Spontanverlaufs wie auch der Indikation und des Erfolges bzw. Mißerfolges interventionstherapeutischer Maßnahmen auf ein risikoorientiertes klinisches Klassifikationssystem angewiesen sind, das grundsätzlich auch – bei der nach statistischen Kriterien kleinen Zahl Betroffener – eine internationale Vergleichbarkeit mit anderen Risikogruppen und Verlaufsstudien erlaubt. Über diese Voraussetzungen dürfte Einigkeit bestehen.

Wenn wir das überwiegend bevorzugte Klassifikationssystem der Centers for Disease Control (CDC/USA, 1986) als Arbeitsgrundlage für die bundesweite Erfassung HIV-infizierter asymptomatischer und symptomatischer Hämophiler sowie folglich auch für die Planung kooperativer Verlaufs- und Interventionstherapiestudien gewählt haben, so ist diese Entscheidung nach wie vor gut begründet durch eine notwendige Vergleichbarkeit mit den großen Gruppen HIV-Infizierter der USA, insbesondere der Hämophilen, bei denen die Infektion allem Anschein nach einen besonderen Verlauf nimmt. Wir waren und sind auf die Kenntnisse und Hilfen dieser zwangsläufig erfahreneren Arbeitsgruppen angewiesen.

Zum anderen bleibt aber selbstverständlich zu bedenken, daß der Arbeitsauftrag der CDC primär epidemiologischer Natur ist. Entsprechend konnte erwartet werden, daß mit zunehmenden Kenntnissen und Erfassungsmöglichkeiten der HIV-Infektion immer rückhaltloser das Ziel verfolgt wird, zumindest alle symptomatischen Fälle vollständig zu erfassen. Dem entspricht die jetzt vorgenommene Erweiterung der AIDS-Definition (CDC 1987) durch Einbeziehung der CDC-Gruppen IV-A und -B und einem rigorosen Katalog eingreifender, risikoreicher diagnostischer Auflagen zum Nachweis oder Ausschluß von Folgekrankheiten der HIV-Infektion, die in der Tat eher dem Pathologen als dem Kliniker abverlangt werden können. Ganz abgesehen davon, daß diese Forderungen bei blutungsgefährdeten Patienten ohnehin kaum vertretbar sind und die Erweiterung der AIDS-Definition ohne inhaltliche Änderungen für die Klinik unerheblich ist, gehen diese Festlegungen über die Belange eines klinischen, risikoorientierten Klassifikationssystems hinaus und können für uns nicht als verbindlich übernommen werden.

Dennoch sind wir sicherlich gut beraten, auch weiterhin dem weltweit akzeptierten Grundkonzept, also dem CDC-Klassifikationssystem 1986 zu folgen, daß über klinische Kriterien hinaus eine Untergliederung nach immunologischen, virologischen und anderen Laborparametern ausdrücklich zuläßt und für prospektive Studien entsprechender Optimierungen bedarf. Damit sollte auch eine Vergleichbarkeit mit der Frankfurter Klassifikation und der Walter-Reed-Klassifikation erreichbar sein.

Aber auch ein mit Laborparametern komplettiertes CDC-Klassifikationssystem hat für prospektive Verlaufs- und interventionstherapeutische Studien zweifellos noch Schwächen, auf die Herr Lechner und Herr Brodt mit Recht hingewiesen haben. Es muß für diesen Zweck im Grunde erst erprobt werden. Schwächen betreffen neben Wertung und Zuordnung vermeintlicher Folgekrankheiten der HIV-Infektion (z. B. oraler Candidiasisbefall) vor allem eine für prospektive Studien zureichende Abgrenzung der CDC-Gruppen II, III, IV-A und -B untereinander wie auch von den Gruppen IV-C bis -E. Um diese Probleme zu überwinden, sind kritische Prüfungen des Klassifikationssystems in der Planungsphase wie auch fortlaufend im Ablauf prospektiver Studien erforderlich, denen wir uns auch im Fortgang des Symposions zu stellen haben.

2. *Informationen zum Stand der HIV-1-Impfstoffentwicklung*

Diskussionsleitung: M. Eibl (Wien)
A. Kurth (Frankfurt)
G. Landbeck (Hamburg)

Informationen zum Stand der HIV-1-Impfstoffentwicklung

H. Eibl (Wien)

Bei Impfstoffen wird zunächst zwischen Lebend- und Totimpfstoffen unterschieden. Lebendimpfstoffe enthalten einen attenuierten Krankheitserreger, während die Totimpfstoffe den Krankheitserreger in nicht mehr vermehrungsfähiger Form bzw. Teile davon enthalten.

Bei den Lebendimpfstoffen wird neuerdings zwischen den konventionellen und solchen, die attenuierte rekombinante Krankheitserreger enthalten, unterteilt. Ein rekombinantes Virus kommt dadurch zustande, daß ein oder mehrere Fremdgene in das Genom des Virus eingebracht werden und jene Substanzen, die durch diese eingebrachten Gene exprimiert werden bei der Vermehrung des Virus in einer Zelle ebenso entstehen wie die anderen Bestandteile eines solchen Virus.

Bei den Totimpfstoffen wird zwischen Impfstoffen, die den gesamten Krankheitserreger enthalten – zum Beispiel der von Salk entwickelte Impfstoff gegen Kinderlähmung – und Spaltimpfstoffen unterschieden, in dem die Krankheitserreger durch geeignete Mittel in ihre Komponenten zerlegt werden und diese dann gesamt oder teilweise zur Herstellung des Impfstoffes verwendet werden. Diese Vorgangsweise kann insofern noch weiter entwickelt werden, indem von bestimmten Spaltbestandteilen niedermolekulare Substanzen gewonnen werden, vorwiegend Peptide, die dann ebenfalls für die Herstellung eines entsprechenden Impfstoffes verwendet werden können. Diese Vorgangsweise läßt sich auch noch weiter entwickeln, indem solche Polypeptide in Peptide kleineren Molekulargewichts abgebaut werden können und – so sie eine entsprechende Wirksamkeit aufweisen – ihre synthetische Gewinnung vorstellbar ist.

Die Möglichkeit idiotypische antimikrobielle Antikörper als Impfstoff zu verwenden soll hier nicht weiter erörtert werden.

Für die Gewinnung von AIDS-Impfstoffen wurden folgende Impfstofformen bisher diskutiert:

Lebendimpfstoffe hätten den Vorteil, daß sie wahrscheinlich sehr ökonomisch herstellbar wären und somit auch in Entwicklungsländern leichter zum Einsatz kommen könnten. Wegen möglichen Rückmutationen und der prinzipiellen Gefährlichkeit des AIDS-Virus muß diese Möglichkeit soweit es sich um ein attenuiertes AIDS-Virus handelt, weitgehend ausgeschlossen werden. Hingegen sind rekombinante Lebendimpfstoffe – zum Beispiel Vakziniavirus – das in seinem Genom bestimmte AIDS-Virusgene enthält, durchaus möglich. Die bisherigen Immunisierungen bei Schimpansen haben aber mit einem solchen rekombinanten attenuierten Virus zu keinen positiven Resultaten geführt.

Bei den *Totimpfstoffen* wird ein inaktivierten AIDS-Virus als Grundlage eines

Impfstoffes außer Betracht gestellt, da das Virusgenom als solches unter bestimmten Bedingungen noch vermehrungsfähig sein könnte und der Stand der Technik auf diesem Gebiet für eine eindeutig negative Beantwortung einer solchen Möglichkeit zu gering erscheint. Das gleiche gilt für Spaltimpfstoffe, die aus AIDS-Virus herstellbar wären. Hingegen kommen gentechnologisch hergestellte Untereinheiten solcher viraler Spaltteile eines AIDS-Virus ebenso in Frage wie gentechnologisch oder synthetisch hergestellte Peptide als Teile von viralen Spaltprodukten.

Unser Basisverständnis, wodurch es bei einem gegebenen Impfstoff zu einer protektiven Immunität kommt, ist nach wie vor lückenhaft. Phylogenetisch ist der zelluläre Teil der Immunität zuerst entwickelt und erst bei höheren Tierarten und natürlich beim Menschen kommt es zu einer vollen Ausbildung des humoralen Teils des Immunsystems.

Aus genetischen Defekten beim Menschen und auch bei Tieren wurden wichtige Erkenntnisse abgeleitet, welche Krankheitserreger in einem bestimmten Organismus durch die zelluläre und welche duch die humorale Immunität für den Schutz gegen die entsprechende Infektion verantwortlich sind. Im Gegensatz zu bakteriellen Infektionen steht bei zahlreichen Viruserkrankungen die protektive zelluläre Immunität im Vordergrund. Beide Teile des Immunsystems – die zelluläre und humorale – können für sich allein oder in Kombination einen spezifischen Schutz gegen einen bestimmten Krankheitserreger bieten. Beide Immunsysteme können aber unter der bestimmten Bedingung auch umgekehrt zu einer Förderung einer Infektion beitragen und bei der Entwicklung von Impfstoffen muß auf diesen Umstand besonders Rücksicht genommen werden.

Viren, und das gilt natürlich auch für die Retroviren, vermehren sich nicht wie Bakterien durch Spaltung, sondern nur innerhalb einer lebenden Zelle. Das in die Zelle eingedrungene Virus wird in seine Bestandteile zerlegt, und wenn es zur Vermehrung des Virus in der Zelle kommt, so muß zunächst das Genom des Virus, das entweder aus einer DNA oder RNA besteht, in der Zelle vermehrt werden. Weiters werden die, durch die im Genom enthaltenen Gene, im Virus enthaltenen anderen hochmolekularen Substanzen in der infizierten Zelle synthetisiert; im Prinzip auf dem gleichen Weg wie die Zelle laufend jene hochmolekularen Substanzen synthetisiert, die zu ihrer eigenen Erhaltung nötig sind.

Wenn alle viralen Einzelbestandteile in der Zelle vorliegen, kann das sogenannte Assembling des Virus und seine Ausschleusung aus der Zelle beginnen. Im Rahmen dieser intrazellulären Virusvermehrung kann, aber muß es nicht zum Absterben der Zelle kommen. Im Falle des AIDS-Virus kommt es wie bei den anderen Retroviren zunächst zu einem Assembling des Nukleinsäure-haltigen Virusgenoms mit den sogenannten Strukturproteinen und zum Transport dieser Aggregate innerhalb der Zellen zur Zellmembran wo die Hülle des Virus vorgebildet vorliegt und im Rahmen des Ausschleusungsprozesses aus der Zelle zum kompletten Virus assembelt wird.

Wie aus wissenschaftlichen und nicht-wissenschaftlichen Mitteilungen bekannt ist, ist die Entwicklung von AIDS-Impfstoffen soweit fortgeschritten, daß es bereits einige Prototyp-Impfstoffe gibt und diese Impfstoffe sich in verschiedenen Versuchsstadien befinden.

Der durch einen solchen Impfstoff zu erzielende Schutz soll nicht nur das Eindringen von Viren in die Zelle verhindern, sondern auch an einer oder mehreren Stellen in der Zelle den Assemblingprozeß verhüten.

Welche Prototyp-Impfstoffe wurden nun bisher entwickelt, und was waren die Ergebnisse in den vorklinischen und allenfalls klinischen Studien?

Wie bereits erwähnt, kommen nur bestimmte Impfstoffarten in Frage, nämlich jene, die das Virusgenom nicht enthalten. Bei den Lebendimpfstoffen wurden dem für den Pockenimpfstoff verwendeten Vakziniavirus HIV-1-Gene insertiert, die die mit einem solchen rekombinanten Vakziniavirus infizierten Zellen veranlassen, neben dem modifizierten Genom nicht nur die Untereinheiten des Vakziniavirus, sondern auch das Genprodukt des insertierten HIV-1-Gens zu produzieren. Ein solches rekombinantes Virus ergab aber im Schimpansen-Schutzversuch keine protektive Wirkung gegen eine Exposition der immunisierten Tiere mit HIV-1. Ein weiteres negatives Ergebnis wurde mit Impfstoffen erhalten, die das Hüllen-Glykoprotein gp120 enthielten, unabhängig davon, ob es aus Viren oder gentechnologisch gewonnen wurde. Die durchgeführten Schutzversuche beim Schimpansen gehen davon aus, daß die Schimpansen bei Exposition mit AIDS-Virus eine Infektion in ähnlicher Form bekommen wie Menschen, daß aber diese Infektion zu keiner Symptomatik führt. Die stattgefundene Infektion beim Schimpansen kann ähnlich wie bei Menschen durch Virusisolierung aus dem Blut als auch durch Serokonversion über lange Zeit hin festgestellt werden.

Die Argumente, Schimpansen seien keine geeignete Versuchstiere, um die Unschädlichkeit und Wirksamkeit eines AIDS-Impfstoffes zu untersuchen, geht schon allein deshalb fehl, als das primäre Ziel des Impfstoffes nicht die Verhinderung der Erkrankung, sondern schon die Verhinderung der Infektion ist. Eine weitere Zielsetzung wäre ein Impfstoff der bereits bei Infizierten, aber noch nicht erkrankten Personen die Infektion zum Erliegen bringt.

Die bisherigen Zielsetzungen, nämlich Kandidatimpfstoffe zu entwickeln, die virusneutralisierende Antikörper erzeugen, erscheint seit kurzem fragwürdig geworden zu sein. Die aus menschlichem Plasma, das einen hohen virusneutralisierenden Titer enthält, hergestellten Immunglobuline, waren bei Schimpansen nicht in der Lage eine Infektion nach Exposition der Tiere zu verhindern. Daraus muß erkannt werden, daß das Erreichen einer humoralen Immunität durch Impfung nicht die alleinige Zielsetzung bei der Entwicklung eines solchen Impfstoffes sein kann. Es ergibt sich weiters daraus, daß der Entstehung und der Erhaltung einer geeigneten zellulären Immunität bei der Entwicklung eines Impfstoffes größeres Augenmerk als bisher gewährt werden muß.

Die eigene Entwicklung eines HIV-1-Impfstoffes ging von der Überlegung aus, daß Hüllenproteine bei den meisten anderen Viren gute protektive Antigene sind. Das heißt, daß Impfstoffe, die solche Hüllenproteine des Virus – meist Glykoprotein – enthalten, Tiere vor einer Infektion und Erkrankung schützen. Den Arbeitsgruppen Gallo und Moss gelang es, das HIV-1-Gen, das für die volle Ausbildung des Glykoproteins 160 verantwortlich ist, zu isolieren und in das Genom des Vakzinia-virus zu insertieren. Der auf diese Weise erhaltene rekombinante Vakziniastamm veranlaßt damit infizierte Säugetierzellen unter anderem auch das Glykoprotein 160 des AIDS-Virus zu produzieren. Allerdings sind die Mengen, die auf diese Weise erhalten werden, gering und für eine industrielle Herstellung dieses Glykoproteins noch nicht anwendbar. Durch weitere genetische Manipulation war es möglich, einen rekombinanten Vakzinia-Virusstamm zu entwickeln, der die damit infizierten Säugetierzellen zu einer Superexpression veranlaßt, womit eine rationelle Produktion des gp160 erst überhaupt ermöglicht wurde. Nach diesem erfolgreichen gentechnologischen Schritt ist es nunmehr erforderlich, das Hüllenprotein durch geeignete Immunmodulatoren in einen Impfstoff umzuwandeln, der Schimpansen gegen eine Exposition mit AIDS-Viren schützt.

Nach den ersten anekdotischen Erfahrungen beim Menschen wird jetzt die Phase 1-Studie für einen solchen gp160-Impfstoff geplant und die vorklinischen Untersuchungen fortgesetzt. Die erforderlichen Untersuchungen, denen ein solcher Impfstoff unterzogen werden muß, sind kompliziert und langwierig. Kompliziert insbesondere dort, wo die Frage beantwortet werden soll, ob die Impfung wirklich unbedenklich ist und auch dort, wo die Schutzwirkung festgestellt werden soll. Eine der größten Hürden ist die ethische Problemstellung. Impflinge insbesondere in der Phase 3-Studie können natürlich nicht künstlich infiziert werden, sondern sie müssen aus Hochrisikogruppen selektioniert werden, wo eine möglichst hohe Infektionsrate zu erwarten ist. Sofort nach ihrer Auswahl stellt sich aber das Problem, daß sie neben anderen Dingen auch intensiv informiert und geschult werden müssen, um eine natürliche AIDS-Infektion zu vermeiden. Durch diese Maßnahme muß erwartet werden, daß in einer solchen Hochrisikogruppe die zu erwartenden Infektionen relativ niedrig sein werden, so daß wahrscheinlich eine relativ große Anzahl an Probanden über längere Zeit erforderlich ist, um zu untersuchen, ob ein Impfstoff sicher und wirksam ist.

Diskussion

BROCKHAUS (Nürnberg):

Ich habe eine Verständnisfrage. Können Sie bitte den Begriff „neutralisierende Antikörper" einmal näher umschreiben?

EIBL (Wien):

Neutralisierende Antikörper werden nachgewiesen, indem Serum und Serumverdünnung mit einer bestimmten Menge Virus vermischt und auf eine entsprechende Gewebekultur aufgebracht werden. Der Titer des neutralisierenden Antikörpers ist jene Verdünnung des Serums, die gerade noch die Virusvermehrung verhindert.

BROCKHAUS (Nürnberg):

Aber kann man denn beim HIV von neutralisierenden Antikörpern sprechen, wenn man die Seren von Homosexuellen und Hämophilen nimmt, die Sie eben angeführt hatten, die ja nicht in der Lage waren, eine Virusreplikation zu verhindern? Gibt es denn überhaupt neutralisierende Antikörper?

EIBL (Wien):

Hier handelt es sich um ex-vivo-Bestimmungen. Ob eine solche Neutralisation auch in vivo vorkommt, kann nicht eindeutig beantwortet werden. Es muß bedacht werden, daß der Virusneutralisationstiter erst nach einer einmonatigen Inkubation abgelesen werden kann. Hierbei wird auch beobachtet, daß der scheinbare virusneutralisierende Titer öfters bis zu hohen Verdünnungen reicht, am Ende der Inkubationsperiode aber dann einen starken Abfall zeigt. Insofern kann auch gesagt werden, daß der in vitro abgelesene virusneutralisierende Antikörper nur beschränkt wirksam ist, eine Infektion zu verhindern. Diese Sicht hat sich wie erwähnt bei den in-vivo-Untersuchungen an Schimpansen bestätigt.

SCHNEWEIS (Bonn):

Ich habe eine Frage zu der Relevanz der Schimpansenversuche in bezug auf den natürlichen Infektionsmodus. Bei den Schimpansenversuchen wendet man zum Challenge, wie Sie das eben auch gesagt haben, nacktes infektiöses Virus an. Offensichtlich geschieht aber die reale Infektion nicht durch reines Virus, sondern durch infizierte Zellen.

Wir haben zum Beispiel von etwa 30 Patienten, bei denen wir in der Lage waren, das Virus aus den Lymphozytenkulturen zu isolieren, das Plasma dieser Patienten eingesetzt und haben versucht, das Virus in dem Plasma nachzuweisen, und haben es nur in drei oder vier von diesen Patienten finden können. Wenn diese Patienten unter natürlichen Bedingungen infektiös sind, würde das also bedeuten: Sie sind infektiös über ihre infizierten Lymphozyten und nicht infektiös über infiziertes Plasma, in dem nacktes Virus enthalten ist. Deswegen muß man meines Erachtens nachweisen, daß man bei einer Impfstofftestung in der Lage ist, infizierte Zellen abzuwehren.

EIBL (Wien):

Ich glaube, daß das, was Sie sagen, sehr richtig ist. Nur gibt es eben kaum andere Alternativen. Es ist ja noch etwas anderes unnatürlich, und das ist der Infektionsweg, denn die Tiere werden ja intravenös infiziert. Wenn ein solcher Versuch positiv verläuft, das heißt, daß es zu keiner nachweisbaren Infektion kommt, dann ist der nächste Schritt, daß man ein relativ hohes Inokulum nehmen wird, vielleicht mit etwa 10000 infektiösen Einheiten. Wenn es auch dabei zu keiner Virusinfektion kommt, dann ist sicherlich der nächste Schritt, daß man autologe Blasten nimmt, sie infiziert, und vor der Infektion der Tiere mit diesen Blasten intrazellulär das Virus bestimmt. Die heutige Entwicklung ist aber noch nicht soweit fortgeschritten, daß wir an solche Untersuchungen ernstlich denken können.

VON KRIES (Düsseldorf):

Ich habe auch noch eine Verständnisfrage. Sie hatten uns zunächst erzählt, daß die neutralisierenden Antikörper, die in vivo produziert werden, nicht brauchbar seien. Was ist nun das Neue an den Antikörpern, die jetzt von Ihnen erprobt werden? Ist das ein reiner Antikörper gegen gp160 oder was ist das Neue daran?

EIBL (Wien):

Ich glaube, es besteht die Hoffnung, daß eine bestimmte, ausgebildete zelluläre Immunität vor einer Infektion schützen kann und dann eventuell in Kombination mit virusneutralisierenden Antikörpern. Das ist aber nur eine Annahme. Ziemlich sicher dürfte es sein, daß es keine protektive humorale Immunität gibt. Die weiteren wissenschaftlichen Untersuchungen konzentrieren sich auf das Gebiet der zellulären Immunität. Untersuchungen hier sind aber viel komplizierter als auf dem Gebiet der humoralen. Es ist verständlich, daß man zunächst versucht hatte, den einfacheren Weg zu gehen.

REICHLE (München):

Ich habe eine Frage zu dem gp160. Wenn ich Sie richtig verstanden habe, dann erscheint dieses Hüllglykoprotein zur bestimmten Phase auf der Lymphozytenmembranoberfläche.

EIBL (Wien):

Ja, auch auf der infizierten Zelle.

REICHLE (München):

Auf der infizierten Zelle! – Ist es damit auch möglich, über Immunfluoreszenz infizierte Zellen zu identifizieren bzw. hat auch dieser Antikörper nachher einen zytotoxischen Effekt?

EIBL (Wien):

Zunächst ein Wort zur Immunfluoreszenz: Selbstverständlich ist das möglich, und das gelingt auch. Wie gut, hängt von der Frage ab, wie weit die Epitopen, also jene Molekülkonfiguration des Antigens, die mit dem Antikörper spezifisch reagieren können, frei vorliegen. Im allgemeinen ist es so, daß die Immunfluoreszenztechnik, in diesem Stadium der Infektion nicht immer positive Ergebnisse liefern muß. – Darf ich Ihre andere Frage bitte noch einmal hören?

REICHLE (München):

Ich hatte gefragt, ob möglicherweise die Applikation von dem Antikörper nachher auch einen zytotoxischen Effekt auf diese Zellen hat.

EIBL (Wien):

Ja, natürlich, das ist nicht auszuschließen; denn die antikörpermediierte zelluläre Zytotoxizität ist ja gerade in dem Serum von AIDS-Patienten relativ hoch. Die Patienten sterben auch mit einem hohen zytotoxischen Antikörpertiter.

Die antikörpermediierte Zytotoxizität ist gegen Zellen gerichtet, in diesem Fall gegen infizierte Zellen. Ob es bei der Zerstörung dieser infizierten Zellen auch zu einer Neutralisation des Virus kommt, ist nicht bekannt. Möglich ist aber, daß gerade diese antikörpermediierte Zytotoxizität die Entwicklung der Erkrankung mehr fördert als hemmt. In diesem Zusammenhang ist auch darauf hinzuweisen, daß wir bei der Herstellung des Impfstoffes besonders vorsichtig sein müssen, um nicht die Ausbildung der Immunität in die Wege zu leiten, die dem Impfling mehr schaden als nützen könnte. Auch für diese Fragestellung sind Schimpansen derzeit die einzigen brauchbaren Versuchstiere.

3. Risikoorientierte Verlaufsdiagnostik der HIV-1-Infektion

Diskussionsleitung:

Immunologie:	L. Bergmann (Frankfurt)
Virologie:	A. Kurth (Frankfurt)
ARC/AIDS-Klinik:	R. Brodt (Frankfurt)
Hämostaseologie:	G. Landbeck (Hamburg)
	N. Niessner (Wien)

Landbeck (Hamburg):

Mit den folgenden drei Referaten über virologische, immunologische und hämatologische Grundlagen zur Verlaufsdiagnostik kommen wir nun zur Weiterführung unserer Diskussionen über ein risikoorientiertes, durch Aufnahme prognostisch relevanter Laborparameter optimiertes Klassifikationssystem der HIV-Infektion, das vor allem auch notwendige Forderungen für gemeinsame prospektive Verlaufsstudien bei Hämophilen erfüllen sowie zureichende Hilfen für interventionstherapeutische Entscheidungen geben sollte und darüber hinaus auch eine internationale Vergleichbarkeit dieser Studien ermöglicht. Für diese Zielsetzungen bitte ich nun um Ihre Mitarbeit, damit wir unsere Studienplanungen zügig abschließen können.

Virologische Grundlagen und Verlaufsdiagnostik

A. Werner, R. Kurth (Frankfurt)

Retroviren sind Viren, die eine einzelsträngige RNA (Ribonukleinsäure) als Erbsubstanz tragen. Sie sind im Tierreich weit verbreitet, wobei es sowohl pathogene als auch nichtpathogene Arten gibt. Alle bisher entdeckten Retroviren haben einen gemeinsamen Grundbauplan bestehend aus drei Genen:

a) gruppenspezifisches *A*ntigen (gag)
b) *Poly*merase Gen (pol)
c) äußeres Hüllgen (env)

Diese drei Gene sind von identischen sogenannten LTR-Sequenzen (Long Terminal Repeats) eingerahmt.

a) Das gruppenspezifische Antigen kodiert für die inneren Strukturproteine der Viren. Sie werden gruppenspezifisch genannt, weil innerhalb einer Gruppe von Viren deutliche Verwandtschaften bestehen. Diese Tatsache ist auch für die oft nachweisbare Kreuzreaktion zwischen verschiedenen Virusgruppen verantwortlich.
b) Das Polymerasegen kodiert für eine ganze Reihe virusspezifischer Enzyme. Als wichtigstes Enzym kodiert das Gen für die Reverse Transkriptase (RT), die namensgebend für Retroviren ist. Dieses Enzym hat die Fähigkeit die virale einzelsträngige RNA in DNA „zurückzuschreiben“. Die anderen auf diesem Gen kodierten Enzymaktivitäten sind für die Fähigkeit der Retroviren verantwortlich, die nach der reversen Transkription vorliegende virale DNA in das Wirtszellgenom zu integrieren. Es liegt somit eine (latente) Infektion der befallenen Zelle vor, solange diese Zelle lebt.
c) Das env-Gen kodiert für die Hüllproteine des Virus. Das Gen wird in zwei Abschnitte unterteilt: der Transmembrananteil und der äußere Hüllanteil. Auf dem äußeren Hüllanteil sind die Strukturen, die es den Retroviren erlauben spezifische Zelloberflächenstrukturen (Rezeptoren) zu erkennen. Somit ist die Infektion einer Zelle nur möglich, wenn die zu dem Virus passenden Rezeptoren auf der Zelloberfläche vorhanden sind.

Beim Menschen sind inzwischen drei verschiedene Retrovirusstämme bekannt:

- HTLV I (Human T-Cell Lymphotropic Virus Typ 1)
- HTLV II (Human T-Cell Lymphotropic Virus Typ 2)
- HIV-1 und HIV-2 (Human Immunodeficiency Virus)

HTLV I und HTLV II waren die beim Menschen zuerst entdeckten Retroviren. Sie können beim Menschen Leukämien auslösen, wobei das HTLV I eine akute T-Zell-

Leukämie (ATL) auslöst, während das HTLV II aus einer Haar-Zell-Leukämie isoliert wurde. Inzwischen werden auch Erkrankungen wie Mycosis fungoides und manche Non-Hodgkin-Lymphome in Zusammenhang mit dieser Virusgruppe gebracht.

Endemiegebiete von HTLV I sind Afrika und einige südjapanische Inseln. In den USA gibt es Hinweise auf eine Ausbreitung dieses Virus, vor allem in der drogenabhängigen Population.

Das HIV-1 wurde als Ursache der AIDS-Erkrankung entdeckt. Es wird zu den Lentiviren gerechnet. Lentiviren sind Viren, die lange Inkubationszeiten haben und in ihrer Replikation fein reguliert sind. Sie besitzen neben den drei klassischen Genen gag, pol und env mindestens fünf weitere Gene (tat, trs/art, sor, 3'orf, R), die die Replikation der Viren steuern. Eine weitere Besonderheit den Lentiviren ist ihre genetische Variabilität, die besonders in den Hüllproteinen ausgeprägt ist.

Neben dem HIV-1 ist inzwischen ein weiteres Immundefizienzvirus des Menschen bekannt, das HIV-2. Es besitzt, soweit bisher bekannt ist, ähnliche pathogene Potenzen wie das HIV-1. Seine Variabilität ist vergleichbar mit der des HIV-1. Unterscheiden lassen sich HIV-1 und HIV-2 in der Größe ihrer Genprodukte:

Tabelle 1.

	gag	env Transmembran	 Äußeres Hüllprotein
HIV-1	p24	gp41	gp120
HIV-2	p26	gp36	gp140

Als Zellrezeptor wird sowohl vom HIV-1 als auch vom HIV-2 das CD4-Molekül benutzt. Das CD4-Molekül kommt auf einer ganzen Reihe von Zellen vor:
CD4-positive (Helfer-)Lymphozyten
Langerhans-Zellen der Haut
Makrophagen
Monozyten
dendritische Retikulumzellen der Lymphknoten
nicht näher definierte Zellen des Zentralnervensystems

Diagnostik der HIV-Infektion

Ein direkter Virusnachweis des HIV gelingt mit einiger Sicherheit nur über eine Virusanzucht. Die sich auf dem Markt befindlichen, aber zur Diagnostik vom Paul-Ehrlich-Institut nicht zugelassenen (Stand: Febr. 1988) Antigennachweisteste sind im Routineeinsatz zum Nachweis der HIV-1-Infektion nicht empfindlich genug. Daher beruht die HIV-1-Diagnostik auf dem Nachweis von HIV-1-Antikörpern. Als Screeningmethode ist der ELISA sicherlich am besten geeignet. Allerdings sind im ELISA positive Ergebnisse unbedingt mit einem Bestätigungstest wie Immunfluoreszenz, Radioimmunpräzipitations-Assay oder mit dem Western-Blot zu bestätigen.

Die Vorteile der beiden zuletzt genannten Methoden liegen in der Möglichkeit zu erkennen, gegen welche Virusproteine der Patient Antikörper gebildet hat.

Prognostische Kriterien der HIV-1-Infektion

Es sind inzwischen eine ganze Reihe Parameter bekannt, die im Verlauf der HIV-1-Infektion eine gewisse Korrelation mit der Progredienz der Erkrankung aufweisen. Die meisten dieser Parameter sind allerdings in der Routinediagnostik aufgrund des hohen Material- und Arbeitsaufwandes nicht durchführbar.

a) p24 Antikörpertiterabfall [1]
b) p24 Antigennachweis [2, 3, 4, 5, 6, 7]
c) Nachweis von zytotoxischen T-Lymphozyten [8]
d) HIV-spezifische Stimmulierbarkeit von Lymphozyten [9]
e) neutralisierende Antikörpertiter [10, 11]
f) Virusanzucht

a) Der p24 Antikörpertiter korreliert deutlich mit dem klinischen Stadium des HIV-1-positiven Patienten. Während zu Beginn der HIV-Infektion ein relativ hoher Anti-p24-Titer nachweisbar ist, fällt der Titer mit fortschreitender Erkrankung stetig ab. Der Anti-gp 120-Titer ist dagegen von dem Krankheitsstadium unabhängig. Die Bestimmung des Anti-p24-Titers kann ohne großen technischen Aufwand routinemäßig mit Hilfe eines ELISA's oder im Western-Blot durchgeführt werden. Es erscheint daher sinnvoll, diesen Parameter in einer Verlaufsstudie zu berücksichtigen.
b) Eine ganze Reihe von Untersuchungen konnten einen Zusammenhang zwischen p24-Antigenämie und Krankheitsstadium nachweisen. Allerdings sind die zur Zeit auf dem Markt befindlichen Teste noch nicht ausreichend sensitiv. Da der Test jedoch als ELISA einfach und schnell durchführbar ist, erscheint es lohnend, diesen Test bei der Planung einer Verlaufsstudie der HIV-1-Infektion zu berücksichtigen.
c) Bei viralen Infektionen ist die spezifische zelluläre Abwehr (zytotoxische T-Lymphozyten) zumindest so wichtig wie die humorale Abwehr. Tatsächlich konnte bei HIV-1-positiven Patienten eine spezifische zelluläre Abwehr nachgewiesen werden. Allerdings sind die Testmöglichkeiten aufgrund des hohen Aufwandes in der Routinediagnostik eingeschränkt. Daher ist eine Bestimmung der zytotoxischen T-Lymphozyten bei einer Verlaufsstudie nicht sinnvoll.
d) Die HIV-1-spezifische Stimulierbarkeit von Lymphozyten ist sicherlich in den meisten virologischen und immunologischen Laboratorien durchführbar. Allerdings ergeben sich Schwierigkeiten in der Bereitstellung von relativ großen Mengen HIV-Antigen. Zudem wäre eine Standardisierung der Teste durchzuführen, um eine Vergleichbarkeit zwischen den einzelnen Laboratorien zu erreichen. Insgesamt scheint der Aufwand dieses Testes so groß zu sein, daß er in einer Verlaufsstudie keine Berücksichtigung finden kann.
e) Neutralisierende Antikörpertiter korrelieren mit dem Verlauf der HIV-Infektion. Allerdings gibt es bisher keine standardisierten Teste um neutralisierende Antikörper zu messen. Die bisher existierenden Testsysteme erfordern einen hohen Aufwand und sind untereinander kaum vergleichbar. Es ist daher zu dem jetzigen

Zeitpunkt nicht vertretbar diesen Parameter in einer Verlaufsstudie zu berücksichtigen.

f) Die HIV-1-Virusanzucht aus peripheren Blutlymphozyten eines infizierten Patienten korreliert mit dem Verlauf der Erkrankung insofern, daß bei einem gesunden infizierten Patienten eine Virusanzucht nur in ca. 20% der Versuche gelingt. Mit fortschreitendem Immundefekt (Abfall der $CD4^+$-Helferlymphozyten/Anstieg oder Abfall der $CD8^+$-Suppressorlymphozyten) gelingt dann eine Virusanzucht besser. Allerdings ist im Endstadium der HIV-1-Infektion bei fehlenden $CD4^+$-Lymphozyten im peripheren Blut oft eine Virusanzucht wieder schwierig oder unmöglich. Gegen die Aufnahme der Virusanzucht in den Kriterienkatalog der HIV-Verlaufsstudie spricht auch die fehlende Aussagekraft bei negativem Anzuchterfolg. Gilt es doch zu berücksichtigen, daß der Patient, bei dem eine Virusanzucht nicht gelungen ist, bei sicherem Antikörpernachweis auf jeden Fall infiziert ist, und somit die negative Virusanzucht letztendlich auf einer unzureichenden Technik beruht. Anders stellt sich die Situation bei Kindern Anti-HIV-positiver Mütter dar. oftmals ist hier nur über eine positive oder negative Virusanzucht festzustellen, ob ein Kind infiziert ist. Zu warnen ist allerdings in einem solchen Fall vor einer voreiligen Entscheidung. Auch eine mehrmals negative Virusanzucht ist noch nicht der Beweis für eine nicht stattgefundene Infektion.

Zusammenfassung

Das HIV-1 und inzwischen auch das HIV-2 sind Retroviren, die aufgrund morphologischer und immunologischer Kriterien zu den Lentiviren gerechnet werden. Sie verursachen im Menschen eine Infektion mit einer Inkubationszeit bis zu 15 Jahren. Der Verlauf der HIV-Infektion ist im individuellen Fall bisher kaum zu prognostizieren. Allerdings sind inzwischen einige laborchemische Untersuchungen möglich, die mit der Progredienz der HIV-Infektion korrelieren. Als einfache und routinemäßig durchzuführende Untersuchung ist der p24-Antikörpertiter zu nennen. Inzwischen auf dem Markt befindliche Teste, die das HIV-1-p24-Protein direkt nachweisen, sind zwar noch nicht ausreichend empfindlich, bieten sich aber als Untersuchung im Verlauf der HIV-Infektion an. Der Nachweis von HIV-spezifischen zytotoxischen T-Lymphozyten wäre wünschenswert, scheitert aber an dem damit verbundenen großen technischen Aufwand. Dasselbe gilt für den Nachweis von neutralisierenden Antikörpern. Die Virusanzucht wird auch in Zukunft unklaren und andersweitig nicht zu diagnostizierenden Fällen vorbehalten bleiben.

Literatur

1. Weber JN (1986) Human immunodeficiency virus infection in two cohorts of homosexual men: neutralising sera and association of anti-gag antibody with progresis. Lancet 1:119–122
2. Allain JP et al. (1986) Serological markers in early stage of human immunodeficiency virus infection in haemophiliacs. Lancet 1:1233–1236
3. Goudsmit J et al. (1986) Expression of human immunodeficiency virus antigen (HIV-Ag) in serum and cerebrospinal fluid during acute and chronic infection. Lancet 2:177–180

4. Lange JMA et al. Persistant HIV antigenaemia and decline of HIV core antibodies associated with transition to AIDS. Br Med J 293:1459–1462
5. Kenny C et al. (1987) HIV antigen testing. Lancet 1:565–566
6. Hartmann M et al. (1987) Bewertung des p24-Antigennachweises in der Laboratoriumsdiagnostik der HIV-Infektion. AIDS-Forschung (AIFO) 8:447–451
7. Hehlmann R et al. (1987) Development of HIV-markers during the later stages of HIV-infection. AIDS-Forschung (AIFO) 8:441–447
8. Krohn K et al. (1987) Specific cellular immune response and neutralizing antibodies in goats immunized with native or recombinant envelope proteins derived from human T-lymphotropic virus type III B and in human immunodeficiency virus-infected men. Proc Natl Acad Sci USA 84
9. Wahren B et al. (1987) Characteristics of the specific cell-mediated immune response in human immunodeficiency virus infection. J Virol 61:2017–2023
10. Weber JN (1987) Human immunodeficiency virus infection in two cohorts of homosexual men: neutralising sera and association of anti-gag antibody with progresis. Lancet 1:119–122
11. Willer A. et al. (1987) HIV-Testsysteme: Virusisolierung und -neutralisation. AIDS-Forschung (AIFO) 7:397–399

Diskussion

NIESSNER (Wiener Neustadt):

Sie haben erwähnt, daß in der New Yorker Drogenszene HTLV I und HTLV II vermehrt auftreten. Meinen Sie das Virus oder auch schon das klinische Korrelat, also etwas vermehrt T-Zell-Leukämien oder hairy-cell-Leukämien?

WERNER (Frankfurt):

Bei HIV-Infizierten ist die Manifestation einer HTLV I-Infektion nicht zu erwarten. Viele Drogenabhängige sind HIV-infiziert. Die HTLV I-Infektion hat also weniger klinische Bedeutung, doch ist sie von epidemiologischer Relevanz. Wenn ein Virus in eine Bevölkerungsgruppe eingebrochen ist, wird es sich früher oder später allgemein ausbreiten, wie wir es bei der HIV-Infektion sehen.

N.N.:

Ich habe eine Frage zur Lymphozytenstimulierbarkeit. Ich denke, daß es da widersprüchliche Ergebnisse und Auffassungen gibt. Zum einen haben Sie gesagt, die Lymphozytenstimulierbarkeit sei kein Hinweis für den Infektionsverlauf, zum anderen haben Sie aber in der nächsten Tabelle gezeigt, daß es unterschiedliche Lymphozytenstimulierbarkeiten in unterschiedlichen Stadien der HIV-Infektion gibt.

WERNER (Frankfurt):

Das ist richtig. Mit Stimulierbarkeit habe ich die PHA-Stimulierung gemeint, die allgemein gemacht wird. Diese ist kein Kriterium. Eine etwas bessere Korrelation findet man mit der HIV-spezifischen Stimulierbarkeit. Es ist aber sehr fraglich, ob der hohe Aufwand dieser Tests deren Aufnahme in eine Verlaufsstudie rechtfertigt.

BERGMANN (Frankfurt):

Sie sagten, daß der Virusnachweis aus klinischer Indikation nicht durchgeführt werden sollte oder daß dafür keine Notwendigkeit bestehe. Ich möchte das nicht gerne so stehenlassen. Für die Fälle, in denen man Antikörper nachgewiesen hat, stimme ich mit Ihnen überein. Daneben gibt es aber immer wieder Patienten, bei denen wir den dringenden klinischen Verdacht haben, daß hier eine HIV-Infektion vorliegt, ohne daß wir Antikörper nachweisen. Ich glaube, in solchen Fällen wäre der Versuch eines Virusnachweises doch anzustreben.

WERNER (Frankfurt):

Das ist richtig. Wir kennen einen Patienten mit hohem Risiko für HIV-Infektion und negativem Antikörpernachweis. Dieser lebt seit mehreren Jahren mit einem HIV-positiven Patienten zusammen, so daß der Verdacht bestand, es könnte sich um eine laufende Serokonversion handeln.

Bei Kontrolle nach vier Wochen war ein Nachweis von Antikörpern nicht möglich, wohl aber ein Nachweis von Antigen. Bei einer Kontrolle nach acht Wochen waren weder Antikörper noch Antigene nachweisbar, und das serologische Stadium ist auch bis heute gleichgeblieben. Der Mensch ist antikörpernegativ. Aber die Virusanzucht, vor fünf Monaten begonnen, war erfolgreich. Das ist aber die absolute Ausnahme, denn das Gelingen einer Virusanzucht bei einem solchen Menschen, bei dem die Virusbelastung mit großer Wahrscheinlichkeit gering ist, ist reiner Zufall.

Ich weiß nicht, wie wir uns verhalten hätten, wenn wir jetzt kein Virus hätten anzüchten können. Wir hätten nie beweisen können, daß dieser Mensch, bei dem nur der Antigentest irgendwann einmal positiv war, infiziert ist oder nicht. In solchen Fällen würde ich Ihnen schon zustimmen, daß der Versuch der Anzüchtung gemacht werden sollte. Aber im negativen Ausfall sagt das nichts aus, nur bei positivem.

BERGMANN (Frankfurt):

Es ist richtig, daß nur der positive Nachweis ein Ergebnis ist. Dennoch glaube ich, daß diese Untersuchung für das weitere Verhalten dem Patienten gegenüber wie auch bei chirurgischen Eingriffen, deren Indikation bei HIV-Infektion strenger gestellt wird, hilfreich ist.

WERNER (Frankfurt):

Selbstverständlich. In Einzelfällen ist das natürlich sinnvoll, wie in unserem Fall. Eine routinemäßige Anzucht im Rahmen einer Verlaufsstudie erscheint mir demgegenüber jedoch kaum angezeigt.

LECHNER (Wien):

Wie war die Klinik bei Ihrem Patienten?

WERNER (Frankfurt):

Keine klinischen Symptome, kein Immundefekt.

SCHNEWEIS (Bonn):

Ich möchte davor warnen, den Antigentest als Ersatz für die Virusisolierung zu akzeptieren. Selbstverständlich wird der Antigentest nur positiv, wenn sehr viel Viren im Blut sind. Wir haben viele Fälle, bei denen das Virus isoliert werden konnte und der Antigentest eindeutig negativ ist. Umgekehrt gibt es Fälle – wenn auch nur wenige – mit positivem Antigentest, bei denen kein Virus isoliert werden kann. Diese Patienten haben außerdem noch einen sehr hohen Titer von Anti-p24-Antikörpern. Das kann ich mir nur so erklären, daß der Antigentest in diesen Fällen falsch-positiv gewesen ist. Man muß also die Grenzen des Antigentests schon kennen.

KUSE (Hamburg):

Welche Rolle spielt die in-situ-Hybridisierung zum Nachweis von HIV, insbesondere bei der Differentialdiagnostik zu EBV und CMV?

WERNER (Frankfurt):

Das ist zweifellos noch ein Problem. Es wird sicherlich in absehbarer Zeit empfindliche Kits geben, mit denen das routinemäßig durchgeführt werden kann. Veranlassen könnte man eine in-situ-Hybridisierung in Fällen mit antikörpernegativem neonatalen HIV-Infektionsverdacht. Es ist möglich, daß Kinder nach 6 Monaten noch keine Antikörper haben, und man möchte doch wissen, ob diese infiziert sind. Dann würde ich in Versuchen mit peripherem Blut eine in-situ-Hybridisierung oder eine Genprüfung durchführen.

KUSE (Hamburg):

Es geht einfach auch um Organbefall, wenn ich z. B. wissen will, ob die Leber durch CMV oder durch EBV befallen ist. Das ist klinisch oft wichtig.

WERNER (Frankfurt):

Dazu sollte die übliche Serodiagnostik ausreichen. Wenn Sie tatsächlich nachweisen können, daß in der Leber Zellen mit HIV infiziert sind, werden das mit großer Wahrscheinlichkeit Lymphozyten oder Makrophagen sein. Die Klinik ist sicherlich das Entscheidendere. Von klinischer Relevanz ist der Hirnbefall, aber auch diesen werden sie so nicht nachweisen können.

N.N.:

Wie erfolgt die Stimulation der Lymphozyten mit HIV-Virus? Benutzt man da das ganze Virus oder Antigene aus dem Virus?

WERNER (Frankfurt):

Man benutzt das p24. Da funktioniert es am besten.

FETTING (Borstel):

In der Zusammenfassung nannten Sie als ersten Punkt den Antikörperstatus. Was heißt das?

WERNER (Frankfurt):

Das heißt, daß man halbjährlich kontrollieren soll, inwieweit überhaupt noch Antikörper nachweisbar sind.

FETTING (Borstel):

Mit dem ELISA?

WERNER (Frankfurt):

Ja, aber ich würde auch den Western Blot machen, wenn ich eine Verlaufsstudie plane.

SCHIMPF (Heidelberg):

Sie erwähnten, daß man immer noch nicht wisse, warum das Virusgenom in der infizierten Zelle oft jahrelang ruht, ohne eine Vermehrung zu induzieren. Aber Sie wissen sicher bestimmte Situationen, bei denen mit Sicherheit eine Vermehrung induziert wird.

Für uns Kliniker kommt es natürlich darauf an, diese Situationen zu vermeiden. Ich erinnere mich an einen Vortrag von GALLO kürzlich in Washington, in dem dieser zum Beispiel dezidiert sagte, daß die Infektion mit einem Non-A/Non-B-Hepatitis-Virus das tat-Gen anstoßen würde. Das wäre für uns als Therapeuten sehr wichtig, z. B. in bezug auf die Wahl der Konzentrate. Wir müssen also nur noch die wählen, in denen nicht nur kein HIV, sondern auch diese Viren nicht enthalten sind. Bestätigen Sie das?

WERNER (Frankfurt):

Ja, das ist richtig.

SCHIMPF (Heidelberg):

Gibt es weitere Infektionen, die das auch machen?

WERNER (Frankfurt):

Es trifft auch für das CMV, nicht aber für das EBV zu. CMV produziert tat-like-Proteine, die tat-Funktionen übernehmen können. Ich weiß jedoch nicht, wie man sich bei der hohen Durchseuchung davor schützen kann.

MÖSSELER (Dillingen):

Angesichts des großen Aufwands der virologischen Diagnostik wären der Western Blot bzw. die Beachtung der gp24-Bande das wesentliche Diagnostikkriterium für den Verlauf. Ist das richtig?

WERNER (Frankfurt):

So sehe ich das auch.

MÖSSELER (Dillingen):

Also keine qualitative Antikörperbestimmung?

WERNER (Frankfurt):

Die Titerbestimmung des Anti-p24 im Verlauf der HIV-Infektion ist wichtig. Ein Titer von 1:50 oder 1:5000 ist prognostisch ein relevanter Unterschied.

AUERSWALD (Bremen):

Ich habe noch eine Frage zu den Neugeborenen von HIV-positiven Müttern. Würden Sie da die Virusanzüchtung für sinnvoll halten oder nicht?

WERNER (Frankfurt):

Ja, da würde ich alle Mittel einsetzen, um herauszufinden, ob das Kind infiziert ist oder nicht. Da ist sicherlich die Virusanzucht der beweisendste Test. Ein Hinweis wäre das Antigen. Aber wie Herr Schneweis schon sagte, gibt es da sicher auch Falschpositive. Eine Virusanzucht ist hier sicher indiziert, und zwar wiederholt, bis im Einzelfall eine sichere Entscheidung getroffen werden kann.

Verlaufskontrolle von HIV-Antigen und -Antikörper bei 26 Patienten mit hämorrhagischen Diathesen

F. Störkel, W. Preiser, V. Hach-Wunderle, W. Dörr,
I. Scharrer (Frankfurt)

Von 26 HIV-infizierten Patienten des Frankfurter Hämophilie-Zentrums (18 Patienten mit Hämophilie A, 7 mit Hämophilie B, 1 mit von Willebrand-Syndrom und 1 infizierte Ehefrau) wurden über einen mittleren Zeitraum von 23 Monaten 144 Seren auf HIV-Marker untersucht. Neben der Testung mittels IFT, ELISA und Western-Blot wurden 75 Seren auf HIV-Antigen *und* auf Prävalenz und Titel von Anti-core- und Anti-envelope-Antikörpern und 37 Seren *nur* auf Anti-core- und Anti-envelope-Antikörper untersucht. Die Ergebnisse wurden mit dem klinischen Verlauf der Patienten nach der CDC-Klassifikation korreliert. Zu Beginn unserer Untersuchungen hatte ein Patient bereits ein LAS-Syndrom (CDC-Stadium III), alle übrigen Patienten zeigten eine asymptomatische Infektion (CDC-Stadium II). Ab Mitte 1986 bis zum jetzigen Zeitpunkt (Oktober 1987) erkrankten 7 Patienten.

Von den 19 gesunden seropositiven Patienten waren 17 während des gesamten Beobachtungszeitraums Anti-envelope und Anti-core Antikörper-positiv. HIV-Antigen war bei keinem dieser Patienten nachweisbar. Bei 2 Patienten zeigten sich, bei Fortbestehen der asymptomatischen Infektion, folgende Befunde: Patient CDC II/18 hatte bei keiner Untersuchung nachweisbare Anti-core-Antikörper; seit XI/86 trat ferner eine bis dato nachweisbare Antigenämie auf. Während des gesamten Beobachtungszeitraumes bestand weiterhin eine Verminderung der T4-Helferzellen unter 400/mm^3. Bei Patient CDC II/19 ist, bei konstantem klinischen Verlauf seit X/87 kein Anti-core-Antikörper mehr nachweisbar; zum gleichen Zeitpunkt trat eine Antigenämie auf. Auch bei diesem Patienten bestand während des gesamten Beobachtungszeitraumes eine Verminderung der T4-Helferzellen unter 400/mm^3.

Die Befunde der während des Beobachtungszeitraumes erkrankten Patienten sind in nachfolgender Tabelle zusammengestellt.

Bewertet man die zuvor genannten Untersuchungsergebnisse, so zeigen sich bei asymptomatischen HIV-infizierten Patienten und bei einem Teil der Erkrankten bezüglich des Auftretens von HIV-Antigen und Anti-core- und Anti-envelope-Antikörper Übereinstimmung mit den von anderen Arbeitsgruppen [1, 2, 3] beschriebenen Ergebnissen. Insbesondere die Befunde der erkrankten Patienten möchten wir nur deskriptiv darlegen, da uns eine Wertung bei dem derzeitigen Untersuchungszeitraum und der doch kleinen Patientenzahl zu spekulativ erscheint. Eine Weiterführung der o. g. Untersuchungen erscheint uns, besonders unter der Fragestellung von möglichen „prognostischen Markern" weiterhin lohnenswert.

Tabelle 1. HIV-Marker bei den 7 erkrankten Patienten

Patient	CDC-Stadium	Anti-core	Anti-envelope	HIV-Antigen
1	III (IV/85)	Positiv	Positiv	Negativ
2	IV A (I/87)	Positiv (abnehmender Indexwert)	Positiv	Positiv seit I/87
3	IV C2 (VI/86)	Positiv	Positiv	Negativ
4	IV C2 (VIII/87)	Negativ seit VIII/87	Positiv	Positiv seit I/87
5	IV C2 (VIII/87)	Negativ seit XII/86	Positiv	Positiv seit XII/86
6	IV C2 (VIII/87)	Positiv	Positiv	Negativ
7	IV C2 (IV/87)	Positiv	Positiv	Positiv seit IX/87

Literatur

1. Lange JMA, Paul DA, Huisman HG, de Wolf F, van den Berg H, Coutinho RA, Danner SA, van der Noordaa J, Goudsmit J (1986) Persistent HIV antigenaemia and decline of HIV core antibodies associated with transition to AIDS, vol. 293. British Medical Journal 6:1459–1562
2. Paul DA, Falk LA, Kessler HA, Chase RM, Blaauw B, Chudwin DS, Landay AL (1987) Correlation of serum HIV antigen und antibody with clinical status in HIV-infected patients. Journal of Medical Virology 22:357–363
3. Hehlmann R, Fischer A, Matuschke A, Hellert W, Frösner GG, Goebel FD, Erfle V (1987) Development of HIV markers during the later stages of HIV-infection. AIFO 2:441–448

Diskussion

WERNER (Frankfurt):

Die Wertigkeit der virologischen Befunde ist für den Einzelfall sicherlich begrenzt. Bei einer großen Zahl von Seren gibt es immer Ausreißer nach oben oder unten, die nicht erklärt werden können. Für die Gesamtgruppe sind dennoch signifikante statistische Aussagen möglich. Vor allem aber bei Verlaufsstudien, die z. B. im Einzelfall einen Titerabfall erkennen lassen, sind diese Untersuchungen von prognostischer Relevanz.

Frau STÖRKEL (Frankfurt):

Gibt es eine Erklärung dafür, warum die Infizierten zum Teil ganz „normale" Befunde hatten?

WERNER (Frankfurt):

Nein, wir kennen schon lange Patienten, die an AIDS verstorben sind, obwohl sie einen völlig normalen Immunstatus hatten, bei denen also sämtliche Banden im Western Blot zu erkennen waren.

WENZEL (Homburg/Saar):

Eine Frage zur Spezifität bzw. Empfindlichkeit des Antigentests im Vergleich zum Antigennachweis. Wie ist der gar nicht so seltene falschpositive Antigentest zu erklären? Ist es nicht besser, statt dessen den aufwendigeren, aber doch spezifischeren Virusnachweis durchzuführen?

WERNER (Frankfurt):

Das ist im Prinzip richtig. Es gibt falschpositive und falschnegative Antigentests, wenn man voraussetzt, daß Antikörperpositive in der Regel auch mit Viren belastet sein müssen. Ich denke jedoch, daß die Tests alsbald empfindlicher und spezifischer werden. Wenn man eine Verlaufsstudie initiiert, sollte man also schon daran denken, auch Tests aufzunehmen, deren Optimierung in absehbarer Zeit zu erwarten ist.

Immunologische Grundlagen und Verlaufsdiagnostik der HIV-Infektion

L. BERGMANN (Frankfurt)

Einleitung

Für die Diagnostik der HIV-Infektionen spielen die immunologischen Parameter nur eine untergeordnete Rolle; im Vordergrund stehen hier die virologischen Nachweismethoden. Es stellt sich somit die Frage, warum und wann sollen immunologische Untersuchungsmethoden eingesetzt werden?

Ergebnisse einer Verlaufsstudie der Frankfurter Klinik [5] zeigen, daß pro Jahr zwischen 5% und 7% der Patienten, die zunächst klinisch unauffällig, aber seropositiv in die Klinik kamen, in AIDS übergehen. Nach einem Beobachtungszeitraum von fünf Jahren haben etwa 30% dieser Patienten AIDS etabliert.

Ziel der zusätzlich zu den virologischen Parametern als Monitoring durchzuführenden immunologischen Untersuchungen muß es sein, prognostische Kriterien zu erstellen, die einen Übergang in fortgeschrittene Stadien anzeigen und einen Status quo hinsichtlich der immunologischen Situation des Patienten und damit seiner Abwehrsituation geben.

Bei den immunologischen Parametern, die untersucht werden, muß berücksichtigt werden, daß es sich bei einem Großteil der bei HIV-Infektionen zu beobachtenden quantitativen wie auch funktionellen Beeinträchtigungen nicht um HIV-spezifische Phänomene handelt, sondern um immunologische Veränderungen, wie sie auch bei anderen Virusinfektionen zu beobachten sind [7, 15].

Die meisten der nachfolgenden Daten beziehen sich auf die Frankfurter Stadieneinteilung [5] (Tabelle 1), die eine vereinfachte Walter-REED-Klassifikation der HIV-Infektion darstellt.

Tabelle 1. Frankfurter Stadieneinteilung nach BRODT et al. 1986

Frankfurter Stadieneinteilung		Walter REED-Staging
Stadium I:	klinisch asymptomatische Angehörige eines Risikokollektives	
Ia:	seronegative Patienten	WR0
Ib:	seropositive Patienten	WR1
Stadium II:	Patienten mit Lymphadenopathie-Syndrom (LAS)	
IIa:	$CD4^+$-Lymphozyten (> 350/μl)	WR2
IIb:	$CD4^+$-Lymphozyten (< 350/μl)	WR3–5
Stadium III:	Vollbild des AIDS	WR6

Quantitative Veränderungen der peripheren Lymphozytenpopulationen

Zu den häufigsten durchgeführten immunologischen Parametern gehört die Bestimmung der Gesamtlymphozytenzahlen und der Lymphozytenpopulationen [2, 3, 4]. Abbildung 1 zeigt den Verlauf der Gesamtlymphozytenzahlen und $CD4^+$- und $CD8^+$-Lymphozytensubpopulation in Relation zum Krankheitsstadium. In den frühen Stadien der HIV-Infektion steigen zunächst die Gesamtlymphozytenzahlen an. Erst im Lymphadenopathie-Stadium IIb kommt es zum Abfall der peripheren Lymphozytenzahlen bis hin zur deutlichen Lymphopenie im Stadium III.

Die Abgrenzung des Stadium IIa vom Stadium IIb aufgrund der Absolutzahlen der $CD4^+$-Zellen (Tabelle 1) ist darin begründet, daß sich niedrige CD4-Zahlen für die Gesamtprognose der Erkrankung als ungünstiges Kriterium erwiesen haben, so daß diese Patientengruppe (Stadium IIb) mit einem relativ raschen Übergang in das Vollbild des AIDS rechnen muß [10].

Die $CD4^+$-Zellen sind bei den Patienten aus den bekannten Risikokollektiven, die noch seronegativ sind, innerhalb des Normbereichs, ebenso bei seropositiven Patienten im Stadium I. Erst im Lymphadenopathie-Stadium finden sich leicht absinkende Zahlen der $CD4^+$-Lymphozyten mit deutlich reduzierten Zahlen im Stadium IIb und schließlich beim Vollbild des AIDS.

Der Anstieg der CD8-Zahlen, der weitgehend parallel geht mit dem Anstieg der Gesamtlymphozytenzahl, ist besonders ausgeprägt im Stadium IIa (Abb. 1). Eine Erhöhung von CD8-Lymphozyten findet sich nicht nur bei der HIV-Infektion, sondern auch bei anderen Virusinfektionen wie bei der CMV- und EBV-Infektion [7]. Der drastische Abfall der $CD4^+$-Zellen beim Übergang von Stadium IIa zu IIb ist bei anderen Virusinfektionen nicht zu sehen und ist in der Regel mit einem baldigen Übergang in das Vollbild des AIDS verknüpft.

Bezogen auf die CD4/CD8-Ratio ist zu sehen, daß schon bei den seronegativen aus dem Risikokollektiv eine leichte Reduktion zu beobachten ist (Abb. 2). Mit zunehmendem Krankheitsstadium kommt es zunächst durch Erhöhung der $CD8^+$-

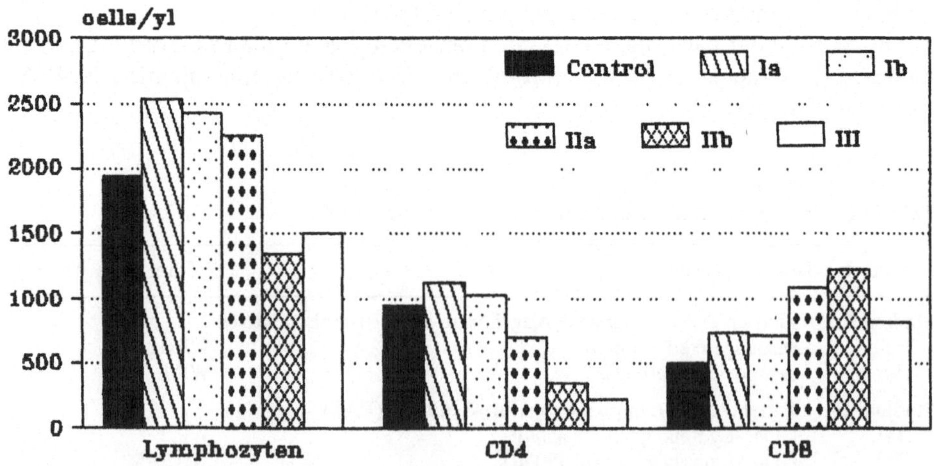

Abb. 1. Gesamtlymphozyten und T-Zellsubpopulationen im Verlauf der HIV-Infektion (control = gesundes Kontrollkollektiv)

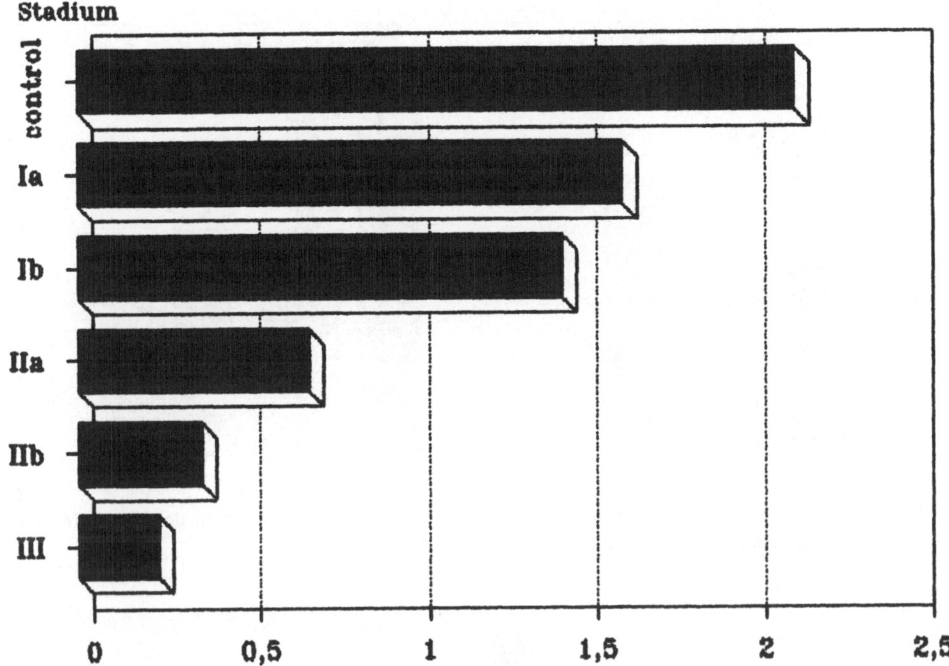

Abb. 2. CD4/CD8-Ratio im Verlauf der HIV-Infektion (control = gesundes Kontrollkollektiv)

Zellen (bis Stadium IIa) und später durch eine drastische Reduktion der $CD4^+$-Lymphozyten zu einem weiteren Abfall und inversem Verhältnis der $CD4^+/CD8^+$-Lymphozyten.

Die B-Zell-Zahlen bei Patienten mit HIV-Infektionen zeigen nur einen leichten Abfall mit zunehmendem Krankheitsprozeß (Abb. 3). Die CD16-positiven Zellen, die NK-Zellen beinhalten, zeigen im Verlauf der Krankheit eine deutliche Reduktion im peripheren Blut [3, 4].

Die Bedeutung der $CD4^+$-Lymphozyten und Markrophagen für die Immunregulation unter Berücksichtigung einer HIV-Infektion

Eine zentrale Rolle bei der HIV-Infektion spielen sicherlich die folgenden zwei Zellpopulationen nicht zuletzt aufgrund ihrer Bedeutung für die Immunregulation, die $CD4^+$-Zellen und die Makrophagen (Abb. 4). Die $CD4^+$-Zellen, die durch ihren mit dem CD4-Antigen assoziierten HIV-Rezeptor [1, 21] die wichtigste Targetzellen der HIV-Infektion darstellen, nehmen durch ihre mannigfaltigen Interaktionen mit immunkompetenten Zellen und der Produktion zahlreicher Lymphokine eine zentrale Rolle innerhalb des Immunsystems ein. Ihre Beeinträchtigung trägt somit ganz besonders zur Schwere des mit der HIV-Infektion erworbenen Immundefektes bei.

Ein in erster Linie von aktivierten $CD4^+$-Lymphozyten gebildetes Lymphokin ist der T-Zellwachstumsfaktor Interleukin-2 (Il-2) [24]. Mit zunehmendem Krankheits-

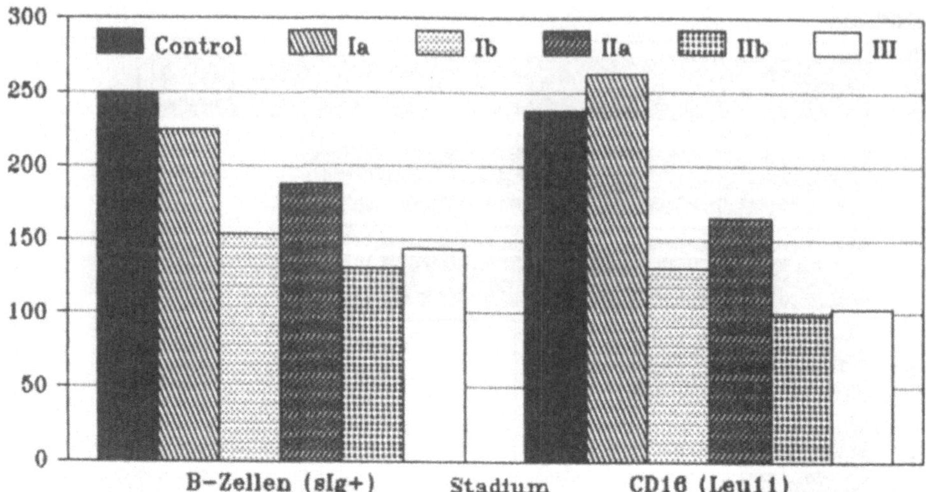

Abb. 3. B-Zellen (sIg$^+$-Zellen) und Leu-11-(CD16-)positive Zellen im Verlauf der HIV-Infektion (control = gesundes Kontrollkollektiv)

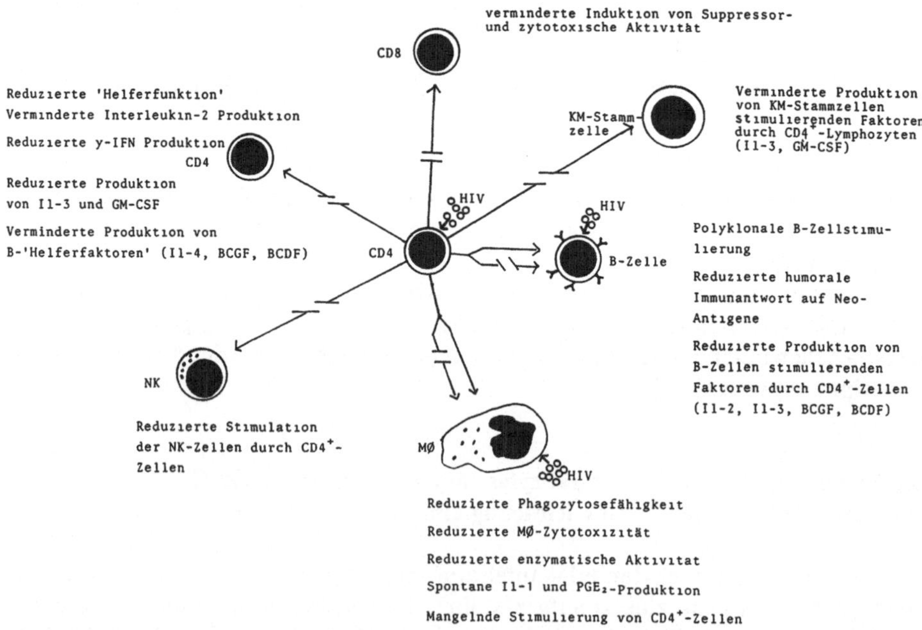

Abb. 4. HIV-assoziierte immunologische Veränderungen (in Anlehnung an Bowen et al. 1986)

prozeß kommt es zur Reduktion der Interleukin-2-Produktion, sowohl spontan als auch nach Stimulierung der CD4$^+$-Zellen. Interleukin-3, ein pluripotenter koloniestimulierender Faktor für die Knochenmarksstammzellen, wird ebenfalls bei Patienten mit AIDS vermindert produziert und stellt somit einen zusätzlichen Faktor für die Panzytopenie in den fortgeschrittenen Stadien dar (Abb. 4).

Daneben spielen die $CD4^+$-Zellen für die T/B-Interaktion eine ganz entscheidende Rolle. Sie produzieren B-Zell-Wachstumsfaktoren und B-Zell-Differenzierungsfaktoren (u. a. Il-4, Il-6). Die Aktivierung der B-Zellen erfolgt in der Regel nur dann, wenn diese wiederum über den Makrophagen und mehrere zusätzliche Faktoren stimuliert worden sind [24]. Durch Defekte der $CD4^+$-Zellen und anderer immunologisch kompetenter Zellen (z. B. Makrophagen) ist ein Mangel innerhalb der Immunkooperation gegeben. Wenngleich die $CD4^+$-Zelle die Haupttargetzelle für das HIV-Virus durch den dichten Antigenbesatz an CD4-Antigenen darstellt [21], wird das Virus aber auch von Makrophagen und B-Zellen (vermutlich CD4-Antigen assoziiert) aufgenommen [1, 21].

Nicht zuletzt wird von aktivierten CD4-Zellen auch Gammna-Interferon sezerniert, das u. a. NK-Zellen aktiviert [24]. Mit fortschreitendem Stadium, insbesondere in den Stadien II b und III ist die Induktion der Gamma-Interferon-Produktion bei diesen Patienten gehemmt [12, 18].

Die Defizienz der $CD4^+$-Zellen, die die sogenannten Helferzellen und „Suppressor-inducer"-Zellen markieren, wirkt sich auch auf die Interaktion mit den $CD8^+$-Zellen, die die Suppressor- und zytotoxischen Zellen beinhalten, aus. So ist die Induktion von Suppressor- und zytotoxischen Zellen inhibiert [6, 12]. Daneben findet sich beim Vollbild des AIDS eine reduzierte Stimulation der natürlichen Killerzell-(NK-)Aktivität durch die $CD4^+$-Zellen. Diese reduzierte natürliche Killerzellaktivität ist jedoch bei dem Vollbild des AIDS rückbildungsfähig, wenn man in vitro Interleukin-2 zusetzt [12].

Nicht zuletzt ist bei der HIV-Infektion auch die Makrophagenfunktion erheblich beeinträchtigt, so die Phagozytosefähigkeit, die zytotoxische Aktivität der Makrophagen, die enzymatische Aktivität und die stimulusinduzierte Interleukin-1 und Prostaglandin-2-Sezernierung (Abb. 4). Diese Veränderungen dürften sowohl durch direkte Infektion der Makrophagen durch das HIV-Virus als auch durch gestörte intrazelluläre Interaktionen – in erster Linie zwischen den $CD4^+$-Zellen und Makrophagen – bedingt sein [4, 19].

Funktionelle Beeinträchtigung der Lymphozyten durch HIV

Zur funktionellen Untersuchung von T-Zellfunktionen werden in vivo vorwiegend Subkutantestungen mit Recall- und Neoantigenen durchgeführt, während in vitro die Stimulation von Lymphozyten durch Mitogene und Antigene sowie die Messung der Lymphokinproduktion als funktioneller Parameter angewandt wird.

Die Hauttestung mit Recall-Antigenen zeigt bei Patienten mit fortgeschrittener HIV-Infektion (Stadium AIDS) ein anerges Verhalten, während asymptomatische Patienten im Stadium I in der Regel eine normale Immunantwort vom verzögerten Typ zeigen [4, 24]. Die Untersuchung hat sich als Verlaufskriterium der HIV-Infektion wegen Problemen bei der Interpretation im Einzelfall und der nicht unbeschränkten Wiederholbarkeit jedoch nicht durchgesetzt.

Die Mitogenstimulierbarkeit der peripheren mononukleären Zellen bei HIV-Infektionen ist stadienabhängig verändert. In den Frühstadien der HIV-Infektion ist die Stimulierbarkeit peripherer Lymphozyten durch verschiedene Mitogene (PHA, PWM, ConA) deutlich gesteigert (Abb. 5). Bei Patienten aus dem Risikokollektiv,

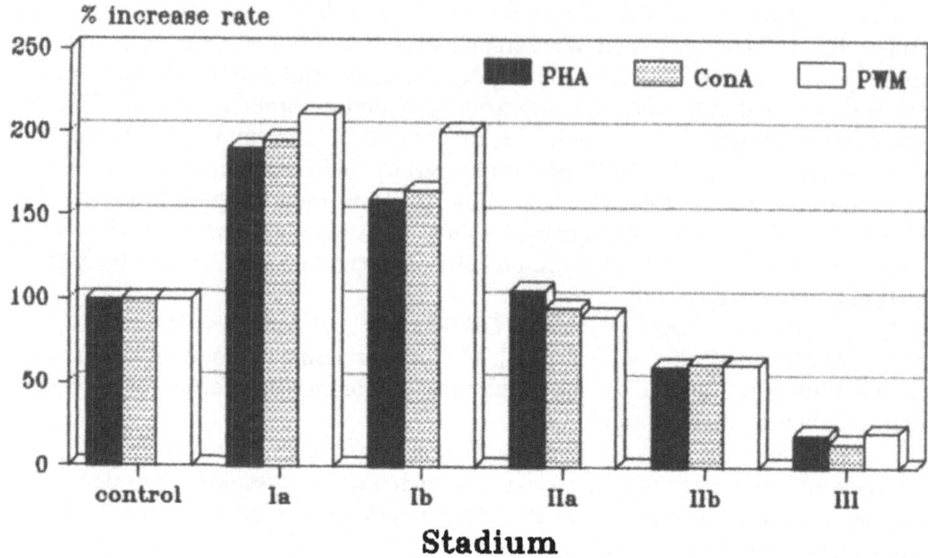

Abb. 5. Mitogenstimulierbarkeit von peripheren und mononukleären Zellen bei einem gesunden Kontrollkollektiv und Patienten mit verschiedenen Stadien der HIV-Infektion

die noch seronegativ sind, ist die Proliferationsrate um ca. 100% gegenüber dem Normalkollektiv erhöht. Bei den seropositiven (Stadium Ib) und im Frühstadium des LAS findet sich ebenfalls eine gesteigerte mitogen-induzierte Proliferation. Im Stadium IIb, also dem Kollektiv mit prognostisch ungünstigem Verlauf und baldigem Übergang in das Stadium des AIDS, ist die Proliferationsrate bereits reduziert (Abb. 5) und bei Patienten im Stadium III (AIDS) schließlich stark inhibiert [3, 4, 14]. Neben der unspezifischen Stimulation mit den genannten Mitogenen ist bei Patienten mit HIV-Infektion die spezifische Stimulierbarkeit durch bakterielle und virale Antigene – wie Staph. aureus, Escherichia coli, Tuberkulin, Masern-Virus – ebenfalls stark inhibiert [14]. Die Hemmung der Stimulationsfähigkeit der peripheren Lymphozyten korreliert mit der Gesamtzahl der $CD4^+$-Zellen und ist für die Stadieneinteilung und Beurteilung der Progredienz der HIV-Infektion ein für den klinischen Alltag nicht unbedingt notwendiger zusätzlicher Parameter.

Ursächlich für die reduzierte Proliferationsfähigkeit der Lymphozyten werden folgende Faktoren diskutiert:

1. Mangel an Lymphokinproduktion
2. „Down-Regulation" von Lymphokinrezeptoren
3. Überwiegen von supprimierenden Zellpopulationen

In den fortgeschrittenen Stadien der HIV-Infektion ist, wie bereits oben ausgeführt, die Produktion von Lymphokinen gehemmt. Wir untersuchten in vitro, inwieweit die Stimulierbarkeit der mononukleären Zellen durch den Zusatz des T-Zell-Wachstumsfaktors Interleukin-2 restauriert werden kann. Bei dem Kontrollkollektiv konnte die normale ConA-Stimulation nur gering durch den Zusatz von Interleukin-2 angehoben werden (Abb. 6). In den Frühstadien der HIV-Infektion konnte zwar eine

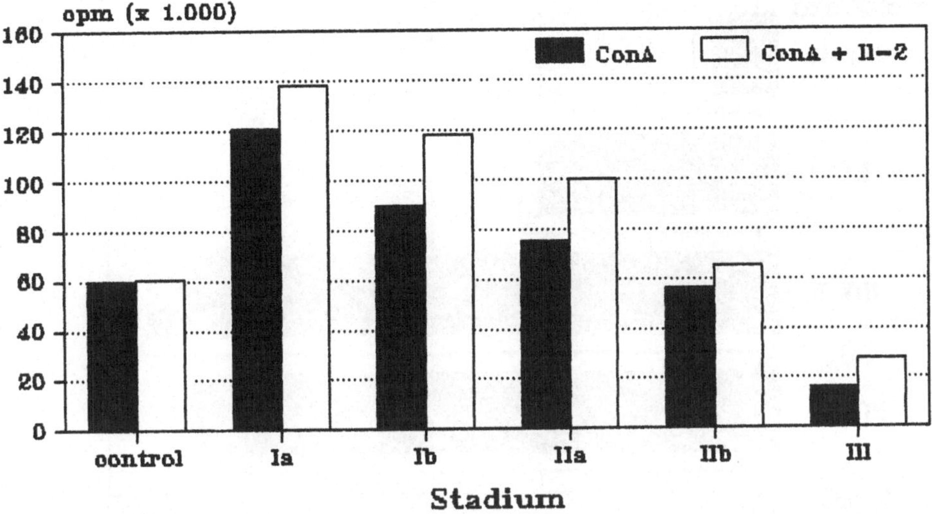

Abb. 6. Untersuchungen zur Il-2-Substitution in vitro bei ConA-induzierten Proliferationen peripherer mononukleärer Zellen

zusätzliche Steigerung der Proliferation erreicht werden, im Vollbild des AIDS konnte keine Normalisierung erzielt werden. Eine mögliche Erklärung für die mangelnde Response auf Interleukin-2-Substitution ist darin begründet, daß die Lymphozyten bei Patienten mit dem Vollbild des AIDS vermindert Interleukin-2-Rezeptoren exprimieren, so daß durch die Substitution von Interleukin-2 der Immundefekt nicht aufgehoben werden kann [9].

Bei der Untersuchung der spontanen Proliferation mononukleärer Zellen, die ein Maß für Präaktivierung dieser Zellen darstellt, fällt auf, daß Patienten, die seropositiv sind, eine erhöhte Spontanproliferation der Lymphozyten gegenüber dem Kontrollkollektiv haben und daß diese Spontanproliferation anhält bis einschließlich des Lymphadenopathie-Stadiums IIb. Diese Spontanproliferation kann erheblich gesteigert werden durch den Zusatz von Interleukin-2, was dafür spricht, daß im Stadium I und im Stadium II der HIV-Infektion eine erhöhte Population von präaktivierten Zellen vorhanden sein muß.

Diesbezüglich wurde die Co-Expression des CD3-Antigens mit Klasse-II-Antigenen (DR-Antigen) untersucht. Normalerweise finden sich im peripheren Blut nur zwischen 1% und 3% T-Zellen, die simultan das DR-Antigen exprimieren. Die DR-Antigen-Expression auf T-Zellen ist ein Marker für aktivierte Zellen. Im Stadium I der HIV-Infektion findet man im Mittel etwa 10% solcher aktivierten T-Zellen, im Stadium II 30% und auch noch im Stadium des AIDS im Mittel ca. 30% im Mittel von DR-exprimierender T-Zellen, wobei Individualwerte durchaus bis zu 40 oder 50% schwanken können (Abb. 7). Innerhalb der T-Zellen exprimieren in erster Linie die $CD8^+$-Lymphozyten das DR-Antigen [25]. Welche pathophysiologische Bedeutung diese DR-Expression auf den T-Zellen für den Krankheitsprozeß, für die Virusreplikation oder eventuell auch für die Infektionsbereitschaft von Zellen oder andererseits für die Abwehr der HIV-Infektion hat, muß derzeit noch als spekulativ angesehen werden.

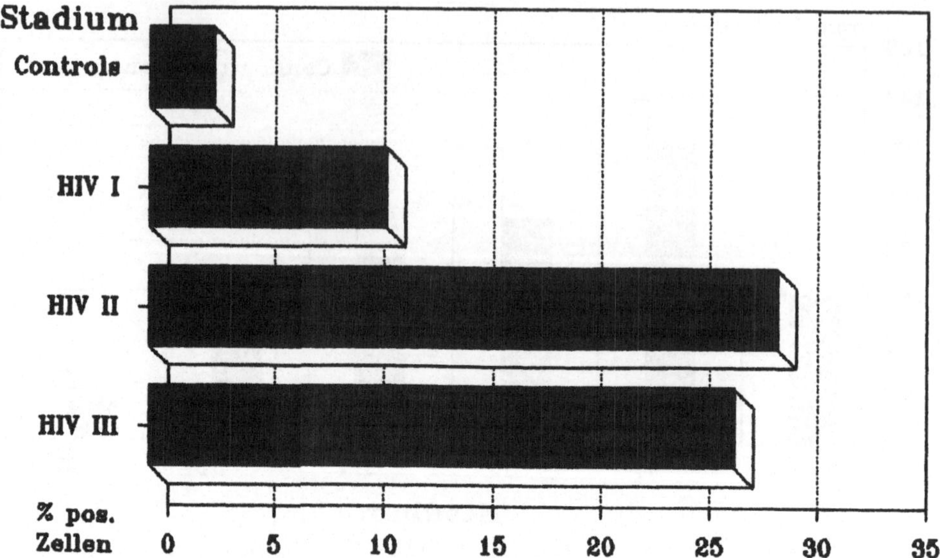

Abb. 7. Die Co-Expression von CD3- und DR-Antigenen auf peripheren T-Zellen bei Patienten mit HIV-Infektionen im Vergleich zu einem gesunden Kontrollkollektiv

Humorale Immunantwort bei HIV-Infektion

Die HIV-Infektion ist mit einer polyklonalen B-Zell-Aktivierung assoziiert [2, 3, 11, 22], die sich in erster Linie durch erhöhte Serum-IgG und in den fortgeschrittenen Stadien (IIb und III) auch durch ansteigende IgA-Spiegel manifestiert (Abb. 8). Zur Begründung der polyklonalen B-Zell-Aktivierung gibt es 2 hypothetische Ansätze. Entweder ist die polyklonale Proliferation der B-Zellen durch direkte Infektion der

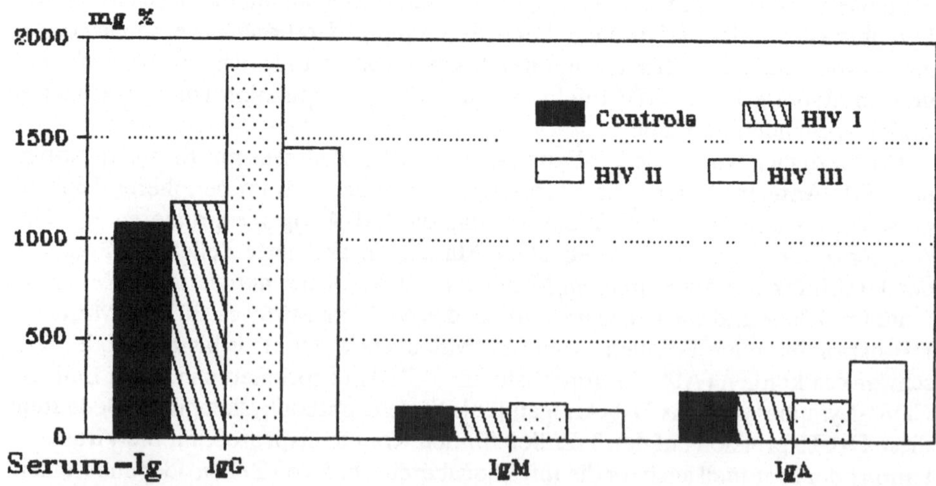

Abb. 8. Serumimmunglobulinwerte bei einem gesunden Kontrollkollektiv und Patienten im Verlauf der HIV-Infektion

B-Zellen mit dem HIV und/oder einem anderen Virus oder durch die Inhibition von supprimierenden Zellen bedingt.

Im Verlauf der HIV-Infektion steigt das Serum-IgG deutlich an, bei dem von uns untersuchten Kollektiv auf im Mittel 1800 mg% gegenüber 1050 mg% beim Kontrollkollektiv (Abb. 8). Erst im Vollbild des AIDS kann es wieder zu einer Reduktion der Serum-IgG-Spiegel kommen.

Das IgM im Serum ist nicht stadienabhängig verändert. Demgegenüber steigt jedoch das Serum-IgA im Lymphadenopathie-Stadium und im Stadium des AIDS an. Ansteigende IgA-Werte stellen ein prognostisch ungünstiges Kriterium dar [3, 10] und ist mit einem baldigen Übergang in das Vollbild des AIDS verbunden.

Trotz polyklonaler B-Zell-Stimulierung besteht jedoch eine reduzierte humorale Immunantwort auf Neoantigene. Darüber hinaus ist die Produktion von B-Zell stimulierenden Faktoren inhibiert, was sich ebenfalls ungünstig auf die humorale Immunantwort auswirkt [4].

In-vitro-Befunde zeigen, daß hinsichtlich der spontanen Immunglobulinproduktion Patienten im Lymphadenopathie-Stadium eine deutlich gesteigerte spontane Sekretion von IgG haben, die doppelt so hoch wie die des Kontrollkollektivs liegt [3]. Diese spontan stark erhöhte IgG-Produktion ist nach Zusatz eines B-Zell-Stimulans, hier Pokeweed-Mitogen (PWM), nur noch partiell steigerungsfähig (Abb. 9).

Nach PWM-Stimulierung ist die IgG-Produktion nur noch partiell steigerungsfähig. Die IgA-Produktion unterscheidet sich nur diskret vom Kontrollkollektiv im LAS-Stadium. Die IgM-Produktion nach PWM-Stimulation ist jedoch deutlich (Abb. 9) gehemmt gegenüber dem Kontrollkollektiv. Dies mag ein Indiz dafür sein, daß bei Patienten mit HIV-Infektion auch die humorale Abwehr gegenüber Neoantigene deutlich eingeschränkt ist. Die inhibierte in-vitro-Produktion von IgM stellt sicherlich mit Ausdruck dafür, daß die primäre Immunantwort bei diesen Patienten gestört ist.

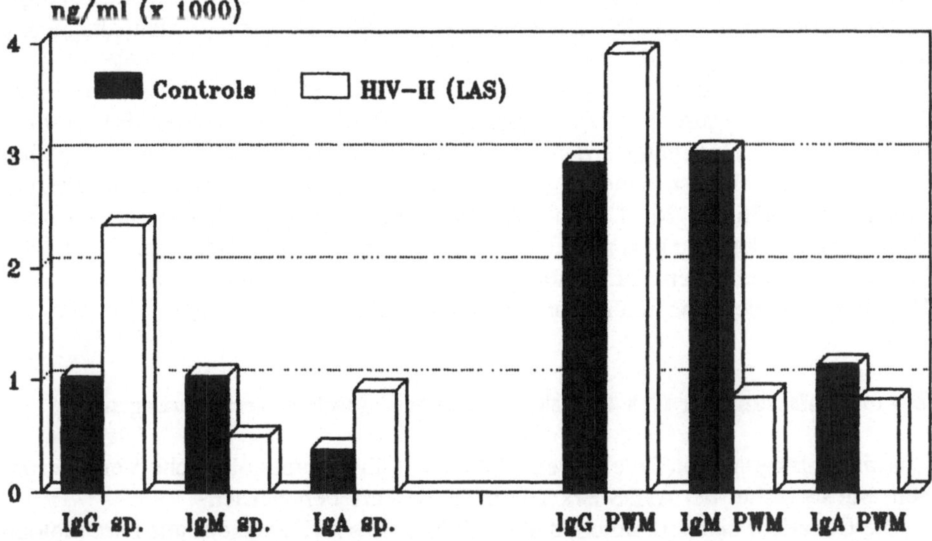

Abb. 9. Spontane und PWM-induzierte Immunglobulinsekretion in vitro bei Patienten mit LAS (HIV-2)

Diverse immunologische Veränderungen bei der HIV-Infektion

Eine häufig im Rahmen auch von Verlaufsstudien durchgeführte Untersuchung stellt das beta-2-Mikroglobulin dar [8, 13]. Beta-2-Mikroglobulin ist ein Teil der Klasse-I-Antigene und wird immer dann gehäuft gefunden, wenn der Zell-turn-over gesteigert ist. Beta-2-Mikroglobulin ist kein Spezifikum für HIV-Infektionen. Man findet Erhöhungen von beta-2-Mikroglobulin bei fast allen Infektionskrankheiten und Tumorerkrankungen. Die Interpretation der Befunde ist deswegen im Individualfalle sicherlich problematisch, zumal Patienten mit HIV-Infektionen häufig auch noch zusätzlich mit Sekundärinfektionen einhergehen.

Einen weiteren Parameter, auch im Rahmen von Verlaufsstudien bei HIV-Infektionen, stellt das Alpha-Interferon dar. Man findet bei Patienten mit HIV-Infektionen wie auch bei anderen Viruserkrankungen gehäufte Serumspiegel von Alpha-Interferon [2, 3, 17]. Es wurden bei 60–70% der Patienten mit Vollbild des AIDS erhöhte Alpha-Interferon-Spiegel festgestellt. Es handelt sich bei diesem Alpha-Interferon überwiegend um säurelabiles Alpha-Interferon, wie man es auch bei Autoaggressionskrankheiten, z.B. beim Lupus erythemotodus, findet [23]. Dieses Alpha-Interferon schützt die Patienten aber offensichtlich nicht vor einer Virusreplikation.

Eingeschränkt im Rahmen der HIV-Infektion sind die Motilität und die Chemotaxis der Makrophagen, die Erkennung der Antigene, die Opsinierungsfähigkeit, die Pinozytosefähigkeit, die Phagozytosefähigkeit, die enzymatische Aktivität, wie Degranulation, Peroxydase-Aktivität, Hydrolase-Aktivitäten. Es sind somit wesentliche funktionelle unspezifische Abwehrmechanismen der Makrophagen im Rahmen der HIV-Infektion betroffen [4, 19].

Daneben gibt es noch eine Reihe anderer immunologischer Phänomene, die hier jedoch im einzelnen nicht dargestellt werden sollen. Viele dieser Parameter sind aus pathophysiologischen Gründen von Interesse, haben jedoch wegen aufwendiger Methodik oder zu geringer Spezifität bisher keinen Eingang in die Verlaufsdiagnostik der HIV-Infektion gefunden.

Zu erwähnen sind noch Autoimmunphänomene, die man bei HIV-Infektionen findet, wie z.B. Autoantikörper gegen Thrombozyten und damit eine erhöhte Inzidenz an ITP. Daneben wurden gehäuft Antikörper gegen Erythrozyten, lymphozytäre Antikörper, insbesondere gegen $CD4^+$-Zellen und antinukleäre Antikörper nachgewiesen [16, 20, 26]. Darüber hinaus sind inzwischen auch autologe zytotoxische Lymphozyten, die gegen HIB-infizierte Zellen wirksam sind, beschrieben [20]. Welche Bedeutung den Autoimmunphänomenen für die Immundefizienz bei der HIV-Infektion beizumessen ist, ist noch nicht geklärt.

Zusammenfassung der HIV-induzierten immunologischen Veränderungen

Zusammenfassend gibt Tabelle 2 eine Übersicht über immunologische Veränderungen, wie sie bisher bei AIDS-Erkrankungen beschrieben wurden.

Die Übersicht macht deutlich, daß im Vollbild des AIDS nahezu alle immunologischen Funktionen auf zellulärer und humoraler Ebene sowie bei den Makrophagen erheblich beeinträchtigt sind. Das Defizit im Bereich der spezifischen und unspezifi-

Tabelle 2. Immunologische Veränderungen bei AIDS (in Anlehnung an Bowen et al. 1986)

1. Zelluläre Immunität
1.1. Lymphopenie mit selektiver Reduktion der $CD4^+$-Zellen
1.2. Reduzierte Mitogen-induzierte Stimulierbarkeit
1.3. Reduzierte Stimulierbarkeit in der MLC
1.4. Reduzierte Stimulierbarkeit durch spezifische Antigene
1.5. Funktionsdefekt der $CD4^+$-Zellen
1.6. Verminderte Lymphokinproduktion
1.7. Reduzierte CTL-Aktivität
1.8. Reduzierte NK-Aktivität

2. Humorale Immunität
2.1. Polyklonale B-Zellaktivierung
2.2. Erhöhte Spontanproliferation und -differenzierung der B-Zellen
2.3. Erhöhte spontane Immunglobulinsekretion in vitro
2.4. Reduzierte humorale Immunantwort auf Neoantigne

3. Monozyten/Makrophagen
3.1. Reduzierte Il-1-Produktion nach Stimuli
3.2. Reduzierte zytotoxische Aktivität
3.3. Reduzierte Chemotaxis
3.4. Reduzierte enzymatische Aktivität
3.5. Reduzierte Phagozytosefähigkeit
3.6. Eingeschränkte Immunantwort auf Neoantigene
3.7. Erhöhte Spontansekretion von Il-1 und PGE2

4. Sonstige immunologische Veränderungen
4.1. Erhöhte Inzidenz an zirkulierenden Immunkomplexen
4.2. Antilymphozytärer Autoantikörper
4.3. Partiell sonstige Autoantikörper (Thrombozyten, Leukozyten, ANA etc.)
4.4. Immunsupprimierende Faktoren
4.5. Erhöhte α-IFN-Spiegel
4.6. Erhöhte β-2-Mikroglobulinspiegel
4.7. Erhöhte α-1-Thymosinspiegel
4.8. Erhöhte Neopterinspiegel
4.9. Reduzierte Serum-Thymulinspiegel

schen Immunabwehr erklärt somit hinreichend die erhöhte Inzidenz an schweren opportunistischen Infektionen und Tumorerkrankungen (Kaposi-Sarkome, maligne Lymphome) bei der fortgeschrittenen HIV-Infektion.

Bei der Vielzahl der veränderten immunologischen Parameter sollten für den klinischen Alltag möglichst einfache und praktikable Paramter ausgewählt werden, die Aussagen über die Prognose, Verlauf und Schwere des Immundefektes zulassen. Der wichtigste Parameter stellt die Zahl der $CD4^+$-Zellpopulation/μl peripheren Blutes dar, der streng mit der Prognose im Einzelfall korreliert. Zusätzliche Faktoren wie die Gesamtlymphozytenzahl, die CD1/CD8-Ratio, Serumimmunglobuline, besonders IgA u.a. sollten im Verlauf miterfaßt werden.

Literatur

1. Achour A, Hazan U, Nugeyre MT et al. (1986) A binding assay to identify HIV target cells. Ann Inst Pasteur 137:291–302
2. Bergmann L, Mitrou PS, Helm EB (1984) Lymphocyte subsets, alpha-interferon and immunoglobulins in male homosexuals in Frankfurt. Blut 49:221–222
3. Bergmann L, Mitrou PS, Demmer-Dieckmann M et al. (1984) Immunologische Veränderungen bei männlichen Homosexuellen und Patienten mit Hämophile und von Willebrand-Syndrom. In: Helm EB, Stille W (Hrsg) AIDS. Zuckschwert, München, S 66–92
4. Bowen DL, Lane HC, Fauci A (1986) Immunolocical abnormalities in the acquired immunodeficiency syndrome. Prog Allergy 37:207–223
5. Brodt HR, Helm EB, Werner A et al. (1986) Spontanverlauf der LAV/HTLV III-Infektion. Verlaufsbeobachtungen bei Personen aus AIDS-Risikogruppen. Dtsch Med Wschr 111:1175–1180

6. Gerstoft J, Dickmeiss E, Mathiesen L (1985) Cytotoxic capabilities of lymphocytes from patients with the acquired immunodeficiency syndrome. Scand J Immunol 22:463–470
7. Gilmore N, Wainberg M (1985) Viral mechanisms of immunosuppression. Progress in leukocyte biology I:7
8. Gupta S (1985) Monoclonal antibody-defined β-2-microglobulinpositive mononuclear cells in acquired immune derficiency syndrome. Scand J Immunol 22:357–361
9. Gupta S (1986) Study of activated T-cells in man. Interleukin-2 receptor and transferrin receptor expression on T-cells and production of interleukin-2 in patients with AIDS and ARC. Clin Immunol Immunopathol 38:93–100
10. Helm EB, Bergmann L, Elbert M, Mitrou PS, Stille W (1984) Klinik und Verlaufsbeobachtungen bei Patienten mit Lymphadenopathie-Syndrom. Dtsch Med Wschr 109:1955–1962
11. Katz JR, Kron SE, Safai B, Oettgen HF, Hoffmann MK (1986) Antigen-specific and polyclonal B-cell responses in patients with acquired immunodeficiency disease syndrome. Clin Immunol Immunopath 39:359–367
12. Katz JD, Mitsuyasu R, Gottlieb MS, Labow LT, Bonavida B (1987) Mechanism of defective NK cell activity in patients with acquired immunodeficiency syndrome (AIDS) and AIDS-related complex. J Immunol 139:55–60
13. Lambin P, Desjobert H, Debbia M, Fina JM, Müller JY (1986) Serum neopterin and β-2-microglobulin in anti-HIV positive blood donors. Lancet II:1216
14. Lane HC, Depper JM, Greene WC, Whalen G, Waldmann TA, Fanci AS (1985) Qualitative analysis of immune function in patients with the acquired immunodeficiency syndrome. N Engl J Med 313:79–84
15. Leist TP, Cobbold SP, Waldmann H, Agnet M, Zinkernagel RM (1987) Functional analysis of T-lymphocyte subsets in antiviral host defense. J Immunol 138:2278–2281
16. Lelie van der J et al. (1987) Autoimmunity against blood cells in human immunodeficiency-virus (HIV) infection. Brit J Haematol 67:109–114
17. Lopez C, Fitzgeral PA, Siegal FP et al. (1986) Deficiency of interferon-alpha generating capacity is associated with susceptibility to opportunistic infections in patients with AIDS. Annals New York Academy of Sciences 38–46
18. Murray HW, Rubin BY, Masur H, Roberts RB (1984) Impaired production of lymphokines and immune (gamma) interferon in the acquired immunodeficiency syndrome. N Engl J Med 310:883–888
19. Poli G, Bottazzi B, Acero R et al. (1985) Monocyte function in intravenous drug abusers with lymphadenopathy syndrome and in patients with acquired immunodeficiency syndrome: selective impairment of chemotaxis. Clin Exp Immunol 62:136–142
20. Ruscetti FW, Mikovits JB, Kalyanaraman VS, Overton R, Stevenson H, Stromberg K, Heberman RB, Farrar WL, Ortaldo JR (1986) Analysis of efector mechanisms against HTLV I- and HTLV III/LAV-infected lymphoid cells. J Immunol 136:3619–3623
21. Sattenau QJ, Dalgleish AG, Weiss RA, Berverly PC (1986) Epitopes of the CD4 antigen and HIV infection. Science 234:112ß–1123
22. Schnittman et al. (1986) Direct polyclonal activation of human B-lymphocytes by the acquired immune deficiency syndrome. Science 233:1084–1086
23. Stefano E, Friedman RM, Friedman-Klien AE (1982) Acidlabile human leukocyte interferon in homosexual men with Kaposi sarcoma and lymphadenopathy. J Infect Dis 146:451–1982
24. Stites DP, Stobo JD, Wells JV (1987) Basic and clinical immunology. Appleton and Lange, Norwalk
25. Stites DP, Casavant CH, McHugh et al. (1986) Flow cytometric analysis of lymphocyte phenotypes in AIDS using monoclonal antibodies and simultaneous dual immunofluorescence. Clin Immunol Immunopathol 38:161–177
26. Stricker R et al. (1987) An AIDS-related cytotoxic autoantibody reacts with a specific antigen on stimulated CD^+-T-cells. Nature 327:710–717

Diskussion

Niese (Bonn):

Ich möchte nach allem, was wir gehört haben, doch noch einmal auf die zellulären Funktionsuntersuchungen eingehen. Die immer wieder behauptete fehlende Korrelation zwischen den T4-Zellzahlen und dem zellulären Stimulationsgrad könnte gerade ein Zeichen dafür sein, daß diese vielleicht doch etwas aussagt. Wenn beide gut korrelieren würden, brauchen wir natürlich eines von beiden nicht.

Von einer Kopenhagener Gruppe wurde berichtet, daß Personen mit normalen T4-Zellzahlen und schlechter Stimulierbarkeit mit verschiedenen Mitogenen eine Gruppe sind, die mit hoher Wahrscheinlichkeit in kurzem Zeitraum klinisch manifest erkranken. Wir haben diese Untersuchungen nachzuvollziehen versucht. Die ersten Auswertungen zeigen, daß tatsächlich die Pockweed-Mitogen-Stimulierbarkeit ein recht wichtiger Parameter sein kann. Im Rahmen von Verlaufsstudien könnte dieses Bedeutung haben, und man sollte sich in der Wahl seiner Parameter wohl nicht so sehr beschränken. In der Gruppendefinition des Klassifikationssystems könnte die Stimulierbarkeit der Zellen Bedeutung haben, die ja nicht von der Anzahl der T4-Zellen abhängig ist.

Bergmann (Frankfurt):

Grundsätzlich kann ich Ihrer Anregung folgen. Eines, glaube ich, sollte man allerdings bei den Stimulationsversuchen nicht übersehen. Diese sind gerade im Rahmen einer multizentrischen Studie sehr schwer zu vereinheitlichen. Außerdem gibt es selbst im eigenen Labor Schwankungen von Mediumcharge zu Mediumcharge und manchmal, überspitzt gesagt, sogar von Tag zu Tag, so daß die Gesamtinterpretation, erst recht was Verlaufsstudien anbelangt, sicherlich dadurch erheblich erschwert wird.

Wir selbst haben im Rahmen der Kohortenstudie Verlaufsstudien auch mit diesen Stimulationen gemacht, auch unabhängig von der T4-orientierten Stadieneinteilung. Ich muß sagen, daß es sehr schwer ist, die Daten insgesamt über einen längeren Zeitraum zu interpretieren.

Frau Eibl (Wien):

Zur Interpretation der Stimulierbarkeit gehört sicherlich, daß man das Vorhaben ganz genau standardisiert und daß man definiert, ob man mit suboptimalen oder optimalen Dosen stimuliert, ob man mit Mitogen oder Antigen, ob man mit primärem

Antigen, sekundärem Antigen usw. stimuliert. Ohne solche Festlegungen können diese Testverfahren in einer multizentrischen Studie nichts bringen.

BERGMANN (Frankfurt):

Das ist sicherlich richtig, doch möchte ich hierzu über Erfahrungen berichten, die im Rahmen der vom BGA durchgeführten Kohortenstudie gewonnen worden sind. In diesen waren die Bedingungen für die Lymphozytenstimulationen vereinheitlicht worden. Wir haben gleiche Mitogene benutzt und alles standardisiert. Dennoch waren die Ergebnisse untereinander kaum vergleichbar. Die Studie wurde unter anderem deswegen abgebrochen, und diese Parameter werden derzeit nicht mehr mitgeführt. Aufgrund dieser Erfahrungen möchte ich für eine multizentrische klinische Studie davor warnen, diese Untersuchungen, selbst standardisiert, aufzunehmen.

NIESSNER (Wiener Neustadt):

Mit Hinweis auf die heute von Herrn Stain gezeigten Ergebnisse möchte ich ein Wort für das IgG einlegen.

BERGMANN (Frankfurt):

Serumimmunglobuline sollten mit erfaßt werden.

VINAZZER (Linz):

In unserem Hämophiliezentrum führen wir seit nunmehr fast fünf Jahren eine Langzeitstudie an HIV-antikörperpositiven Patienten durch. Es handelt sich derzeit um insgesamt 14 Hämophile, bei denen in Abständen von drei Monaten eine Reihe von Parametern durchgeführt wird, unter anderem auch immunologische, serologische und virologische.

Es hat sich gezeigt, daß sich bei etwa der Hälfte dieser Patienten das ursprünglich pathologisch erhöhte IgG normalisiert hat. Die T4/T8-Ratio bzw. die Anzahl der T4-Zellen ist angestiegen, also auch eine deutliche Normalisierungstendenz.

Bei der anderen Hälfte dieser Patienten kam es zu zunehmend deutlicher werdenden pathologischen Befunden, unter anderem auch zu einem Anstieg des IgA, wie wir es schon vor zwei Jahren geschildert haben, auch zu einem Abfall unter 300 T4-Lymphozyten. Aber keiner dieser Patienten hat irgendwelche klinischen Symptome und ist klinisch gesund. Wie würden Sie diese Patienten nach der Frankfurter Klassifikation zuordnen?

BERGMANN (Frankfurt):

Nach Ihren klinischen Schilderungen denke ich schon, daß diese Patienten entweder unter Stadium 1 oder 2A vermutlich zu subsumieren wären. Die divergierenden Ergebnisse, was die CD4-positiven Zellen anbelangt, müssen auch noch dahingehend interpretiert werden, inwieweit zum Zeitpunkt der Untersuchung andere Infektionen vorlagen, oder ob vielleicht auch die Therapie geändert wurde oder ob sich im Bereich der Hämophilen vielleicht im Rahmen der Substitutionstherapie etwas geändert hat.

Was die Nichthämophilen-Verlaufsstudie in Frankfurt anbelangt, so haben wir so gut wie keine Verbesserung in den jeweiligen Stadien gesehen; es sei denn, es lag zu dem Zeitpunkt der Untersuchung eine Sekundärinfektion vor.

VINAZZER (Linz):

Das kann ich sofort beantworten: Es lagen keine Sekundärinfektionen vor. Die Jugendlichen und Kinder wurden in vierteljährlichen Abständen genauestens durchuntersucht. Es ist eine deutliche Tendenz in der einen bzw. in der anderen Richtung, die nicht abzuleugnen ist. Klinisch war nicht einmal eine Lymphadenopathie feststellbar.

BERGMANN (Frankfurt):

Waren das Kinder?

VINAZZER (Linz):

Das waren Kinder und Jugendliche im Alter von drei bis 18 Jahren.

BERGMANN (Frankfurt):

Die unterschiedliche immunologische Situation bei Kindern und Erwachsenen ist sicher zu bedenken. Ich glaube, daß man beide Altersgruppen trennen muß.

Frau EIBL (Wien):

Zum IgG möchte ich bemerken, daß dieses bei Homosexuellen kein prognostischer Parameter ist. Weitüberwiegend wurde zwar eine IgG-Vermehrung gefunden, aber keine Korrelation zur Progression. Im Gegenteil dazu korreliert eine Vermehrung des IgA deutlich und eine Erhöhung von IgM geringgradig mit der Progression.

SCHNEWEIS (Bonn):

Diese autologen zytotoxischen Zellen, die Sie ansprachen, sind die auch in der Lage, nichtvirusproduzierende T-Lymphozyten anzugreifen?

BERGMANN (Frankfurt):

Die Untersuchungen bezogen sich auf virusinfizierte Zellen. Ob auch eine Aktivität gegen nichtvirusinfizierte Zellen besteht, kann ich nicht beantworten. Ich bin nicht sicher, ob solche Untersuchungen durchgeführt worden sind.

Frau EIBL (Wien):

Ich möchte noch einmal betonen, daß die T4/T8-Ratio als prognostischer Parameter nicht herangezogen werden sollte. Die Anzahl der CD4-positiven Zellen ist wichtig. Auch wurde gezeigt, daß eine absolute Erhöhung der CD8-positiven Zellen mit der Prognose korreliert. Die Ratio kann die absoluten Zahlen nicht ersetzen, gibt es doch AIDS-Patienten mit kaum T-Zellen und normaler Ratio.

BERGMANN (Frankfurt):

Ich hatte versucht, bei den Einzeldaten zu demonstrieren, daß die T4/T8-Ratio allein genommen sicherlich keinen Parameter darstellt, sondern entscheidend ist zweifellos die absolute CD4-Zellzahl. Die CD8-Zahlen sind sicherlich stadienabhängig und gehen da mit ein.

BRODT (Frankfurt):

Auch ich möchte nachdrücklich empfehlen, daß man alle Laborwerte, die relativ leicht zu gewinnen sind und einen Hinweis auf den Infektionsverlauf geben, in die prospektive Studie aufnimmt. Kann man auch keinen Score aus CD4-Zellen, Beta-2-Mikroglobulin, IgA, Thrombozyten u.a. bilden, so vermag die Korrelation und Kombination dieser Befunde doch bessere Hinweise für den Verlauf zu geben. Alle klinischen Kriterien sind letztlich wachsweich und von der Untersuchungstechnik des Arztes abhängig. Man sollte alles berücksichtigen, was internationale Vergleiche zuläßt und in diesem Sinne könnte auch die CD4/CD8-Ratio ein Parameter sein. Es gibt Patienten, die von Anfang an lymphozytopenisch sind, also eine niedrige abolute T4-Zellzahl haben. Diese können über Jahre hinweg klinisch fast gesund sein und noch eine gute Ratio haben, weil eben auch die T8-Zellzahl nicht so erhöht ist. Welche Bedeutung diese Beobachtungen haben, konnte letztendlich auch die Verlaufsstudie zeigen.

WAGNER (Bonn):

Ich habe eine Frage zur Wertigkeit der absoluten Helferzellzahl gegenüber der relativen Helferzellzahl. Wir haben in Bonn bei den von uns untersuchten Kindern und Jugendlichen festgestellt, daß zum einen die absolute Helferzellzahl durchaus von Untersuchung zu Untersuchung sehr stark variieren kann, so daß wir bei einer Untersuchung feststellen, daß der Patient 300 Zellen hat, während wir bei der nächsten Untersuchung drei Monate später feststellen, daß der Patient 800 Zellen hat, was ja durchaus einen gravierenden Unterschied darstellt.

Auf der anderen Seite ist es so, daß demgegenüber die relative Helferzellzahl bei demselben Patienten relativ stabil bleibt, d.h. der Patient hat zu beiden Zeitpunkten etwa 25% Helferzellen. Da wir uns ja bemühen wollen, relativ frühzeitig HIV-bedingte Veränderungen am Immunsystem festzustellen, ist es für mich die Frage, ob sich im Rahmen einer Stadieneinteilung nicht eher mit einer Berücksichtigung der relativen Helferzellzahl HIV-bedingte Veränderungen am Immunsystem feststellen lassen als mit Berücksichtigung der absoluten Helferzellzahl.

BERGMANN (Frankfurt):

Relativzahlen sind nach meiner Erfahrung untauglich. Wenn Sie 20% T4-Zellen nachweisen, können Sie nicht entscheiden, ob der Patient im Stadium 1B ist oder, bei relativer Verminderung mit hohen T8-Zellen, ob er sich im Stadium 2B oder AIDS befindet, bei denen T4 und T8 gleichermaßen reduziert sind. Aufgrund der Relativzahlen ist eine Stadieneinteilung nicht möglich. Wir müssen versuchen, die Bestimmung der Absolutzahlen intern so zu standardisieren, daß etwas größere Schwankungen als bei den Relativzahlen in Kauf genommen werden können. Das ist methodisch bedingt, aber nicht in der Größenordnung, wie Sie sie genannt haben.

MÖSSELER (Dillingen):

Bezüglich immunologischer Parameter sind Hämophile doch offenbar nicht ganz vergleichbar mit den Hochrisikogruppen. In einer prospektiven Studie an 180 Hämophilen haben wir beobachtet, daß die IgG-Werte nicht mit dem HIV-Status, jedoch eher mit der chronischen Lebererkrankung korrelieren. Das gilt auch für die Lymphozytenzahlen und die T4/T8-Ratio. Sollten wir in der geplanten Verlaufsstudie die Besonderheiten Hämophiler nicht deutlicher hervorheben, die vielleicht auch die Beobachtung von Herrn Vinazzer relativ leicht erklären könnte?

BERGMANN (Frankfurt):

Ich sehe im Augenblick keine Möglichkeit einer besonderen Vorgehensweise. Hämophile haben sicherlich, sei es aufgrund einer Hepatitis oder noch nicht näher zu definierender Veränderungen durch die Substitutionstherapie, bereits Veränderungen vieler Parameter, über die wir jetzt gesprochen haben. Ich halte es daher für besonders wichtig, sowohl die HIV-Positiven als auch die HIV-Negativen zu erfassen, um zwischen beiden Kollektiven Vergleiche ziehen zu können. Ich sehe derzeit keine zusätzlichen Parameter, die gegenüber den anderen Gruppen HIV-Infizierter weitere Aufschlüsse ergeben könnten. Aber ein Kontrollkollektiv, das HIV-negativ ist, halte ich aus den Gegebenheiten für unerläßlich.

Klinik des substitutionsbedürftigen Hämophilen bei asymptomatischem Verlauf der HIV-Infektion

W. SCHRAMM, H. POHLMANN, M. SPANNAGL (München)

Glücklicherweise ist derzeit noch die Mehrheit der HIV-infizierten Hämophilen ohne manifeste Zeichen der AIDS-Erkrankung. Prognostische Parameter, die Patienten mit hohem Risiko an AIDS zu erkranken charakterisieren, sind noch zu entwickeln. Einige wenige sind etabliert, weitere sind nötig [1]. In der BRD sind ca. 60% der Hämophilen HIV-infiziert. Davon sind z. Z. gegenwärtig ca. 10% am Vollbild AIDS erkrankt (Tabelle 1). Da wir unsere Patienten über einen Zeitraum von etwa 50 Monaten beobachten, liegen diese Zahlen doch deutlich unter der von H. CURRAN (New York) angegebenen Manifestationsrate von 36% für einen Beobachtungszeitraum von 88 Monaten (Tabelle 2).

Die Serokonversion unserer Münchener Patienten begann 1980 ansteigend bis 1986. Der Hauptanstieg erfolgte 1982/1983. Retrospektive Untersuchungen aus weit zurückliegenden teifgefrorenen Plasmen ermöglichen uns bei einem Großteil der Patienten eine Einengung des Serokonversionszeitraumes. Bei einem Teil der Patienten mußten wir bereits bei der ersten Untersuchung 1984 Antikörper gegen HIV-1 feststellen. Hier ist jedoch anzunehmen, daß die Serokonversion früher

Tabelle 1. Hämophilie und AIDS (BRD, WS XI/87)

Anzahl Hämophiler (geschätzt)	6000
Anzahl ständig behandlungsbedürftiger Hämophiler (geschätzt)	3000
Anteil infizierter Hämophiler	~ 60%
Anzahl infizierter Hämophiler	1800
Anzahl gemeldeter AIDS-Erkrankungen (BGA: 21. 10. 1987)	
– alle Risikogruppen	1458
– Hämophile (~ 6%)	84
Anteil der Erkrankten an den Infizierten	5%
Anteil der Neuerkrankungen 1986 an der Anzahl der Infizierten (25)	~1,5%

Tabelle 2. HIV-Infektion und AIDS-Manifestation

Homosexuelle u. a.	in	88 Monaten	36%*
Hämophile	in	> 50 Monaten	< 10%

* J. CURRAN, CDC IX/87

stattgefunden hat. Zur Verlaufsbeobachtung konnten wir unsere Patienten in drei Gruppen einteilen:

Eine Gruppe, die wahrscheinlich bis 1983 oder früher serokonvertierte, eine, deren Serokonversion ab Januar 1984 oder später erfolgte und eine dritte Gruppe, deren Serokonversionszeitraum sich nicht genau einordnen läßt.

In den Abb. 1–6 sind einfache hämatologische Parameter wie Leukozyten, absolute Lymphozytenzahl, Thrombozyten, Hämoglobin, Gesamteiweiß und absolute Konzentration der Gammaglobuline aufgetragen. Bei der Einteilung wurden für den jeweiligen Parameter klinisch relevante Grenzen festgelegt: Leukozyten unter 3000 pro mm^3, Lymphozyten unter 1000 pro mm^3, Thrombozyten unter 100000, Gesamteiweiß über 8,6 mg/dl. Bei den erhobenen Werten wurden die Signifikanzberechnungen mit dem *t*-Test und Willcoxon-Test durchgeführt und die erhobenen Signifikanzen in den Abbildungen je nach Wert eingetragen.

Signifikante Unterschiede fanden wir bei allen durchgeführten Parametern. Neben den erwarteten Unterschieden bei den Leukozyten, Lymphozyten und Thrombozyten, ergab sich auch beim Hämoglobin ein signifikanter Unterschied zwischen HIV-negativer Gruppe un den infizierten Patienten. Gleiches galt für die Gammaglobuline und das Gesamteiweiß. In Tabelle 3 ist die klinische Auswirkung der HIV-Infektion dargestellt.

Es ist jeweils die Anzahl der an AIDS-related complex (ARC) und AIDS erkrankten Patienten in den verschiedenen Gruppen dargestellt. Patienten mit länger bestehender HIV-Infektion zeigten häufiger klinische Zeichen des AIDS, als die allerdings kleine Patientengruppe mit Serokonversion nach 1984. Es entsteht der Eindruck, daß besonders in den zurückliegenden 12 Monaten ein wesentlicher Anstieg von ARC und manifestem AIDS zu beobachten ist.

Tabelle 3. Laborveränderungen und Klinik bei Hämophilen (WS VI/87)

Patientengruppe	Anzahl	ARC	AIDS
1. HIV-AK-negativ	53	(2?)	–
2. HIV-AK-positiv bis XII/83	25	6	2
3. Unklarer Serokonversionszeitraum	31	3	–
4. HIV-AK-positiv ab I/84	14	1	–

Immunologische Verlaufsparameter

Wesentlicher Verlaufsparameter ist die absolute Zahl der CD4-positiven Zellen. Das Verhältnis der CD4- zu CD8-Zellen hat sich nicht bewährt. Mögliche prognostische Aussagen erlauben Bestimmungen von doppelt bzw. dreifach markierten Lymphozyten. Wie bereits 1984 gezeigt, zeigen HIV-1-antikörperpositive Hämophilie-Patienten signifikant höhere T8/Leu7-Subpopulationen [2]. Die Hinzunahme weiterer Marker, wie z. B. der DR-Antigene als Marker für stimulierte Lymphozyten, brachte ähnliche Ergebnisse. Bei HIV-positiven Hämophilie-Patienten konnte eine etwa

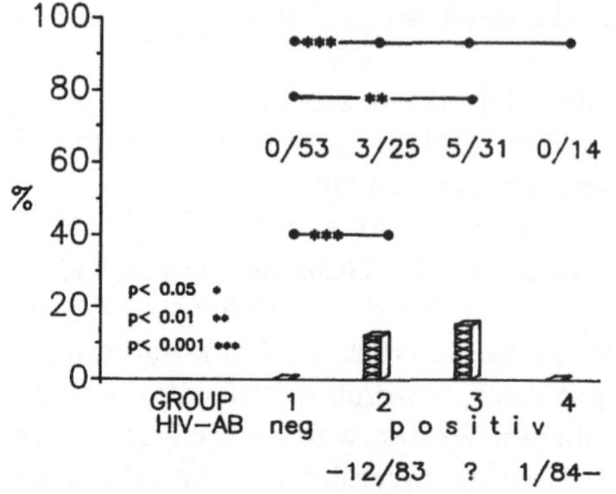

Abb. 1. Leukozyten < 3000/cmm

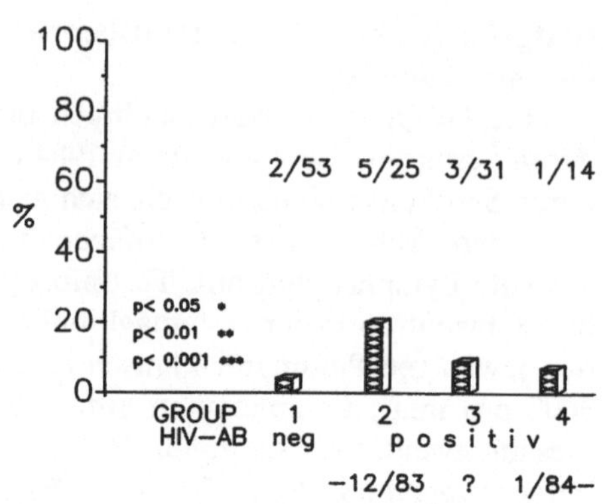

Abb. 2. Lymphozyten < 1000/cmm

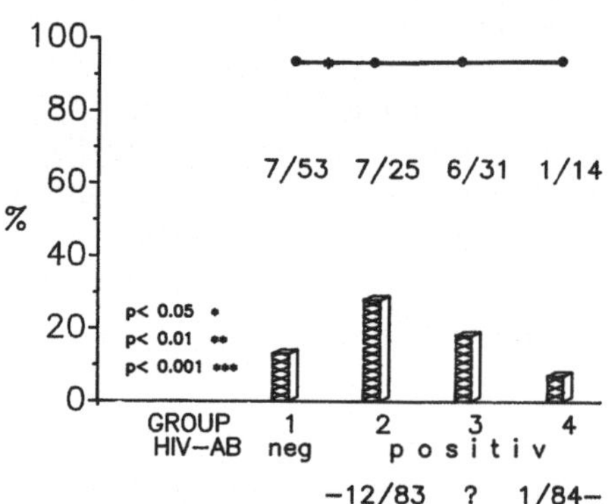

Abb. 3. Platelets < 100000/cmm

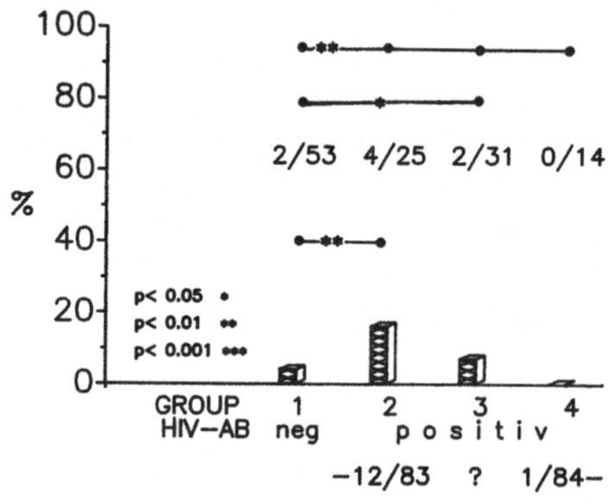

Abb. 4. Hämoglobin < 13 g%

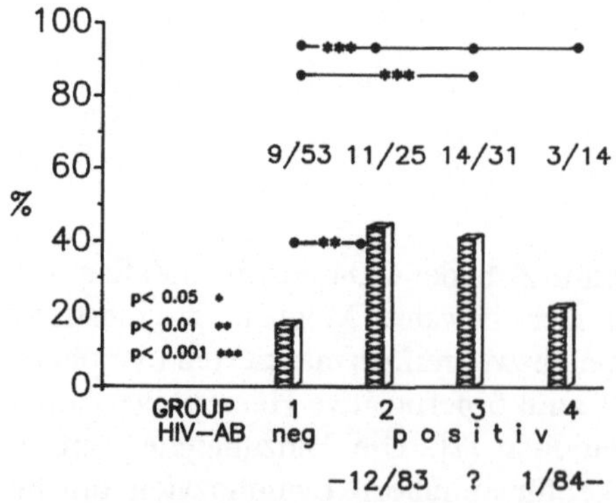

Abb. 5. Gesamtprotein > 8,5 g%

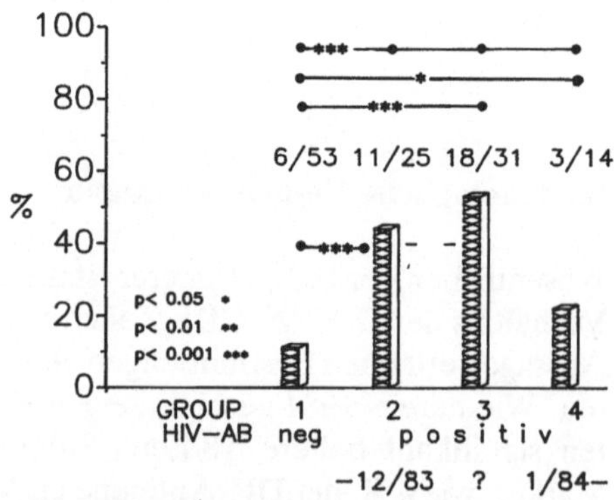

Abb. 6. Gammaglobulin > 1,8 g%

10fache Zunahme der T8/DR-Doppelmarker festgestellt werden. Möglicherweise sind solche Doppel- und Triple-Markerbestimmung prognostisch von klinisch relevanter Bedeutung [3, 4].

Neben diesen speziellen immunologischen Verlaufsparametern muß bei den Hämophilie-Patienten eine besondere immunologische Situation berücksichtigt werden. Allein die Tatsache der Substitution mit Plasmaderivaten d. h. der Zufuhr von Proteinen und Proteinfragmenten bzw. möglicherweise Aggregation führt zu einer zellulären Immunregulationsstörung. Sowohl MADHOK [5] als auch M. EIBL [6] konnten eine Downmodulation des Immunsystems bei Hämophilen zeigen. Frau EIBL konnte nachweisen, daß verschiedene Faktorenkonzentrate sowie aggregierte Immunglobuline bereits zu einer Monozyten-T-Zellstörung führen können. Dies kann bedeuten, daß bei einer HIV-Infektion nicht nur das Ausmaß der Substitution im Sinne einer potentiell höheren Viruszufuhr, sondern auch im Sinne einer potentiell stärkeren Makrophagen-T-Zell-Interaktionsstörung zu sehen ist.

Virologische Untersuchungen

Neben dem Nachweis der HIV-Antikörper als Beleg für eine HIV-Infektion ist die Beurteilung des Western-Blots nicht nur ein Bestätigungstest, sondern er ermöglicht auch eine differenzierte Betrachtung der Antikörperbildung gegen verschiedene Virusproteine.

Der p24-Bande wird besonderer prognostischer Wert beigemessen. In Abb. 7 und 8 ist das charakteristische Bandenmuster von Virusproteinen dargelegt. Western-Blot-Verläufe durchgeführt bei einer Untersuchung von Patienten, die wir über viele Jahre betreuen. Während der 1. Patient trotz langer Serokonversion (1980) keine Veränderung, insbesondere kein Verschwinden der p24-Bande zeigt und klinisch gesund ist, ist der 2. Patient mit deutlicher Abnahme der p24-Bande inzwischen verstorben. Wesentliche Problematik ist die Beurteilung bzw. Quantifizierung der Western-Blots. GÜRTLER (Max v. Pettenkofer-Institut, München), der diese Blots angefertigt hat, teilte den Antikörper-Titerverlauf unter Berücksichtigung der p24-, p16- oder p41-Antikörper ein in anhaltend vorhanden bzw. deutlich abfallend (Abb. 9). In Tabelle 4 sind nun die klinischen Daten zu dieser Einteilung Typ I = peristierender Antikörper und Typ II = verschwinden der HIV-Antikörper aufgeführt. Hämophilie A und B verhalten sich nahezu gleich. Das mittlere Alter ist in der Gruppe II mit 33,7 Jahren etwas höher als in Gruppe I (24,9 Jahre) Die dokumentierten Jahre der HIV-Infektion gemessen an der Zeitdauer seit Serokonversion war im

---

Abb. 1–6. In Abb. 1–6 sind allgemeine hämatologische Parameter aufgetragen (Lymphozyten < 3000 cmm, Lymphozyten < 1000/cmm, Thrombozyten < 100000/cmm, Hämoglobin < 13 g/%, Gesamtprotein > 8,5 g%, Gammaglobulin > 1,8g%). Die Patientengruppen wurden nach aribiträren Grenzwerten beurteilt.
Die Hämophilie-Patienten sind eingeteilt nach:
HIV-1-Antikörperstatus (HIV-AB pos./neg.) und bei HIV-AB-positiven Patienten nach dem Zeitraum der Serokonversion. (Vor Ende 1983, nach Jan. 1984 und unklarer Zeitraum der Serokonversion.) Bei Patienten mit unklarer Serokonversion ohne negativen HIV-AK-Test vor 1984, erfolgte die Serokonversion vermutlich überwiegend vor 1984

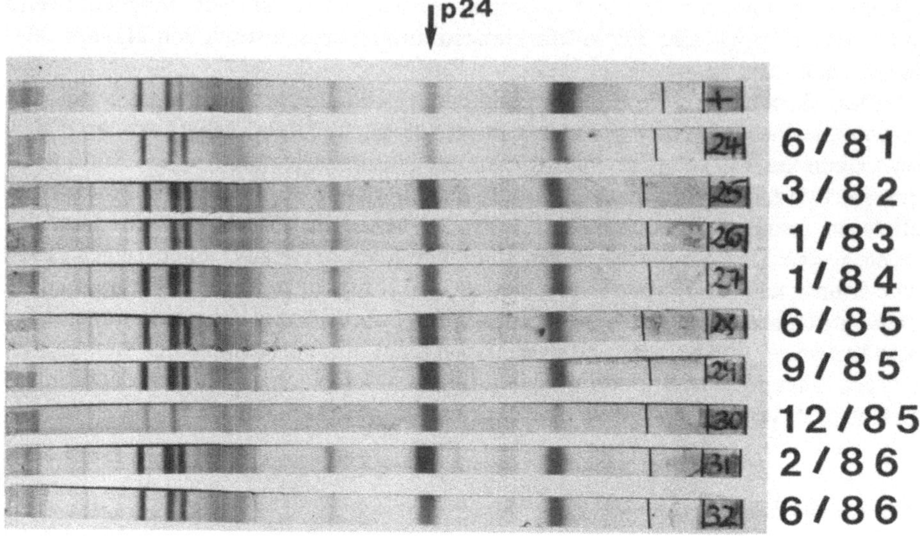

Abb. 7. Patient A: HIV-AK nachgewiesen seit Juni 1981; bisher asymptomatisch

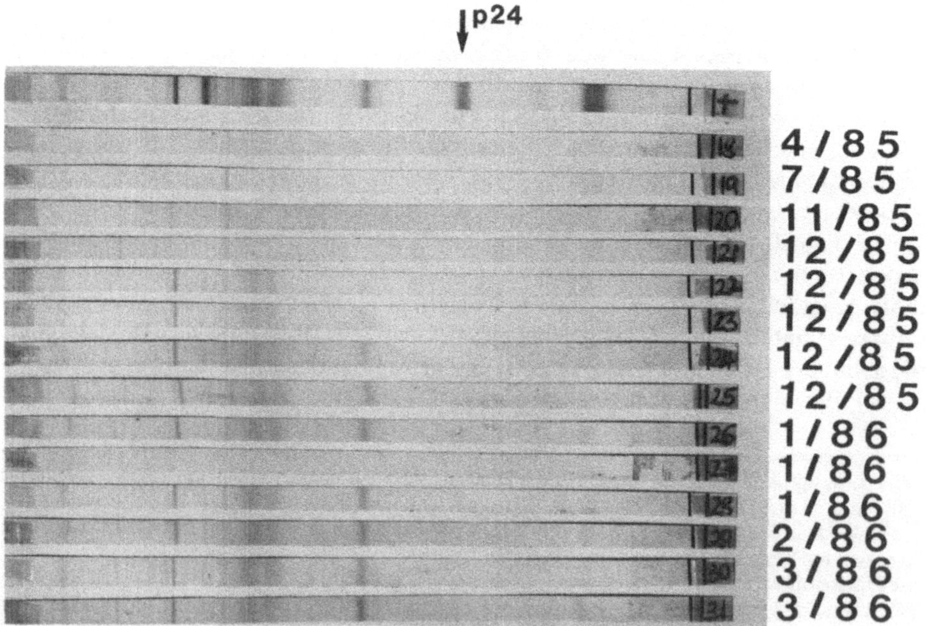

Abb. 8. Patient B: HIV-AK erstmals nachgewiesen seit April 1984; orale Candidiasis Dez. 1985; Pneumocystis carinii-Pneumonie und Polyneuropathie März 1986; verstorben 1986

Tabelle 4. Typeneinteilung nach HIV-AK-Verlauf (WS XI/87)

	Typ I (n = 14)	Typ II (n = 17)
Hämophilie A	13	15
Hämophilie B	1	2
Mittleres Alter (Jahre)	24,9	33,7
Infektionsjahre	58,4	51,2
Mittlere Dauer der Infektion (Jahre)	4,2	3,0
Symptomatisch (ARC/AIDS)	1/14	8/17
Symptomatisch (%)	7,1	47,1
Mittlere Faktorensubstitution 1986 (× 1000 Einh.)	64	57

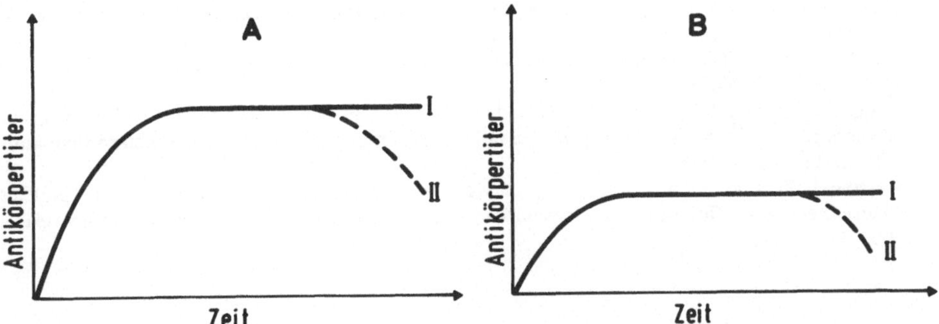

Abb. 9. Schematischer Verlauf der HIV-1-Antikörpertiter (p16/24/41), eingeteilt nach Höhe der Antikörpertiter und den zeitlichen Verlauf in je zwei verschiedene Verlaufsmuster

Mittel bei der Gruppe II mit 3,0 Jahren kürzer als bei der Gruppe I mit 4,2 Jahren. Wichtigste Aussage ist jedoch das in Gruppe II 8 von 17, d.h. 47,1% Symptome im Sinne von ARC oder AIDS aufwiesen, im Gegensatz zu einem von 14 (7,1%) bei Typ I, d.h. der Patientengruppe mit anhaltend gut nachweisbaren Western-Blot-Banden.

Das Substitutionsverhalten der beiden Gruppen war, in den Jahren zuvor hier gezeigt, für 1986 vergleichbar.

Was ist nun die Quintessenz für den klinisch tätigen Hämophilie-Behandler? Eine Vielzahl von Laborparametern zeigen im Verlauf der HIV-Infektion signifikante Veränderungen. Selbst einfache hämatologische Parameter lassen, weniger als Einzebefund, sondern in der Gesamtbetrachtung verschiedener Parameter, wichtige Aussagen zum Verlauf der HIV-Infektion treffen.

Prognostische Aussagen lassen sich wohl eher aus immunologischen bzw. virologischen Parametern ziehen. Neben der absoluten CD4-Zellzahl scheinen Bestimmungen von Lymphozyten-Subpopulationen in Ergänzung zu Funktionstesten (Makrophagen-T-Zell-Interaktion) als prognostische Parameter vielversprechend.

Bei den virologischen Parametern deutet ein prognostischer Aussagewert für Verlaufsbeobachtungen des Antikörperspektrums gegen des HIV-Virus an [8, 9].

Letztlich wird aber kein einzelner Test, sondern nur die Kombination verschiedener Teste einen klinisch brauchbaren Anhalt geben.

Literatur

1. Polk BF et al. (1987) Predictors of the acquired immunodeficiency syndrome developing in a cohort of seropositive homosexual men. NEJM 316:61–66
   Hilgartner MW et al. (1987) AIDS and haemophilia. NEJM 317:1153–1154
   Jones P et al. (1985) AIDS and haemophilia: morbidity and mortality in a well defined population. Br Med J 291:695–699
   HIV seropositivity in Selected Geographic Areas in Haèmophilia World June 1987
2. Lewis DE et al. (1985) Disproportionate expansion of a minor subset in patients with lymphadenopathy syndrome and AIDS. J Inf Dis 151:555–559
3. Ziegler-Heitbrock HWL et al. (1985) Expansion of a minor subpopulation of peripheral blood lymphocytes (T8+/Leu-7+) in patients with haemophilia. Clin Exp Immunol 61:633–641
4. Ziegler-Heitbrock HWL et al.: Class II (Dr) Antigen expression on $CD8^+$ lymphocyte subsets in AIDS (in Vorb.)
5. Madhok R et al. (1986) Impaired cell mediated immunity in haemophilia in the absence of infection with human immunodeficiency virus. Br Med J 293:978–980
6. Eibl MM et al. (1987) A component of factor VIII preparations which can be separated from factor VIII activity down modulates human monocyte functions. Blood 4:1153–1160
7. Gürtler L et al.: HIV antibody pattern as a prognostic marker for the progression of AIDS in haemophiliac (in Vorb.)
8. Lange JMA et al. (1987) Decline of antibody reactivity to outer viral core protein p17 is an earlier serological marker of disease progression in human immunodeficiency virus infection than anti-p24 decline. AIDS 1:155–159
9. Carrow EW et al. (1987) Variability of western blot patterns from sera of haemophiliacs determined with different human immunodeficiency virus antigens. Serodiag Immunoth 1:413–422

Diskussion

KURTH (Frankfurt):

Zum p24-Antikörper-Abfall möchte ich fragen, ob Sie in Ihrer Kooperation mit Herrn Prof. GÜRTLER Hinweise darauf erhalten haben, ob es sich hierbei einfach um eine Virämie handelt, die den freien Antikörper erdrückt, also absorbiert, so daß dieser im Western Blot nicht mehr nachweisbar ist?

SCHRAMM (München):

Dazu können wir bislang noch keine Antwort geben.

MÖSSELER (Dillingen):

Könnte es nicht auch sein, daß der Western Blot trotz standardisierter Methodik immer wieder anders ausfällt? Wir sind deshalb dazu übergegangen, bei jeder Verlaufsuntersuchung alle früheren Seren mit einzubeziehen, um eine Aussage über Anstieg oder Abfall treffen zu können.

SCHRAMM (München):

Das kann ohne weiteres zutreffen. Darum ist es wichtig, viele Western Blots in einer Serie mitzuführen.

KURTH (Frankfurt):

Diesem Problem kann man am besten dadurch begegnen, daß man laborspezifische Standards immer mitlaufen läßt. Sonst kann man nicht zu quantitativen Einschätzungen kommen.

PINDUR (Ulm):

Herr Schramm, Sie hatten über einen Patienten mit fraglichem LAS berichtet. War das ein vorübergehender Befund oder konnte man nach den Kriterien tatsächlich von einem LAS sprechen?

SCHRAMM (München):

Das war ein Patient mit mehr als 10 kg Gewichtsabnahme und Lymphknotenvergrößerung, bei dem Herr GÜRTLER später auch das HIV nachgewiesen hat. Eine

Serokonversion ist aber nie gefunden worden. Der Patient hat bis heute keine Antikörper. Er hat sich nach mehreren Monaten erholt und hatte u.a. auch keine Parvo-Virusinfektion gehabt.

PINDUR (Ulm):

Muß man in diesem Zusammenhang bei Hämophilen, die praktisch alle mit gleichartig durchseuchten Produkten behandelt worden und seronegativ geblieben sind, nicht doch prüfen, ob diese Patienten womöglich nicht infiziert wurden, weil gewisse protektive Faktoren eine Rolle gespielt haben? Die Frage an die Virologen und Immunologen wäre, ob es Möglichkeiten gibt, solche Faktoren zu bestimmen, evtl. in einem Virusneutralisationstest mit Plasma dieser Patienten, um der Sache auf den Grund zu gehen? Warum ist eine Vielzahl von Patienten seronegativ geblieben, die möglicherweise doch auch exponiert gewesen sind?

WERNER (Frankfurt):

Es ist sicherlich zu klären, ob diese Patienten tatsächlich antikörpernegativ sind, d.h. der Test muß wiederholt werden. Zum anderen sind bislang keine Faktoren bekannt, die eine Infektion verhindern. Die Suche danach ist ein weltweites Anliegen. Ganz allgemein kann man annehmen, daß die infektiöse Dosis in den einzelnen Präparaten wohl unterschiedlich gewesen und das sicherlich eine gewisse individuelle Empfindlichkeit gegenüber einer infektiösen Dosis vorhanden ist.

SCHRAMM (München):

Das deckt sich mit dem, was auch Herr Eibl zuvor gesagt hat. Die Bestimmung neutralisierender Antikörper erfolgt ex vivo. So konnten z.B. bei jenem Patienten, bei dem im Western Blot keine Banden gefunden wurden und der innerhalb kurzer Zeit verstorben ist, neutralisierende Antikörper nachgewiesen werden.

BERGMANN (Frankfurt):

Was hier angesprochen wird, ist ein sehr wichtiges Thema. Im Rahmen der Verlaufsstudie bei Hämophilie-Patienten muß ein besonderes Augenmerk darauf gerichtet werden, warum einige Patienten HIV-Antikörper entwickeln und andere nicht oder nur verzögert. Angesichts der hohen Menge an Faktor VIII, die alle Patienten bekommen haben, glaube ich nicht, daß die HIV-Infektion im wesentlichen auf Chargenunterschiede zurückzuführen ist, sondern eher, daß immunologische Unterschiede im Abwehrsystem vorhanden sind. Welche Parameter dabei kontrolliert werden sollten, kann momentan niemand beantworten. Zu dieser Fragestellung müßte man sicherlich überlegen, ob man in Verlaufsstudien die von Herrn Schramm angesprochenen Doppelmarkierungen oder auch einige funktionelle Untersuchungen hineinnimmt. Das bedarf aber sorgfältigen Abwägens.

WERNER (Frankfurt):

In diesem Zusammenhang erscheint es mir wichtig, die Parameter der Hämophilen, also der HIV-positiven wie auch der HIV-negativen Gruppe, mit zu untersuchen, weil die Übertragung auf den Partner ein sehr empfindliches biologisches System ist, zumindest solange diese Infektionsmöglichkeit noch unbekannt gewesen bzw. nicht beachtet worden ist.

Frau STÖRKEL (Frankfurt):

Zu Herrn Bergmanns Äußerungen möchte ich anfügen, daß wir ein hämophiles eineiiges Zwillingspaar haben. Beide haben im Rahmen einer Selbstbehandlung mit prophylaktischer Substitution das gleiche Präparat, die gleiche Charge und die gleiche Menge erhalten. Einer von beiden ist positiv, der andere nicht.

KAMRADT (Bonn):

Ein negativer ELISA-Test, z.B. bei einer Partnerin eines Hämophilen, ist sicher nicht ausreichend. Wieweit sollte man bei Partneruntersuchungen gehen, wenn der Test negativ ausfällt? Vergleicht man mit anderen Kollektiven, so liegt der Anteil positiver Befunde in allen veröffentlichten Berichten und so auch in Bonn bei 10%, was erstaunlich niedrig ist.

WERNER (Frankfurt):

Das Problem ist ja ganz offensichtlich, daß die Infektiosität eines Partners wahrscheinlich auch im Verlauf der Erkrankung schwankend ist. Je gesünder jemand ist, desto weniger infektiös ist er für seinen Partner. Interessant wäre daher, wenn man Partner einer Gruppe mit lange zurückliegenden Infektionen mit solchen einer Gruppe mit erst kurz zurückliegender Infektion vergleichen könnte, obgleich Partnerinfektionen durch die Aufklärung jetzt sicherlich verhindert werden. Der ELISA ist sicherlich empfindlich genug.

KAMRADT (Bonn):

Aus Studien über heterosexuelle Übertragungen ist aber doch bekannt, daß ein nicht unerheblicher Teil von Partnern im ELISA negativ ist, jedoch Western Blot und Virusanzucht positiv ausfielen. Es ist gefordert worden, daß zumindest der Western Blot, ggf. sogar eine Virusanzucht durchgeführt wird.

WERNER (Frankfurt):

Allgemein gesehen ist es kaum praktikabel, bei negativem ELISA grundsätzlich eine extensive Diagnostik durchzuführen, auch wenn mit dem Western Blot manchmal früher ein positives Ergebnis erhalten wird. In speziellen Studien können die Voraussetzungen hierzu jedoch andere sein. Ich würde den ELISA in zunächst halbjährlichem Abstand kontrollieren.

SCHIMPF (Heidelberg):

Unter meinen HIV-positiven Patienten sind zwei mit HIV-negativen Ehepartnern, die sich dennoch entschlossen haben, eine Schwangerschaft einzugehen. Beide Frauen sind negativ geblieben und die Kinder auch.

KURTH (Frankfurt):

In dieser Hinsicht verstehen wir sicherlich bei weitem noch nicht alles. Auch der CDC sind drei vergleichbare Fälle mit eineiigen Zwillingen und Kaiserschnittentbindung bekannt, wobei jeweils ein Kind infiziert und das andere nicht infiziert worden ist. Das ist vom virologischen Standpunkt her nicht zu verstehen.

LECHNER (Wien):

Wenn ich alle Laboratoriumstests Revue passieren lasse, die heute angeboten worden sind, dann fürchte ich, daß wir in der geplanten Studie letzten Endes wieder bei der Klinik landen werden, um Kriterien für den Beginn interventionstherapeutischer Studien festzulegen.

LANDBECK (Hamburg):

Ich glaube nicht, daß wir dieses befürchten müssen. Die Klinik ist und bleibt ein wesentliches Maß eines risikoorientierten Klassifikationssystems der HIV-Infektion. Doch sind nach allem, was wir gehört haben, zusätzliche Laborparameter unerläßlich, um eine weitgehend verläßliche Zuordnung im Einzelfall vornehmen zu können. Wir müssen jedoch auf interdisziplinärer Ebene abstimmen, welche Laborparameter als obligat und welche als optional einzustufen sind, und welche Abstände eingehalten werden sollten. Diese Regelungen müssen darüberhinaus auch für den Patienten akzeptabel sein. Es sind also sicherlich Beschränkungen nötig, doch können sich diese bei den Zielsetzungen einer prospektiven Studie nur auf das Fortlassen überflüssiger Untersuchungen beziehen. In unserer Studienplanung ist vieles von dem, was wir heute gehört haben, bereits angesprochen worden. Zusammen mit den Diskussionsergebnissen dieses Symposions dürfte es unschwierig sein, ein endgültiges Studienprotokoll abzufassen.

Granulozytenfunktion bei HIV-infizierten Hämophilie-Patienten*

M. Rister, M. Suttorp, U. Siegel (Kiel)

Einleitung

Zur Abwehr eingedrungener Bakterien müssen neutrophile Granulozyten die Blutbahn verlassen und in das Gewebe penetrieren. Am Infektionsort bleiben die Zellen aufgrund ihrer Adhäsivität zunächst am Gefäßendothel haften und wandern dann dem chemotaktischen Konzentrationsgradienten aus bakteriellen oder zellulären Kininen entgegen. Nach der Phagozytose werden die Bakterien intrazellulär mit Hilfe des Granulaenzyms Myeloperoxidase und verschiedener instabiler hochreaktiver Sauerstoffmetabolite abgetötet [8]. Der Zerfall der reaktiven Sauerstoffmetabolite setzt Photonen frei, welche mittels der Chemilumineszenz gemessen werden können und als Maß für das bakterizide Potential der Granulozyten gelten.

Um weitere Aufschlüsse für die Infektanfälligkeit, insbesondere HIV-infizierter hämophiler Patienten zu erhalten, untersuchten wir die Adhäsivität, die Chemotaxis, die Chemilumineszenz sowie die Myeloperoxidase-Aktivität der Granulozyten von HIV-infizierten und -nichtinfizierten hämophilen Patienten.

Methodik

Aus peripherem heparinisierten Blut der Patienten und gesunder Kontrollpersonen wurden, mit Ausnahme der Adhäsivität, die Granulozytenfunktionsteste an isolierten Granulozyten durchgeführt. Alle Messungen erfolgten als Doppelbestimmung [8].

Adhäsivität. Die Adhärenz wurde mit Vollblut nach der Methode von McGregor erfaßt. Dabei wurden Pasteurpipetten mit 70 mg Nylonwolle gefüllt und der prozentuale Anteil der Granulozyten ermittelt, welcher nach Durchlaufen im Eluat enthalten war.

Chemotaxis. Die Motilität der Granulozyten wurde mit Hilfe der Agarose-Technik bestimmt, wobei 10 µl einer 10^{-7} Mol FMLP-Lösung als chemotaktisches Agens eingesetzt wurden. Die innerhalb von 4 Stunden zurückgelegte Strecke wurde ausgemessen und die Werte für die ungerichtete Migration und die gerichtete Chemotaxis angegeben.

---

* Mit Unterstützung der DFG Ri 275/7-1

Myeloperoxidase-Aktivität. Die Myeloperoxidase wurde im Zellysat gemessen. Dazu wurden die Granulozyten mit Triton-X-100 und mit Hilfe eines Ultraschallzerkleinerers lysiert, und die Enzymaktivität nach Bestimmung des Zelleiweißes anhand der Oxidation von Guajacol photometrisch ermittelt [4].

Chemilumineszenz. Während der Stimulation von Granulozyten mit Phorbol-Myristat-Acetat (PMA) wurden die freigesetzten Photonen mit Hilfe des Biolumaten LB 9505 der Firma Berthold als luminolverstärkte Chemilumineszenz bestimmt und in Counts/30 min × 10^3 Granulozyten ausgedrückt [8].

Ergebnisse

Neben 30 gesunden Kontrollpersonen konnten wir 5 HIV-infizierte sowie 2 nicht HIV-infizierte hämophile Patienten im Alter von 4 bis 18 Jahren untersuchen. Bei 3 der HIV-positiven Patienten bestand ein Stadium II, während je 1 Patient dem Stadium III bzw. IVc des Klassifikationssystems der „Centers for Disease Control" (Atlanta, USA) zuzuordnen war (Tabelle 1).

Adhärenz. Granulozyten von gesunden Kontrollen wiesen eine Adhäsivität an Nylonwolle von 78 ± 11% auf. Eine ähnliche Adhäsivität zeigten Granulozyten von HIV-positiven wie HIV-negativen Hämophilie-Patienten mit 74 ± 20% bzw. 72 ± 9% adhärenter Zellen.

Chemotaxis. Die Granulozyten von Kontrollen wiesen eine ungerichtete Migration von 0,56 ± 0,13 mm auf. Granulozyten von HIV-positiven und HIV-negativen Hämophilen zeigten mit 0,39 ± 0,15 mm bzw. 0,51 ± 0,05 mm ein ähnliches ungerichtetes Migrationsverhalten.

Während Granulozyten von gesunden Kontrollen 1,67 ± 0,18 mm dem chemotaktischen Agens entgegen wanderten, zeigte Granulozyten von HIV-infizierten Patienten mit 1,08 ± 0,2 mm eine deutliche Einbuße der chemotaktischen Aktivität.

Tabelle 1. Granulozytenfunktionen ($\bar{x} \pm s$)

	Kontrollen (n = 30)	Hämophile (n = 7)	
		HIV-positiv	HIV-negativ
Adhäsivität[a]	78 ± 11	74 ± 20	72 ± 9
Chemotaxis[b]			
ungerichtete Migration	0,56 ± 0,13	0,39 ± 0,15	0,51 ± 0,05
gerichtete Migration	1,67 ± 0,18	1,08 ± 0,2[e]	1,59 ± 0,1
Myeloperoxidase-Aktivität[c]	0,91 ± 0,29	0,50 ± 0,25[e]	0,57 ± 0,12
Chemilumineszenz[d]	13,1 ± 2,4	16,8 ± 4,9	14,7 ± 1,2

[a] %
[b] mm
[c] U/mg Protein
[d] 10^5 Counts/30 min × 10^3 Segmentkernige
[e] p 0,01 Wilcoxon-Rank-Test

Dagegen befand sich mit 1,59 ± 0,1 mm die Chemotaxis nicht HIV-infizierter hämophiler Patienten im Normalbereich.

Myeloperoxidase-Aktivität. In Granulozyten von Kontrollpersonen waren 0,91 ± 0,29 U Peroxidase-Aktivität pro mg Zelleiweiß nachweisbar. Demgegenüber war die intrazelluläre Peroxidase-Aktivität bei HIV-infizierten und auch bei nicht HIV-infizierten Patienten mit 0,5 ± 0,25 bzw. 0,57 ± 0,12 U/mg Zelleiweiß erheblich erniedrigt.

Chemilumineszenz. Nach Stimulation mit PMA wurden bei gesunden Kontrollpersonen und HIV-negativen Hämophilen 13,1 ± 2,4 bzw. 14,7 ± 1,2 × 10^5 Counts/30 min × 10^3 Granulozyten gemessen. HIV-positive Hämophile zeigten mit 16,8 ± 4,9 × 10^5 Counts/30 min × 10^3 Granulozyten eine Chemilumineszenz im oberen Normbereich.

Diskussion

Diese Untersuchungen zeigen, daß die Granulozyten von HIV-infizierten Hämophilie-Patienten eine normale Adhäsivität und einen normalen oxidativen Stoffwechsel aufweisen. Dagegen fanden sich erniedrigte Werte für die Chemotaxis und für die Myeloperoxidase-Aktivität. Somit liegen bei HIV-infizierten Hämophilen neben den bekannten Störungen der B- und T-Lymphozyten auch Defekte einzelner Granulozytenfunktionen vor. Dabei korreliert die in vitro gemessene Adhäsivität der Phagozyten an Nylonwolle mit der Haftfähigkeit am Gefäßendothel des Infektionsortes in vivo [8]. Dagegen zeigte die Chemotaxis der Granulozyten von HIV-infizierten Patienten eine erhebliche Aktivitätseinbuße. Diese Ergebnisse bestätigen andere Autoren, die ebenfalls einen Chemotaxisdefekt bei HIV-infizierten Patienten nachweisen konnten [6, 7]. Dieser Chemotaxisdefekt kann die Ausbreitung von Bakterien im infizierten Gewebe dieser Patientengruppe erklären [5].

Zur Abtötung phagozytierter Mikroorganismen durch Granulozyten ist das Granulaenzym Myeloperoxidase von großer Bedeutung, da es gemeinsam mit den Sauerstoffmetaboliten zur Peroxidation der Bakterienmembran und damit zur Bakterizidie führt [4]. Die vorliegende Untersuchung zeigt, daß nicht nur HIV-positive, sondern auch HIV-negative hämophile Patienten eine erhebliche Aktivitätseinbuße dieses wichtigen Granulaenzyms zeigen. Ähnlich wie bei anderen Patienten mit einem selektiven Myeloperoxidase-Mangel, wird damit einer Pilzbesiedlung Vorschub geleistet [4, 8]. Diese Ergebnisse stehen aber im Gegensatz zu den Befunden anderer, die besonders bei AIDS-Patienten eine erhebliche Anhäufung der Peroxidase-Aktivität in Granulozyten fanden und dies als Ausdruck einer Dysgranulopoese dieser Patientengruppe ansahen [1].

Der mittels der Chemilumineszenz gemessene oxidative Stoffwechsel von Granulozyten der hier untersuchten Patienten zeigte Werte im oberen Normalbereich. Diese mäßig gesteigerte Photonenfreisetzung könnte durch einen direkten Viruskontakt mit der Granulozytenmembran verursacht werden [4]. Erst bei HIV-infizierten Patienten mit schweren sekundären Infektionskrankheiten ist eine erhebliche Einbuße der Chemilumineszenz nachweisbar, welche zur diagnostischen Eingrenzung von AIDS mit herangezogen werden kann [10]. Über die bekannten lymphozytären und hier beschriebenen granulozytären Funktionseinbußen hinaus wurde zusätzlich eine erhebliche Reduktion der Candida-abtötenden Kapazität von Monozyten bei HIV-infizierten Patienten beobachtet [2]. Ob diese Veränderungen als isolierte oder kombinierte Störungen der zellulären Infektabwehr auftreten und inwieweit sie mit den verschiedenen Krankheitsstadien einer HIV-Infektion korrelieren, kann bei der kleinen Fallzahl dieser Untersuchung nicht entschieden werden. Die beschriebenen Störungen der verschiedenen Infektabwehrmechanismen können aber die Infektanfälligkeit einer Gruppe HIV-infizierter Hämophilie-Patienten hinreichend erklären [8]. Inwieweit eine antivirale Therapie diese Funktionseinbußen beeinflussen kann, bleibt weiteren Studien vorbehalten.

Literatur

1. D'Onofrio G, Mancini S, Tamburrini E, Mango G, Ortona L (1987) Giant neutrophils with increased peroxidase activity. Another evidence of dysgranulopoiesis in AIDS. Am J Clin Pathol 87:584–591
2. Estevez ME, Ballart IJ, Diez RA, Planes N, Scaglione C, Sen L (1986) Early defect of phagocytic cell function in subjects at risk for acquired immunodeficiency syndrome. Scand J Immunol 24:215–221
3. Jones JF (1982) Interactions between human neutrophils and vaccinia virus: induction of oxidative metabolism and virus inactivation. Pediatr Res 16:1982
4. Kusenbach G, Rister M (1985) Der Myeloperoxidase-Mangel als Ursache rezidivierender Infektionen. Klin Pädiat 197:443–445
5. Lazzarin A, Uberti Foppa C, Galli M, Mantovani A, Poli G, Franzetti F, Novati R (1986) Impairment of polymorphonuclear leucocyte function in patients with acquired immunodeficiency syndrome and with lymphadenopathy syndrome. Clin Exp Immunol 65:105–111
6. Lewis JH, Sundeen JT, Simon GL, Schulof RS, Wand GS, Gelfand RL, Miller H, Garrett CT, Jannotta FS, Orenstein JM (1985) Disseminated talc granulomatosis. An unusual finding in a patient with acquired immunodeficiency syndrome and fatal cytomegalovirus infection. Arch Pathol Lab Med 109:147–150
7. Nielson H, Kharazmi A, Faber V (1986) Blood monocyte and neutrophil functions in the acquired immune deficiency syndrome. Scand J Immunol 24:291–296
8. Rister M, Suttorp M (1986) Iatrogene Granulozytenfunktionsstörungen. Beitr Infusionstherapie klin Ernähr 15:268–276
9. Rossi De G, Mariani G, Pndolfi F, Bonomo G, Franchi A, Psqualetti D, Martelli M, Napolitano M, Aiuti F, Mandelli F (1984) Immunological abnormalities in treated haemophiliacs. Haematologica 69:643–654
10. Stöhr L, Altmeyer P, Sessler MJ, Scharrer I, Helm EB, Holzmann H (1985) Chemilumineszenzmessung bei AIDS, Lymphadenopathie- und Hämophilie-Patienten. Z Hautkr 60:1214–1223

4. Verhütung bedrohlicher Folgekrankheiten der HIV-1-Infektion

Diskussionsleitung:

Immunologie:	L. Bergmann (Frankfurt)
Virologie:	A. Werner (Frankfurt)
ARC/AIDS-Klinik:	F.-D. Goebel (München)
Hämostaseologie:	H. Rasche (Bremen)
	Kl. Schimpf (Heidelberg)

Früherkennung und Frühtherapie sekundärer Infektionskrankheiten bei HIV-Infektion

H. R. Brodt (Frankfurt)

Einleitung

Individuell sehr unterschiedlich – zwischen Monaten, Jahren oder vielleicht Jahrzehnten – verursacht das Human Immune Deficiency Virus (HIV) einen langanhaltenden fortschreitenden zellulären Immundefekt. Betroffen sind hierbei vorwiegend T4-Lymphozyten sowie Makrophagen, die beide eine zentrale Rolle im zellulären Abwehrsystem spielen. Parasitäre-, virale- und Pilzinfektionen, gegen die die zelluläre Abwehr vorwiegend gerichtet ist, sind deshalb auch die häufigsten sekundären Erkrankungen der HIV-Infektion. Nebenbei spielen allerdings auch bestimmte bakterielle Infektionen eine zunehmende Rolle und weisen auf gleichfalls bestehende Defekte des B-Zellsystems hin.

Ist es bei einem HIV-infizierten Patienten bereits zu einem schweren zellulären Immundefekt gekommen, so wird die Prognose und Lebenserwartung nahezu ausschließlich bestimmt von der Art und Behandelbarkeit der sekundär auftretenden Infektionen bzw. Tumoren, sowie in großem Maße von deren Früherkennung und -Therapie. Dies gilt zunehmend auch für die gleichzeitige Behandlung mit antiviralen Substanzen wie Azidothymidin (AZT), die bisher das weitere Auftreten von opportunistischen Infektionen bzw. Tumoren nicht verhindern, sondern nur verzogern und mildern können.

In diesem Referat soll deshalb weniger ein systematischer und vollständiger Überblick über sämtliche im Rahmen von AIDS auftretenden opportunistischen Infektionen gegeben werden, vielmehr sollen die Behandlungsprinzipien und diagnostischen Verfahren der in unserem Raum auftretenden wesentlichen opportunistischen Infektionen dargestellt werden.

Grundsätze bei der Diagnostik und Behandlung

Eine Reihe von Besonderheiten – bedingt durch die Eigenschaften des HIV und der Art des Immundefektes – erfordern bei der HIV-Infektion eigene diagnostische und therapeutische Prinzipien:

1. Nur selten treten opportunistische Infektionen alleine auf. Gewöhnlich kommt es zu gleichzeitiger Mehrfach-Infektion mit den entsprechenden hieraus resultierenden Schwierigkeiten für Diagnostik und Therapie.
2. Typische Symptome und vor allem Laborbefunde können aufgrund des bestehenden Immundefektes fehlen und erschweren die Diagnostik.

3. Fast alle opportunistischen Infektionen erfordern in der Behandlung höhere Dosierungen, längere Behandlungsdauer und sprechen insgesamt schlecht auf die Therapie an. Insbesondere virale, Pilz- und parasitäre Erkrankungen können selten ausbehandelt werden. Vielmehr gelingt häufig nur eine suppressive Therapie, die lebenslang fortgeführt werden muß.
4. Toxische Arzneimittelreaktionen sind bei den betroffenen Patienten ungleich häufiger und erschweren die Fortführung der Therapie.
5. In den meisten Fällen handelt es sich bei den opportunistischen Infektionen um eine endogene Reaktivierung bereits früher erworbener Organismen oder aber um Infektionen durch ubiquitär vorkommende Mikroorganismen, so daß nur selten eine Meidung der Exposition prophylaktisch möglich ist.
6. Infektionen durch übertragbare Krankheiten wie Salmonellosen, Mykobakteriosen oder Kryptosporidiosen stellen insbesondere für andere HIV-infizierte Patienten eine besonderes Risiko dar.
7. Sowohl aufgrund der neuartig auftretenden opportunistischen Infektionen als auch aufgrund des schlechten Ansprechens konventioneller Therapieformen sind Patienten und Kliniker häufig auf den Gebrauch noch in der klinischen Prüfung befindlichen Substanzen angewiesen.
8. Eine Reihe von opportunistischen Infektionen, wie Histoplasmose oder Coccidiomykose, können zwar in unserem Raum nicht erworben werden, müssen aber als endogene Reaktivierung nach Reisen in entsprechende Länder bei unklarer Symptomatik mit in Erwägung gezogen werden.

Die Bedeutung der einzelnen opportunistischen Infektionen für die Diagnostik und Therapie ergibt sich aus der Häufigkeit ihres Auftretens, der Behandelbarkeit bzw. Unbehandelbarkeit sowie dem Schweregrad ihrer Symptome. Die im folgenden angegebenen Häufigkeitsverteilungen wurden retrospektiv anhand von 150 in Frankfurt bereits verstorbenen AIDS-Patienten ermittelt. Als *Primärmanifestation* einer opportunistischen Infektion hatten von 100 etwa 60% eine *Pneumocystis carinii*-Pneumonie, 16% eine Toxoplasmose-Enzephalitis, 4% eine Kryptokokkenmeningitis, 5% eine Kryptosporidien-, 5% eine disseminierte und extrapulmonale Tuberkulose. 2% hatten eine disseminierte Infektion mit atypischen Mykobakterien und ca. 6% eine schwere virale Infektion wie CMV-Retinitis, Herpers zoster-Myelitis oder exulzierenden Herpes analis. Nur 2% hatten eine Soor-Ösophagitis als Primärmanifestation entsprechend den CDC-Kriterien. Die im Vergleich mit anderen Zentren geringe Anzahl an Candida-Ösophagitiden und exulzerierenden Herpes-Infektionen als Primärmanifestationen führen wir in Frankfurt auf die intensive ambulante Betreuung zurück und die damit verbundene schnelle frühtherapeutische Intervention ohne endgültige Absicherung der Diagnose.

Neben der Pneumocystis-Pneumonie gehört die Toxoplasmose-Enzephalitis, die Kryptokokken-Meningitis und die disseminierte Tuberkulose zu den Erkrankungen, die prinzipiell behandelbar und bei Nichtbehandlung immer lebensbedrohlich sind. Auf sie soll deshalb im Weiteren vorwiegend eingegangen werden. Dies insbesondere auch, weil sie im Verlauf nicht nur als Primärmanifestation, sondern auch gleichzeitig hintereinander und als Rezidiverkrankung noch wesentlich häufiger auftreten.

Pneumocystis carinii-Pneumonie

Zwischen 80 und 90% aller Patienten mit AIDS haben im Verlauf ihrer Erkrankung eine oder mehrere Episoden mit einer *Pneumocystis carinii*-Pneumonie. Die klassischen Zeichen dieser Pneumonie sind Fieber, trockener und unproduktiver Husten, eine Tachypnoe und als Leitsymptome die zunehmende Dyspnoe. Erst im fortgeschrittenen Stadium können objektivierbare Befunde erhoben werden wie

- bei der Auskultation Knisterrasseln,
- in der Blutgasanalyse eine Hypoxämie und
- im Röntgen-Thoraxbild eine diffuse, feinfleckige, noduläre, interstitielle Infiltration

Zwar zeigt das Galliumszintigramm in 90–95% der Fälle frühzeitig pathologische Befunde, jedoch sind falsch-positive Befunde auch sehr häufig und die Methode hat sich wegen ihrer langwährenden Untersuchungstechnik (mehrere Tage) in unserem Zentrum nicht als Routinediagnostik bewährt. Hingegen kann man indirekt sehr einfach über die Bestimmung der Vitalkapazität (sowohl inspiratorisch als auch expiratorisch) frühzeitig Hinweise – durch deren Verminderung – auf eine beginnende Pneumonie bekommen. Die Erhebung von *Normalbefunden* (Vitalkapazität und Röntgen-Thorax) hat sich in der Früherkennung von Veränderungen bewährt und sollten obligat sein. Die Dauer der Pneumonie-Anamnese reicht von einigen Tagen bis zu einem halben Jahr. Insbesondere unter der Therapie mit Azidothymidin haben wir den Eindruck, daß zwar der Verlauf der Pneumocystis-Pneumonie leichter, die Entwicklung der Symptome jedoch schneller verläuft.

Nach wie vor gibt es außer dem mikroskopischen Nachweis der P. carinii-Zysten oder Trophozoiten aus dem Lungengewebe oder der Alveolar-Flüssigkeit keine andere Möglichkeit zur Sicherung der Diagnose. Die früher zur Materialgewinnung gewählten Methoden wie transbronchiale Biopsie und offene Lungenbiopsie konnten bei doch hoher Nebenwirkungsrate heute zugunsten der *bronchioalviolären Lavage* als primär Nachweismethode mit Crocott-Färbung des gewonnenen Materials verlassen werden. Diese hat eine hohe Sensivität von über 95%. Der mikroskopische Nachweis im provozierten Sputum gelingt je nach Mitarbeit des Patienten, Stadium der Erkrankung und gewählter Methode nur bei etwa 50%, sollte aber bei entsprechenden Möglichkeiten zunächst durchgeführt werden.

Die Behandlung erfolgt aufgrund der klinischen Erfahrung zunächst mit Trimethoprim/Sulfamethoxazol für eine Zeit von 21 Tagen. Das in den Vereinigten Staaten angewendete und als gleichwertig einzustufende Pentamidin-Isothionat steht z. Z. zur systemischen Anwendung noch nicht zur Verfügung. Die Behandlung sollte wegen gelegentlich vorkommender Absorptionsprobleme bei der bekannten ernsten Prognose zunächst intravenös erfolgen. In Ausnahmefällen ist eine orale Behandlung bei gutem klinischen Zustand des Patienten möglich. Die in der Therapie-Übersicht angegebene Dosierung entspricht *einer Ampulle pro 4 kg KG pro Tag* und sollte in 4 Einzeldosen alle 6 Stunden pro Tag verabreicht werden. Die häufig nach 7 bis 10 Tagen auftretenden toxischen Reaktionen mit Exanthem, Fieber, Leukopenie und Thrombopenie können je nach klinischem Zustand des Patienten durch eine vorübergehende Dosisreduktion, Gabe von Kortikosteroiden oder einem gänzlichen Substanzwechsel behandelt werden (Abb. 1 und 2). Ist nach ca. 10 Tagen gleichfalls eine

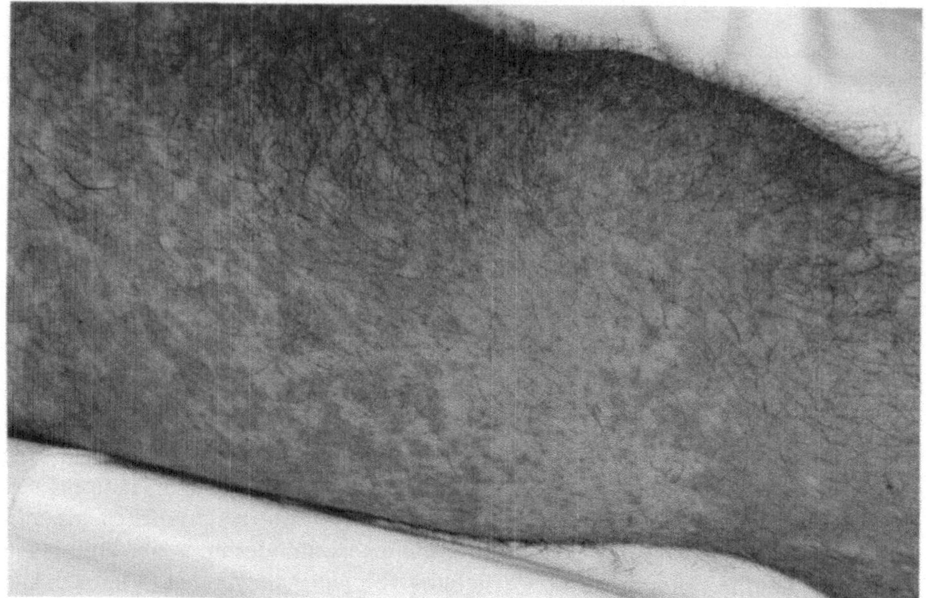

Abb. 1

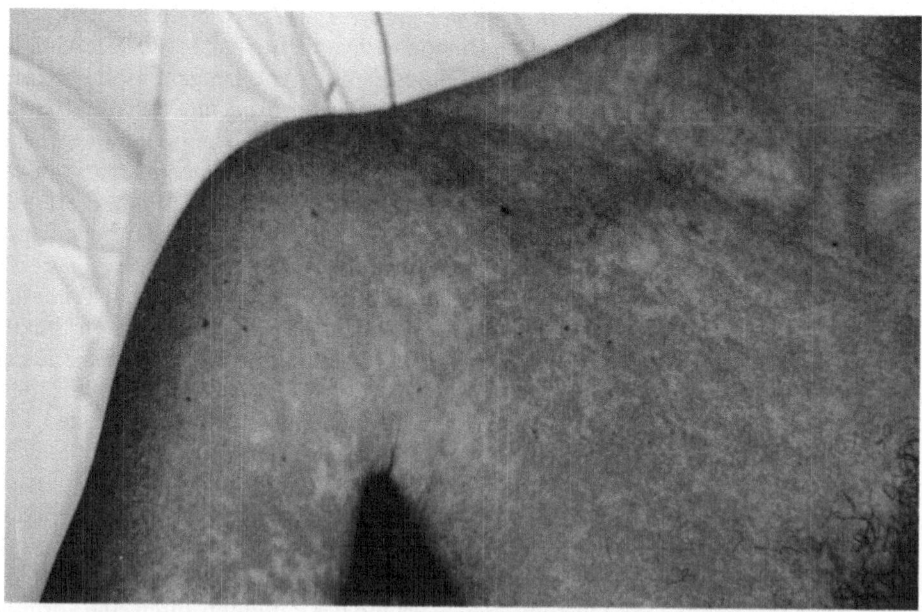

Abb. 1 u. 2. Typisch allergisches Exanthem auf Cotrimoxamol bei zwei Patienten mit Pneumocystis-Pneumonie am 7. bzw. 8. Tag der Behandlung

klinische Besserung nicht absehbar, so sollte ebenfalls ein Substanzwechsel erwogen werden. Sowohl das in der klinischen Prüfung befindliche Eflornithin als auch Pentamidin stehen hierzu zur Verfügung. Pentamidin sollte in der angegebenen Dosierung – der besseren Steuerbarkeit wegen – sowie zur Vermeidung von Spritzenabszessen über Stunden intravenös und nicht intramuskulär gegeben werden. Über den Erfolg der gleichzeitigen Gabe von Kortikosteroiden in unterschiedlichen Dosierungen lassen alle bisherigen Untersuchungen auch in unserem Haus keine abschließende Bewertung zu (Tabelle 1).

Alle in der Literatur bisher angegebenen Empfehlungen zur Rezidivprophylaxe bei einer *Pneumocystis carinii*-Pneumonie (Tabelle 2), einschließlich der hier nicht erwähnten Inhalation mit Pentamidin, sind bisher noch nicht gesichert. Auch unsere Erfahrungen mit verschiedenen Therapieformen zeigen, daß wegen schlechter Compliance und unterschiedlicher Begleiterkrankungen und Ausgangssituationen eine sichere Empfehlung schlecht möglich ist.

Kommt es zu einem Nichtansprechen der Therapie oder kommen die Patienten erst bereits in kritischem Zustand in die Klinik und werden respiratorisch insuffizient, so stellt sich immer wieder die Frage der maschinellen Beatmung. Aufgrund der äußerst schlechten Prognose der Pneumocystis-Pneumonie unter maschineller Be-

Tabelle 1. Therapie der Pneumocystis-Pneumonie bei HIV-Infektion

Substanz	Dosis	Appl.	Dauer/T	Nebenwirkungen
Cotrimoxazol	20 mg/kg/T Trimethoprim 100 mg/kg/T Sulfamethoxazol im Regelfall die 4fache Normaldosis	iv. o. oral	21 min. 14	Exanthem, Fieber, Neutropenie, Thrombozytopenie
Pentamidine	4 mg/kg/T	iv. o. im.	14	Hypo- und Hyperglykämie, Neutopenie, Leber- und Nierentoxizität
Trimethoprin Dapsone	20 mg/kg/T 100 mg/T	oral	21	Methhämoglobulinämie (cave Glukose 6-Phosphat-dehydrogenase-Mangel)

Tabelle 2. Prophylaxe der Pneumocystis-Pneumonie bei HIV-Infektion

Cotrimoxazol	320 mg/Tag Trimethoprim + 1620 mg/Tag Sulfamethoxazol	oral	Exanthem, Fieber, Neutropenie, Thrombolytopenie
Pentamidine	4 mg/kg/Monat	iv. oder im.	
Pyrimethamin/ Sulfadoxin (Fansidar)	50 mg/Wochen Pyrimethamin 100 mg/Woche Sulfadoxin	oral	Lyell-Syndrom

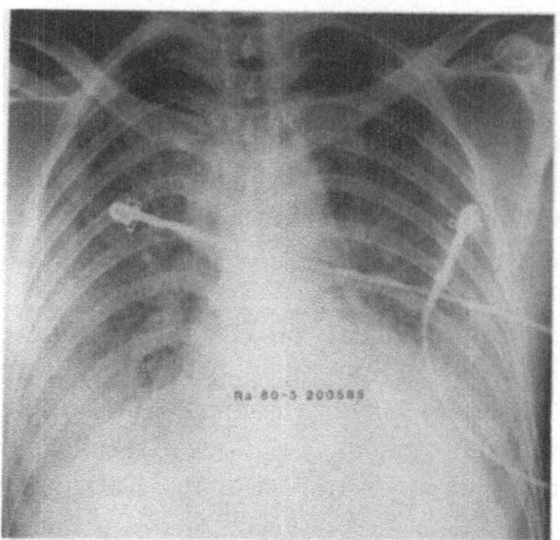

Abb. 3

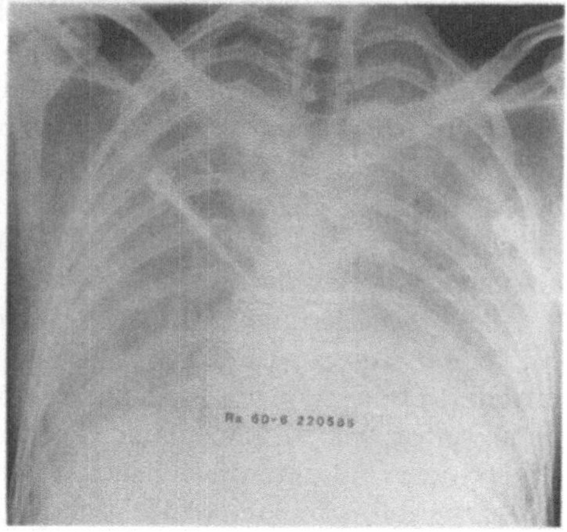

Abb. 4

Abb. 3 u. 4. Rö-Thorax-Befunde eines Patienten mit AIDS und Pneumocystits-Pneumonie **(3)** bei stationärer Aufnahme in respiratoxischen Insuffizienz (pO_2 = 45% unter 15 l O_2 über Maske) **(4)** sowie 2 Tage später, trotz Therapie und maschineller Beatmung danach verstorben

atmung (weltweit nicht mehr als 10%) sollte hierzu die Indikation äußerst streng gestellt werden (Abb. 3 und 4).

Toxoplasmose-Enzephalitis

Die Toxoplasmose-Enzephalitis gehört zu den zweithäufigsten Primärmanifestationen von AIDS durch opportunistische Infektionen, und tritt jedoch noch häufiger im Gefolge anderer Erkrankungen auf. Da die Herdläsionen nahezu überall kortikal bzw. subkortikal auftreten können, ist das entsprechende Spektrum neurologischer Symptomatik vielfältig. Während sensible bzw. motorische Ausfälle oder Krampfanfälle sehr schnell an eine entsprechende Diagnose denken lassen, sind die zunächst viel häufiger auftretenden unspezifischen Symptome wie Fieber, Kopfschmerzen und leichte Wesensveränderungen im Frühstadium häufig irreführend. Nach ihnen sollte jedoch bei entsprechendem Verdacht immer gefahndet werden bzw. diese – zumindest bei Vorliegen eines entsprechend schweren zellulären Immundefektes – sehr ernst genommen werden.

Zur Sicherung der Diagnose stehen uns ohne Durchführungen von Hirnbiopsien (USA) nur indirekte Methoden zur Verfügung. Serologische Nachweismethoden sind nicht praktikabel, da zwar häufig IgG-Antikörper, jedoch nur selten ein Titeranstieg bzw. der Nachweis von IgM-Antikörpern gefunden werden. Auch der negative Nachweis von IgG-Antikörpern schließt eine Toxoplasmose-Enzephalitis nicht aus. Bei entsprechendem Verdacht sollte immer eine Computertomographie (CT) des Schädels mit Kontrastmittel durchgeführt werden, da sich hier die Läsionen typischerweise als ringförmige, kontrastmittelspeichernde Strukturen mit einem perifokalen Ödem zeigen (Abb. 5). Gelegentlich sind die Herde so klein, daß sie

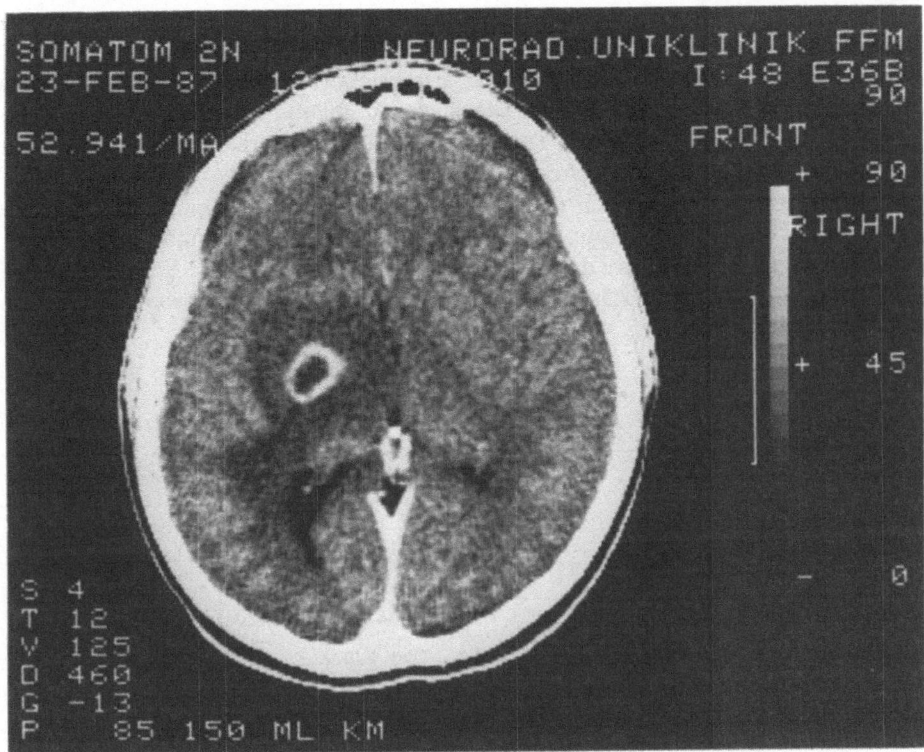

Abb. 5. CT mit Kontrastmittel und typischem ringförmigen Herd und perifokalem Ödem bei Toxoplasmose-Enzephalitis

einem Nachweis in der CT entgehen. Grundsätzlich gilt hier – wie auch bei der *Pneumocystis carinii*-Pneumonie – daß die medikamentöse Behandlung bei bereits klinischem Hinweis, auch vor entsprechendem Nachweis, probatorisch begonnen werden sollte. Der Behandlungserfolg ist letztlich auch der Beweis der Diagnose. Bei Nichtansprechen der Therapie (Entfieberung und Besserung der neurologischen Symptomatik) muß dann differentialdiagnostisch an ein Tuberkulom, Lymphom, Kryptokokkom oder ähnliches gedacht werden. Während die Therapie-Empfehlungen weltweit prinzipiell die Anwendungen eines Langzeitsulfonamids und Pyrimethamin in den ersten 4 Wochen gleichzeitig beinhalten, werden verschiedene Dosierungen angegeben: Sie reichen von 4 g Sulfadiazin pro Tag und 25 mg Pyrimethamin pro Tag bis zu 1 g Sulfamethoxidiazin pro Tag und 100 mg Pyrimethamin pro Tag. Wir empfehlen zumindest wegen der doch erheblichen Nebenwirkungen ein frühzeitiges (4 Wochen) Absetzen des Sulfonamids, wenn dies klinisch gerechtfertigt ist.

Nur wenn eine enterale Therapie unmöglich ist, muß diese durch eine intravenöse Behandlung mit Clindamycin in einer Dosierung von 1,8–2 g pro Tag ersetzt werden. Bei der gleichzeitigen Behandlung bzw. Prophylaxe des Hirnödems mit Kortikosteroiden sollte beachtet werden, daß hierdurch der Aussagewert der probatorischen Anti-Toxoplasmose-Therapie zunächst verschleiert wird.

Bisher gibt es keine Therapie-Empfehlung bezüglich der Therapiedauer. Eigene Erfahrungen zeigen jedoch, daß mindestens für 4 besser 8 Wochen die Therapie durchgeführt werden sollte. Ohne Erhaltungsthertapie kommt es in fast jedem Fall zu einem Rezidiv. Diese muß dehalb lebenslang durchgeführt werden, wobei in der Regel 25 mg Pyrimethamin pro Tag nicht ausreichend sind: Hierunter haben wir Rezidive gesehen. Auch eine prophylaktische Behandlung mit 1 Tablette Fansidar pro Woche scheint erfolgreich und hat den Vorteil, daß sie gleichzeitig mit einer *Pneumocistis carinii*-Pneumonie-Prophylaxe gekoppelt werden kann (Tabelle 3).

Abschließend sei erwähnt, daß in wenigen Fällen Toxoplasmose-Infektionen auch als Chorioretinitis imponieren. Die Therapie entspricht aber auch hier den angegebenen Schemata.

Tabelle 3. Therapie und Prophylaxe der Toxoplasmose-Enzephalitis bei HIV-Infektionen

Substanz	Dosis	Appl.	Dauer	Relevante Nebenwirkungen
Sulfametoxidiazin (Durenat)	1 g/die	oral	~4 Wo	Leber- und Nierentoxizität, Erythema exudativa multif.
Pyrimethamin (Doraprim)	50–100 mg/die	oral	~4 Wo	Störung der Hämotopoese Thrombozytopenie
Dexamethason	16 mg	oral/ iv.	n. Klinik	
Folinsäure	15 mg/die	oral	n. Klinik	
Clindamycin (Sobelin)	1200–2400 mg/die	iv.	4 Wo	Pseudomembranöse Colitis
Pyrimethamin	50 mg/die	oral	lebensl.	s. o.
Pyrimethamin/ Sulfadoxin (Fansidar)	50 mg/Woche 1000 mg/Woche	oral	lebensl.	s. o.

Kryptokokken-Meningitis

Während die Kryptokokken-Meningitis in Afrika zu den häufigsten Primärmanifestationen zählt, ist sie hier – nicht nur als Primärmanifestation – eher selten. Häufig hat sie jedoch, wenn nicht frühzeitig diagnostiziert, einen letalen Ausgang. Aus diesem Grunde sollten die Frühzeichen, wie Kopfschmerzen und Fieber – auch zunächst ohne Meningismus – ernst genommen werden. Häufig haben diese Patienten als Ausgangsbefund eine Sinusitis. Im weiteren Verlauf kommt es dann zur Entwicklung einer Meningitis, und die Diagnose kann durch den direkten, mikroskopischen Erregernachweis im Tuschepräparat aus dem Liquor schnell gestellt werden. Gleichzeitig ist der positive Antigen-Nachweis sowohl im Blut als auch im Liquor nahezu beweisend, nur selten gibt es falsch-negative Befunde. Zellzahl, Zucker- und Eiweißbestimmungen im Liquor sind hingegen selten richtungsweisend.

Die klassische Therapie der Kryptokokken-Meningitis erfolgt mit einer sechswöchigen Behandlung mit Amphotericin B und Flucytosin in der in der Tabelle angegebenen Dosierung. Aufgrund der hohen Toxizität der Therapie sollte zumindest zweiwöchentlich durch Liquoruntersuchungen die Antigenelimination überprüft werden. Während andere Substanzen wie Ketoconazol und Itraconazol wirkungslos sind, zeigt das in der klinischen Prüfung befindliche Fluconazol eine gute Wirkung und empfiehlt sich wegen geringerer Nebenwirkungsrate sowohl für die Akut- als auch für die prophylaktische Behandlung. Bei ausreichender Akutbehandlung und Herdsanierung sollte trotz häufiger Rezidive aufgrund der hohen Nebenwirkungsrate unter strenger klinischer Aufsicht ein Auslaßversuch unternommen werden (Tabelle 4).

Tabelle 4. Therapie und Prophylaxe der Pilzinfektion bei HIV-Infektion

Infektion	Substanz	Dosis	Appl.	Dauer	Nebenwirkungen
Cryptococcus-Meningitis	Amphotericin B Flucytosin	0,3–0,6 mg/kg/T 75–100 mg/kg/T	i.v. i.v.	6 Wo 6 Wo	Nephrotoxisch, Fieber, Schüttelfrost, Störung der Hämatopoese
Prophylaxe	Amphotericin B	100 mg/Woche	i.v.	–	s. o.
Aspargillus-Infektion	Amphotericin B Flucytosin	0,3 mg/kg/T 150 mg/kg/T	i.v.	nach Klinik	s. o.
Candida – oral	Ketoconazol (Nizoral)	400–600 mg	susp. o. Tbl.	nach Klinik	Widerwärt. Geschmack Lebertoxizität, Inkompatibilität mit Rifampycin
	Miconazol (Daktar)	n. Klinik	oral	nach Klinik	s. o.
Oesophagitis	Ketoconazol	600 mg/T	susp. o. Tbl.	nach Klinik	s. o.
Prophylaxe	Ketoconazol	200–400 mg/T		nach Klinik	s. o.

Kryptosporidien-Enteritis

Die Kryptosporidien-Enteritis, die auch bei immunologisch Gesunden gelegentlich eine in der Regel mild und befristet verlaufende Durchfallerkrankung verursachen kann, ist bei Patienten mit AIDS mit schweren rezidivierenden wäßrigen Diarrhöen verbunden. Hierbei kommt es bei häufig gleichzeitig bestehendem Erbrechen, Anorexie und Malabsorption zu einem erheblichen Gewichtsverlust mit Hypalbuminämie und Exsikkose. Im weiteren Verlauf kann es bei der Besiedlung der Gallengänge zu einer Cholestase kommen.

Gelingt bei entsprechendem Verdacht der Nachweis der Protozoen aus dem Stuhl auch einem geübten Labor nicht, so sollte eine Untersuchung der Rektumschleimhaut erwogen werden. Häufig läßt sich hierdurch die Diagnose dann sichern.

Die Kryptosporidiose bei AIDS ist eine z. Z. nicht behandelbare Erkrankung. Alle in der Literatur empfohlenen Präparate basieren allein auf empirischen Versuchen und konnten einer klinischen Prüfung bisher nicht standhalten. Auch unter AIDS-Patienten kommt es nämlich gelegentlich zu Spontanremissionen, die dann unter Therapie falsch gedeutet werden.

Die Behandlung beschränkt sich deshalb auf symptomatische Maßnahmen, wie die Behandlung der Diarrhöe mit Opiaten, sowie dem Ausgleich der Flüssigkeitsbilanz und des Albuminverlustes.

Nicht immer bedeutet der Nachweis von Kryptosporidien bei Enteritis, daß diese unbedingt das auslösende Agens sind. Wegen möglicher Doppelinfektionen sollte deshalb auch immer eine CMV-Enteritis oder mycobakterielle Besiedlung des Darmes ausgeschlossen werden. Allerdings sollte nicht unerwähnt werden, daß bei Besiedlung durch *Mycobakterium avium* intrazelluläre oder durch CMV auch keine wesentlich anderen therapeutischen Möglichkeiten bestehen.

Tuberkulose

Wie bereits vor 2 Jahren in den Vereinigten Staaten, so kommt es jetzt auch bei uns durch eine Zunahme der Tuberkulose bei HIV-infizierten Patienten zunächst zu einer Stagnation und dann wieder Zunahme der bis jetzt stetig abnehmenden Gesamtzahl von Tuberkulose-Erkrankungen in der Bundesrepublik.

Nahezu 10% aller Patienten mit AIDS aus unserem Patientenkollektiv sind im Verlauf an einer Tuberkulose erkrankt. 50% davon hatten primär eine Lungentuberkulose, die andere Hälfte verteilten sich auf eine Lymphknoten-Tb, Urogenital-Tuberkulose oder disseminierte Infektion (Landouzy-Sepsis). Sowohl die pulmonalen als auch die extrapulmonalen Tb-Erkrankungen traten bei zunehmendem zellulären Immundefekt auf, jedoch in der Regel bereits etwas früher als alle anderen opportunistischen Infektionen.

Die Symptomatologie der Tuberkulose bei AIDS bzw. HIV-Infektion unterscheidet sich nicht wesentlich von der bei Patienten ohne zellulären Immundefekt. Im Verlauf zeigt sich jedoch eine deutliche schnellere Tendenz zur Generalisation sowie zur Entwicklung von tuberkulöser Meningitis.

Insbesondere isolierte Lymphknotenschwellungen sind auf eine Tuberkulose hin verdächtig, entsprechend zu untersuchen und zu behandeln (Abb. 6).

Auch die Therapie der Tuberkulose muß sich bei AIDS-Patienten nicht grundsätzlich von der anderer Patienten unterscheiden. Wegen des häufigen Kontakts dieser Patienten zu anderen mit zellulärem Immundefekt, der häufigen begleitenden toxischen Nebenwirkungen der Medikamente und der Notwendigkeit im Verlauf oft anderer opportunistischer Infektionen zu behandeln, empfehlen wir jedoch mit einer Vierfach-Kombination zu beginnen. Bei ausgeprägtem Immundefekt gelingt es nur in den seltensten Fällen diese über 2 Monate beizubehalten. Insbesondere auf Rifampicin haben wir bei unseren Patienten gegenüber nicht HIV-infizierten Patienten eine deutlich höhere Nebenwirkungsrate in Form von toxischem Arzneimittelexanthem und Leukopenie gesehen (Abb. 7). Es ist davon auszugehen, daß bei schwerem Immundefekt auch nach abgeschlossener Behandlung eine Erhaltungstherapie mit zumindest einer tuberkulostatisch wirkenden Substanz erforderlich ist (Tabelle 5). Da wir nun bereits mehrfach im Verlauf einer *Pneumocystis carinii*-Pneumonie auch eine Lungentuberkulose diagnostizieren mußten, sei hier nochmal erwähnt, daß auch

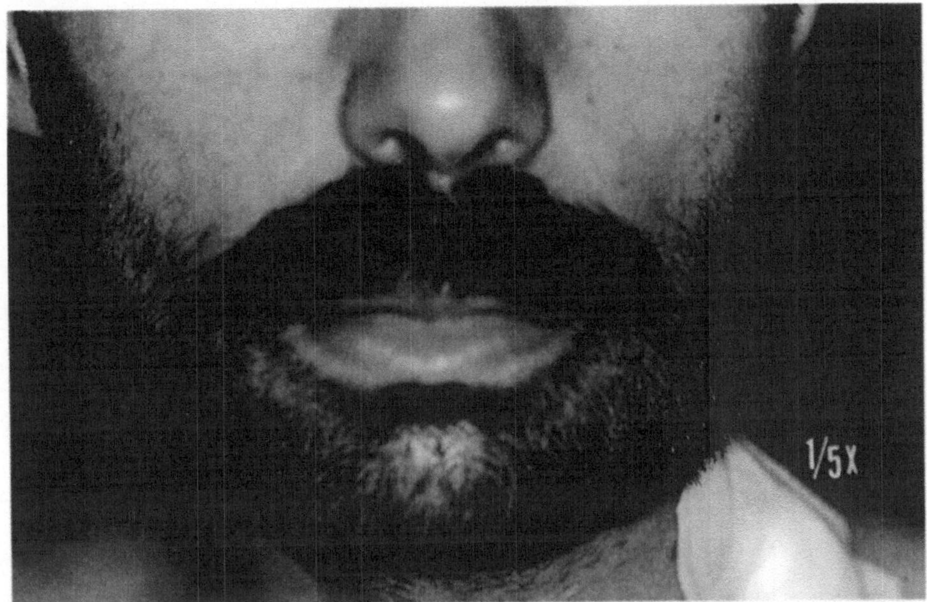

Abb. 6. Bukkale und zervikale Lymphknotenschwellung durch *M. tuberculosis* bei AIDS

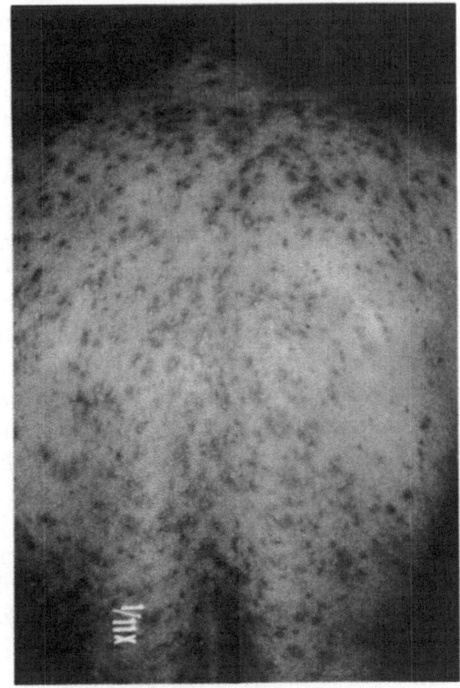

Abb. 7. Allergisches Exanthem auf Rifampicin bei einem Patienten mit LAS und LK-Tuberkulose

Tabelle 5. Therapie und Prophylaxe der Mykobakteriosen bei HIV-Infektionen

	Substanz	Behandlungsdauer
M. avium-intracellulare	(Ansamycin 150–300 mg/Tag) (Clofamicin 300 mg/Tag) symptomatisch: Hydration, Nutritation Nicht steroidale Antiphlogistika	nach Klinik
M. tuberculosis	Mindestens 4fach Kombination, mit INH, RMP und/oder SM	initial für 3 Monate, Substanzwahl nach Sensibilitätstest
	3fach Kombination	für weitere 6 Monate
	2fach Kombination (INH u./o. RMP)	zur Rezidivprophylaxe
	INH	zur Prophylaxe bei asymptomatischen Tine-Test-positiven Patienten mit HIV-Infektion oder Patienten mit Tbc-Anamnese

bei fehlender Symptomatik natürlich jede transbronchial gewonnene Biopsie bzw. Bronchialsekret oder bronchioalvioläre Lavage auf säurefeste Stäbchen untersucht werden muß. Zur Früherkennung der Tuberkulose wie auch der atypischen Mykobakteriose werden grundsätzlich der Stuhl und das Sputum von allen Patienten bei stationärer Aufnahme untersucht; im ambulanten Bereich natürlich bei allen symptomatischen Patienten, aber auch bei allen Patienten mit T4-Zellen < 100 Zellen/μl.

Atypische Mykobakteriosen

Während zunächst die Infektionen mit ubiquitär vorkommenden Mykobakterien im Rahmen der HIV-Infektion in der Bundesrepublik vernachlässigt wurde, kommen wir nun auch in der BRD zu annähernd gleichen Zahlen wie in den Vereinigten Staaten. Von 150 verstorbenen AIDS-Patienten wurden bei immerhin 34 Patienten im Verlauf der Erkrankung atypische Mykobakterien nachgewiesen. Dies aber eben nicht nur im Sputum, wo man an eine alleinige Kolonisation ohne Infektion denken kann, sondern vorwiegend aus Blutkulturen, lymphatischem Gewebe, Darmschleimhaut, Knochenmarksaspirat und inneren Organen. Die Infektion ist fast immer verbunden mit einer unspezifischen Symptomatik (wasting-syndrome) mit Fieber, Abgeschlagenheit, Gewichtsverlust, Nachtschweiß, Abdominalschmerzen und Diarrhöe. Während die Infektion durch *M. tuberculosis* häufiger noch bei mäßigem zellulären Immundefekt auftreten kann, kommt es im Verlauf des AIDS, glücklicherweise erst in einem sehr späten Stadium bei meist kaum noch nachweisbaren T4-Zellen, zu einer Generalisation der atypischen Mykobakteriose.

Der Nachweis von atypischen Mykobakterien aus Sputum und Stuhl sollte zunächst nur Anlaß zur weiteren Beobachtung geben, da ohne klinische Symptomatik von einer zunächst unerheblichen Kolonisation ausgegangen werden kann. Nur der

Nachweis aus invasiv gewonnenen Proben (Blutkulturen, Lymphknoten, Beckenkammbiopsien) ist jedoch nahezu obligat mit einer Infektion verbunden und über kurz und lang mit einer entsprechenden klinischen Symptomatik.

Der Nachweis dieser doch häufig massenhaft auftretenden Mykobakterien ist nicht schwierig und gelingt in der Regel leicht kulturell. Hingegen sind die therapeutischen Möglichkeiten deutlich eingeschränkt. Während noch Spezies wie *M. gordonae, M. cansasii, M. fortuitum* und *M. xenopi* nicht gegen alle bekannten Antituberkulostatika resistent sind, gilt dies für *Mycobacterium avium* intrazellulare nicht. Denn auch die hier angegebenen Antituberkolostatika wie Rifabutin (Ansamyzin z.Z. in klinischer Prüfung) und Clofazimin führen zwar gelegentlich zu einer Verbesserung der Symptomatik jedoch nicht zu einer Keimelimination und einem andauernden Behandlungserfolg (Tabelle 5). Die Prognose durch eine entsprechende Infektion ist deshalb sehr ernst.

Herpes Virus-Infektionen

Infektionen durch Viren der Herpesgruppe sind im Rahmen von AIDS ausgesprochen häufig und müssen insbesondere bei unklarer pulmonaler bzw. abdomineller Symptomatik immer mit in die Differentialdiagnose einbezogen werden. Während Infektionen durch HSV I und HSV II sowie durch *Varizella zoster* Virus schon häufig im Vorfeld von AIDS oder als Primärmanifestation zu finden sind (Abb. 8 und 9) und gut behandelbar sind, ist die disseminierte CMV-Infektion eine häufige Komplikation im Spätstadium des AIDS. Während eine alleinige CMV-Pneumonie zu den seltenen Krankheitsbildern von AIDS zählt, wird sie doch häufig im Zusammenhang mit einer *Pneumocystis carinii*-Pneumonie gefunden und ist dann in der Regel mitverantwortlich für die schlechte Prognose dieser Erkrankung. Häufiger ist eine durch CMV verursachte Chorioretinitis zu finden, die schon lange bevor Visusstörungen bei den Patienten auftreten, durch eine Funduskopie diagnostiziert werden kann. Differentialdiagnostisch müssen bei Sehstörungen auch generalisierte Pneumocystis- bzw. Toxoplasmose-Infektionen der Retina in Erwägung gezogen werden. Auch für eine Ruhr-ähnliche Symptomatik mit Fieber, wäßrig-blutigen Durchfällen bis hin zu Darmperforationen durch Ulzerationen bei ausgeprägter Kolitis kann eine CMV-Infektion verantwortlich sein. Treten Krankheitsbilder auf, die einer Addisonkrise ähnlich sind, sollte immer an die häufig im Sektionsbefund nachgewiesene CMV-Adrenalitis gedacht werden. Sowohl im positiven als auch im negativen Fall kann allein die serologische Diagnostik nur selten richtungsweisend sein. Vielmehr sollte, wenn möglich, immer ein histologischer Nachweis geführt werden, der jedoch nicht immer gelingt (Abb. 10 und 11).

Zwar steht mit Ganciclovir (DHPG, z.Z. in klinischer Prüfung) eine wirksame Substanz zur Verfügung. Sie sollte jedoch der lebensbedrohlichen und invalidisierenden (Erblindung) CMV-Infektion vorbehalten sein. Leider wird der Erfolg, der in etwa dreiwöchiger Kur (3 × 3,5–5 mg pro kg pro die i.v.) erzielt wird, ohne fortgeführte schwierige Suppressionstherapie durch ein promptes Rezidiv wieder zunichte gemacht. Eine Therapie der CMV-Pneumonie mit Ganciclovir erscheint nach ersten Versuchen wenig erfolgreich und ist auch z.Z. in der BRD aufgrund des Versuchsprotokolls nicht möglich.

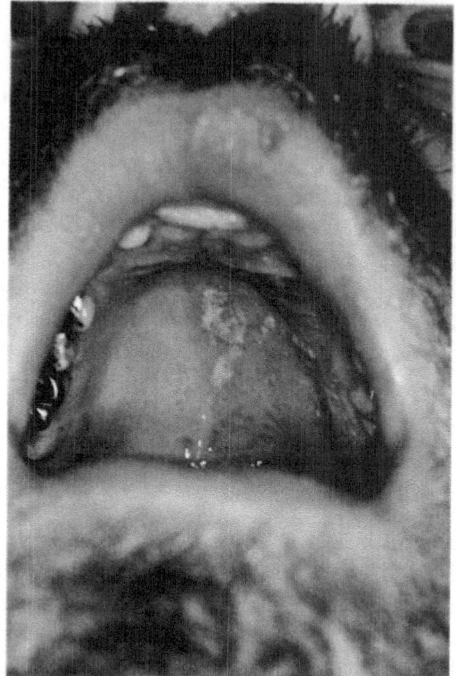

Abb. 8

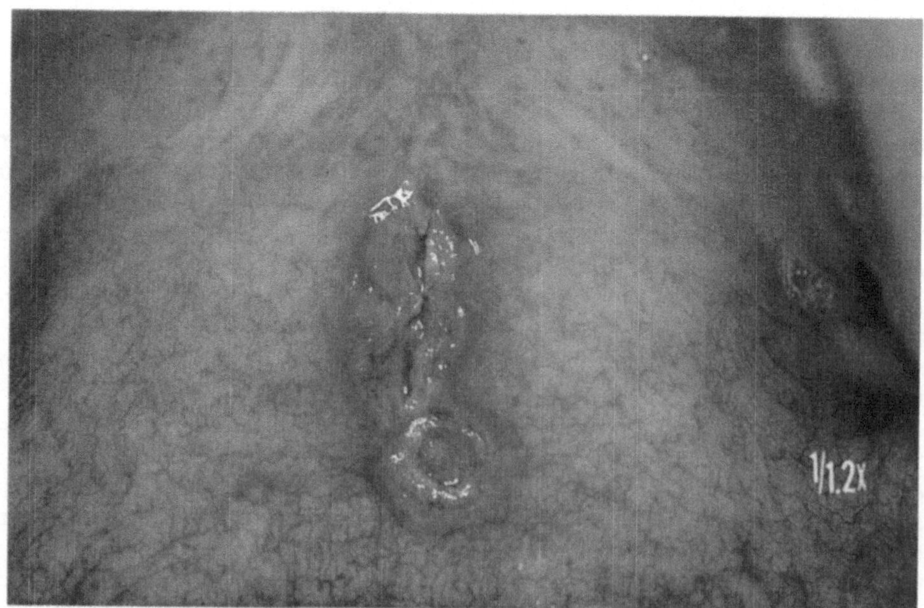

Abb. 8 u. 9. Exulzerierende *Herpes simplex*-Läsionen oral und labial bei einem Patienten mit LAS

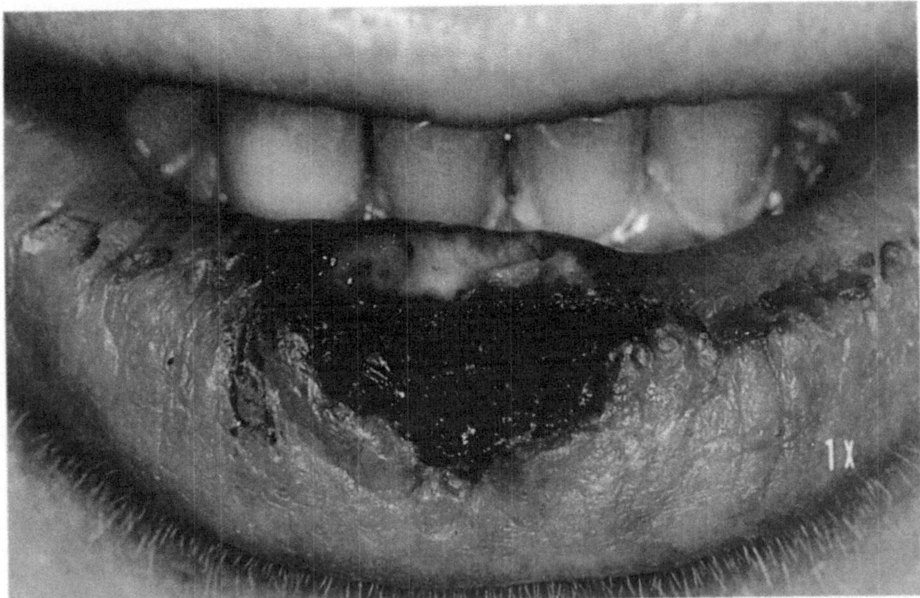

Abb. 10

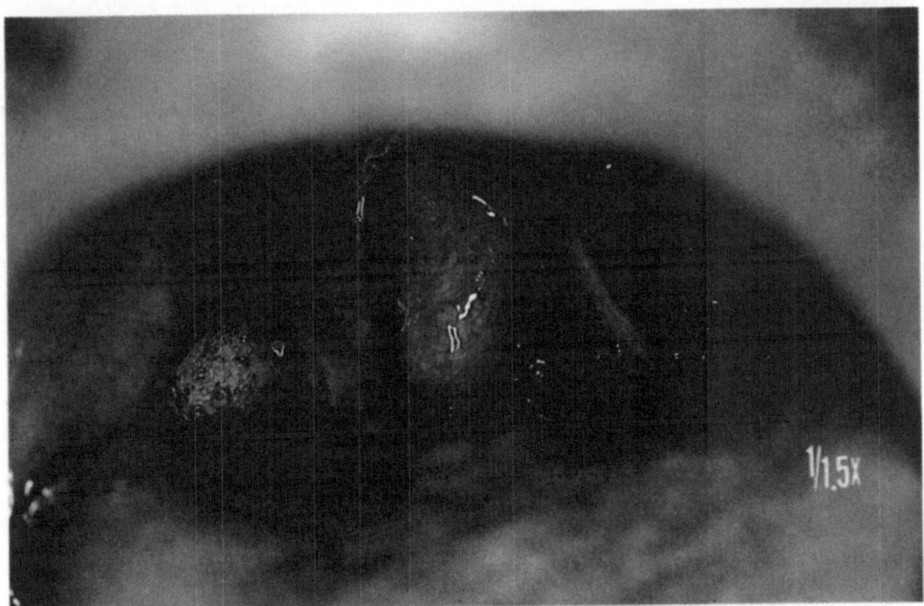

Abb. 10 u. 11. Unklare therapieresistente Ulzerationen der Unterlippe bzw. am Gaumensegel bei zwei AIDS-Patienten, trotz mehrfacher Biopsie ohne Erregernachweis, vermutlich jedoch durch CMV verursacht

40% aller AIDS-Patienten der Frankfurter Universitätsklinik haben ca. 1–2 Jahre vor Primärmanifestation eine *Varizella zoster*-Infektion durchgemacht. Wenn auch glücklicherweise die Mehrzahl der Fälle im Verlauf sich wenig von denen nicht HIV-infizierter Patienten unterscheidet, so kommt es doch häufiger zu einer Generalisierung mit Zoster-Myelitis oder Zoster-Pneumonie oder zumindest einem protrahierten Verlauf (Abb. 12 sowie 13 und 14). Eine systemische Behandlung mit Aciclovir intravenös (30 mg pro kg KG pro Tag) erscheint deshalb nicht nur gerechtfertigt, sondern auch erforderlich.

Exulzerierende Herpes-Infektionen durch *Herpes simplex Virus I* und *II* können bei ausgeprägtem zellulärem Immundefekt zu schweren, protrahiert verlaufenden exulzerierenden Erkrankungen führen. Auch hier empfiehlt sich die frühzeitige Behandlung mit Aciclovir in einer Dosierung von 15–30 mg pro kg pro die in drei Einzeldosen i. v. oder mindestens 5 × 200 mg pro die, für einen Zeitraum von etwa 10 Tagen. Bei häufig auftretenden Rezidiverkrankungen kann eine andauernde Suppressionstherapie in niedriger Dosierung sinnvoll sein.

Insbesondere bei Schluckstörungen und anhaltenden gastrointestinalen Beschwerden, die nicht auf eine *Candida osophagitis* zurückzuführen sind, sollte immer an eine Erkrankung durch Herpesviren gedacht werden. Unklare zunehmende Schleimhautulzerationen, die häufig von *HSV I* oder *CMV* verursacht sind, rechtfertigen auch ohne Virusnachweis unseres Erachtens einen Therapieversuch mit Aciclovir.

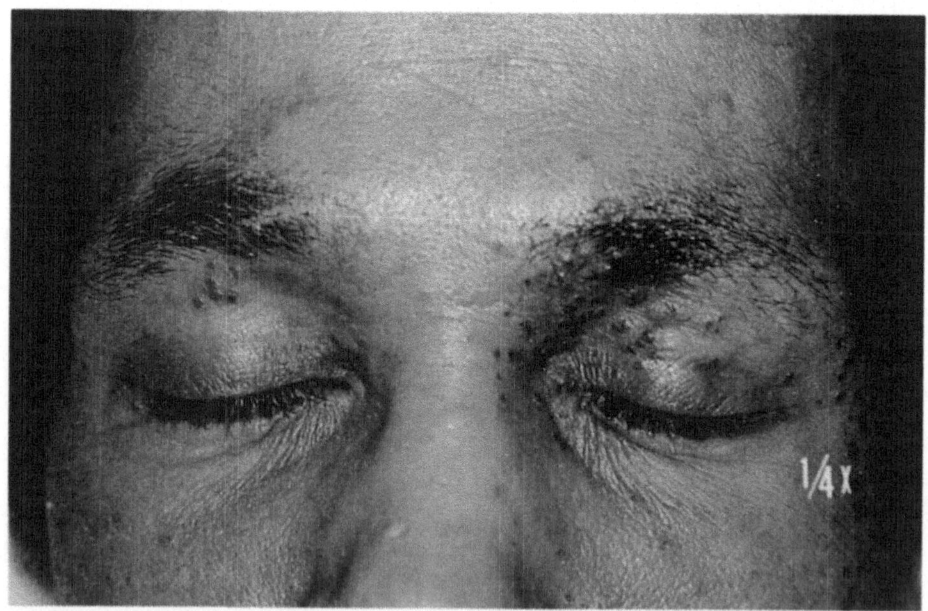

Abb. 12. *Varizella zoster duplex*-Infektion als außergewöhnliche Zostermanifestation bei HIV-Infektion

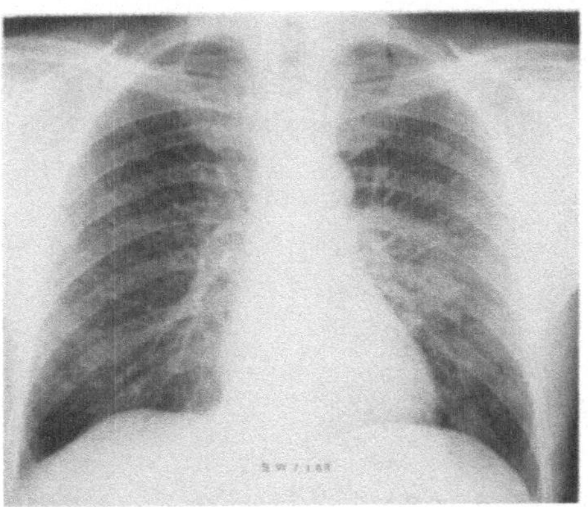

Abb. 13

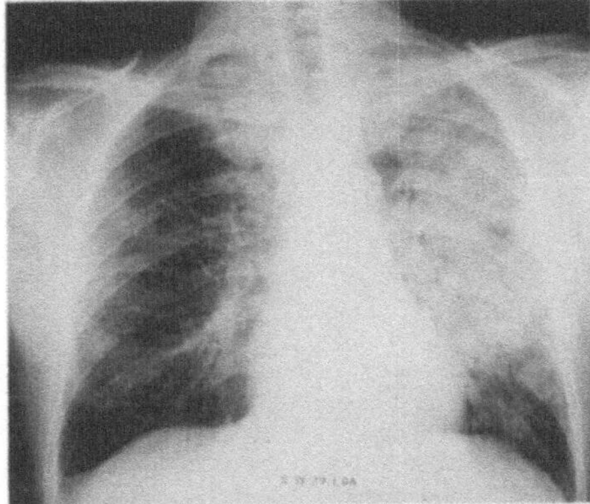

Abb. 14

Abb. 13 u. 14. Rö-Thorax-Befunde bei einem AIDS-Patienten 1 Woche nach **(13)** bzw. 4. Wochen nach **(14)** ausbehandelter Pneumocystis-Pneumonie mit anschließender Herpes-Pneumonie (unbehandelt)

Soor

Mindestens eine Candida-Stomatitis, häufig aber auch eine Ösophagitis ist eine – wenn nicht behandelt – nahezu obligate Erkrankung im Verlauf der HIV-Infektion (Abb. 15). Gleichzeitig ist sie auch häufig erstes Symptom der zellulären Abwehrschwäche und hat deshalb in der Vergangenheit nicht selten zur Diagnose einer HIV-Infektion geführt. Unsere Untersuchungen der Anzahl der keimbildenen Einheiten von Candida Spezies im Mundspülwasser HIV-infizierter Patienten zeigt, daß deren Zunahme linear mit einem Rückgang der T4-Zellen korreliert. Bei guter Anamnese und Inspektion des Mund-Rachen-Raumes kann deshalb nicht selten, auch ohne aufwendige Untersuchung, ein Hinweis auf die Immunitätslage des Patienten gewonnen werden. Ausnahme ist der bei akuter HIV-Infektion manchmal zu beobachtende Soor, der aber auch selten therapiebedürftig ist. Bei noch ausreichender zellulärer Immunität sollte immer zunächst eine lokale Behandlung mit Amphotericin B oder Nystatin versucht werden. Diese ist jedoch bei ausgeprägtem Immundefekt nicht mehr erfolgreich und vor allem wirkungslos bei Soor-Ösophagitis (Abb. 16). Diese wird primär mit Ketoconazol (400 mg pro die, in schweren Fällen 600 mg pro die) für 14 Tage systematisch behandelt. Die Rezidiv-Behandlung kann unterschiedlich erfolgen: Manche Patienten bevorzugen eine Dauertherapie, während andere frühzeitig bei erneut auftretenden Symptomen eine systematische Behandlung anschließen. Bei der Vielzahl der Begleitinfektionen bzw. Begleitmedikationen kann dies unseres Erachtens dem Patienten überlassen werden. Zu erwähnen bleibt, daß unter der Behandlung mit Azidothymidin die Rezidivquote von Soor und Soor-Ösophagitis deutlich zurückgegangen und eine Dauertherapie mit Ketoconazol deshalb hier nicht erforderlich ist. Bei ausgeprägtem Befall des Mund-Rachen-Raumes und Schluckstörungen ist immer eine gleichzeitg bestehende Ösophagitis mit anzunehmen und eine weitere diagnostische Sicherung durch z. B. Ösophagusbreischluck und Ösophago-

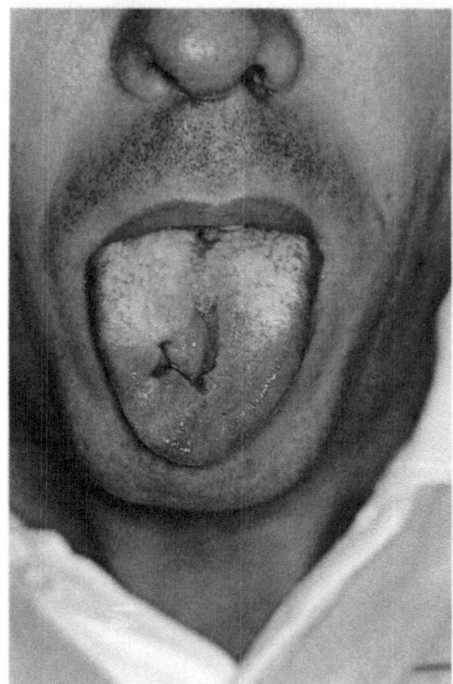

Abb. 15. Soorbelag der Zunge bei gleichzeitig bestehendem Zustand nach unbehandelter exulzierenden *Herpes simplex*-Infektion der Zunge

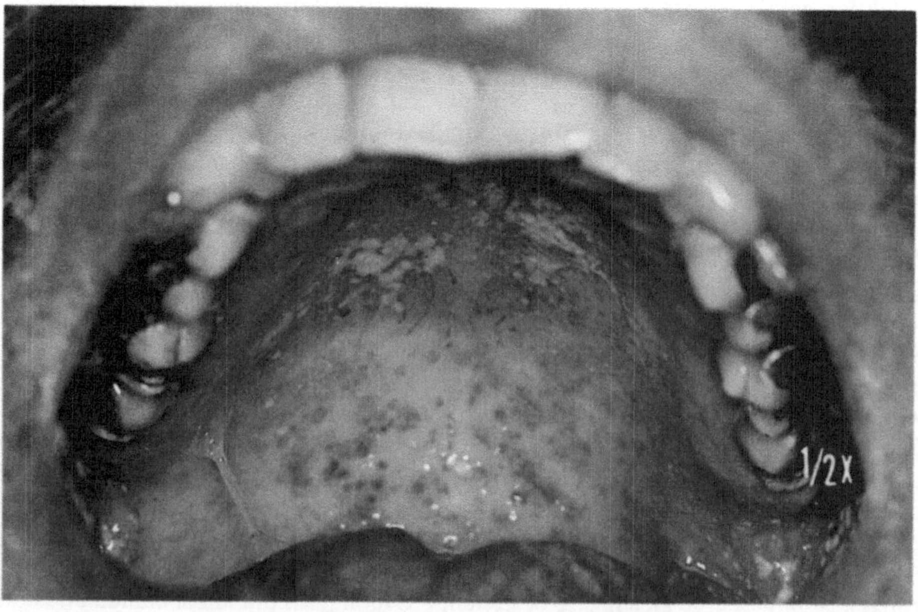

Abb. 16. Soor-Stomatitis bei gleichzeitig bestehender Soor-Ösophagitis

skopie nur nach Nichtansprechen auf Behandlung mit Ketoconazol gerechtfertigt (Tabelle 4).

Eine schwere Soor-Stomatitis oder -Ösophagitis sollte bei einem ambulanten gut aufgeklärten und geführten Patienten mit HIV-Infektion nicht mehr vorkommen.

Noch lange wird das Hauptaugenmerk der Kliniker auf die Frühdiagnostik und -behandlung der sekundären Komplikationen der HIV-Infektion gerichtet bleiben müssen. Auch alle antiviralen Substanzen wie Azidothymidin führen ja nicht zu einem Verschwinden dieser Komplikationen, vielmehr kommt es bei einer Verlängerung der Lebenserwartung durch diese Substanzen, ohne einen wesentlichen Einfluß auf den zellulären Immundefekt, eher zu einer Zunahme der Häufigkeit opportunistischer Infektionen. Wesentliche Erfolge in der Verlängerung der Lebenserwartung und Verbesserung der Lebensqualität wurden in der Vergangenheit vor allem durch zunehmende Kenntnis des klinischen Verlaufs und wachsende Erfahrung in der Behandlung, sowie der besseren Aufklärung und medizinischen Überwachung der Patienten gewonnen. Ein optimale Betreuung der Patienten gelingt bei der Vielzahl möglicher Komplikationen auf Dauer nur in einer guten interdisziplinären Zusammenarbeit fast aller medizinischen Fachbereiche.

Alle Erfolge und Bemühungen können jedoch nicht darüber hinwegtäuschen, daß nach Beherrschung der Komplikationen der Immundefekt fortbesteht und die Grunderkrankung weiter voranschreitet. Zunehmend werden wir deshalb im Verlauf Krankheitsbilder sehen, die durch das Human Immunodeficiency Virus in Form von Enzephalopathie oder Enteropathie selbst verursacht wird. Die Behandlung der Sekundärkomplikationen bleibt deshalb immer mit der großen Hoffnung auf eine Entwicklung wirksamer antiviraler Substanzen verbunden.

Literatur

Armstrong D, Gold JWM, Dryjanski J et al. (1985) Treatment of infections in patients with the acquired immunodeficiency syndrome. Am Int Med 103:738–743

Kaplan LD, Wofsy CB, Volberding PA (1987) Treatment of patients with acquired immunodeficiency syndrome and associated manifestations. JAMA 257:1367–1374

Armstrong D (1987) Opportunistic infections in the acquired immunodeficiency syndrome. Seminars in Oncology, vol 14, no 2, suppl 3, pp 40–47

Lüthy R, Colla F, Schläpfer R, Täuber M, Siegenthaler W (1988) Diagnostik und Therapie der HIV-assoziierten Krankheiten. Internist (1988) 29:82–91

Aaron E, Glatt MD, Keith Chirgwin MD, Sheldon H, Landesmann MD (1988) Treatment of infections associated with human immunodeficiency virus. New Engl Jornal of Medicine, vol 38, no 22

Kennedy DH, (1987) Clinical manifestations of HIV infections. Scot Med J 32:101–109

Weitere Literatur beim Verfasser

Impfproblematik bei AIDS-Risikogruppen

M. M. Eibl, M. Pum, H. M. Wolf, J. W. Mannhalter (Wien)

Einleitung

Die Problematik der Infektionsprophylaxe durch aktive Immunisierung – Impfungen – und durch passiven Schutz – Immunglobulintherapie – bei HIV-Antikörper-Positiven ist vielschichtig. Die Erreger opportunistischer Infektionen bei AIDS-Patienten im Kindesalter, vor allem bei solchen, die *in utero* infiziert wurden, sind häufig kapselhaltige Mikroorganismen wie Pneumokokken, Meningokokken, Hämophilus etc. [1], während bei AIDS-kranken Erwachsenen Infektionen durch obligat intrazellulär wachsende Bakterien, Viren und Parasiten im Vordergrund stehen [2]. Bei kindlichen AIDS-Patienten sieht man Infektionen – Meningitiden, Otitiden und Pneumonien –, hervorgerufen durch Mikroorganismen, die als Erreger bei Patienten mit primären, vorwiegend humoralen Immundefekten (mit Antikörpermangel-Syndrom) lange bekannt sind. Solche Infektionen kommen zwar auch bei erwachsenen AIDS-Patienten gelegentlich vor, beherrschen hier aber nicht das Bild. Hier sind Erreger opportunistischer Infektionen vorherrschend, die vor allem bei primären T-Zell-Defekten beobachtet werden. Die Erklärung dieser Unterschiede wird anhand immunologischer Grundlagen möglich. Wenn ein Kontakt mit einem Antigen (z. B. mit einem mikrobiellen Agens) das erste Mal stattfindet, kommt es zu einer primären Immunantwort auf das entsprechende Antigen. Ein wichtiger erster Schritt dabei ist die Aufnahme und die intrazelluläre Aufbereitung des Antigens durch akzessorische Zellen (z. B. Makrophagen, dendritische Zellen). Dieses aufbereitete Antigen wird dann in die Membran der akzessorischen Zellen eingebaut und immunkompetenten Zellen (T-Zellen) in einer von Klasse-II-Molekülen gesteuerten Reaktion präsentiert. Es folgt ein Austausch von Signalen zwischen Makrophagen und T-Zellen und eine Expansion (Proliferation) der antigenspezifischen T-Zellen. Die anschließende Wechselwirkung zwischen T- und B-Zellen wird durch akzessorische Zellen assistiert und führt zur Proliferation der spezifischen B-Zellen [3, 4]. Kommt es später zu einem zweiten Kontakt mit demselben Antigen, dann wird die Immunantwort amplifiziert. Sie läuft im Prinzip ähnlich ab, aber aufgrund der Ausbildung eines immunologischen Gedächtnisses wesentlich schneller und effizienter. Kürzlich durchgeführte Studien zeigten nun, daß die Fähigkeit, mit einer primären Immunantwort zu reagieren, bei Patienten, die in ihrer Immunkompetenz beeinträchtigt sind, vielfach gestört ist, während die Fähigkeit zur sekundären Immunstimulation noch lange erhalten bleiben kann [5].

Im Zusammenhang mit der Impfproblematik bei HIV-positiven Risikogruppen ist die Fragestellung eines möglichen Unterschiedes in der primären bzw. sekundären

Immunantwort von besonderer Bedeutung. Dafür kann als Beispiel der unterschiedliche Spiegel zirkulierender Antikörper gegen Antigene, mit denen die Erstimmunisierung sicher vor der HIV-Serokonversion erfolgt ist (Tetanusimpfung), gegenüber anderen, bei welchen der Erstkontakt nach der HIV-Infektion stattgefunden hat (z. B. FSME), herangezogen werden. Weiters kann die immunologische Reaktivität auch mit Hilfe von in-vitro-Systemen (z. B. Proliferationsassays) untersucht werden. In diesem Zusammenhang sei darauf hingewiesen, daß bei Verwendung mononukleärer Zellen des peripheren Blutes durch Zugabe eines Antigens die antispezifische Proliferation von T-Zellen, aber auch eine B-Zell-Proliferation induziert wird. Für die Beurteilung der reinen T-Zell-Reaktivität soll hingegen die Proliferation isolierter T-Zellen nach Zugabe antigenpräsentierender akzessorischer Zellen (z. B. Monozyten) (in Abwesenheit von B-Zellen) verwendet werden.

Patienten, Methoden

Um die humorale und zellmediierte Immunität gegen ein „recall"-Antigen (Tetanustoxoid), mit welchem die Immunisierung sicher vor der HIV-Serokonversion stattgefunden hat, sowie gegen ein Antigen (FSME), wo der primäre Kontakt relativ rezent, wahrscheinlich erst nach der Serokonversion, erfolgt ist, zu ermitteln, untersuchten wir ein Kollektiv von bekannten AIDS-Risikogruppen (33 HIV-Antikörper-positive und 12 HIV-Antikörper-negative Homosexuelle sowie 29 HIV-Antikörper-positive und 4 HIV-Antikörper-negative Drogenabhängige). Alle Personen waren bezüglich ihrer Lymphozytenzahlen und der absoluten Zahl ihrer T-Helferzellen im Normbereich. Sieben Personen (4 Homosexuelle, 3 Drogensüchtige) hatten klinische Zeichen einer Lymphadenopathie, waren jedoch frei von anderen Krankheitszeichen.

Tetanusantitoxine wurden mit Standardtechnik [6] und Antikörper gegen FSME durch Hämagglutination [7] bestimmt. Für die Bestimmung der Lymphozytenproliferation wurden mononukleäre Zellen aus heparinisiertem peripheren Blut isoliert und – wenn angegeben – in eine T-Zell- und Monozytenpopulation aufgetrennt. Die antigenspezifische Proliferation wurde ermittelt, indem entweder 1×10^5 mononukleäre Zellen oder 1×10^5 isolierte T-Zellen und 1×10^4 Monozyten mit 2 verschiedenen Konzentrationen von löslichem (10 Lf/ml bzw. 2,5 Lf/ml) sowie Aluminiumhydroxid-adsorbiertem (2,5 Lf/ml bzw. 0,5 Lf/ml) Tetanustoxoid bzw. mit 2 Konzentrationen eines FSME-Antigens (1 µg/ml, 0,2 µg/ml) 7 Tage lang bei 37°C in einem CO_2-Brutschrank inkubiert wurden. Die resultierende Lymphozytenproliferation wurde durch Aufnahme von ^{3}H-Thymidin bestimmt und mittels eines Liquid Scintillation Counter als dpm erfaßt. Details der hierbei verwendeten Methoden sind in den Literaturstellen [8] und [9] beschrieben. Da die für die Stimulation optimale Antigendosis zwischen den verschiedenen Personen große Unterschiede aufweist, wurde bei den folgenden Ergebnissen jeweils die maximale Proliferation angegeben.

Immunantwort auf Tetanustoxoid

Für die nachfolgenden Untersuchungen (Tetanusantitoxin-Serumspiegel, Lymphozytenproliferation in Antwort auf Tetanustoxoid als Stimulus) wurden nur solche

Risikogruppenmitglieder herangezogen, bei denen eine Tetanus-Booster-Immunisierung während der letzten 10 Jahre vorgenommen wurde. Während die 28 Kontrollpersonen, bei denen Tetanustoxin-Serumspiegel gemessen wurden, innerhalb der letzten 10 Jahre eine Tetanus-Auffrischimpfung erhalten hatten, war bei den 18 Kontrollpersonen, bei denen die Tetanustoxoid-spezifische Lymphozytenproliferation untersucht wurde, die Impfanamnese nicht bekannt. Es ist daher möglich, daß die zwei Kontrollpersonen, die eine verminderte Tetanus-induzierte Lymphozytenproliferation aufwiesen, nicht geimpft waren.

Serumantikörperspiegel

Zur Beurteilung der Tetanusantitoxin-Serumspiegel wurden 3 Konzentrationsbereiche herangezogen. Da der Schutztiter gegen Tetanus bei 0,02 I. E./ml angenommen wird, wurden Serumkonzentrationen unter 0,02 I. E./ml als negativ beurteilt, die Werte zwischen 0,02 und 0,3 I. E./ml als nieder, aber protektiv, und über 0,3 I. E./ml als normal bis hochnormal. Aufgrund der in Tabelle 1 angegebenen Ergebnisse zeigte sich, daß in der humoralen Immunantwort gegen dieses Antigen zwischen der Kontrollgruppe und der HIV-Antikörper-positiven und -negativen Risikogruppe kein signifikanter Unterschied bestand.

Tabelle 1. Serumspiegel von Tetanusantitoxin

		Tetanusantitoxin (I. E./ml)		
		negativ (< 0,02)	nieder (0,02–0,3)	normal (> 0,3)
Kontrollen		1*/28**	0/28	27/28
Homosexuelle	HIV^-	0/8	1/8	7/8
	HIV^+	0/30	0/30	30/30
Drogensüchtige	HIV^-	0/4	1/4	3/4
	HIV^+	1/25	1/25	23/25

* Anzahl von Personen in der jeweiligen Gruppe
** Gesamtzahl der getesteten Personen

Lymphozytenproliferation in Antwort auf Tetanustoxoid

Während die Antikörperbildung bei den Kontrollgruppen und HIV-Antikörperpositiven Mitgliedern der Risikogruppen vergleichbar war, ergab die Untersuchung der Lymphozytenproliferation in Antwort auf dieses Antigen signifikante Unterschiede (Tabelle 2). Während nur 2 von 18 Kontrollpersonen eine niedrige Proliferation in Antwort auf Tetanustoxoid mit dpm $< 10^4$ aufwiesen, zeigten in der HIV-Antikörper-positiven Homosexuellengruppe 13 von 26 untersuchten Personen eine verminderte Lymphozytenproliferation in Antwort auf Aluminiumhydroxid-adsorbiertes Tetanustoxoid (TT_{Al}), und bei 16 dieser Personen war die Reaktivität nach

Tabelle 2. Gestörte Lymphozytenproliferation in Antwort auf Tetanustoxoid bei HIV-Antikörper-positiven Homosexuellen und Drogensüchtigen

		$TT_S < 10000$ dpm[a]	$TT_{Al} < 10000$ dpm[a]
Kontrollen		2[b]/18[c]	2/18
Homosexuelle	HIV^+	16/26 $p < 0{,}01$[d]	13/26 $p < 0{,}05$
Drogensüchtige	HIV^+	7/17 n. s.[e]	10/17 $p < 0{,}01$

[a] Bei den gleichzeitig untersuchten Kontrollen betrug der Mittelwert der Lymphozytenproliferation in Antwort auf lösliches Tetanustoxoid (TT_S) 31 477 dpm und in Antwort auf Aluminiumhydroxid-adsorbiertes Tetanustoxoid (TT_{Al}) 31 945 dpm. Der Wert von 10 000 dpm entspricht etwa dem Mittelwert minus 2 Standardabweichungen. Die Lymphozytenproliferation in Abwesenheit des Antigens (background) war in allen Fällen kleiner als 1000 dpm

[b] Anzahl von Personen in der jeweiligen Gruppe

[c] Gesamtzahl der getesteten Personen

[d] Berechnung der Signifikanz mit dem χ^2-Test

[e] Nicht signifikant

Stimulierung mit löslichem Tetanustoxoid (TT_S) signifikant erniedrigt. Bei den HIV-Antikörper-positiven Drogensüchtigen waren 7 von 17 mit TT_S und 10 von 17 mit TT_{Al} nicht reaktiv.

Immunantwort auf FSME-Antigen

Hier wurden nur solche Risikogruppenmitglieder untersucht, die innerhalb der letzten drei Jahre eine komplette FSME-Grundimmunisierung oder eine Auffrischimpfung erhalten hatten. Während FSME-Antikörper im Serum nur bei bereits geimpften Kontrollpersonen bestimmt wurden, war die Impfanamnese bei den Kontrollpersonen, deren FSME-spezifische Lymphozytenproliferation untersucht wurde, unbekannt.

Serumantikörperspiegel

Als Grenze (protektiver Titer) wurde eine Verdünnung von 1:10 angenommen. 25 der getesteten 28 Kontrollpersonen hatten Antikörperwerte oberhalb dieser Grenze, während bei 5 von 12 HIV-Antikörper-negativen und bei 14 von 20 HIV-Antikörper-positiven AIDS-Risikogruppenmitgliedern keine Antikörper nachgewiesen werden konnten (Tabelle 3). Diese Ergebnisse deuten darauf hin, daß – besonders bei HIV-Antikörper-positiven Risikogruppenmitgliedern – die Ausbildung einer Immunität gegen ein Antigen, mit dem der Erstkontakt relativ spät (d. h. zu einem Zeitpunkt, zu dem die untersuchten Personen bereits einer AIDS-Risikogruppe zugeordnet werden konnten) stattfand, gestört sein kann.

Tabelle 3. FSME-Antikörper-Serumspiegel

	FSME-Antikörpertiter		
	$< 1:10$	$\geq 1:10$	
Kontrollen	3*/28**	25/28	
HIV^--Risikogruppen	5/12	7/12	$p < 0{,}05$***
HIV^+-Risikogruppen	14/20	6/20	$p < 0{,}001$

* Anzahl der Personen in der jeweiligen Gruppe
** Gesamtzahl der untersuchten Personen
*** Die statistische Auswertung (Vergleich zwischen Kontrollgruppe und Risikogruppe) wurde mit Hilfe des χ^2-Testes durchgeführt

Lymphozytenproliferationsstudien

Wie aus Tabelle 4 ersichtlich ist, war bei HIV-positiven Risikogruppenmitgliedern sowohl die FSME-Antigen-induzierte Proliferation mononukleärer Zellen als auch die T-Zell-Proliferation in Antwort auf FSME-Antigen gegenüber den Kontrollen signifikant vermindert. Somit zeigte sich mit diesem Antigen, daß bei HIV-Positiven die Antwort spezifisch sensibilisierter Lymphozyten, aber auch, wie aus den vorherigen Ausführungen ersichtlich, die Antikörperantwort im Vergleich zu einer Kontrollpopulation deutlich reduziert war.

Tabelle 4. Lymphozytenproliferation in Antwort auf FSME-Antigen bei Personen mit nicht länger als 3 Jahre zurückliegender FSME-Impfung

	^{3}H-Thymidin-Einbau (dpm)			
	(n)	geom. Mittelwert	SEM	Proliferationsbereich (min.–max.)
MNC				
Kontrollen	15	7873	1,23	2307–37996
HIV^+	10	1345	1,31	297– 4800
		$p < 0{,}001$*		
MØ + T-Zellen				
Kontrollen	6	9439	1,18	4529–14073
HIV^+	7	229	1,32	70– 523
		$p < 0{,}001$		

* Die statistische Auswertung wurde nach log-Transformation mit Hilfe des t-Tests durchgeführt

Conclusio

Da Lebendimpfungen für HIV-Antikörper-positive Patienten mit erhöhtem Risiko behaftet sind, ist bei diesen Patienten die BCG-Impfung und die Lebendimpfung gegen Polio auf jeden Fall kontraindiziert. Die Masern- und Mumpsimpfung kann bei

HIV-positiven Kindern, die keine Symptome dieser Infektion aufweisen (und deren T-Helfer-Zellen zahlenmäßig und funktionell im Normbereich liegen) durchgeführt werden. Hinsichtlich der Impfungen mit inaktivierten Vakzinen (Totimpfstoffen) in HIV-Antikörper-positiven Kollektiven könnten anhand dieser Beispiele folgende Überlegungen angestellt werden: bei Impfungen, bei welchen die Grundimmunisierung lange zurück liegt, kann bei einer Booster-Immunisierung ein adäquater Schutz erwartet werden. Bei Grundimmunisierung mit Antigenen, mit denen noch kein Kontakt stattgefunden hat, ist die Ausbildung eines Impfschutzes nicht gesichert. in diesen Fällen wird es empfehlenswert sein, nach einer Impfung den Antikörpertiter zu kontrollieren und, falls keine entsprechende Immunität erzielt wird, im Falle einer Exposition passiv zu schützen. Bei einer Exposition wird im Zweifelsfall der passive Schutz auch bei geimpften Mitgliedern HIV-Antikörper-positiver Risikogruppen empfehlenswert sein.

Zur Frage der Immunglobulinprophylaxe sollte festgestellt werden, daß bei HIV-Antikörper-positiven Patienten, die im frühen Kindesalter (vor oder bei der Geburt bzw. in den ersten Jahren danach) infiziert wurden, in den meisten Fällen eine ausgeprägte Antikörperbildungsstörung vorliegt und daher eine Immunglobulintherapie als klinisch effizient indiziert ist. HIV-Antikörper-Positive, deren Infektion im Schul- oder Erwachsenenalter erfolgte, sind in unterschiedlichem Ausmaß antikörperdefizient. Falls die klinische Symptomatik Hinweise in dieser Richtung liefert (Otitiden, Sinusitiden, Pneumonien, Infektionen durch kapselhaltige pyogene Mikroorganismen), erscheint eine intravenöse Immunglobulintherapie erfolgversprechend. Ob bei symptomlosen HIV-Antikörper-positiven Patienten oder bei Patienten, bei denen durch einen Defekt der zellmediierten Immunität hervorgerufene Infektionen das Bild beherrschen, eine Therapie mit intravenösen Immunglobulinen von klinischer Wirksamkeit sein wird, kann derzeit nicht mit Sicherheit beurteilt und sollte anhand kontrollierter klinischer Studien geprüft werden.

Literatur

1. Centers for Disease Control (1987) Classification system for human immunodeficiency virus (HIV) infection in children under 13 years of age. Morbid Mortal Weekly Rep 36:225–230, 235–236
2. Centers for Disease Control (1986) Classification system for human T-lymphotropic virus type III/lymphadenopathy-associated virus infections. Morbid Mortal Weekly Rep 35:334–339
3. Unanue ER (1981) The regulatory role of macrophages in antigenic stimulation. Adv Immunol 31:1–121
4. Roitt IM, Brostoff J, Male DK (1985) Immunology. Gower Medical Publishing, London, Cap 8 and 11
5. Zielinski CC, Stuller I, Dorner F, Pötzi P, Müller CH, Eibl MM (1986) Impaired primary, but not secondary, immune response in breast cancer patients under adjuvant chemotherapy. Cancer 58:1648–1652
6. Europäisches Arzneibuch (1982) Immunoserum Antitetanicum. Österreichische Ausgabe, Band II, S 259–262
7. Clarke DH, Casals J (1958) Techniques for haemagglutination and haemagglutination-inhibition with arthropod-borne viruses. Am J Trop Med 7:561–573
8. Mannhalter JW, Neychev HO, Zlabinger GJ, Ahmad R, Eibl MM (1985) Modulation of the human immune response by the non-toxic and non-pyrogenic adjuvant aluminium hydroxide: effect on antigen uptake and antigen presentation. Clin Exp Immunol 61:143–151
9. Zlabinger GJ, Mannhalter JW, Ahmad R, Eibl MM (1985) Reduced antigen-induced proliferation and surface Ia expression of peripheral blood T-cells following tetanus booster immunization. Clin Immunol Immunpathol 34:254–262

IgG-Subklassendefekt bei einem 10jährigen Jungen mit Hämophilie B und HIV-Infektion

R. von Kries (Düsseldorf)

Frau Professor Eibl hat gerade sehr ausführlich gezeigt, welche speziellen Probleme sich bei der Erfassung einer verminderten Immunglobulinbildung bei HIV-infizierten Hämophilen ergeben können. Ich möchte zu diesem Aspekt nichts beisteuern, sondern auf einen anderen Aspekt hinweisen, der in der Behandlung der HIV-infizierten Hämophilen von erheblicher praktischer Relevanz sein kann.

Vorgestellt wird ein Junge mit einem IgG-Subklassendefekt. Möglicherweise ist Ihnen die besondere Bedeutung der IgG-Klassen nicht bekannt. Aufgrund spezieller Antikörper lassen sich 4 IgG-Subklassen differenzieren, wobei das IgG1 quantitativ die wichtigste IgG-Subklasse darstellt. Von erheblicher funktioneller Bedeutung sind jedoch die Immunglobuline der Subklasse IgG2. Diese sind essentiell für die Abwehr von bekapselten Antigenen wie z. B. Pneumokokken und Haemophilus influenzae. Ein selektiver IgG2-Subklassendefekt kann angeboren sein, oder auch im Rahmen einer HIV-Infektion erworben sein. Bei diesen Patienten sind charakteristischerweise die Gesamtkonzentrationen des IgG im Serum normal oder sogar erhöht.

Der Patient, den ich Ihnen vorstellen möchte, ist 10 Jahre alt und wird wegen einer schweren Hämophilie B bei uns behandelt. In den Jahren 1981 bis 1983 bestand ein Hemmkörper, der nicht ganz nach dem Brackmann-Schema, aber mit kontinuierlicher Faktor IX-Gabe behandelt wurde. Darunter verschwand der Hemmkörper, so daß diese Problematik seit 1984 nicht mehr bestand. Während dieser Zeit hat der Junge größere Mengen von Faktor VIII und FEIBA erhalten, so daß zu diesem Zeitpunkt wahrscheinlich die HIV-Infektion erfolgte. Dem Jungen geht es hinsichtlich seiner HIV-Infektion recht gut. Er hat kein Lymphadenopathie-Syndrom, er ist gut belastbar, er besucht eine Regelschule, er hatte bislang keine opportunistische Infektion. Ein erhebliches Problem war jedoch eine chronische eitrige Rhinitis. In den Abstrichen wurden immer wieder Pneumokokken und Haemophilus gefunden. Ich hatte bereits darauf hingewiesen, daß die IgG2-Immunglobuline für die Abwehr von Haemophilus influenzae und Pneumokokken von besonderer Bedeutung sind. Als Folge der chronischen Rhinitis bestand eine Sinusitis und ein Paukenerguß mit erheblicher Schalleitungsschwerhörigkeit.

Die immunologischen Untersuchungen ergaben eine leicht erniedrigte T4/T8-Ratio. Die Intrakutantestung mit Recall-Antigenen zeigte drei positive Reaktionen bei einem Gesamt-Score von 7 mm (leicht erniedrigt). Diese Untersuchungen sprachen somit nicht für das Vorliegen eines schweren Immundefekts. Die Gesamtimmunglobulin-Konzentration IgG war mit 17 bis 22 g pro Liter leicht erhöht. Wegen der klinischen Symptomatik, die auf eine gestörte B-Zell-Funktion hinwies, wurden bei diesem Patienten zusätzlich die Subklassen der Immunglobuline IgG bestimmt.

Diese Bestimmungen wurden von Herrn Dr. Bartmann in Ulm durchgeführt. Die erhöhten Gesamtimmunglobulin-IgG-Konzentrationen im Serum waren wesentlich durch den IgG1-Anteil bedingt. Die Konzentration des IgG2-Anteils war jedoch deutlich erniedrigt. Normal war der Anteil des IgG3, leicht erniedrigt der Anteil des IgG4. Aufgrund dieser Befunde mußte ein IgG2-Subklassendefekt angenommen werden, der sehr gut die klinische Symptomatik mit rezidivierenden eitrigen Rhinitiden, hervorgerufen durch Pneumokokken und Haemophilus influenzae, erklären konnte.

Deshalb wurde dieser Patient seit August 1987 mit Immunglobulinen behandelt (200 mg/kg KG alle 3 Wochen). Die Mutter schilderte, daß die Rhinitis unter dieser Immunglobulinbehandlung deutlich besser wird. Es ist recht schwierig, graduelle Unterschiede einer Rhinitis zu objektivieren. In den Nasenabstrichen wurden nun jedoch sehr viel seltener Pneumokokken und Haemophilus influenzae nachgewiesen. Auch die Hypersekretion der Nase schien besser zu werden. Objektivierbar war eine Rückbildung der Sinusitis maxillaris. Klinisch wichtig und ebenfalls objektivierbar war die Besserung der Schalleitungsschwerhörigkeit. Zunächst hatte der Junge Flüstersprache nur 1 bis 1,5 m Entfernung verstehen können. Jetzt versteht er Flüstersprache auf 6 m Entfernung. Das Verstehen der Umgangssprache hatte sich soweit gebessert, daß die Lehrerin die Mutter auf das verbesserte Hören des Jungen angesprochen hatt.

Was läßt sich aus dieser Kasuistik ableiten? Bei Patienten mit eindeutigen klinischen Symptomen einer gestörten B-Zell-Funktion sollte über die Bestimmung der Gesamtimmunglobuline hinaus auch eine Bestimmung der IgG-Subklassen durchgeführt werden. Hiermit lassen sich Patienten erkennen, bei denen eine gesicherte Indikation zur Immunglobulin-Theraphie besteht.

Diskussion

SCHIMPF (Heidelberg):

Halten Sie es für sinnvoll, überhaupt routinemäßig Subklassen bei HIV-positiven Patienten zu bestimmen? Das hätte vielleicht auch dann Zweck, wenn Subklassenpräparate hergestellt werden könnten. Ich weiß aber nicht, ob das praktikabel, sinnvoll, möglich, preiswert usw. ist.

VON KRIES (Düsseldorf):

Zunächst zum zweiten Teil Ihrer Frage. Subklassenpräparate sind nicht nötig. Ein normales Standardimmunglobulinpräparat zur intravenösen Applikation enthält alle Subklassen. Insofern werden die Patienten nicht mit einem spezifischen Subklassenpräparat, sondern mit einem konventionellen Präparat behandelt, das im Handel erhältlich ist. Der zweite Punkt war, ob es Sinn macht, alle Patienten systematisch zu untersuchen. Die Indikation für eine Behandlung ergibt sich dann, wenn die Patienten eine Systematik haben. Auch bei den angeborenen Subklassendefekten ist es so, daß 60 bis 80% eine klinische Symptomatik haben, bei denen dann auch eine Behandlungsindikation besteht. Es gibt daneben aber auch andere Patienten, die erniedrigte IgG 2-Subklassen haben, die keinerlei klinische Symptomatik haben, so daß man sagen muß, wenn sich eine klinische Symptomatik ergibt, sollte man untersuchen. Ich würde allerdings nicht fordern, alle Hämophilen daraufhin zu untersuchen.

KURTH (Frankfurt):

Wir haben bei AIDS- und LAS-Patienten einmal die Subklassen untersucht und festgestellt, daß sehr frühzeitig vor allem IgG 3 bei der Mehrzahl der Patienten reduziert ist. IgG 2 wurde ebenfalls, allerdings mehr in einem präterminalen Status, tendenziell erniedrigt gefunden.

NIESSNER (Wiener Neustadt):

Mit Antibiotika allein geht es nicht?

VON KRIES (Düsseldorf):

Der Junge ist vorher natürlich mit Antibiotika behandelt worden. In der Zeit 1985/86 hat er praktisch kontinuierlich sein Ampicillin bekommen.

Frau Eibl (Wien):

Da die angeborenen Subklassendefekte genetische Defekte sind, könnte es Ihnen in der Beurteilung, ob es sich um einen primären oder sekundären Defekt handelt, helfen, wenn Sie die Familie untersuchen.

von Kries (Düsseldorf):

Der Vater ist nicht bekannt, und es sind leider keine Geschwisterkinder da.

Vinazzer (Linz):

Wir sind zwar heute sehr weit von der Hämostaseologie entfernt, ich möchte mir aber trotzdem bezüglich dieses Falles die Frage erlauben, ob bei einem hochtitrigen Faktor IX-Hemmkörper FEIBA überhaupt sinnvoll bzw. sinnvoller als ein Faktor IX-Konzentrat ist. Das ist bekanntlich eine Faktor VIII-inhibitor-bypassing-activity.

von Kries (Düsseldorf):

Es war eine Dauerbehandlung. Wir haben FEIBA einmal bei einer erheblichen Blutung gegeben und gesehen, daß sich danach zumindest eine deutliche Reaktion in der PTT wie auch eine Reaktion des TEG zeigt. Der Junge hatte einen Hemmkörpertiter von 165 Bethesda-Analogeinheiten.

Kaeser (Heidelberg):

Dazu ist zu sagen, daß FEIBA auch den Faktor IX-Defekt umgeht, da es eine Faktor X-ähnliche Aktivität hat. Außerdem enthält es zusätzlich hohe Konzentrationen an Faktor IX.

von Kries (Düsseldorf):

Klinisch ergab sich eine meßbare Besserung, so daß wir mit dem Ergebnis zufrieden waren.

HIV-Infektion als mögliche Ursache der reduzierten Immunantwort nach Hepatitis B-Impfung bei Faktor VIII-behandelten Hämophilen

K.-H. Beck (Frankfurt)

Einleitung

In den letzten Jahren berichteten wir über die Hepatitis B-Impfung bei 69 Patienten mit Hämophilie A, von Willebrand-Syndrom und anderen Koagulopathien. Dabei konnte an einem kleinen Kollektiv von Hämophilie A-Patienten gezeigt werden, daß Substituierte gegenüber einem Kontrollkollektiv nicht substituierter Hämophiler einen deutlich geringeren Impferfolg hinsichtlich Serokonversionsrate und Anti-HBs-Titerhöhe zeigten [1, 2]. Die Ergebnisse entsprachen einem Signifikanzniveau von 10%.

Anti-HIV-Antikörper und Leu-3/Leu-2-Ratio wurden zur weiteren Abklärung dieses Ergebnisses nachfolgend untersucht.

Methoden

Als Testmethode für HIV-Antikörper wurden ELISA und Western Blot herangezogen, zur Bestimmung der Leu-3/Leu-2-Ratio (Becton Dickinson) ebenfalls ein kommerzieller Testkit. Die Signifikanz der Ergebnisse wurde mit dem *t*-Test berechnet.

Ergebnisse

Die Ergebnisse in Tabelle 1 zeigen, daß 36% der bereits behandelten Patienten, nämlich 4 von 11, Anti-HIV-positiv waren, bei den Nonrespondern der behandelten Gruppe 2 von 4. Die Anti-HBs-Konzentration (geom. Mittelwert) lag bei den Anti-HIV-positiven Patienten im Gegensatz zu den negativen an der Immunitätsgrenze. Im substituierten Kollektiv war der Leu-3/Leu-2-Quotient um 50% niedriger als bei den Anti-HIV-positiven Patienten.

Keiner der unbehandelten Patienten war Anti-HIV-positiv. In dieser Gruppe lag der Leu-3/Leu-2-Quotient um 50% höher als bei den Anti-HIV-negativen behandelten Hämophilen.

Die Aussagekraft der Ergebnisse bewegt sich auf einem Signifikanzniveau von 10% (Tabelle 2).

Tabelle 1. Abhängigkeit der Anti-HBs-Impftiter von Anti-HIV-Antikörperpräsenz im Serum

						non responder		
Hämophilie	Leu-3/Leu-2		HIV$^+$	Anti-HBs		Leu-3/Leu-2		HIV$^+$
Behandelt	1,08			(mU/ml)		0,92		
	Anti-HIV$^+$	-HIV$^-$	4/11	-HIV$^+$	-HIV$^-$	-HIV$^+$	-HIV$^-$	2/4
	0,68	1,41		11	82	0,74	1,29	
Unbehandelt	2,2		0/8	537		1,53		0/1

Tabelle 2. Statistische Signifikanz

Anti-HIV$^+$ behandelt	Anti-HIV$^+$ behandelt	Anti-HIV$^-$ behandelt
Anti-HIV$^-$ behandelt	Anti-HIV$^-$ unbehandelt	Anti-HIV$^-$ unbehandelt
$p < 10\%$	$p < 10\%$	$p < 10\%$

Diskussion

Die Signifikanz der o.a. Ergebnisse deutet auf einen Trend zu einer geringeren zellabhängigen Immunantwort der behandelten Hämophilen gegenüber den unbehandelten hin. Die Monokausalität der HIV-Infektion muß dabei jedoch in Zweifel gezogen werden, da ein deutlicher Leu-3/Leu-2-Sprung zwischen Anti-HIV-negativen behandelten und unbehandelten Patienten besteht.

Eine eindeutige Aussage läßt das kleine Patienten-Kollektiv nicht zu.

Literatur

1. Beck KH, Scharrer I (1984) Derzeitige Erfahrungen mit Hepatitis B-Impfungen bei 85 Patienten mit Hämophilie und von Willebrand-Syndrom. In: Landbeck G, Marx R (Hrsg) 15. Hämophilie-Symposion, Hamburg 1984. Springer, Berlin Heidelberg New York, S 177–179
2. Beck KH, Jilg W, Scharrer I, Deinhardt F (1985) Erfahrungen mit der Hepatitis B-Impfung an 69 Patienten mit Hämophilie, von Willebrand-Syndrom und anderen Koagulopathien. In: Landbeck G, Marx R (Hrsg) 16. Hämophilie-Symposion, Hamburg 1985. Springer, Berlin Heidelberg New York, S 261–263

Diskussion

Frau Eibl (Wien):

Zuerst komme ich zu der Frage der subklassenspezifischen Produkte: Wir haben aus der Behandlung der primären Immundefizienzen die Erfahrung, daß die Bedeutung vielmehr an den funktionellen Antikörperaktivitäten und nicht an den Klassen bzw. Subklassen liegt. Wir behandeln erfolgreich IgM-Defiziente mit IgG-Präparationen. Ich glaube, daß man mit einer polyvalenten Präparation auch hier bei den Subklassendefekten – da haben wir auch mit den primären Immundefekten schon Erfahrung – gut durchkommt.

Zur Frage der Progredienz möchte ich auf die Erfahrungen von Rubinstein bei AIDS-Kindern hinweisen. Die pädiatrische Situation: Rubinstein findet, wenn er HIV-infizierte Kinder mit Immunglobulinen substituiert, eine geringere Progredienz. Der Grund ist nicht, daß die Immunglobuline die Progredienz hemmen, obwohl auch das zur Diskussion steht, sondern weil Virusinfektionen, bakterielle Infektionen die Progredienz fördern und die Immunglobulin-Substitution das Auftreten solcher Infektionen verhindert. Ich sehe den indirekten Zusammenhang als erwiesen an. Den direkten Zusammenhang, daß HIV-Antikörper in einem Versuch vielleicht auch eine Rolle gespielt haben, erscheint mit spekulativ, das ist nicht erwiesen.

Bergmann (Frankfurt):

Frau Eibl, denken Sie, daß die reduzierte primäre Immunantwort oder reduzierte Sensibilisierung nach Impfung bei HIV-positiven Patienten für das HIV mehr oder weniger spezifisch ist, oder ist es nicht ein mehr allgemeines Phänomen, wie wir es auch eigentlich im Rahmen anderer Infektionen finden, daß die Immunantwort auf andere Antigene während der Dauer des Infektes supprimiert ist?

Frau Eibl (Wien):

Ich habe einen ganzen Ordner über verschiedene Virusinfektionen, die alle zur Immunreduktion führen, und es gibt kaum eine Virusinfektion, die hier nicht enthalten ist. Die Besonderheit der HIV-Infektion ist, daß diese Reduktion nicht wie bei den anderen Infektionen passager, sondern eigentlich ein permanenter Zustand ist.

In den letzten Jahren habe ich in der Klinik sehr viele Patienten gesehen, die unterstreichen, daß die passagere Immunsuppression durch Virusinfekte eine größere klinische Bedeutung hat, als uns bewußt ist. Bei der HIV-Infektion hingegen handelt es sich um eine Dauerreduktion der Immunfunktion, der wir Rechnung tragen müssen.

BRÜCKMANN (München):

Wir haben Anfang dieses Jahres begonnen, 18 HIV-positive Hämophile mit Immunglobulinen zu behandeln. Die Patienten sind zwischen 8 und 29 Jahre alt und zählen zu den CDC-Gruppen II bis IV-C1. Diese erhalten 400 mg/kg in 3–4wöchigen Intervallen, und wir überblicken inzwischen 127 Behandlungen.

Zunächst zur Verträglichkeit: Wir haben keine anaphylaktoiden Reaktionen gesehen. Lediglich zwei Patienten, die die festgelegte maximale Einlaufgeschwindigkeit von 2 ml pro Minute deutlich überschritten hatten, berichteten über ein Wärmegefühl. Bei einem Patienten, der bereits früher eine Non-A/Non-B-Hepatitis durchgemacht hatte, kam es zu einer Transaminasenerhöhung mit GOT- und GPT-Werten um 80. Es handelt sich dabei um einen dauersubstituierten Patienten. Es kann nicht mit Sicherheit differenziert werden, ob die Transaminasenerhöhung durch Immunglobuline oder Faktorenkonzentrate hervorgerufen wurde.

Zur Frage der Progredienz der HIV-Infektion: Während der bisherigen Behandlungszeit haben wir bei einem Patienten eine deutliche Progression der Erkrankung gesehen. Der Patient hatte bereits vor Behandlungsbeginn T4-Helferzellen unter 200, eine Lymphadenopathie, eine ausgeprägte Hepatosplenomegalie sowie eine klinisch diagnostizierte lymphoide interstitielle Pneumonitis. Es ist jetzt ein deutlicher intellektueller Abbau des Patienten hinzugekommen.

Weiterhin haben wir vier Fälle mit einer oralen Candidiasis gesehen, die sich jeweils durch eine Gabe von Amphomoronal beherrschen ließ. Keiner der Patienten klagte dabei über Symptome, so daß offenbleiben muß, ob die Patienten möglicherweise bereits vor Behandlungsbeginn, zu einem Zeitpunkt, als sie noch nicht engmaschig kontrolliert wurden, ähnliche Episoden durchgemacht haben.

Bezüglich der Laborparameter ist zu sagen, daß die Patienten sowohl was die Immunglobulinspiegel als auch was die T4-Helferzell-Absolutzahl angeht, im wesentlichen auf dem Level verblieben, den sie vor Behandlungsbeginn aufgewiesen hatten. Patienten mit schlechten Werten blieben also schlecht, Patienten mit relativ guten Werten blieben gut. Insbesondere ist zu vermerken, worüber wir etwas verwundert sind, daß die Immunglobulinspiegel trotz hoher Substitution, also in einer Dosierung wie bei angeborener Agamma-Globulinämie, mit Ausnahme des sich deutlich verschlechternden Patienten nicht anstiegen. Soviel zur bisherigen sehr vorläufigen klinischen Beobachtung.

SCHIMPF (Heidelberg):

Haben Sie vielleicht zufällig einige Patienten, die nicht teilnehmen wollten und die Sie gleichzeitig verfolgen konnten?

BRÜCKMANN (München):

Wir haben nur einen Patienten, der nicht teilnehmen wollte, der sich auch nicht den regelmäßig vorgesehenen Kontrolluntersuchungen unterzieht.

KURTH (Frankfurt):

Frau Eibl, würden Sie die reduzierte Aktivität gegen Recall-Antigene und die fast fehlende Reaktivität gegen Neoantigene, die auch andere Gruppen gezeigt haben, so interpretieren, daß ein HIV-Impfstoff, falls er mal kommt, bei den bereits Infizierten zu therapeutischen Zwecken nicht mehr einsetzbar ist? Sind diese Daten nicht auf der anderen Seite auch potentiell hoffnungsvoll zu lesen, so daß wir vielleicht doch diesen Schritt erreichen könnten?

Frau Eibl (Wien):

Ob eine andere Art der Impfung – ich meine nicht ein anderes Antigen, sondern eine andere Darbietung des Antigens – in der HIV-positiven Population wirksam sein könnte, muß untersucht werden. Wir haben derzeit keine Daten darüber. Ich glaube, daß diese Ergebnisse bei einer Impfung dieser Populationen sicher berücksichtigt werden müssen.

Kurth (Frankfurt):

Ich stimme Ihnen natürlich voll zu, daß man unabhängig von aller Theorie erst mal die Praxis folgen lassen sollte, d. h. auch HIV-Positive sollten geimpft werden. Würden Sie mit mir insoweit konform gehen, daß die bisherigen Daten für die HIV-Positiven nicht sonderlich hoffnungsvoll sind?

Frau Eibl (Wien):

Ich würde sogar einen Schritt weitergehen. Auf diese Form der Impfung reagieren die HIV-Positiven nicht.

Brockhaus (Nürnberg):

Frau Eibl, mich interessiert, ob Ihre Ergebnisse an den Empfehlungen etwas ändern, die jetzt für Impfungen mit anderen Impfstoffen bei HIV-positiven Patienten ergangen sind. Danach soll man impfen, doch wird dieses durch Ihre Aussagen in Zweifel gezogen.

Frau Eibl (Wien):

Es wird allgemein empfohlen, mit Totimpfstoff zu impfen. Mit lebendem Polio-Impfstoff darf nicht geimpft werden. Die Masern-Mumps-Impfung bei Kindern ist eine Ermessensfrage. Es besteht keine Notwendigkeit, an der Empfehlung mit Totimpfstoff etwas zu ändern. Aber es gibt die Notwendigkeit darüber nachzudenken, ob die geimpften Personen im Fall einer Exposition wirklich als geimpft angesehen werden können. Bezüglich der Frühsommer-Meningoencephalitis ist dieses in unserem kleinen Kollektiv HIV-Infizierter nicht unbedingt der Fall. Ich empfehle meinen Patienten, daß sie bei einem Zeckenbiß als nicht-geimpfte versorgt werden sollten, also passiv geschützt bzw. simultan aktiv und passiv zu impfen sind.

Kreuz (Frankfurt):

Wir gehen in der Kinderklinik Frankfurt so vor, daß HIV-infizierte symptomatische Kinder nicht mit Lebendimpfstoff geimpft werden, wie z. B. Mumps, Röteln und Polio. Hingegen kann man diese sicherlich mit abgetöteten Erregern impfen, also Pertussis, Tetanus, Diphtherie, Haemophilus influenzae. Ab dem 6. Lebensmonat sollte man jährlich eine Grippeschutzimpfung und ab dem 2. Lebensjahr eine Pneumokokkenimpfung vornehmen. Bei Masern- oder Varizellen-Inkubation sollte so schnell wie möglich Immunglobulin bzw. Hyperimmunglobulin verabfolgt werden. Bei asymptomatischen Kindern werden von Anderen auch Lebendimpfstoffe diskutiert, doch sprechen gegen eine Lebendimpfung die Möglichkeit einer Lymphozytenstimulation und Replikation des HIV. Anfügen möchte ich noch, daß auch neugeborene Kinder nicht BCG-geimpft werden sollten.

NIESSNER (Wiener Neustadt):

Herr Brodt, werden maligne Lymphome bei AIDS-Patienten mit gleichem Chemotherapieschemata wie bei nicht-HIV-Infizierten behandelt oder haben Sie einen speziellen Therapieplan?

BRODT (Frankfurt):

Abhängig vom Immunstatus und vor allem von den Knochenmarkbefunden versuchen wir, die sonst übliche Chemotherapie durchzuführen, aber das ist nicht immer möglich. Die Therapie der malignen B-Zell-Lymphome ist sowieso schwierig und wenig erfolgversprechend. Bei diesen Patienten müssen wir in der Regel Änderungen des Therapiekonzepts vornehmen, weil sie insbesondere aus der Leukopenie nicht mehr herauskommen.

BERGMANN (Frankfurt):

Wir versuchen in der Regel, Therapieprotokolle anzuwenden, die auch bei nicht-HIV-Infizierten verwendet werden. Das Problem ist aber in der Tat, wie Herr Brodt schon sagte, die häufig vorhandene Leukopenie und das bereits vorgeschädigte Knochenmark, so daß sehr leicht eine langdauernde Panzytopenie induziert wird. Daher müssen wir häufig Dosisreduktionen eingehen, sind aber derzeit bemüht, Zytostatikaschemata zu entwickeln, die den HIV-infizierten Patienten angemessen und weniger knochenmarktoxisch sind. Bei den malignen Lymphomen des AIDS-Patienten ist ein weiteres Problem der progredientere Verlauf und ein sehr rasches Rezidiv.

BECK (Frankfurt):

Ich habe eine Frage an Herrn Brodt zur respiratorischen Insuffizienz bei Patienten mit Pneumocystis carinii Pneumonie. Es hat sich immer wieder gezeigt, daß diese Patienten nicht vom Beatmungsgerät wegkommen. Nun aber mehren sich die Fälle, bei denen dieses tatsächlich gelingt und auch ein längeres Intervall ohne neuerliche Infektion zu beobachten ist. Aber auch die Therapie und Betreuung hat sich wesentlich gebessert. Die Frage ist, ob man auch ein zweites und ein drittes Mal intubieren würde bei der insgesamt schlechten Prognose.

BRODT (Frankfurt):

Soweit mir bekannt ist, gibt es Kliniken, die bei diesen Patienten generell keine Respirationstherapie durchführen, doch wird das an verschiedenen Zentren unterschiedlich gemacht. Wir haben bisher insgesamt 10 Patienten dieser Therapie zugeführt. Eine Patientin wurde 23 Tage intubiert und maschinell beatmet und ist jetzt in gutem Zustand unter AZT-Therapie, d. h. seit 4 oder 5 Monaten rezidivfrei. Ich tendiere dazu, die Frage einer neuerlichen Intubation unter AZT-Therapie vom Zustand des Patienten abhängig zu machen. Grundsätzlich würde ich jedoch bei Begleitmanifestationen wie maligne Lymphome, Kaposi-Sarkom, Toxoplasmose-Enzephalitis oder HIV-Enzephalitis von einer solchen Therapie nach wie vor absehen. Ich glaube jedoch, daß wir noch sehr viel lernen müssen bezüglich intensivtherapeutischer Maßnahmen.

Frau Mingers (Würzburg):

Bei der Beurteilung der Tuberkulintests möchte ich darauf hinweisen, daß die Rate der Tuberkulin-falschnegativen relativ groß ist. Auch für den immunologisch Gesunden gilt, daß man nur jemanden als Tuberkulin-negativ bezeichnen darf, der auch bei der Stärke 100 nach Mendel-Mantoux negativ ist. Die Nichtbeachtung dieser Regel führt uns immer wieder Kinder vor, die bei der Erstuntersuchung Tuberkulin-negativ waren und dann später Tuberkulin-positiv geworden sind. Das ist entweder eine frische Konversion, oder es sind Tuberkulosehinweise übersehen worden. Das gilt für den immunologisch Gesunden, und ich kann mir nicht vorstellen, daß das beim HIV-Infizierten anders sein soll.

Frau Eibl (Wien):

Bei einem BCG-durchgeimpften Kollektiv ist der Tine-Test als Indikation für tuberkulostatische Therapie nicht zu verwenden, wie wir in Wien feststellen konnten. Es ist sicher wichtig, darauf zu achten, ob die Personen BCG geimpft sind.

Weiterhin stehen wir gelegentlich vor dem Problem, daß Kinder HIV-positiver Mütter in der Neugeborenenperiode BCG-geimpft werden, möglicherweise zu einem Zeitpunkt, wo man eine HIV-Infektion des Kindes festgestellt hat. Dann ist eine tuberkulostatische Therapie erforderlich.

Goebel (München):

Ich möchte noch einmal auf die INH-Prophylaxe eingehen. Die Diskussion steht u. a. unter einer Nutzen-Risiko-Abwägung. Nun haben wir gehört, daß 50, 70 oder gar 80% der Patienten irgendwann eine Pneumocystis carinii Pneumonie bekommen, und das Thema der Prophylaxe ist noch gar nicht richtig ausdiskutiert worden. Aus Berlin hören wir von Herrn Pohle: 50% Toxoplasmose im Gehirn. Wobei ich meine, daß das zu hoch ist. Der Wert ist jedenfalls sehr hoch. Jetzt hören wir von Ihnen: Es gibt vielleicht 10 oder gar 15% der Patienten mit einer Tuberkulose. Wenn der Tine-Test oder, wie wir gehört haben, der Mendel-Mantoux-Test positiv ist, dann haben Sie vor allem erst mal festgestellt, daß die Immunitätslage dieses Patienten so gut ist, daß sie ihn derzeit nicht behandeln müssen. Die Frage ist also, wann soll man mit einer solchen Therapie beginnen und kennen Sie Daten dazu, daß eine INH-Prophylaxe bei einer Abnahme der Infektionsabwehr beim zellulären Immundefekt tatsächlich bei solchen Patienten effektiv ist?

BRODT (Frankfurt):

Ich sagte, daß man bei jedem HIV-positiven Patienten, ob hämophil oder nicht, einen Tine-Test oder besser einen MENDEL-MANTOUX-Test machen sollte. Dann ist zu klären, ob er BCG geimpft ist, ob er eine Tuberkulose durchgemacht hat oder diese in der Familie aufgetreten ist. So kann man evtl. Hinweise für den Fall bekommen, und sich dann zumindest überlegen, ob dieser Patient zu behandeln ist. Es gibt sehr wenig Daten über die prophylaktische Behandlung, sowohl bezüglich der Pneumocystis carinii Pneumonie als auch der Toxoplasmose. Der T-Zell-Defekt kann antibiotisch nicht kompensiert werden.

THILO-KÖRNER (Gießen):

Wenn Sie AIDS-Patienten bronchoskopiert oder endoskopiert haben, wie desinfizieren Sie, und wie erfolgreich ist die Desinfektion?

BRODT (Frankfurt):

Wir benutzen für diese Untersuchungen nur voll einlegbare Instrumente und gehen davon aus, daß es zu keiner HIV-Übertragung kommt. Zur Desinfektion gibt es spezielle Auflistungen von Mitteln und Empfehlungen der Virologen-Gesellschaft. Ein Problem ist allerdings, daß wir nicht wissen, ob eine massive Exposition, z. B. nach Pneumocystis carinii Pneumonie, nicht auch andere immungeschwächte Patienten zumindest der Gefahr aussetzt, eine Infektion zu erleiden. Wir haben in unserer Klinik jetzt eine Zunahme von Pneumocystis Pneumonien bei HIV-negativen Patienten mit Lymphomen gesehen, und wir wissen nicht, ob diese Zunahme nur zufällig oder auf die Zunahme der HIV-Patienten zurückzuführen ist.

RISTER (Kiel):

Ich habe eine Frage zum Kaposi-Sarkom. Es gibt mittlerweile Hinweise dafür, daß das Kaposi-Sarkom sehr strahlensensibel ist, so daß man den solitären Befall einer relativ milden Strahlentherapie zuführen sollte. Haben Sie Erfahrungen darüber?

Zweitens eine kurze Bemerkung: Die Onkologen haben sehr viel Erfahrung im Umgang mit T-Zell-Defekten, und es gibt aus dem Bereich viele Doppelblindstudien, die belegen, daß die kontinuierliche Cotrimoxazolgabe die Pneumocystis carinii Pneumonie erheblich reduziert.

BRODT (Frankfurt):

Es ist richtig, daß das Kaposi-Sarkom strahlensensibel ist. Die Strahlentherapie führt jedoch zu unschönen Narben. Bei vielen Effloreszenzen müßte praktisch eine Ganzkörperbestrahlung durchgeführt werden, die nicht verträglich ist. Bei Strahlentherapie im Halsbereich entsteht häufiger eine Stomatitis als sonst üblich. Die Patienten sind von der Schleimhaut her sehr gefährdet.

Zur Bactrim-Prophylaxe ist zu sagen, daß diese sicherlich einen Effekt hat. Unsere Erfahrungen zeigen jedoch, daß die Patienten es nicht ausgehalten haben, diese über Jahre oder auch nur viele Monate kontinuierlich durchzuführen. Wir empfehlen diese Prophylaxe immer wieder, und wenn diese gut verträglich ist, ist es das Vorgehen der Wahl.

von Kries (Düsseldorf):

Ich wollte nur aus der Pädiatrie bestätigen, daß wir früher bei onkologischen Patienten sehr häufig Pneumocystis carinii-Infektionen gesehen haben. Seit Einführung der Cotrimoxazolprophylaxe, die wir regelmäßig während der ganzen Remissionsphase über 2 Jahre durchführen, haben wir praktisch keine mehr beobachtet. Das gleiche gilt auch für die Soorprophylaxe, die wir bei diesen Patienten bis zu 2 Jahre mit Moronal durchführen, so daß wir bei onkologischen Patienten, soweit diese hier wirklich vergleichbar sind, diesbezüglich keine Probleme mehr gesehen haben. Die Compliance haben wir durch Urinuntersuchungen auch überprüft. Die ist wenigstens bei Kindern einwandfrei.

Frau Mingers (Würzburg):

Zur INH-Prävention beim Tuberkulin-Positiven noch ganz kurze Anmerkungen. Ich meine, die Vermehrungsgeschwindigkeit der Tuberkuloseerreger sollte man auch berücksichtigen. Die ist gegenüber all den übrigen Erregern um vieles verlängert und aufgrund dessen würde ich mich zunächst mit Röntgenkontrollen begnügen. Denn wenn man bedenkt, wie viele andere Medikamente die Patienten haben sollen, würde ich die INH-Prävention unter dem Gesichtspunkt zurückstellen.

Böttcher (Wuppertal):

Ich habe eine Frage zur Tuberkulosediagnostik. Gerade beim Hämophilen kann es schwierig sein, eine Pneumocystis carinii-Infektion zu diagnostizieren. Bei negativer Bronchiallavage taucht spätestens beim Röntgenologen der Verdacht auf, daß eine disseminierte Tuberkulose vorliegen könnte, vor allem wenn die Therapie nicht anschlägt. Wie gehen Sie diagnostisch vor?

Brodt (Frankfurt):

Das sind nicht selten Zufallsdiagnosen. Wenn Patienten in die Ambulanz kommen, werden grundsätzlich Sputumuntersuchungen gemacht. Sind die Patienten klinisch in irgendeiner Weise auffällig und ergibt sich im Röntgenbild kein Befund, so ist das für uns fast schon eine Indikation, die Patienten zu tomographieren. Wir haben jetzt zweimal erlebt, daß kleine Einschmelzungen in der Tomographie zu sehen sind, während das Röntgenbild keinen Befund ergab. Bei diesen Patienten fehlt die Granulombildung, es fehlen Kavernen, es fehlen die klinischen Hinweise, insofern können Röntgenkontrollen oft nichts aussagen. Werden aber Übersichtsaufnahmen auffällig mit Zeichen disseminierter atypischer Pneumonien, was wir bei unseren Patienten häufig sehen, so sind das ganz ungewöhnliche Bilder. Dann stellt sich auch mal die Indikation für eingreifendere diagnostische Maßnahmen, ggf. auch zur Bronchoskopie. Wir haben 4 Patienten mit massiver Bronchialschleimhauttuberkulose gesehen, die im Röntgenbild nicht dargestellt werden konnte. Diese Patienten sind durch den Sputumbefund auffällig geworden.

Schröcksnadel (Innsbruck):

Im Säuglingsalter ist die Differentialdiagnostik der interstitiellen Pneumonie sehr schwierig. Bei respiratorischer Insuffizienz ist eine Bronchiallavage kaum durchzuführen. Die Abgrenzung gegenüber anderen opportunistischen Erregern, z. B. CMV oder Masern-Pneumonie, bereitet erhebliche Probleme.

BRODT (Frankfurt):

Das ist bei Erwachsenen natürlich etwas einfacher. Bei CMV-Pneumonien HIV-positiver Patienten haben wir keine Chance, therapeutisch wirksam zu werden und Masern-Pneumonien werden bei diesen Patienten nicht beobachtet. Die Differentialdiagnose der interstitiellen Pneumonie ist also begrenzt und eine probatorische Behandlung in jedem Fall indiziert. Wir sind mit der Bronchoskopie bei Patienten mit schwerer respiratorischer Insuffizienz zurückhaltender geworden, weil sich diese Belastung als kaum vertretbar erwiesen hat. Bronchiallavage wie auch transbronchiale Biopsie verschärfen die respiratorische Insuffizienz. Man muß oft überlegen, ob man nicht besser abwartet, bis sich der Zustand der Patienten verbessert und wenn das der Fall ist, fragt es sich, ob man es wirklich machen soll. Das erste ist bei diesen Patienten also die Interventionstherapie, unter der man dann 3–4 Tage abwarten sollte.

KREUZ (Frankfurt):

So kleine Kinder mußten wir zum Glück noch nicht bronchoskopisch untersuchen lassen. Wir hatten ein dreijähriges Kind mit einer interstitiellen Pneumonie, das auswärts als PCP behandelt worden war. Bei einer Lavage mit wenig Spülflüssigkeit und mit transbronchialer Biopsie fand sich bei diesem Kind eine EBV-Pneumonie. Serologisch ergab sich eine persistierende EBV-IgM. IgG-Antikörper gegen EBNA wurden nicht gefunden.

5. *Interventionstherapie der HIV-1-Infektion*

Diskussionsleitung:

Immunologie:	L. BERGMANN (Frankfurt)
Virologie:	R. KURTH (Frankfurt)
ARC/AIDS-Klinik:	F.-D. GOEBEL (München)
Hämostaseologie:	G. LANDBECK (Hamburg)
	W. SCHRAMM (München)

Therapeutische Immunmodulation bei der HIV-Infektion?

L. BERGMANN (Frankfurt)

Einleitung

Die Frage nach immunmodulatorischen Therapiemöglichkeiten zur Behebung der Immundefizienz oder zur möglichen Kausaltherapie bei der HIV-Infektion ist ein sehr problematisches Thema. Derzeit gibt es noch wenig Kenntnisse darüber, was mit einer immunmodulatorischen Therapie bei der HIV-Infektion bewirkt und erreicht werden kann. Diskutiert werden muß in diesem Zusammenhang, inwieweit von „biological response modifiers (BRM)" überhaupt ein positiver Effekt für den Verlauf der HIV-Infektion zu erwarten ist oder ob möglicherweise durch die Immunmodulation der Krankheitsprozeß aktiviert und amplifiziert wird.

Wenn eine immunmodulatorische Therapie bei der HIV-Infektion durchgeführt werden soll, stellt sich die Frage, was man erreichen will. Mögliche Ziele einer Immunmodulation können sein:

1. Hemmung der Virusreplikation
2. Eliminierung infizierter Zellen
3. Restaurierung defekter Immunfunktionen
4. Reduktion von Sekundär- bzw. opportunistischen Infektionen

Wenngleich Punkt 3 und 4 keinen kausalen Ansatz darstellen, ist es denkbar, daß durch eine Verbesserung der immundefizienten Situation und Reduktion von Sekundärinfektionen die Überlebenszeit der Patienten gesteigert werden könnte.

Trotz zahlreicher Immunstimulanzien, die bei HIV-Patienten zur Therapie eingesetzt wurden, liegen hierüber relativ wenig Publikationen vor, zum Teil auch deswegen, weil ein Teil dieser Studien negative Ergebnisse erbracht haben.

Im folgenden sollen einige Möglichkeiten zur Immunmodulation der HIV-Infektion insbesondere vom theoretischen Standpunkt aus dargestellt werden. Die aufgeführten immunmodulatorischen Substanzen sollen hierbei nur exemplarischen Charakter haben.

Zur Hemmung der Virusreplikation

Eine Hemmung der der Virusreplikation ist hypothetisch erzielbar durch die Anwendung von Interferonen oder durch virusstatische Substanzen wie Azidotymidin, das jetzt in Phase-2-Studien angewandt wird, oder wie Suramin, das man jedoch nicht zuletzt wegen der hohen Toxizität wieder weitgehend verlassen hat sowie durch eine Reihe von anderen Substanzen, die zum Teil noch in der Prüfung sind.

Zum physiologischen und pathophysiologischen Wirkmechanismus der Interferone: Die Interferone (IFN) werden in 3 Hauptgruppen (alpha-, beta-, gamma-Interferon) unterteilt. Sie werden in physiologischer Weise von unterschiedlichen Zellpopulationen produziert, wobei diese Zuordnung nur m.E. betrachtet werden darf (Tabelle 1). Interferone, vorwiegend alpha- und beta-IFN können durch Viren induziert werden (Typ I-FIN), während die die gamma-IFN-Produktion vorwiegend durch Mitogene oder Antigene stimuliert wird (Typ II-IFB). Insbesondere das alpha-IFN besteht aus mehreren Subspezies, die hinsichtlich der Antigenität verwandt sind. Interferone, von infizierten oder aktivierten Zellen sezerniert, induzieren in der Zielzelle die Produktion von antiviralen Proteinen, die dann letztlich die Replikation der Viren in der nachfolgenden Zellgeneration hemmen (Tabelle 2). Darüber hinaus können Interferone die Zellproliferation, insbesondere auch Tumorzellproliferation inhibieren. Andererseits werden Makrophagen teils in der Differenzierung teils in ihrer zytotoxischen Funktion stimuliert. Die akzessorischen Zellfunktionen von Makrophagen werden insbesondere durch Interferon-Gamma amplifiziert ebenso wie die endotoxininduzierte Il-1-Produktion. Nicht zuletzt spielen Interferone auch eine Rolle in der Proliferation und Aktivitätssteigerung zytotoxischer T-Lymphozyten und natürlicher Killerzellen.

Die Anwendung verschiedener Interferone im Rahmen der HIV-Infektion hat bisher mit Ausnahme des alpha-Interferons beim Kaposi-Sarkom zu keiner wesentlichen Verbesserung des Krankheitsverlaufes bei diesen Patienten geführt. Zumindest sind bisher keine Studienergebnisse bekannt, die eine Überlebenszeitverlängerung nachweisen würden. Es gibt Beobachtungen, die zeigen, daß sich unter Interferon

Tabelle 1. Klassifikation der Interferone

Interferon	Vorwiegende zelluläre Herkunft	Stimulus	Molekulargewicht
Typ I			
alpha-IFN	Leukozyten	Viren, dsRNA	18000–20000
beta-IFN	Fibroblasten	Viren, dsRNA	23000
Typ II			
gamma-IFN	T-Lymphozyten	Mitogene, Antigene	20000–25000

Tabelle 2. Beispiele für die Beeinflussung zellulärer Funktionen durch Interferone

- Hemmung von Zellproliferationen
- Hemmung von Tumorwachstum
- Steigerung der Zelldifferenzierung von Promyelozyten- und Monoblastenleukamie-Zellen
- Steigerung der Phagozytose von Makrophagen
- Steigerung der Endotoxin-induzierten Interleukin-1-Sekretion
- Induktion ind Aktivitätssteigerung von zytotoxischen Zellen (NK-Zellen, zytotoxische T-Zellen)
- Verstärkte Expression von MHC-Komplexen und Fc-Rezeptoren

möglicherweise das CD4/CD8-Verhältnis etwas bessert; hieraus lassen sich jedoch keine Rückschlüsse hinsichtlich einer verbesserten Prognose ziehen.

Der therapeutische Einsatz von alpha-Interferon hat beim Kaposi-Sarkom Eingang gefunden. Nach den bisherigen Ergebnissen scheinen asymptomatische Patienten mit noch guter zellulärer Immunitätslage ein besseres Ansprechen zu zeigen als Patienten mit Allgemeinsymptomen, opportunistischen Infektionen oder reduzierter zellulärer Immunitätslage (36% vs. 12%). Auch die mittlere Überlebenszeit unterscheidet sich erheblich in beiden Gruppen (20 vs. 9 Monate). Patienten, die auf alpha-Interferon ansprechen, haben eine mittlere Überlebenszeit von 33 Monaten, die Nonresponder auf alpha-Interferon haben nur eine mittlere Überlebenszeit von 10 Monaten. Bei den hier dargestellten Ergebnissen handelt es sich um amerikanische Studien, in deren Rahmen häufig Patienten mit relativ frühen Stadien des Kaposi-Sarkoms und noch relativ guter Immunitätslage mit alpha-Interferon therapiert wurden. Das heißt, es handelt sich vielfach um Patienten, die auch vom Spontanverlauf her mit einer günstigeren Prognose rechnen können. Hier müssen weitere Studien noch klären, ob bei streng gestellter Behandlungsindikation alpha-IFN eine effektive Substanz ist.

Alpha-Interferon ist bei Kaposi-Sarkomen besonders wirksam nur in hohen Dosierungen. Bei niedrigen Dosierungen von alpha-Interferon ist die Remissionsrate 33%, bei hohen Dosierungen 45%. Unter hohen Dosierungen werden hier alpha-Interferondosen zwischen 20 und 30 Millionen Einheiten/m^2 Körperoberfläche verstanden.

Zur Elimation HIV-infizierter Zellen

Ein zweiter potentieller Ansatzpunkt für eine immunmodulatorische Therapie liegt in der Eliminierung HIV-infizierter Zellen. Dieser Vorgang wird durch eine direkte zytotoxische Wirkung auf HIV-infizierte Zellen oder durch eine Induktion autologer zytotoxischer Zellen denkbar. Letzteres wäre hypothetisch durch die Applikation von Interferonen zu erreichen. Hier hat sich jedoch weder mit Typ I noch mit Typ II Interferonen bei HIV-infizierten Patienten hinsichtlich des Krankheitsverlaufes ein positiver Effekt gezeigt.

Zur Restaurierung der Immundefizienz

Die Hauptziele des HIV-Virus ist die CD4$^+$-Zelle, daneben werden Makrophagen, B-Zellen und andere Zellsysteme infiziert. Es ist bekannt, daß aktivierte T-Zellen in vitro besonders sensitiv für die Infektion durch HIV-Viren sind. Selbst wenn es uns gelänge, CD4$^+$-Zellen zu aktivieren oder zur Proliferation anzuregen, muß diskutiert werden, inwieweit diese Zellpopulation dadurch wieder besonders anfällig für eine Fortsetzung der intraindividuellen Infektionskette werden kann. Dies unterstreicht die Problematik, die generell mit einer immunmodulatorischen Therapie verbunden sein kann.

Es gibt eine Vielzahl von Faktoren, denen eine immunstimulatorische Wirkung zugeschrieben wird (Tabelle 3). Hier sind wiederum die verschiedenen Interferone

Tabelle 3. Beispiele für immunstimulierende Faktoren

- Interferone
- Lymphokine
- Monokine
- Thymushormone
- Levimasol u. a. immunstimulierende Substanzen
- Immunglobuline

und Interleukine zu erwähnen. Interleukin-2 (Il-2) wurde ebenfalls bereits bei HIV-infizierten Patienten eingesetzt. Nach anfänglichen Erfolgsmeldungen konnten diese jedoch später nicht bestätigt werden. Derzeit kommt dem Interleukin-2 keine therapeutiosche Bedeutung bei der HIV-Infektion zu.

Die Anwendung von Thymushormonen, Levimisol und ähnlicher immunmodulierender Substanzen zur Therapie der Immundefizienz haben bei der HIV-Infektion bisher ebenfalls keinen eindeutigen Effekt auf den Krankheitsverlauf, die Frequenz von opportunistischen Infektionen oder Überlebenszeit gezeigt. Auf die Anwendung von Immunglobulinen in diesem Zusammenhang wird später eingegangen.

Zur Reduktion von sekundär- oder opportunistischen Infektionen und zur Immunglobulintherapie

Es gibt Diskussionen über einen möglichen ungünstigen Effekt von Sekundärinfektionen bei HIV-Infizierten hinsichtlich des Krankheitsverlaufes. Auffallend ist, daß bei HIV-infizierten Patienten peripher eine Zunahme von DR-exprimierenden T-Zellen – also aktivierten T-Zellen – zu verzeichnen ist. Von aktivierten T-Zellen ist jedoch, wie bereits oben erwähnt, bekannt, daß sie besonders leicht HIV-infizierbar sind. Es wäre somit zu überlegen, ob durch Vermeidung von Sekundärinfektionen, die zur T-Zellaktivierung beitragen können, möglicherweise eine Verlangsamung des Krankheitsverlaufes erreicht werden kann.

Eine Reduktion von Sekundär- oder opportunistischen Infektionen kann, wie die bisherigen Stdien zeigen, durch Azidothymidin erreicht werden. Daneben muß die Antibiotika-Prophylaxe erwähnt werden. In diesem Zusammenhang gewinnt auch die Immunglobulintherapie insbesondere bei Kindern an Bedeutung.

Folgende Fragen werfen sich auf: Welche Zielvorstellungen bestehen bei der Anwendung von Immunglobulindauertherapien? Stellen Immunglobuline eine kausale Therapie der HIV-Infektion dar oder erzielt man in erster Linie eine Reduktion von Sekundärinfektionen? Sollten Immunglobuline nur zur Therapie der idiopathischen Thrombozytopenie (ITP) bei HIV eingesetzt werden?

Der positive Effekt einer Immunglobuliontherapie bei der ITP wurde bereits 1982 von Fehr et al. beschrieben. Der pathophysiologische Wirkmechanismus ist jedoch noch weitgehend hypothetisch. Diskutiert wird, daß es durch die Immunglobulin zu einer Hemmung der Phagozytose von Thrombozyten durch das Makrophagensystem kommt, vermutlich bedingt durch eine Blockierung von Fc-Rezeptoren der Makrophagen (Tabelle 4). Diskutiert wird auch, daß es hier zur Bildung von Immunkomple-

Tabelle 4. Potentielle Wirkmechanismen einer intravenösen Immunglobulintherapie

- Hemmung der Phagozytose durch Blockierung von Fc-Rezeptoren der Makrophagen
- Aktivierung von Phagozytose, Opsonierung und des Komplementsystems
- Anti-idiotypische Antikörper mit Bildung idiotypisch-anti-idiotypische Immunkomplexe
- Induktion von Suppressorzellen
- Reduktion von Sekundärinfektionen, insbesondere bei fehlender oder reduzierter humoraler Immunantwort
- Neutralisierung von Viren und Toxinen

xen über antiidiotypische Antikörper kommt. Beschrieben ist ebenfalls eine Induktion von Suppressorzellen durch Immunglobulinsubstitution (Tabelle 4).

Entscheidend bei der Therapie der ITP mit Immunglobulinen ist es, daß hochdosierte Immunglobulingaben konsekutiv an mehreren Tagen hintereinander appliziert werden. Nur dann wird ein Anstieg der Thrombozyten induziert. Die übliche Dosierung, die hierbei angewendt wird, liegt bei 0,4 g/kg Körpergewicht an vier bis fünf aufeinanderfolgenden Tagen. Der Effekt hält in der Regel nur wenige Tage, manchmal auch wenige Wochen an. Trotz des zeitlich begrenzten Effektes ergeben sich bei schwerer ITP bei der HIV-Infektionen insbesondere dann, wenn operative Eingriffe notwendig werden und ein zeitlich beschränkter Anstieg der Thrombozyten erwünscht ist, man aber keine immunsuppressive Therapie im Sinne von Steroidanwendungen oder sonstige immunsuppressive Therapie anwenden möchte oder kann.

Ein positiver Effekt ist von der Substitution von Antikörpern bei fehlender oder reduzierter primärer oder sekundärer humoraler Immunantwort zu erwarten. Bei der HIV-Infektion kann diedurch eine Reduktion von Sekundärinfektionen wie CMV, EBV, HSV etc. oder insbesondere auch von den typischen pädiatrischen Virusinfektion erzielt werden. Inwieweit die Reduktion von Sekundärinfektionen auch zu einer Verminderung aktivierter T-Zellen als mögliche Target-Zellen für das HIV-Virus beiträgt und vielleicht eine Verlangsamung des Krankheitsverlaufs bewirkt, ist noch spekulativ. Bei der HIV-assoziierten ITP ergeben sich Indikationen für eine Applikation von hochdosierten Immunglobulinen von chirurgischen, zeitlich begrenzten Eingriffen.

Die Reduktion von Sekundär-Infektionen spielt sicherlich bei der Anwendung der Immunglobulintherapie im pädiatrischen Bereich eine größere Rolle als bei den Erwachsenen. Beim Vergleich der Substitutionstherapie sollte daher sehr genau unterschieden werden zwischen der Anwendung bei Kindern, insbesondere bei perinatal erworbenen HIV-Infektionen, und den Erwachsenen. Bei HIV-infizierten Kindern ist die primäre humorale Immunantwort gestört. So führen gerade die perinatal erworbenen HIV-Infektionen dazu, daß diese Kinder nicht mehr in der Lage sind, sowohl die zelluläre als auch die humorale Immunität gegenüber ubiquitären Virusinfektionen, wie sie im Kindesalter üblich sind, zu etablieren. Hier haben nach den bisherigen Studien die Immunglobulinsubstitutionen mit Antikörper-Titer gegen diverse virale und bakterielle Antigene in der Reduktion von Sekundär-Infektionen einen eindeutig positiven Effekt sowohl hinsichtlich der Infektionsanfälligkeit als auch in bezug auf den Krankheitsverlauf der HIV-Infektion gezeigt.

Zur Therapie von HIV-infizierten Patienten mit Immunoglobinen werden in den bisherigen Publikationen Dosierungen zwischen 50 und 200 mg Immunglobulin innerhalb der ersten Woche und in den folgenden Wochen in der Regel zwischen 200 und 300 mg/kg alle 14 Tage angewandt, wenngleich bei den einzelnen Autoren die Dosierungen und auch Applikationsfrequenzen durchaus etwas divergieren.

Auf die Frage, welche Immunglobulinpräparate unter Berücksichtigung des präparativen Verfahrens, der Antikörper-Titer und Immunglobulinsubklassen vorzuziehen sind, soll hier nicht eingegangen werden.

Bei der Zusammenstellung einiger Publikationen, die sich mit der Immunglobulintherapie bei HIV-infizierten innerhalb der letzten Jahre beschäftigen, zeigt sich, daß bisher vorwiegend Kinder mit Immunglobulinen therapiert worden sind, hierbei vor allem Kinder mit perinatal erworbenen HIV-Infektionen (Tabelle 5). Es ist sehr schwierig, die einzelnen Studien miteinander zu vergleichen, weil zum Teil unterschiedliche Parameter gemessen worden sind und zum Teil es sich um Kasuistiken handelt und die Therapien bei unterschiedlichen Stadien der HIV-Infektion durchgeführt wurde. Man kann jedoch insgesamt sagen, daß gerade bei Kindern etliche Studien gezeigt haben, daß bei ihnen unter Immunglobulinsubstitution klinische Besserungen erzielt werden konnten. Unter klinischen Besserungen eine Reduktion von opportunistischen Infektionen sowie ein Rückgang der Gedeihstörungen bei den Kindern zu verstehen.

Cavelli/Rubinstein (1986) berichten in einer retrospektiven Auswertung über 14 HIV-infizierte Kinder mit Immunglobulinsubstitution und 27 Kinder ohne Immunglobulinsubstitution. Die beiden Autoren beschreiben, daß in der substituierten Gruppe nur drei von 14 Kindern noch Fieber bekamen und bei einem der 14 Kinder eine Sepsis aufgetreten sei. Von den nicht substituierten Kindern hatten 25 von 27 Fieberperioden, und bei 18 dieser Kinder war eine Sepsis beobachtet worden.

Auch in einer prospektiv randomisierten Studie von Brunkhorst et al. (1987), in der Patienten mit einem „AIDS-related complex (ARC)“ und AIDS mit und ohne Immunglobulinsubstitution vrglichen wurden, scheint nach den bisher vorliegenden Daten von insgesamt 34 Patienten die Gruppe mit Immunglobulinsubstitution am günstigsten abgeschnitten zu haben.

Tabelle 5. Klinische Ergebnisse mit intravenöser Immunglobulintherapie bei der HIV-Infektion

Oleske, 1984	5 Kinder	Klinische Besserungen
Rubinstein, 1986	11 Kinder 5 Erwachsene	Reduktion bakterieller Infektionen
Silvermann/ Rubinstein, 1985	17 Kinder 5 Erwachsene	Rückgang der LDH-Aktivität
Calvelli/ Rubinstein, 1986	14 Kinder mit Ig 27 Kinder ohne Ig	3× Fieber, 1× Sepsis 25× Fieber, 18× Sepsis
Schedel, 1987	7 Erwachsene	Keine opportunistischen Infektionen
Kreuz, 1987	8 Kinder	Klinische Besserungen
Gonzaga, 1987	14 Kinder 5 Erwachsene	Besserung der HIV-assoziierten ITP

Bei den Erwachsenen wurde in einer Studie von SILVERMAN und RUBINSTEIN (1985) über eine Reduktion der LDH-Aktivität berichtet; auf die klinische Symptomatik wird jedoch nicht näher eingegangen. In der o.g. Studie von BRUNKHORST et al. (1987) wird beschrieben, daß in der Gruppe der Substitutierten keine opportunistische Infektionen aufgetreten seien. In der Studie von GONZAGA et al. (1987), die sich überwiegend auf die HIV-positiven ITP-Patienten bezog, wurde eine Besserung der ITP nach Immunglobulinsubstitution gefunden.

Zusammenfassend kann festgestellt werden, daß nach den bisherigen Ergebnissen von einem positiven Effekt der Immunglobulinsubstitution bei HIV-infizierten Kindern ausgegangen werden kann. Bei Erwachsenen müssen weitere Studien die Wirksamkeit noch belegen. Die intravenöse Immunglobulingabe stellt jedoch keine kausale Therapie der HIV-Infektion damit auch keine kurative Therapie dar.

Literatur

Brunkhorst U, Willers W, Knocke KW, Gerdelmann R, Schedel I (1987) Intravenöse Immunglobulintherapie bei Patienten mit symptomatischer HIV-Infektion (AIDS und ARC). Klin Wschr 65:4

Cavelli TA, Rubinstein A (1986) Intravenous gammaglobulin in infant acqured immunodeficiency syndrome. Pediatr Infect Disease 5:207–210

Engelhard D, Waner JL, Kapoor N, Good RA (1986) Effect of intravenous immune globulin on natur killer cell activity: possible association with autoimmune neutropenia and idiopathic thrombocytopenia. J Pediatr 108:77–81

Fehr J, Hofman V, Kappeler U (1982) Transient reversal of thrombocytopenia in idiopathic thrombocytopenic purpura by high dose intravenous gammaglobulin. New Engl J Med 306:1254–1258

Fischl MA, Richmann DD, Grieco MH et al. (1987) The efficacy of azidothymidine (AZT) in the treatment of patients with AIDS and ARC. New Engl J Med 317:185–191

Gonzaga AL, Bonecker CW, Coness LCG, Almedo RMM, Pecego MMN, dos Santos MCP (1987) IVIgG therapy for HIV-related thrombocytic purpura. Haemophila World, June, 3–4

Gupta A, Novick BE, Rubinstein A (1986) Restoration os suppressor T-cell functions in children with AIDS following intravenous gammaglobulin treatment. AJDC 140:143–146

Kreuz W, Wolff H, Krackhardt B, Ebener U, Gussetis FS, Kornhuber B, Cammann U, Hofmann D, Werner A, Kurth R (1987) HIV-Infektionen im Kindesalter. Sozialpädiatrie 9:600–603

Krown SE (1987) The role of interferon in the therapy of epidemic Kaposi's sarcoma. Seminars Oncol 14:27–33

Mitsuyasu RT (1987) Clinical variants and staging of Kaposi's sarcoma. Seminars Oncol 14:13–18

Oleske J, Zabala M, Singh R, Bokhari T, Denny T, Kaur P, Minnefor A, Joshi V (1984) Therapeutic approach of pediatric AIDS. Abstr

Rubinstein A, Sicklick M, Bernstein L, Silverman B, Novick B, Charytan M, Ktieger B (1984) Treatment of AIDS with intravenous gammaglobulin. Pediatr Res 18:264a

Silverman BA, Rubinstein A (1985) Serum lactate dehydrogenase in adults and children with AIDS and ARC. A possible indicator of B-cell proliferation and disease activity. Effect of intravenous gammaglobulin on enzyme levels. Am J Med 78:728–736

Stites DP, Stobo JD, Wells JV (1987) Basic and clinical immunology. Appleton and Lange, Norwalk, p 82–95

Chemotherapeutische Hemmung der HIV-1-Replikation

F.-D. Goebel (München)

Seit der Entdeckung des Human Immunodeficiency Virus (HIV) als Auslöser des erworbenen Immundefekt-Syndromes hat eine intensive Suche nach wirksamen Medikamenten eingesetzt. Erhebliche Anstrengungen sind auf die Entwicklung eines Impfstoffes gerichtet, um die Weiterverbreitung des Virus wirksam zu verhindern. Dies wäre das optimale Ziel, um diese inzwischen weltweite Epidemie beherrschen zu können. Darüber hinaus müssen jedoch auch Methoden entwickelt werden, die zu einer effektiven Behandlung bereits infizierter Personen führen können. Dabei werden prinzipiell zwei Zielrichtungen verfolgt:

1. Die Entwicklung von Medikamenten, die eine Heilung herbeiführen können und
2. Substanzen, die nach der HIV-Infektion ein Fortschreiten der Krankheit bis zum Vollbild von AIDS verhindern können. Eine kurative Therapie muß die vollständige Elimination des Virus aus sämtlichen Körperzellen bewirken. Der Lebenszyklus des Virus mit vollständiger Integration als DNS-Kette in das Genom der Wirtszelle läßt jedoch ein derartiges Ziel derzeit als utopisch erscheinen. Eine theoretische Lösung des Problems könnte in der Elimination infizierter Zellen bestehen, doch macht allein schon die Differenzierung zwischen infizierten und uninfizierten Zellen größte Schwierigkeiten. Darüber hinaus wird die Liste der von diesem Virus infizierten Zellen immer länger, mit dem Nachweis des Neurotropismus des HIV und entsprechendem Befall von Gehirnzellen [4] scheint ein entsprechender Versuch auch nicht praktikabel. Daher konzentrieren sich die derzeitigen Bemühungen auf die Suche nach einem potenten Virustatikum. Die Kenntnis vom intrazellulären Lebenszyklus des HIV ist Voraussetzung für die Entwicklung wirksamer Substanzen. Mit Hilfe an der Oberfläche des Virus lokalisierter Füßchen, dem Glycoprotein 120, wird das Virus über CD4-Rezeptoren an der Zelloberfläche an die Target-Zelle gebunden. Mit Hilfe proteolytischer Enzyme kommt es zur Auflösung der Zellmembran im Bereich der Rezeptoren und zur Penetration des Virus in das Zytoplasma. Nach Abtrennung des Proteinanteils wird die Virus-RNS mit Hilfe des Enzyms Reverse Transcriptase in eine doppelsträngige DNS transkribiert. Diese DNS wird in das Genom der Wirtszelle integriert und kann hier jahrelang ruhen. Über bisher nicht näher definierte Mechanismen, wahrscheinlich jedoch durch Aktivierung der Lymphozyten durch weitere Antigene kommt es mit Hilfe von Messenger-RNS über Transkription und Translation zur Bildung von neuem Virusmaterial, das dann durch Knospung („Budding") aus der Zelle ausgeschieden wird. Eine einzelne infizierte Zelle kann nach Aktivierung hunderte bis tausende von neuen Viruspartikeln produzieren. An jedem der beschriebenen Schritte ist ein therapeutischer Angriffspunkt

vorstellbar. Eine wirksame Inhibition eines einzelnen Schrittes in diesem Zyklus würde die Neuinfektion noch nicht infizierter Zellen unterbinden.

Die optimalen Eigenschaften einer Substanz gegen dieses Retrovirus sind in der Tabelle 1 zusammengefaßt.

Diese Liste entspricht einer Maximalanforderung an eine wirksame Substanz und alle bisher verfügbaren Substanzen erfüllten lediglich Einzelkriterien aus dieser Liste.

Tabelle 2 zeigt eine Auswahl an bisher getesteten virustatischen Substanzen. Das seit über 50 Jahren als Germanin gegen die Schlafkrankheit eingesetzte Suramin hat als Polymerase-Inhibitor einen hemmenden Effekt auch auf die Reverse Transcriptase. Nach erfolgversprechenden in-vitro-Versuchen haben jedoch klinische Versuche gezeigt, daß die Nebenwirkungen in Form allergischer Reaktionen, hohem Fieber, Nierenfunktionsstörungen und Nebennierenrindenatrophie nicht tolerierbar sind [1, 5]. Gegenüber allen anderen Substanzen hatte Suramin den Vorteil, bei extrem langer Halbwertszeit nur eine wöchentliche Infusion erforderlich zu machen. In eigenen Versuchen hat sich die Applikation von Suramin nach vorheriger Gabe von 1 g Aspirin als relativ gut verträglich erwiesen. Fieber trat nur in seltenen Fällen und dann bis höchstens 38,5° C auf, überraschenderweise blieben allergische Reaktionen aus. Regelhaft trat eine Proteinurie bis auf 2 g in 24 Stunden auf sowie ein Anstieg des Kreatinins auf maximal 1,9 mg/dl. Insgesamt 10 Patienten, vier mit dem Vollbild AIDS, sechs mit einem Lymphadenopathie-Syndrom wurden behandelt. Innerhalb von sechs Monaten waren alle vier AIDS-Patienten verstorben, die Therapie bei den LAS-Patienten konnte ein Jahr lang fortgeführt werden. Im Vergleich zu einer

Tabelle 1

1. Effektive Hemmung der Virusreplikation
2. Minimale Toxizität
3. Langzeitverträglichkeit
4. Keine Resistenzentwicklung
5. Passage der Blut-Hirn-Schranke
6. Ausreichend lange Halbwertzeit (über 30 min)
7. Orale Applikation möglich
8. Niedrige Kosten

Tabelle 2. Auswahl bisher getesteter Substanzen zur Hemmung der Replikation von HIV

Substanz	Wirkmechanismus
1. Suramin	RT-Hemmung
2. HPA 23	RT-Hemmung
3. Foscarnet	RT-Hemmung
4. Rifabutin	RT-Hemmung
5. D-Penicillamin	RT-Hemmung
6. Ribavirin	RT-Hemmung (?) Translations-Hemmung (?)
7. Azidothymidin	DNS-Synthese-Abbruch
8. Dideoxycytidin	DNS-Synthese-Abbruch

unbehandelten Kontrollgruppe mit gleichen Krankheitsstadien und immunologischen Befunden zeigte sich nach einem Jahr eine deutliche Verschlechterung bei den Nichttherapierten, ein unveränderter Status klinisch und immunologisch bei den mit Suramin behandelten Patienten. Eine Nebenniereninsuffizienz wurde in keinem Fall beobachtet. Die Therapie wurde auf eigenen Wunsch der Patienten abgebrochen, als AZT verfügbar wurde.

HPA23 wurde erstmals in Frankreich als Inhibitor der Reversen Transcriptase eingesetzt [8]. Ausgeprägte Thrombozytopenien mit Blutungen verhindern jedoch eine längerfristige Applikation. In-vitro-Untersuchungen haben gezeigt, daß die Virusreplikation nicht meßbar zurückging. Foscarnet bedarf in vitro für die Virusreplikationshemmung über Hemmung des Enzyms Reverse Transcriptase einer niedrigen minimalen Hemmkonzentration. Gleichzeitig scheint es einen inhibierenden Effekt auf das Cytomegalievirus zu haben. Der Nachteil der Substanz ist die parenterale Applikation mit extrem kurzer Halbwertszeit, so daß Dauerinfusionen zur Therapie notwendig wären [9]. Das als Tuberkulostatikum eingesetzte Rifabutin hat bisher keine klinischen Studien durchlaufen, obwohl in vitro ebenfalls eine klare Hemmung der Reversen Transcriptase nachgewiesen werden konnte. Auch dem D-Penicillamin liegt ein ähnlicher Wirkmechanismus zugrunde. Erste klinische, Placebo-kontrollierte Studien sind zum Nachweis des Effektes begonnen worden [2]. Die Substanz Ribavirin gehört zur Gruppe Nukleosid-Analoga. Dabei handelt es sich um ein Guanosinderivat, das einerseits eine mäßige Inhibition der Reversen Transcriptase bewirkt, vor allem aber eine Hemmung der Transcription von DNS auf RNS nach der Aktivierung der infizierten Zelle [10]. In einer Placebo-kontrollierten Doppelblindstudie in den USA an Patienten im Stadium ARC wurde der Anteil der Patienten mit Übergang zum Vollbild von AIDS als Wirkkriterium herangezogen. Innerhalb von sechs Monaten gingen 24% in der Placebo-Gruppe, unter der Behandlung mit 800 mg Ribavirin tgl. nur 11% in das Vollbild AIDS über [6]. Grundsätzlich ist jedoch anzumerken, daß eine Entwicklung zum Vollbild von AIDS bei 24% der Patienten innerhalb von sechs Monaten exorbitant hoch ist, so daß sich die Frage aufdrängt, ob die Randomisierung zwei Gruppen ergeben hat mit tatsächlich gleich ausgeprägtem Immundefekt. In derselben Studie wurde eine Dosisabhängigkeit der Wirksamkeit durch Applikation von 600 mg Ribavirin in einer weiteren Gruppe getestet. Dabei zeigte sich die 800 mg Dosis der niedrigeren signifikant überlegen. Hier sind jedoch weitere Studien notwendig, um das Ergebnis dieser Untersuchung zu bestätigen.

Mit der Substanz Azidothymidin, der bisher einzigen zur Behandlung der HIV-Infektion zugelassenen Präparation, liegen bisher die größten Erfahrungen vor. Es dauerte 26 Monate bis Azidothymidin (AZT) nach Vorliegen erster in-vitro-Ergebnisse in Europa und in USA zugelassen wurde. In Anbetracht einer mittleren Zulassungsdauer für Medikamente durch die Food and Drug Administration der USA von etwas über fünf Jahren ist die außerordentlich rasche Zulassung von AZT Ausdruck einerseits der enormen Forschungsanstrengungen, andererseits des großen – möglicherweise zu großen – Druckes in der Öffentlichkeit. Bei AZT sind wohl nicht alle für die Zulassung eines Präparates üblichen Voraussetzungen erfüllt gewesen. Diese Tendenz ist nicht ungefährlich. Die Wirkung des Nukleosidanalogs AZT beruht auf der Hemmung der RNS-abhängigen DNS-Polymerase, also der Reversen Transcriptase sowie auf dem Kettenabbruch bei der HIV-DNS-Synthese [11]. Im

Thymidinmolekül ist eine OH-Gruppe durch eine N3-Gruppe ersetzt. Da die DNS-Kettensynthese über eben diese OH-Gruppe erfolgt, kommt es zum Syntheseabbruch an der Stelle, an der Azidothymidin als falsches Substrat eingebaut wird. Dadurch wird die Virusreplikation effektiv gehemmt.

In einer randomisierten, doppelblinden Placebo-kontrollierten Studie an 282 Patienten mit ARC bzw. AIDS zeigte sich nach einem halben Jahr eine signifikant höhere Letalität in der mit Placebo behandelten Gruppe [3]. Während in der AZT-therapierten Gruppe ein Todesfall zu verzeichnen war, verstarben in der Placebo-Gruppe 19 Patienten. Dieser Unterschied war hochsignifikant, so daß nach sechs Monaten der Placeboarm der Studie aus ethischen Gründen abgebrochen wurde. Die Placebo-behandelten Patienten erhielten von da an ebenfalls AZT. Zwei Monate später waren in der ursprünglichen AZT-Gruppe insgesamt 8 Patienten verstorben, in der ursprünglich mit Placebo, später mit AZT behandelten Gruppe 32. Nach einer persönlichen Mitteilung von Dr. Laskin von der Cornell-University in New York betrug die Gesamt-Todesrate der von Beginn an mit AZT behandelten Gruppe nach zwei Jahren 12%. Eine Mortalität von 12% innerhalb von zwei Jahren bei Patienten mit dem Vollbild AIDS ist so niedrig, daß wohl sicher die weitere Evaluierung der Studienergebnisse eine hochsignifikante Lebensverlängerung der AZT-behandelten Patienten ergeben wird. Über den ganzen Studienverlauf war die Mortalität invers korreliert zur Helferzellzahl zu Beginn der Studie.

In der Placebo-kontrollierten Phase der Studie zeigten sich erhebliche Nebenwirkungen [7]. Insgesamt wurden von den Patienten 89 Symptome als subjektive Beschwerden angegeben. Jedoch lediglich für drei, nämlich Schlaflosigkeit, Myalgie und Übelkeit ergaben sich signifikant höhere Angaben für AZT als für Placebo. Ein Therapieabbruch aufgrund subjektiver Nebenwirkungen erfolgte jedoch nur in wenigen Ausnahmefällen. Bedrohliche Nebenwirkungen objektiver Art fanden sich durch Knochenmarksuppression. Eine Anämie mit Hb-Werten unter 7,5 g/dl entwikkelte sich bei 24% der AZT-Patienten. 21% benötigten mehrere Bluttransfusionen. Bei der Mehrzahl der Fälle war durch Bluttransfusionen oder Dosisreduzierung ein Therapieabbruch vermeidbar. 16% der AZT-behandelten Patienten entwickelten eine Neutropenie unter 500 Zellen pro mm^3. Patienten, die bereits bei Studienbeginn eine niedrige Helferlymphozytenzahl, eine Anämie oder Neutropenie hatten, zeigten signifikant häufiger hämatologische Nebenwirkungen.

In der Medizinischen Poliklinik der Universität München wird AZT seit Januar 1987 eingesetzt, bisher wurden insgesamt 52 Patienten mit AIDS oder ARC damit behandelt. Die Abb. 1 zeigt die hämatologischen Daten bei 40 Patienten in den ersten Wochen der Behandlung. Unter der Therapie mit 1,2 g/die kommt es nach wenigen Wochen bei fast der Hälfte der Patienten zu einem Rückgang der Erythrozytenzahl. Ebenso fällt nach wenigen Wochen, jedoch langsamer als die Zahl der Erythrozyten, die Konzentration des Hämoglobins ab. Dadurch kommt es zu einem Anstieg des mittleren Zellvolumens, der bei ausnahmslos allen unseren Patienten zu beobachten war. Damit hat sich für uns das MCV als Parameter der Compliance der Patienten für die Medikamenteneinnahme bewährt. Im Mittel kommt es zum Anstieg des MCV auf über 110, der Maximalwert bei einem Patienten betrug 129. In einem Fünftel der Fälle kommt es zu einem Abfall der Leukozyten, besonders der Neutrophilen (Abb. 2). Der Mittelwert der Leukozyten fällt relativ geringfügig ab und erreicht nach einigen Wochen ein konstantes Niveau. Bei Neutrophilenzahlen von 750/Mikroliter wurde

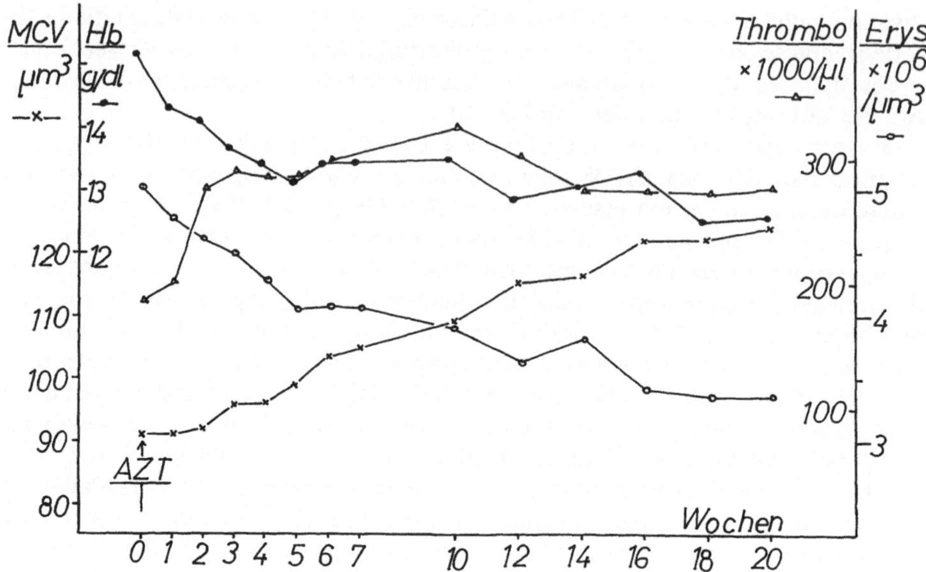

Abb. 1. Erythrozytäre Parameter und Thrombozyten während AZT-Therapie bei 40 AIDS-Patienten

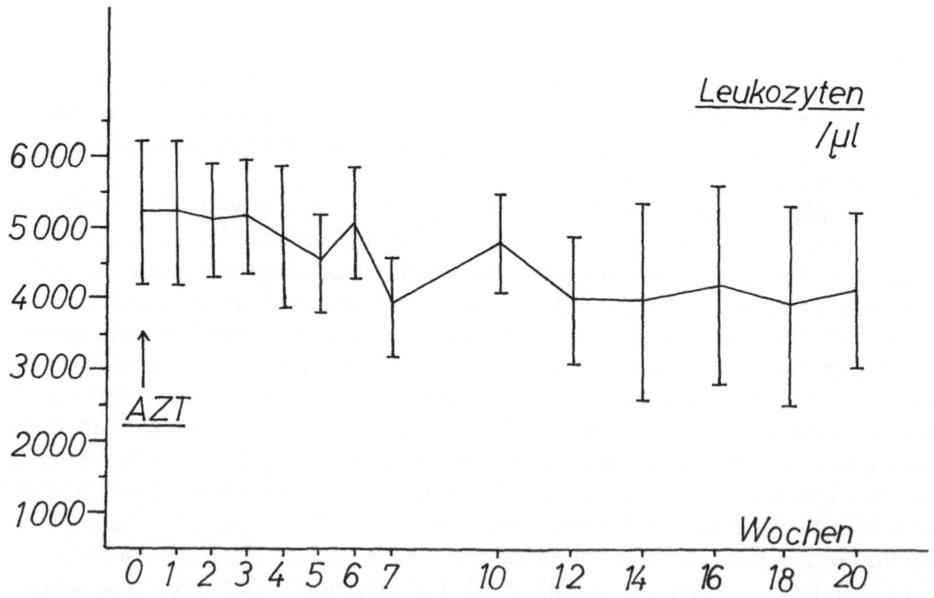

Abb. 2. Leukozytenverlauf unter AZT bei 40 AIDS-Patienten

die Dosis reduziert. Jedoch mußte in jedem Einzelfalle einer Dosisreduktion wegen Neutropenie bei fortschreitender Knochenmarksuppression die Substanz im weiteren Verlauf ganz abgesetzt werden. Dagegen konnte die Hälfte der Patienten, bei denen eine Dosisreduktion wegen einer Anämie vorgenommen wurde, mit reduzierter Dosis weiterbehandelt werden. Im Gegensatz zu Leukozyten und Erythrozyten kam es unter AZT innerhalb der ersten vier Wochen zu einem signifikanten Thrombozytenanstieg, der sich als konstant erwies.

Zwei klinische Beobachtungen bei den behandelten Patienten waren auffällig und sind mitteilenswert: Innerhalb kurzer Zeit führte die AZT-Behandlung bei der Mehrzahl der Patienten zu einer deutlichen Besserung des subjektiven Befindens. Fünf Patienten – seit längerer Zeit arbeitsunfähig – konnten unter AZT ihre Arbeit wieder aufnehmen. Bei vier Patienten mit ausgeprägter peripherer Neuropathie kam es in wenigen Wochen zur deutlichen Besserung, bei zwei Patienten verschwanden die Beschwerden völlig. Die Kontrolle der T-Lymphozyten ergab unter AZT einen geringfügigen, aber nur passageren Anstieg der Helfer-Lymphozyten. Bei zehn Patienten wurden Viruskulturen im Verlauf der Behandlung angelegt, in keinem Falle ergab sich eine Veränderung der Anzüchtbarkeit des HIV.

Welche Indikationen bestehen derzeit für die Therapie HIV-Infizierter mit Azidothymidin? Nach Vorliegen der amerikanischen Phase II-Studie besteht kein Zweifel an der Effektivität von AZT bei Patienten mit AIDS oder ARC. Für diese Krankheitsbilder ist die Substanz in Deutschland vom Bundesgesundheitsamt zugelassen. Da bisher keine Studienergebnisse zur Frage der Effektivität und tolerabler Nebenwirkungen von AZT in früheren Krankheitsstadien, also bei Patienten mit Lymphadenopathie-Syndrom oder HIV-Infizierten ohne jede Symptomatik vorliegen, erscheint der Einsatz dieser Substanz in früheren Stadien derzeit nicht gerechtfertigt. Die deutlich geringere knochenmarksuppressive Nebenwirkung des AZT bei Patienten mit höheren Helferzellzahlen und ohne hämatologische Störungen bei Behandlungsbeginn legt jedoch nahe, das Verhältnis von Nutzen und Schaden von AZT in früheren Stadien zu prüfen. Daher sollten in den verschiedenen Risikogruppen Placebo-kontrollierte Doppelblind-Studien mit AZT bei symptomlosen HIV-Trägern oder Patienten mit LAS durchgeführt werden. Solange keine besser wirksame und besser verträgliche Substanz zur Verfügung steht, sollte der Nutzen der Verfügbaren eruiert werden. Möglicherweise sind durch Kombinationen [12] – etwa mit Acyclovir – Dosisreduktionen für AZT mit der Folge einer geringeren Nebenwirkungsrate möglich. Das Ergebnis einer solchen Kombinationstherapiestudie in Europa und Australien wird in wenigen Monaten verfügbar sein. Es scheint jedoch wünschenswert und notwendig, in Anbetracht der zunehmenden Zahlen der HIV-abhängigen Krankheitsbilder mit Evaluierungsstudien auch bei Hämophilie-Patienten zu beginnen.

Literatur

1. Broder S, Yarchoan R, Collins J et al (1985) Effects of suramin on HTLV III/LAV infection presenting as Kaposi's sarcoma or AIDS-related complex: clinical pharmacology and suppression of virus replication in vivo. Lancet II:627–630
2. Chandra P, Sarin PS (1986) Selective inhibition of replication of the AIDS-associated virus HTLV III/LAV by synthetic D-Penicillamine. Drug Res 36:184–186

3. Fischl MA, Richman DD, Grieco MH et al. (1987) The efficacy of azidothymidine (AZT) in the treatment of patients with AIDS and AIDS-related complex. N Engl J Med 317:185–191
4. Ho DD, Rota TR, Schooley RT et al. (1985) Isolation of HTLV III from cerebrospinal fluid and neutral tissues of patients with neurological symptoms. N Engl J Med 313:1493–1497
5. Levine AM, Gill PS, Cohen J et al. (1986) Suramin antiviral therapy in the acquired immunodeficiency syndrome. Ann Intern Med 105:32–37
6. Mansell PWA, Haseltine PNR, Roberts RB et al. (1987) Ribavirin delays progression of the lymphadenopathy syndrome (LAS) to the acquired immunodeficiency syndrome (AIDS). III. Int. Congress on AIDS, Washington
7. Richmond DD, Fischl MA, Grieco MH et al. (1987) The toxicity of azidothymidine (AZT) in the treatment of patients with AIDS and AIDS-related complex. N Engl J Med 317:192–197
8. Rozenbaum W, Dormont D, Spire B et al. (1985) Antimoniotungstate (HPA23) treatment of three patients with AIDS and one with prodrome. Lancet I:450–451
9. Sandstrom EG, Byington RE, Kaplan JC et al. (1985) Inhibition of human T-cell lymphotropic virus type III in vitro by phosphonoformate. Lancet I: 1480–1482
10. Vernon A, Schulof RS (1987) Serum HIV core antigen in symptomatic ARC patients taking oral ribavirin or placebo. III. Int. Congress on AIDS, Washington
11. Yarchoan R, Klecker RW, Weinhold KJ et al. (1986) Administration of 3'azido-3'deoxythymidine, an inhibitor of HTLV III/LAV replication to patients with AIDS or AIDS-related complex. Lancet I:575–580
12. Yarchoan RCF, Perno F, Thomas RV et al. (1988) Phase I studies of 2', 3'Dideoxycytidine in severe human immunodeficiency virus infection as a single agent and alternating with Zidovudine (AZT). Lancet I:76–80

Vorläufige Ergebnisse einer präliminären Studie über die Zidovudin-Therapie bei Hämophilen mit AIDS und ARC in Wien

H. Hartl, Ch. Stain, I. Pabinger, K. Lechner (Wien)

Azidothymidin gilt derzeit als einzige Substanz mit gesicherter Wirksamkeit bei Patienten mit AIDS und AIDS-related complex (ARC) (nach der CDC-Klassifikation Stadium IV).

Die objektiv gravierendste Nebenwirkung bei der Behandlung mit AZT ist die Hämatotoxizität.

Erste Untersuchungen weisen darauf hin, daß Nebenwirkungen bei Patienten mit ARC deutlich geringer sind, als bei Patienten mit voll ausgeprägtem Bild von AIDS.

In unserem Hämophilie-Zentrum haben wir uns entschlossen, alle symptomatisch gewordenen Patienten im CDC-Stadium IV C-1 und IV C-2 mit Zidovudin zu behandeln, und ich möchte Ihnen einige Daten über die hämatologischen Veränderungen bei diesen Patienten präsentieren.

Derzeit (Oktober 1987) werden 11 Patienten mit AZT behandelt, die Behandlungsdauer beträgt zwischen 2 und 15 Wochen. Im folgenden möchte ich die Untersuchungsergebnisse von 5 Patienten zeigen, die länger als sechs Wochen behandelt wurden.

Zwei dieser 5 Patienten leiden an AIDS, und wurden in einen randomisierten, doppelblinden Studie mit 6-stündlich 3,5 mg/kg Körpergewicht AZT mit oder ohne Acyclovir behandelt. Die Beobachtungsdauer beträgt bei diesen Patienten mindestens 12 Wochen. Aus der Tabelle 1 ersehen Sie, daß es trotz längerer Behandlungsdauer zu keiner wesentlichen hämatologischen Toxizität gekommen ist. Im Gegenteil, es ist bei den Patienten zu einem deutlichen Anstieg der Thrombozyten gekommen. Die Anzahl der T4-Lymphozyten ist, wie schon bekannt, nicht angestiegen.

Beide Patienten sind in guter körperlicher Verfassung und haben keine neuen Zeichen von opportunistischen Infektionen gezeigt. Sie geben eine Verbesserung der

Tabelle 1. Veränderungen von Thrombozyten (Thr), Leukozyten (Leu), Lymphozyten (Ly), T4-(Helfer-) Lymphozyten (T4L), Hämoglobin (Hb) und Immunglobuline G bei 2 Patienten mit AIDS unter AZT-Therapie

Wochen	−25	−2	0	2	4	6	8	12
Thr/ul	103500	101000	96000	134000	136000	137500	179000	170000
Leu/ul	2200	2200	3300	3000	2350	3300	3900	4000
Ly/ul	750	770	700	850	875	825	1120	1586
T4L/ul		243	239		262	163		
Hb g/dl	13,2	14,3	14,5	13,3	13,6	14,4	14,7	14,6
IgG mg/dl	2145		2085	2085	1925	2040	2080	1995

Lebensqualität an und können ihren Beruf wieder ausüben. Die Blutungsereignisse nahmen unter AZT-Therapie deutlich ab, am ehesten ist dies auf die Verbesserung des Allgemeinzustandes und auf die derzeit gute psychische Verfassung beider Patienten zurückzuführen. 3 Patienten mit ARC (2 Patienten mit oraler haariger Leukoplakie, 1 Patient mit oraler Candidiasis) werden 4-stündlich mit 3,5 mg Zidovudin/kg Körpergewicht behandelt. Die Beobachtungszeit bei diesen Patienten ist noch relativ kurz, jedoch hat sich bis dato ebenfalls keine nennenswerte hämatologische Toxizität gezeigt. Auch hier kam es zu einem Anstieg der Thrombozyten unter der Therapie, die Leukozyten sind allerdings leicht abgefallen (Tabelle 2).

Tabelle 2. Hämatologische Veränderungen bei 3 Patienten mit ARC unter AZT-Therapie

Wochen	−25	−2	0	2	4	6
Thr/ul	174000	139000	140000	206000	217000	192000
Leu/ul	4800	4000	4500	3900	2900	3600
Ly/ul	2030	1770	1855	1400	1220	1490
Hb g/dl	14	11,6	11,8	11,4	11,5	11,3
IgG mg/dl	2730	2220	2755	2015		2230

Diese Daten, bei einer allerdings noch kurzen Behandlungszeit, zeigen, daß die hämatologische Toxizität von AZT (Zidovudin) zumindest bei kurzdauernder Behandlung gering ist.

Auch die subjektiven Nebenwirkungen sind minimal, kurzzeitige, leichte Kopfschmerzen traten bei einem Patienten auf, gelegentliche, anfängliche Übelkeit bei zwei Patienten. Die Compliance unserer Patienten war bisher ausgezeichnet.

Wegen der nachgewiesenen Wirksamkeit von AZT (Zidovudin) bei Patienten mit AIDS, und der geringen Nebenwirkungsrate, ist sowohl bei Patienten mit AIDS als auch ARC der frühzeitige Beginn der Behandlung zu empfehlen.

Indikation und Einsatz von Immunglobulinen bei HIV-infizierten Kindern

W. Kreuz (Frankfurt)

Ich möchte unser Therapiekonzept vorstellen, das wir seit Ende 1985 mit speziellen Immunglobulinen durchführen. Wir behandeln zunächst asymptomatische Kinder mit stabilem Immunsystem nicht. Diese Kinder werden aber kurzfristig klinisch und immunologisch kontrolliert. Wenn wir bei diesen immunologischen Kontrolluntersuchungen einen B-Zell-Defekt bzw. eine Verschlechterung der klinischen Parameter erkennen können, werden diese Kinder auf Immunglobuline gesetzt.

Unser erstes Kind behandelten wir mit Immunglobulinen, wie gesagt, ab Ende 1985 und überblicken inzwischen 12 Therapieverläufe, vier langfristige und acht kurzfristige. Wir verwenden Präparate, die auch neutralisierende Antikörper gegen HIV enthalten. Zugleich müssen hohe Antikörper gegen die möglichen opportunistischen Erreger enthalten sein, wie z.B. CMV und EBV. Ich hatte vorhin erwähnt, daß es EBV-Pneumonien bei Kindern geben kann. Ein HIV-Hyperimmunglobulin steht uns bisher leider noch nicht zur Verfügung. Das könnte, wie hier auch schon andiskutiert, bei Kindern einen therapeutischen Erfolg haben.

Wir haben in der letzten Zeit begonnen, die klinisch weit fortgeschrittenen Patienten zusätzlich mit AZT zu behandeln. Bei schweren akuten bakteriellen Infektionen bzw. Sepsis kann auch der Einsatz eines IgM-haltigen Immunglobulinpräparates wertvoll sein. Zunächst behandeln wir die Kinder bei klinischer Verschlechterung meistens an zwei Tagen in der Woche; wenn sie sich klinisch stabilisiert haben, einmal wöchentlich. Um das Risiko einer anaphylaktoiden Reaktion möglichst gering zu halten, lassen wir das nur unter ärztlicher Kontrolle durchführen. Wir beginnen zunächst mit 50 mg pro kg Körpergewicht und steigern dann langsam bis auf 200 bis 400 mg pro kg Körpergewicht als Einzeldosis.

Wir haben bisher keine Nebenwirkungen gesehen, aber eine seltene Nebenwirkung wie eine Immunkomplexarteriitis könnte auftreten.

Ich möchte exemplarisch drei Therapieverläufe schildern. Bei dem ersten von uns therapierten Patienten handelt es sich um einen fünfjährigen Jungen ehemals heroin-abhängiger Eltern, die beide HIV-positiv sind. Er wurde uns im November 1985 im Alter von dreieinhalb Jahren im Vollbild AIDS vorgestellt. Wir diagnostizieren eine schwere Epstein-Barr-Virus-Pneumonie, die mit zunehmender Leistungseinschränkung, Atemnot, Müdigkeit und rezidivierenden Fieberschüben einherging. Zu dem damaligen Zeitpunkt entschlossen wir uns erstmalig, diese Immunglobulintherapie durchzuführen. Die Therapie bewirkte 2 Jahre lang eine drastische Besserung des klinischen Bildes, die bis vor kurzem trotz allmählicher Abnahme der T4-Helferzellen anhielt. Das Kind hat sich in den letzten Wochen neurologisch verschlechtert, so daß wir mit AZT begonnen haben, und unter dieser AZT-Therapie sehen wir wiederum eine klinische Besserung. Die radiologisch nachgewiesenen Veränderungen der Lunge haben sich unter Immunglobulinen innerhalb eines Jahres nach Therapiebeginn vollkommen zurückgebildet.

Ein weiteres Kind, das wir seit dem Übergang von ARC zu AIDS mit Immunglobulinen behandeln, ist inzwischen vier Jahre alt. Seine HIV-positive Mutter ist schon verstorben. Dieses Kind litt an chronischen Diarrhöen, ständigen Fieberschüben, Müdigkeit und nur geringer körperlicher Leistungsfähigkeit. Ab August 1986 haben wir Immunglobuline verabreicht. Unter dieser Therapie verschwanden die Durchfälle, es traten keine Fieberschübe mehr auf, das Kind ist körperlich wieder voll belastbar. Seit dieser Therapie wächst das Kind auch erstmals wieder; es hatte vorher einen langen Wachstumsstillstand und hat jetzt auch wieder an Gewicht zugenommen. Vor der Therapie besaß das Kind eine absolute T4-Helferzellzahl von 341 bei einer T4/T8-Ratio von 0,13. Unter der Immunglobulintherapie stiegen die T4-Zahlen bis auf 3441 an, bewegten sich dann zunächst um 2500, sind dann weiter auf 1600 absolut abgefallen, bei einer Ratio von 0,97 bzw. 1,25.

Ich möchte hinzufügen, daß es bisher unter dieser Therapie zu keiner opportunistischen Infektion gekommen ist. Das erste Kind, wie gesagt, behandeln wir seit zwei Jahren, und schon damals hatte es „Full Blown AIDS“.

Daß es auch schlechter laufen kann, möchte ich an einem Hämophilen zeigen, der in seinem Krankheitsverlauf bis kurz vor dem Übergang in das Stadium des ARC keine Symptomatik bis September 1985 gezeigt hat. Obwohl der Junge schon lange infiziert war, zeigten sich erst ab diesem Zeitpunkt tastbare Lymphknoten. Innerhalb eines Jahres erkrankte er an zwei bakteriellen Pneumonien, die von einer Panzytopenie, einem Wachstumsstillstand und einer Gewichtsabnahme begleitet waren. Daraufhin haben wir ab September 1986 eine Immunglobulintherapie begonnen, die jedoch keine Besserung bewirken konnte. Im Januar 1987 erkrankte das Kind erneut an einer bakteriellen Pneumonie, hinzu kam eine intestinale Candidia-Infektion und häufig starke Kopfschmerzen. Die absolute T4-Helferzellzahl betrug zu diesem Zeitpunkt nur noch 176. Im Zusammenhang mit den Kopfschmerzen wurde eine CT durchgeführt, die eine beginnende Hirnatrophie zeigte.

Im Mai 1987 fand sich nur noch eine T4/T8-Ratio von 0,11 und eine absolute T4-Zellzahl von 11, eine Panzytopenie, und in sechswöchigen Abständen mußten wir wegen einer Anämie transfundieren. Neben einer stark ausgeprägten Leukopenie fand sich ebenfalls eine Thrombozytopenie mit Werten zwischen 29000 und 90000. Wie bei diesen Patienten schon häufig gezeigt, bewirkten hier auch die Immunglobulingaben einen Thrombozytenanstieg bis auf 90000.

Ich will darauf hinweisen, daß die Immunglobulintherapie bei diesem Patienten wahrscheinlich viel zu spät begonnen wurde. Die Parameter des Immunsystems zeigten keine Erholungstendenz mehr, was wir bei anderen Kindern beobachten konnten. Entscheidend wird wohl der rechtzeitige Beginn der Therapie sein, und zusätzlich muß man sich früher über eine AZT-Therapie unterhalten. Nach unserem Eindruck bekommen Hämophilie, die nach dem dritten bis sechsten Lebensjahr infiziert wurden rezidivierende bakterielle Infektionen zu einem späteren Zeitpunkt als die in utero-infizierten Kinder, da bei ihnen die HIV-Infektion auf ein schon weitgehend ausgebildetes Immunsystem traf.

Ich möchte hinzufügen, daß die Immunglobulintherapie auch in unseren Augen nur als lebensverlängernde Therapie und nicht als ursächliche Therapie gesehen wird. Wir möchten Zeit gewinnen, um den Patienten die Chance zu erhalten, einmal mit einem virusabtötenden Medikament behandelt zu werden. Auf jeden Fall erhöhen wir durch diese Therapie die Lebensqualität, die körperliche Leistungsfähigkeit und das Wohlbefinden der Kinder. Zusätzlich beginnen sie wieder zu wachsen und zu gedeihen.

Diskussion

BUDDE (Hamburg):

Beim dauersubstituierten Hämophilen finden wir unabhängig vom HIV-Status ein stark intensiviertes RES. Im Gegensatz dazu ist beim Vollbild des AIDS das RES stark blockiert. Würden wir einem AIDS-Patienten hochdosiert Immunglobuline geben, wäre zu erwarten, daß das RES noch weiter blockiert und die Abräumfunktion für Viren und Bakterien völlig darniederliegt. Es könnte theoretisch die Gefahr bestehen, daß sich beim AIDS-Patienten eine hochdosierte Immunglobulingabe deletär auswirken kann. So möchte ich fragen, ob hierzu inzwischen klinische Beobachtungen gemacht worden sind.

BERGMANN (Frankfurt):

Aus den bisher vorliegenden Daten sind solche Rückschlüsse nicht möglich. Es ist aber zu überlegen, in welchem Stadium der HIV-Infektion eine Immunglobulintherapie überhaupt indiziert ist. Hierbei ist zwischen Kindern und Erwachsenen zu unterscheiden. Bei Kindern ist es sicherlich sinnvoll, damit früh zu beginnen oder sogar prinzipiell eine Dauersubstitution durchzuführen (RUBINSTEIN u. a.). Nach den wenigen anekdotischen Berichten über Immunglobulintherapie bei Erwachsenen kann eine Antwort durch prospektive Studien gefunden werden. Wenn überhaupt, bietet sich wohl am ehesten das ARC-Stadium oder, nach der Frankfurter Stadieneinteilung das Stadium 2B für die Immunglobulintherapie an.

WENZEL (Homburg/Saar):

Herr Bergmann hat präzise Hinweise dafür gegeben, daß die Indikation der Gammaglobulintherapie in einer Reduktion opportunistischer Infektionen zu sehen ist. Sollten dazu bestimmte Präparationen vorgezogen werden mit speziellen Angaben für Antikörpertiter, um ggf. gezielter kontrollieren zu können? Welche Dosis ist dazu notwendig?

BERGMANN (Frankfurt):

Ob HIV-antikörperhaltige Immunglobulinpräparate effektiver sind als solche, die keine Antikörper enthalten, ist bislang nicht zu beantworten. Vermutlich werden antikörperhaltige Präparate nicht wesentlich günstiger abschneiden. Im Kindesalter liegt der Nutzen der Immunglobulinpräparate in der Verhütung von Sekundärinfektionen und nicht etwa in der Neutralisierung des HIV. Zur Dosis sind derzeit noch keine endgültigen Angaben zu machen. Man wird sich hier vorerst an den vorliegenden Studien orientieren. Bei Erwachsenen müßte das in einer kontrollierten Studie geprüft werden.

EIBL (Wien):

Um keine falschen Vorstellungen entstehen zu lassen, möchte ich darauf hinweisen, daß es keine HIV-antikörperhaltigen Immunglobulinpräparate mehr gibt, denn alle Spender müssen seit über 2 Jahren Anti-HIV-negativ sein. Weiterhin habe ich Ihnen in dem Schimpansen-Experiment gezeigt, daß selbst virusneutralisierende Antikörper keine Schutzwirkung haben. Im Zentrum des Infektionsgeschehens mit HIV rücken die Makrophagen ohnehin immer mehr in den Vordergrund. Von Bedeutung könnte jedoch sein, daß man bei intravenösen Gammaglobulinpräparaten darauf achten sollte, ob die bei der Herstellung entstehenden denaturierten Substanzen auch im Präparat enthalten sind oder nicht bzw. welche Präparate diese in höherer oder anderer Konzentration enthalten. Denaturierte Substanzen haben einen immunsuppressiven Effekt zumindest auf Teile des immunkompetenten Systems. Darüber hinaus ist die Immunglobulintherapie in keiner Weise eine Kausalbehandlung der HIV-Infektion. Sekundäre Infektionen sind jedoch durchaus damit beherrschbar.

VON KRIES (Düsseldorf):

Herr Kreuz, welche Parameter der B-Zell-Funktion erwarten Sie in der Indikation für eine Immunglobulingabe? Als Ziel haben Sie angegeben, opportunistische Infektionen zu verhüten. Frau Prof. Eibl hat gezeigt, daß Kinder, die bereits sehr früh eine HIV-Infektion erworben haben, unfähig sind, sich mit den gängigen Erregern auseinanderzusetzen. Diese haben sicherlich einen funktionellen B-Zell-Defekt. Bei Kindern mit einem angeborenen Immunglobulinmangel ist das klinische Bild jedoch nicht durch opportunistische Infektionen, sondern vielmehr durch banale bakterielle Infektionen geprägt. Auf letztere müssen wir unser Augenmerk richten. Man wird durch Immunglobulingabe kaum eine Toxoplasmose oder Pneumocystis carinii Pneumonie verhindern, vielleicht ist es bei einer Cytomegalie möglich. Mit Sicherheit können hingegen ständig rezidivierende bakterielle Infektionen verhütet werden, und das zeigen auch Daten von RUBINSTEIN. Ständig rezidivierende bakterielle Infektionen, die diese Kinder erheblich belasten, können dadurch wohl weitgehend verhindert werden.

KREUZ (Frankfurt):

Den B-Zell-Defekt sehen wir sicherlich an den gehäuft auftretenden Infektionen. Dann kann man mit Impfantikörper kontrollieren. Seit Jahren beobachten wir, daß bei diesen Kindern die Lymphozytenstimulation auf PWM sehr rasch abfällt.

SCHRAMM (München):

Ich möchte noch einmal hervorheben, daß bei der Indikation der Immunglobulintherapie bei HIV-Infizierten doch wohl streng zwischen Hämophilen und HIV-positiven Kindern infizierter Mütter zu unterscheiden ist. Bei letzteren trifft die Infektion ein entstehendes Immunsystem, bei ersteren nicht. Entsprechend sind fast alle Studien mit Immunglobulinen bei infizierten Kindern HIV-positiver Mütter durchgeführt worden.

Bergmann (Frankfurt):

Es ist gut, daß Sie dieses noch einmal erwähnen. Patienten mit perinatal erworbener HIV-Infektion sind zweifellos von solchen mit später erworbener HIV-Infektion zu trennen. Bei perinataler HIV-Infektion steht klinisch der B-Zell-Defekt im Vordergrund, bei später erworbener Infektion der T-Zell-Defekt. Wir haben es also mit Patientengruppen zu tun, die unterschiedliche Verläufe nehmen und so auch unterschiedlicher Kontrollen in der Versorgung bzw. im Rahmen prospektiver Studien bedürfen. Entsprechend kann sich eine verlaufs- und interventionstherapeutische Studie HIV-positiver Hämophiler nur auf diese Gruppe beziehen, während perinatal oder auch im frühen Säuglingsalter infizierte Patienten besser einer gesonderten Therapiestudie zuzuführen sind.

Beeser (Freiburg):

Ich möchte noch einmal auf Antikörpertiter der Immunglobulinpräparate zurückkommen, da die Beantwortung dieser Frage auf Anti-HIV-Titer beschränkt worden ist. Zur Verhinderung opportunistischer wie auch bakterieller Infektionen sind Antikörpertiter gegen diese Infektionserreger sicherlich wichtig, und wir werden bei Qualitätsvergleichen immer wieder darauf hinweisen, daß in dem einen oder anderen Präparat mehr oder weniger von diesen Antikörpertitern vorhanden ist. So möchte ich fragen, ob eine bestimmte Auswahl nach diesen Kriterien getroffen worden ist, was vergleichende Untersuchungen verschiedener Präparate gebracht haben.

Kreuz (Frankfurt):

Wir haben besonders darauf geachtet, daß hohe Titer gegen CMV und EBV vorhanden sind und haben bei einer EBV-Pneumonie mit einem Immunglobulinpräparat, das hohe EBV-Antikörpertiter hatte, mit Erfolg behandelt.

Frau Eibl (Wien):

Zur Frage der Antikörpertiter von Immunglobulinen sind die spezifischen Aktivitäten wie auch die Fc-vermittelten Reaktionen von großer Bedeutung. Reine Titerangaben können sehr irreführend sein. Bei einem enzymatisch gespaltenen Produkt kann ein hoher Titer vorhanden sein, aber die Halbwertzeit liegt unter 1 Tag. Solche Produkte sind für eine Substitutionstherapie ungeeignet. Andere Präparate mit Verminderung des Fc-Teils sind erwiesenermaßen für die Obsonierung von Bakterien unwirksam. Titerangaben sollten mit großer Zurückhaltung gesehen werden, weil auch die Methoden unterschiedlich und nicht standardisiert sind. Mit unterschiedlichen Methoden können für ähnliche Antigene viele Logstufen definierte Titer gefunden werden. Eine kritische Betrachtungsweise ist also angebracht.

KUSE (Hamburg):

Welche Indikation für AZT ist bei erwachsenen Hämophilen gegeben? Kann asymptomatischen Hämophilen bereits prophylaktisch AZT gegeben werden?

GOEBEL (München):

Es gibt in der ganzen Welt bisher eine einzige kontrollierte Studie, deren Ergebnis zeigt, daß im Stadium ARC und AIDS eine Lebensverlängerung erreichbar ist. Außerdem wird eine europäische multizentrische Studie durchgeführt, doch können von dieser noch keine Ergebnisse erwartet werden. Es können derzeit also keine Angaben darüber gemacht werden, ob das AZT bei Personen, die nicht an ARC oder AIDS erkrankt sind, einen positiven Effekt hat. Eine AZT-Behandlung in anderen Stadien als ARC und AIDS ist also nur vertretbar in Form einer kontrollierten Studie.

SCHIMPF (Heidelberg):

Ergibt die Kombination des AZT mit Acyclovir einen Vorteil?

GOEBEL (München):

Die multizentrische europäische Studie geht auch auf diese Frage ein, d.h. ob die Kombination dieser beiden Mittel einen höheren bzw. besseren Effekt haben könnte. Eine Antwort hierauf ist noch nicht zu geben, auch aus kasuistischen Mitteilungen geht bisher keine Überlegenheit der Kombination gegenüber der Einzelsubstanz AZT hervor.

Die europäische Studie – an der auch wir beteiligt sind – wurde im Januar d.J. begonnen und zunächst auf 26 Wochen festgelegt. Die Rekrutierungsphase ist im Juni 1987 abgeschlossen worden, so daß man damit rechnen kann, am Ende des Jahres die ersten Daten zu erfahren.

SCHRAMM (München):

Die Frage nach einer möglichst frühzeitigen Anwendung des AZT wird immer drängender, da heute bekannt ist, daß die Nebenwirkungen doch weniger gravierend sind, als man vor einem Jahr noch befürchtet hat. Von asymptomatischen HIV-positiven Hämophilen werden wir daher zunehmend gefragt, ob es zulässig ist, einfach abzuwarten und erst bei Aufkommen einschlägiger Symptome mit der Behandlung zu beginnen.

GOEBEL (München):

Über die individuelle Prognose HIV-infizierter Patienten wissen wir außerordentlich wenig und werden auch nichts Verläßliches erfahren, wenn wir außerhalb kontrollierter Studien einzelne Patienten in frühen Stadien behandeln. Zudem ist zu bedenken, daß gerade bei Hämophilen die Progressionsrate offensichtlich viel geringer ist als bei Homosexuellen und Drogenabhängigen. So wird man auch bei einer Studie mit Hämophilen ganz andere Zeiträume ins Auge fassen müssen, um Effektivität und unerwünschte Wirkungen einer solchen Therapie herauszufinden. Einer langzeitig angelegten Studie bei Asymptomatischen, also klinisch sonst Gesunden, wird auch Compliance-Probleme mit sich bringen, womöglich selbst bei Hämophilen, dem Arzt zugewandten Patienten. So würde ich bei Hämophilen zunächst mit einer Studie in den Stadien ARC und AIDS beginnen, um zu prüfen, ob eine Behandlung wenigstens bei diesen effektiv ist. Sie haben vorhin den Unterschied zwischen perinatal Infizierten und durch Faktorenkonzentrate Infizierte gehört. Wer weiß denn, ob nicht ein großer Unterschied zwischen Homosexuellen und Hämophilen auch bei Erwachsenen besteht, ob also das, was in der amerikanischen Studie gesehen worden ist, bei Hämophilen wirklich zum Tragen kommt?

Brodt (Frankfurt):

Aufgrund unserer Erfahrungen möchte ich Herrn Goebel dringend darin unterstützen, eine AZT-Behandlung nur in Form kontrollierter multizentrischer Studien durchzuführen, denn wir brauchen dringend solche Ergebnisse und sollten nicht erst auf amerikanische Studien warten.

Herrn Goebel möchte ich fragen, ob ihm Knochenmarkbefunde vor, unter und nach AZT-Behandlung bekannt sind. Es handelt sich um ein mildes Zytostatikum. Ist die Rate maligner Lymphome bei Patienten mit ARC oder AIDS-Manifestation vielleicht niedriger?

Bergmann (Frankfurt):

Ich möchte die Frage erweitern: AZT führt zu Chromosomenbrüchen und ist auch als zytostatische Substanz sicherlich als solche wirksam. Liegen Erfahrungen über die Mutagenitätsrate und möglicherweise gehäufter Inzidenz von Tumoren nach langfristiger AZT-Applikation zumindest im Tiermodell vor?

Goebel (München):

Bisher gibt es keine Daten zur Inzidenz von Lymphomen in den Vergleichsgruppen unter dieser Substanz. Denkbar ist sowohl eine Verminderung der Lymphomrate als auch eine Zunahme. Doch muß sich dieses erst noch erweisen.

Systematische Knochenmarkuntersuchungen unter AZT-Therapie sind mir nicht bekannt. Wir haben einzelne unserer Patienten punktiert bzw. biopsiert und eher verwirrende Befunde erhalten. Wir können bisher also keine Aussage im Hinblick auf das AZT machen.

Zur Mutagenität gibt es bislang auch keine Langzeitversuche am Tier. In kurzzeitigen Tierversuchen ist die Mutagenität nicht gestiegen. Bei den nachgewiesenen Chromosomenbrüchen ist das aber wahrscheinlich eine Frage der Dauer und Größenordnung der Tierversuche.

Prohaska (Köln):

Gibt es im Verlauf der AZT-Behandlung Veränderungen der Transaminasen? Könnte das AZT auch andere Viren wie Hepatitis Non-A/Non-B-Viren in der Replikation hemmen und den Verlauf den bei Hämophilen häufigen chronischen Hepatitis positiv beeinflussen?

GOEBEL (München):

Die Bewertung der Transaminasen ist bei AIDS-Patienten außerordentlich schwierig. Erhöhungen können Folge einer Ketokonazol-Behandlung sein, es kann eine Mykobakteriose der Leber vorliegen, von der man nichts weiß, weil man keine Leberpunktion durchführt. Transaminasenanstiege unter AZT, wenn auch nicht bei einer signifikanten Anzahl, haben wir selbstverständlich gesehen, aber ob diese AZT-abhängig sind, können wir bei dieser Klientel mit vielen Ursachen für Transaminasenanstiege nicht beantworten. Auch die Frage einer Verlaufsbeeinflussung bei einer chronischen Hepatitis durch AZT ist nicht mit Sicherheit zu beantworten. Wir wissen, daß bei zunehmendem Immundefekt die immunologische Antwort, z. B. auch auf Viren in der Leber, abnimmt. Es gibt Untersuchungen, aus denen hervorgeht, daß mit fortschreitendem Immundefekt eine aggressive Hepatitis verschwindet. Wenn dieses unter AZT beobachtet wird, ist es natürlich sehr schwierig zu entscheiden, ob das wirklich eine Folge des AZT ist. Auch müßte man Serienbiopsien selbst bei einem Kontrollkollektiv machen, um diese Frage beantworten zu können.

KUSE (Hamburg):

Für die wünschenswerte und notwendige randomisierte Studie für Hämophile mit ARC bzw. AIDS werden wir eine große Zahl an Fällen brauchen, um verläßliche Aussagen zu erhalten. Reichen die zu Beginn des Symposions von Herrn Landbeck genannten Fälle hierzu aus?

LANDBECK (Hamburg):

Die geplanten verlaufs- und interventionstherapeutischen Studien bei HIV-infizierten Hämophilen sollen jene Patienten aufnehmen, die noch asymptomatisch geblieben oder dem LAS und ARC, also den CDC-Klassifikationsgruppen II–IV-B, zuzuordnen sind. Die Behandlung AIDS-kranker Patienten wird überwiegend nicht in Händen Hämophilie-behandelnder Ärzte liegen, zumindest nicht grundsätzlich zu unseren Aufgaben zählen. Interventionstherapeutische Studien müssen zudem kontrolliert durchgeführt werden und erfordern für eine ärztlich vertretbare Indikation Kenntnisse über den Spontanverlauf der HIV-Infektion in dieser Risikogruppe. Entsprechend sind wir seit Planungsbeginn davon ausgegangen, den Verlauf der HIV-Infektion als Grundlage des Gesamtvorhabens zu nehmen, um therapeutische Interventionen so auch risikoorientiert aufnehmen zu können. Nach allem bisher gesagten, dürfte eine AZT- oder AZT + Acyclovir-Behandlung bei Patienten mit ARC (CDC-Gruppe IV-A, -B) gegeben sein. Eine Erweiterung der Indikation auf Patienten mit LAS (CDC-Gruppe III) oder gar asymptomatische Hämophile ist sicherlich jetzt noch kaum zu entscheiden und dürfte bei diesen Unwägbarkeiten von Patienten in noch relativ gutem Allgemeinzustand auch kaum auf Akzeptanz stoßen. Unter diesen Voraussetzungen wird deutlich, daß wir die notwendigen Kenntnisse und Erfahrungen bei der insgesamt relativ kleinen Gruppe Betroffener nur in multizentrischer Kooperation und unter Einbeziehung möglichst aller Patienten erhalten können. Das trifft selbstverständlich auch dann zu, wenn andere interventionstherapeutische Möglichkeiten, wie z. B. die Immunglobulintherapie, bei LAS-Patienten oder Asymptomatischen geprüft werden sollen. Wir werden kaum einen

Schritt gewinnen, wenn wir diese kooperativen Studien nicht zu unseren ernsthaften Anliegen machen.

GOEBEL (München):

Eine kontrollierte Studie könnte selbst bei Lymphadenopathie-Syndrom-Patienten sinnvoll sein, wenn man sich auf eine lange Zeit einstellen kann, um wirklich signifikante Unterschiede herauszufinden. Nachdrücklich ist jedoch davon abzuraten, als Einzelgänger solche Patienten zu behandeln.

LANDBECK (Hamburg):

Wir werden ohnehin noch einmal sehr gründlich zu prüfen haben, ob zusätzliche Laborparameter eine deutlichere Aussage des Infektionsrisikos im Einzelfall erlauben, um die Indikation therapeutischer Maßnahmen so risikogerecht wie möglich stellen zu können und hierzu ein möglichst hohes Maß an Vergleichbarkeit innerhalb der Studiengruppe herzustellen. Dabei könnte es sich ergeben, daß zumindest ein Teil der LAS-Patienten auch sinnvoll der AZT-Studie zuzuordnen ist.

SCHRAMM (München):

Nach den Aussagen von Herrn Goebel und Herrn Brodt ist es wohl eindeutig, daß asymptomatische Hämophilie-Patienten für AZT nicht in Betracht kommen. Bei diesen wären am ehesten Therapien vertretbar, die bei fraglichem Nutzen zumindest keinen Schaden bringen. Neben Immunglobulinen wäre auch das Interferon zu nennen. Wir haben in München mit einer α-Interferon-Studie begonnen und werden konkrete Ergebnisse Anfang nächsten Jahres vorlegen können. Herr Bergmann hat darauf hingewiesen, daß hohe Dosen Interferon bei manifestem AIDS keinen Erfolg gebracht haben. Es gibt jedoch Untersuchungen, die belegen, daß minimale Dosen von Interferon die Virusreplikation sehr wohl hemmen können, d.h. Dosen von 300000 bis zu 3000000 Einheiten. Das ist vielleicht ein Ansatz in frühen Stadien der HIV-Infektion. Bei unseren 26 Patienten waren die Nebenwirkungen erfreulich gering.

6. *Substitutionstherapie HIV-1-infizierter Hämophiler mit Gerinnungsfaktorenkonzentraten*

Diskussionsleitung:

Immunologie:	M. Eibl (Wien)
Virologie:	R. Kurth (Frankfurt)
Hämostaseologie:	H. Beeser (Freiburg)
	I. Scharrer (Frankfurt)
	W. Schramm (München)

Substitutionstherapie Hämophiler mit virusinaktivierten Gerinnungsfaktorenkonzentraten; Studienergebnisse

KL. SCHIMPF (Heidelberg)

Es gibt zur Anti-HIV-Sicherheit von Gerinnungsfaktorenkonzentraten keine prospektiven, sondern nur retrospektive, also keine kontrollierten Studien. Auf dem 5%-Niveau statistisch abgesicherte Aussagen können aus nicht kontrollierten Studien dann gemacht werden, wenn mindestens 60, exakt mindestens 58 Patienten retrospektiv oder auch prospektiv beobachtet wurden und in diesen Fällen keines oder 100% der erwarteten Ereignisse eingetreten sind. Weltweit erfüllen nur zwei retrospektive Studien zur HIV-Sicherheit von Gerinnungsfaktorenkonzentraten diese Bedingungen.

Beide Studien kommen aus dem deutschsprachigen Bereich. In die erste der Studien wurden Patienten aufgenommen, die mit nicht virusinaktivierten Präparaten vorbehandelt und Anti-HIV-negativ oder sogenannte „virgins" waren und nach dieser Feststellung ausschließlich mit Faktor VIII-Konzentrat S-TIM 3 behandelt worden waren. Es gelang 60 (28 virgins, 32 vorbehandelte Anti-HIV-negative) Patienten zu finden, die diese Bedingungen erfüllen [1]. Die Beobachtungszeit hatte im Median 12 Monate betragen: Beginn der ersten Substitution der negativen Patienten mit virusinaktiviertem Präparat bis zum letzten Anti-HIV-Test. Der Median der Gesamtdosis lag bei 56500 Einheiten, die Maximaldosis belief sich auf über 400000. Sämtliche Patienten waren in dem Beobachtungszeitraum Anti-HIV-negativ geblieben (Tabelle 1). Damit war die 5%-Signifikanzstufe erreicht. In der Tabelle 1 sind die Patienten nach den erhaltenen Gesamtdosen aufgegliedert. Daneben ist eine sogenannte historische Kontrollgruppe aufgeführt, die im statisti-

Tabelle 1. Anti-HIV-Status nach Behandlung Anti-HIV-negativer Hämophiler mit F. VIII S-TIM 3 und Anti-HIV-Status bei einer historischen Kontrollgruppe von mit konventionellen Konzentraten behandelten Hämophilen

Gesamt-Einheiten F. VIII	F. VIII S-TIM 3		Nicht-virusinaktivierter F. VIII	
	n. Pat.	Anti-HIV$^+$	n. Pat.	Anti-HIV$^+$
≤ 15000	31	0%	24	42%
bis 50000	15	0%	18	56%
bis 100000	3	0%	24	54%
> 100000	11	0%	33	82%
	60	0%	99	61%

schen Sinne nicht als Vergleichsgruppe gewertet werden kann, sondern lediglich darstellen soll, wie häufig Patienten zur Anti-HIV-Positivität serokonvertierten, die vor der Anwendung von virusinaktivierten Präparaten in etwa die gleichen Gesamtdosen von nicht virusinaktivierten Präparaten bekommen hatten.

Für die zweite Studie konnten 151 Patienten ermittelt werden, die ausschließlich das in wäßriger Lösung 10 h bei 60°C erhitzte Faktor VIII-Konzentrat Haemate HS erhalten hatten [2]. Der Median der Gesamtdosis lag bei 17000 E (500–2155375), der der Beobachtungsdauer (Ende 1986) bei 24 Monaten (6–83), wobei 112 Patienten mehr als 13 Monate beobachtet worden waren. Die allen Patienten zusammen injizierte Dosis lag bei über 15 Mio. Einheiten. Tabelle 2 zeigt die Ergebnisse in bezug auf die Anti-HIV-Serokonversion (alle 151 blieben Anti-HIV-negativ) und eine Gegenüberstellung mit einer historischen Kontrollgruppe (s.o.). Im Frühjahr 1983 hatten sich Vermutungen verdichtet, daß ein mit dem Blut übertragener Krankheitserreger für die HIV-Infektion verantwortlich sein könnte. Ab April 1983 wurde deshalb begonnen, sogenannte Risikospender, also hauptsächlich homosexuelle und drogenabhängige Spender, in den Plasmapheresezentren auszusondern, deren Plasma zur Herstellung von Gerinnungsfaktorenkonzentraten benutzt wurde (80% aus den USA). Auf Tabelle 3 ist eine Untergruppe von 68 der untersuchten 151 Patienten aufgeführt, bei der die Substitutionstherapie mit Haemate HS vor Elimination der Risikospenden aus dem Ausgangsmaterial begonnen wurde. Bereits diese Patientengruppe erfüllt die statistischen Bedingungen, um abgesicherte Ausagen auf dem 5%-Niveau ohne Kontrollgruppe machen zu können. Sie beweist besonders eindrücklich die Sicherheit der Inaktivierungsmethode für HIV. Die an diesen Patienten später zusätzlich durchgeführten Untersuchungen auf Anti-HIV-2 sind noch nicht komplett, aber bisher alle negativ ausgefallen.

Hämophilie B-Patienten stellen nur 18% der Hämophilie-Bevölkerung dar. Deshalb gelang es uns bisher nicht, eine den obigen Studien entsprechende Zahl von Patienten zu rekrutieren, welche vor der ersten Behandlung mit virusinaktivierten Präparaten negativ waren und anschließend ausschließlich mit solchen Konzentraten weiterbehandelt wurden.

Es gibt hier ein Präparat, welches schon sehr früh zur Verfügung stand, nämlich das mit β-Propiolacton und UV-Bestrahlung kaltsterilisierte PPSB. Wir konnten bisher

Tabelle 2. Anti-HIV-Status nach ausschließlicher Behandlung mit F. VIII HS und Anti-HIV-Status bei einer historischen Kontrollgruppe von mit konventionellen Konzentraten behandelten Hämophilen

Gesamt-Einheiten F. VIII	Haemate HS		Nicht-virusinaktivierter F. VIII	
	n. Pat.	Anti-HIV$^+$	n. Pat.	Anti-HIV$^+$
≤ 15000	74	0%	24	42%
bis 50000	35	0%	18	56%
bis 100000	13	0%	24	54%
> 100000	29	0%	33	82%
	151	0%	99	61%

Tabelle 3. Behandlungsbeginn vor dem Ausschuß von Hochrisikospendern (Untergruppe von Tabelle 2)

Jahr	n. Pat.	Gesamtdosis in Einheiten F. VIII	Beobachtungs-dauer in Monaten
		Median	Median
1979	7	385000	78 (60–83)
1980	16	25000	62 (45–74)
1981	16	30000	40 (36–69)
1982	24	23500	37 (20–44)
1983/1–3	5	58000	37 (32–39)
	68		(20–83)

24 Patienten aus den Zentren Bonn und Heidelberg erfassen, welche obige Bedingungen erfüllten, wobei zu Beginn der Anwendung des kaltsterilisierten Präparates 18 Hämophile sogenannte „virgins" waren. Die Beobachtungsdauer betrug im Median 61 Monate. Die längsten Behandlungszeiten mit diesem Präparat lag bei etwa 10 Jahren sowohl in Bonn als auch in Heidelberg, woraus man, obgleich die Zahl von 24 Patienten nicht sehr hoch ist, wegen der langen Dauer nach unserer Meinung zuverlässige Schlüsse auf seine HIV-Sicherheit ziehen kann. Die Gesamtdosis dieser Gruppe von Hämophilie B-Patienten betrug im Median 73000 E (1500–252000). Alle blieben Anti-HIV-negativ.

Auch mit erhitztem Dampf sind PPSB-Präparate sterilisiert worden (Methode S-TIM4). Das betrifft FEIBA, Faktor IX-Konzentrate, Faktor VIII-Konzentrate und Prothromplex. 21 Patienten, die damit behandelt wurden und vorher noch Anti-HIV-negativ waren, konnten beobachtet werden. Der Median der Beobachtungsdauer betrug hier 14 Monate (Endpunkt April 1986), der Median der Dosis lag bei 262000 E mit einer Höchstdosis von 2335000 E. Die Gesamtzahl der beobachteten durch dampfsterilisierte Gerinnungsfaktoren behandelten Patienten in den zitierten Anti-HIV-Studien beträgt somit 81.

Es liegen Publikationen über Anti-HIV-Befunde nach Anwendung weiterer virusinaktivierter Präparate mit kleineren Patientenzahlen vor. Die Beobachtungszeiten sind häufig zu kurz und die Zahl nicht groß genug, so daß ich sie nicht erwähne.

Sehr viel schwerer als der Beweis der HIV-Sicherheit ist der Beweis der Hepatitissicherheit virusinaktivierter Präparate zu führen. Dies gilt vor allem für die Non-A/Non-B-Hepatitis, da keine Marker zur Verfügung stehen, welche retrospektive Studien erlauben. Man muß prospektiv untersuchen und muß bei virginellen Patienten, um eine Hepatitis Non-A/Non-B-Infektion auszuschließen, 14-tägig ein halbes Jahr lang die Transaminasen bestimmen. Zwei prospektive Studien aus England [3, 4] mit nicht virusinaktivierten Konzentraten zeigten, daß Patienten, auch wenn die Konzentrate nicht aus USA-Plasma hergestellt worden waren (sondern z. B. innerhalb des British National Health Service), zu 100% eine Non-A/Non-B-Hepatitis erwarben, und dies stets innerhalb der ersten 4 Monate nach der Erstinjektion.

Es ist ernstlich zu erwägen, diese Arbeiten als Kontrollen für weitere prospektive Studien mit virusinaktivierten Präparaten ohne Kontrollen zu benutzen. Dies wird dadurch bestärkt, daß die nicht kontrollierte prospektive Hepatitissicherheitsstudie an 26 virginellen Patienten, welche mit einem 10h bei 60° in wäßriger Lösung inaktivierten Faktor VIII-Konzentrat behandelt worden waren, ohne Kontrollgruppe zur Publikation angenommen wurde [5]. Im Verlaufe der Studie wurden 32 verschiedene Chargen des Faktor VIII-Konzentrates injiziert. Alle Patienten blieben entsprechend den Kriterien, die vom International Komitee on Thrombosis and Hemostasis im Jahre 1984 in Miami aufgestellt wurden, frei von Non-A/Non-B-Hepatitis.

Erwähnenswert ist eine weitere prospektive, noch nicht publizierte Hepatitissicherheitsstudie nach demselben Protokoll, durchgeführt von Mannucci und Mitarbeitern, in der 28 virginelle Patienten erfaßt werden konnten und welche demnächst im British Journal of Hematology erscheinen wird. Nach Behandlung mit Faktor VIII S-TIM 3 trat ebenfalls keine Hepatitis Non A/Non B auf.

Mit Hämophilie B-Patienten existiert keine prospektive Studie in diesem Sinne. Es wurde aber eine Studie an freiwilligen Medizinalpersonen durchgeführt, welche ein mit β-Propiolacton und UV-Bestrahlung kaltsterilisiertes PPSB erhielten und hepatitisfrei blieben [6].

Zusammenfassend möchte ich feststellen, daß die mit den erwähnten Faktorenkonzentraten durchgeführten Studien HIV-Sicherheit beweisen konnten. Die Hepatitissicherheit der Präparate sollte durch größere Patientenzahlen noch besser abgesichert werden.

Literatur

1. Schimpf Kl, Brackmann HH, Bock D, Landbeck G, Lechler E, Vinazzer H, Lechner K, Morfini M, Carbelli V, Mariani G, Ciavarella N, DeBiasi R, Torlontano G, Tamponi G, Musso R, Mancuso G, Parise V, DiMitrio V. Coser P, Mori PG, Muleo V, Baudo F (1987) No anti-HIV Seroconversion after replacement therapy with steam-treated factor VIII concentrate. A study of 60 patients with hemophilia A and von Willebrand disease. Thromb Haemost 58:346
2. Schimpf Kl, Brackmann HH, Kreuz W, Kraus B, Haschke F, Schramm W, Mösseler J, Auerswald G, Köhler-Vajta K, Sutor AH, Hellstern P, Muntean W, Scharrer I (1987) No anti-HIV Seroconversion after replacement therapy with pasteurized factor VIII concentrate. A study of 151 patients with hemophilia A or von Willebrand disease. Thromb Haemost 58:322
3. Fletcher ML, Trowell JM, Craske J, Pavier K, Rizza CR (1983) Non-A/non-B hepatitis after transfusion of factor VIII in infrerquently treated patients. Brit Med J 287:1754–1757
4. Kernoff PBA, Lee CA, Karayiannis P, Thomas HC (1986) High risk of non-A/non-B hepatitis after a first exposure to volunteer or commercial clotting factor concentrates: effects of prophylactic immune serum globulin. Brith Journal of Haematology 56:268–327
5. Schimpf Kl, Mannucci PM, Kreuz W, Brackmann HH, Auerswald G, Ciavarella N, Mösseler J, DeRosa V, Kraus B, Brückmann C, Manguso G, Mittler U, Haschke F, Morfini M (1987) Absence of hepatitis after treatment with a pasteurized factor VIII concentrate in patients with hemophilia and no previous transfusions. New Engl Journ of Med 316:918–922

In-vitro-Charakteristik von 4 feucht Hitze-inaktivierten Faktor VIII-Konzentraten und einem chemisch inaktivierten Faktor VIII-Konzentrat

H. Beeser, M. Christians (Freiburg)

Zusammenfassung

In fünf mit aktuellen Virusinaktivierungsverfahren behandelten Faktor VIII-Konzentraten wurden F. VIII:C 1stufig und 2stufig, F. VIIIR:Ag, F. VIII:RCof, Fibrinogen, Fibronectin, Protein C, FPA, FDP, Gesamtprotein, spezifische Aktivität, IgG, IgM, IgA und die Isoagglutinine Anti-A und Anti-B untersucht sowie auf Stabilität, Löslichkeit und Aussehen des rekonstituierten Präparates geprüft.

Es wurden je nach Verfügbarkeit 1 bis 3 Chargen der einzelnen Faktor VIII-Konzentrate untersucht.

Die Wiederfindung der F. VIII:C-Aktivität zeigt 1stufig für ein Präparat in beiden untersuchten Proben einer Charge mit 75% bzw. 82% der deklarierten Aktivität, für ein weiteres Präparat in zwei untersuchten Chargen mit 69% eine deutliche Unterfüllung an. Für die übrigen Präparate und Chargen lag die Wiederfindung 1stufig zwischen 90% und 134% der deklarierten F. VIII:C-Aktivität. Auch im F. VIII-C-Zweistufentest zeigte wiederum das in beiden Proben einer Charge bei der 1stufigen F. VIII:C-Bestimmung unterfüllte Präparat mit 86% bzw. 75% einen erniedrigten F. VIII:C-Gehalt an. Alle anderen Präparate und Chargen lagen mit der F. VIII:C-Zweistufenmethode zwischen 101% und 124% der deklarierten Aktivität. Der F. VIIIR:Ag/F. VIII:C-Quotient wurde zwischen 4,6 und 1,46 ermittelt. Der Quotient F. VIII:RCof/F. VIII:C lag zwischen 0,33 und 2,03. Fibrinogen und die Immunglobuline IgG, IgM, IgA konnten bei zwei Präparaten in allen untersuchten Chargen nicht nachgewiesen werden. Fibronectin wurde in allen Konzentraten gefunden (6,5–115 mg/vial). In allen Konzentraten konnte Fibrinopeptid A (FPA) nachgewiesen werden, wobei in allen untersuchten Chargen zweier Präparate mit 9378 bis 19768 ng/vial sehr hohe Konzentrationen vorhanden waren. Fibrinspaltprodukte (FDP) waren in einem Konzentrat und in zwei Chargen eines weiteren Präparates nicht nachweisbar. Die spezifische Aktivität F. VIII:C (IU/mg Protein) der untersuchten Faktor VIII-Konzentrate zeigte beträchtliche Unterschiede und wurden zwischen 1,0 und 21,3 ermittelt.

Einleitung

Im Bewußtsein der Tatsache, daß durch Gerinnungskonzentrate das HIV-Virus übertragen werden kann, wurden in letzter Zeit verschiedene wirksame Virusinaktivierungsverfahren bei der Herstellung von F. VIII-Konzentraten eingeführt, die heute weitgehende Virussicherheit für die Behandlung gewährleisten. Es stellt sich natürlich die Frage, ob diese neueren Herstellungsverfahren und insbesondere die Virusinaktivierung nicht auch die Qualität des Präparates durch Teildenaturierung oder Strukturveränderung des F. VIII-Moleküls und durch Auftreten von qualitätseinschränkenden Metaboliten beeinträchtigen. Zur Untersuchung dieser Fragen wurden in fünf mit aktuellen Virusinaktivierungsverfahren behandelten F. VIII-Konzentraten F. VIII:C 1stufig und 2stufig, F. VIIIR:Ag, F. VIII:RCof, Fibrinogen, Fibronectin, Protein C, FPA, FDP, Gesamtprotein, spezifische Aktivität, IgG, IgM, IgA und die Isoagglutinine Anti-A und Anti-B untersucht sowie auf Stabilität, Löslichkeit und Aussehen des rekonstituierten Präparates geprüft. Es wurden im Zeitraum Oktober bis November 1986 je nach Verfügbarkeit eine bis drei Chargen der einzelnen F. VIII-Konzentrate untersucht. Zur Überprüfung der spezifischen Aktivität, deren Steigerung in den Präparaten als Qualitätskriterium aktuell diskutiert wird, wurden neuere Chargen der Präparate nochmals untersucht.

Material und Methoden

F. VIII-Konzentrat A:	Chargen-Nr.	09 A 738 512 S, 09 A 068 602 S, 09 S 178 706 S-O
F. VIII-Konzentrat B:	Chargen-Nr.	A6 0880B, AW 7031A, AC 7001A
F. VIII-Konzentrat C:	Chargen-Nr.	654104, 654106, 28401, 28501
F. VIII-Konzentrat D:	Chargen-Nr.	50B 018, Y50A 016, Y50B 004, 0040487 i. A., 0140687 i. A.
F. VIII-Konzentrat E:	Chargen-Nr.	860130, 870806-0, 870813-0

Zwei F. VIII-Konzentrate wurden zur Virusinaktivierung 10 Stunden bei 60°C in wäßriger Lösung erhitzt, 1 Konzentrat 10 Stunden bei 60°C dampfbehandelt, 1 Präparat 20 Stunden bei 60°C in organischem Lösungsmittel inaktiviert und 1 Präparat mit einem organischen Lösungsmittel (Tri-n-butylphosphat-TNBP) und Detergentien behandelt.

Die F. VIII:C-Aktivität wurde mit der Einstufenmethode und den Reagentien der Fa. Baxter, München und mit der Zweistufenmethode und den Reagentien der Fa. Immuno, Heidelberg bestimmt. F. VIIIR:Ag, Fibrinopeptid A und Protein C wurden mit der ELISA-Methode und den Reagentien der Fa. Boehringer, Mannheim, F. VIII:RCof mit der Methode und dem von Willebrand Reagenz der Fa. Behring, Marburg, Fibrinogen nach Clauss und die Reptilasezeit (Fibroclotin) mit den Reagentien der Fa. Baxter, München, Fibronectin mit LC Partigen und Fibrin(ogen) Spaltprodukte mit dem FSP-Testbesteck der Fa. Behring, Marburg, die Immunglobuline IgG, IgM, IgA nephelometrisch mit dem BNA Nephelometer Analyzer und Reagentien der Fa. Behring, Marburg und das Gesamtprotein mit der Biuret-Methode und dem Testomar Reagenz der Fa. Behring, Marburg bestimmt. Die Isoagglutinine Anti-A und Anti-B wurden nach 60 min Inkubationszeit bei 37°C im indirekten Coombstest bestimmt.

Ergebnisse

In Tabelle 1 werden die Sollwerte der F. VIII:C-Aktivität und die mit der F. VIII:C-Einstufen- bzw. -Zweistufenmethode gefundenen F. VIII:C-Konzentrationen (IU/vial) vergleichend aufgelistet. Für Präparat B wurden mit beiden Bestimmungsmethoden deutlich niedrigere Konzentrationen als vom Hersteller angegeben, ermittelt. Sie lagen zwischen 75% und 86% der Sollwerte. Im Präparat A wurden einstufig erheblich niedrigere Konzentrationen als zweistufig bestimmt, ein Befund, der bei der Untersuchung von F. VIII-Konzentraten in früheren Jahren regelmäßig mehr oder weniger ausgeprägt beobachtet wurde. Die 4 anderen Präparate zeigten für beide Bestimmungsmethoden vergleichbare F. VIII:C-Konzentrationen, wenn man die bekannten Methodenprobleme bei der F. VIII:C-Bestimmung berücksichtigt. Die lyophilisierten Konzentrate lösten sich in dem vorgeschriebenen Volumen des zugehörigen Aqua bidest. pro injectione bei 37° C ohne Rückstand und in der kurzen Zeit zwischen 3 und 6 Minuten.

Tabelle 1. In-vitro-Prüfung von feucht hitzeinaktivierten und TNBP behandelten Faktor VIII-Konzentraten

Präparat	Chargen-Nr.	Vol. [ml]	F. VIII:C (IU/vial)			Löslichkeit [min 37°C]
			deklar.	1st	2st	
A	09A 738 512 S	20	500	345	518	6,0
A	09A 068 602 S	20	500	345	529	6,0
B	A6 0880B	30	500	377	431	6,5
B	A6 0880B	30	500	409	375	5,5
C	654104	20	500	510	578	6,0
C	654106	20	500	518	518	6,0
D	50B 018	30	1200	1286	1244	4,5
D	Y50A 016	40	1000	903	1015	5,0
D	Y50B 004	40	1000	1339	1241	5,5
E	860130	20	500	558	600	3,0

In Tabelle 2 sind die F. VIIIR:Ag-Konzentrationen (IU/vial) und die errechneten Quotienten F. VIIIR:Ag/F. VIII:C, bezogen auf die F. VIII:C-Konzentrationen im Einstufen- bzw. Zweistufentest dargestellt. Die Quotienten liegen zwischen 1,46 und 4,6. Die hohen Werte für Präparat B deuten auf eine erhebliche Inaktivierung der biologischen Aktivität des F. VIII:C während der Herstellung und/oder der Virusinaktivierung hin. Erwartungsgemäß konnte in keinem der F. VIII-Konzentrate Thrombin nachgewiesen werden.

Tabelle 3 zeigt die F. VIII:RCof-Konzentrationen (IU/vial) und die errechneten Quotienten F. VIII:RCof/F. VIII:C bezogen auf die F. VIII:C-Konzentration im Einstufen- bzw. Zweistufentest. Man sieht, daß je nach Präparat eine Anreicherung der von Willebrand-Aktivität bis auf das Zweifache bzw. Abreicherung bis auf 0,35 gegenüber der F. VIII:C-Aktivität gefunden wurde. Die Multimerzusammensetzung,

Tabelle 2. In-vitro-Prüfung von feucht hitzeinaktivierten und TNBP behandelten Faktor VIII-Konzentraten

Präparat	Chargen-Nr.	F. VIIIR:Ag [IU/vial]	F. VIIIR:Ag/F. VIII:C		Thrombin [24 h 37°C]
			1st	2st	
A	09A 738 512 S	1040	3,0	2,0	neg.
A	09A 068 602 S	1240	2,45	2,34	neg.
B	A6 0880B	1740	4,6	4,04	neg.
B	A6 0880B	1542	3,78	4,11	neg.
C	654104	1210	2,37	2,09	neg.
C	654106	1160	2,24	2,24	neg.
D	50B 018	2688	2,09	2,16	neg.
D	Y50A 016	1480	1,63	1,46	neg.
D	Y50B 004	2240	1,67	1,80	neg.
E	860130	1100	1,97	1,83	neg.

Tabelle 3. In-vitro-Prüfung von feucht hitzeinaktivierten und TNBP behandelten Faktor VIII-Konzentraten

Präparat	Chargen-Nr.	F. VIII:RCof [IU/vial]	F. VIII:RCof/F. VIII:C	
			1st	2st
A	09A 738 512 S	175	0,51	0,34
A	09A 068 602 S	175	0,35	0,33
B	A6 0880B	420	1,11	0,97
B	A6 0880B	420	1,03	1,12
C	654104	700	1,37	1,21
C	654106	1055	2,04	2,04
D	50B 018	1272	0,99	1,02
D	Y50A 016	1060	1,17	1,04
D	Y50B 004	1400	1,05	1,13
E	860130	350	0,63	0,58

deren hochmolekulare Anteile für eine wirksame Substitutionstherapie bei von Willebrand-Patienten entscheidend sind, wurde nicht untersucht.

Tabelle 4 gibt eine Übersicht über die Fibrinogen-, Fibronectin- und Gesamtproteinkonzentration (mg/vial) in den untersuchten Präparaten. In den beiden Präparaten C und D konnte kein Fibrinogen nachgewiesen werden; in den anderen Präparaten wurden nur geringe Fibrinogenkonzentrationen zwischen 25 und 85 mg pro Flasche gefunden. Der Fibronectingehalt war je nach Präparat sehr unterschiedlich zwischen 6,5 und 115 mg pro Flasche. Die spezifische F. VIII:C-Aktivität bezogen auf mg Gesamtprotein wurde in den untersuchten Präparaten zwischen 1,0 und 9,4 berechnet und zeigte somit für dieses Qualitätskriterium deutliche Unterschiede.

Tabelle 5 faßt die Ergebnisse für die Immunglobulinkonzentrationen und für die Titer der Isoagglutinine Anti-A und Anti-B zusammen. Während in allen Präparaten kein IgA nachweisbar war, zeigten sich für die IgG- und IgM-Konzentrationen in den

Tabelle 4. In-vitro-Prüfung von feucht hitzeinaktivierten und TNBP behandelten Faktor VIII-Konzentraten

Präparat	Chargen-Nr.	mg/vial			Spez. Aktivität	
		Fibg.	Fi. nect.	Ges. Protein	1st	2st
A	09A 738 512 S	85	80	340	1,0	1,52
A	09A 068 602 S	59	50	290	1,74	1,82
B	A6 0880B	54	80	291	1,30	1,48
B	A6 0880B	57	80	291	1,40	1,28
C	654104	neg.	21	154	3,31	3,75
C	654106	neg.	6,5	166	3,12	3,12
D	50B 018	neg.	115	168	7,65	7,40
D	Y50A 016	neg.	50	108	8,36	9,40
D	Y50B 004	neg.	68	148	9,05	8,38
E	860130	25	70	186	3,00	3,23

Tabelle 5. In-vitro-Prüfung von feucht hitzeinaktivierten und TNBP behandelten Faktor VIII-Konzentraten

Präparat	Chargen-Nr.	mg/vial			Isoagglutinine	
		IgG	IgM	IgA	Anti A	Anti B
A	09A 738 512 S	69	6,4	neg.	1:64	1:8
A	09A 068 602 S	69	6,4	neg.	1:64	1:32
B	A6 0880B	125	11,1	neg.	neg.	1:4
B	A6 0880B	134	12,0	neg.	neg.	1:4
C	654104	neg.	neg.	neg.	1:16	1:16
C	654106	neg.	neg.	neg.	1:16	1:32
D	50B 018	neg.	neg.	neg.	neg.	1:8
D	Y50A 016	neg.	neg.	neg.	1:64	1:64
D	Y50B 004	neg.	neg.	neg.	1:32	1:64
E	860130	67	8,4	neg.	1:32	1:4

Präparaten deutliche Unterschiede. In den F. VIII-Konzentraten C und D waren keine Immunglobuline G und M nachweisbar, während in den anderen Präparaten für IgG Konzentrationen zwischen 67 und 134 mg und für IgM zwischen 6,4 und 12 mg pro Flasche gefunden wurden. Die Isoagglutinintiter Anti-A wurden zwischen negativ und 1:64, die Isoagglutinintiter Anti-B zwischen 1:4 und 1:64 ermittelt.

Tabelle 6 zeigt die Ergebnisse der Untersuchungen für einige Parameter, die vielleicht etwas über die verwendeten Ausgangsplasmen und/oder den Herstellungsprozeß aussagen können. Das Fibrinopeptid A (FPA) als Hinweis auf Thrombinaktivität und -einwirkung auf Fibrinogen konnte in allen F. VIII-Konzentraten, allerdings in sehr unterschiedlichen Konzentrationen nachgewiesen werden. Besonders die Präparate A und B enthielten hohe Konzentrationen dieses Metaboliten zwischen 9378 ng und 19768 ng pro Flasche. Auch Fibrin(ogen)-Spaltprodukte (FDP) wurden abhängig von der Methode in allen F. VIII-Konzentraten

Tabelle 6. In-vitro-Prüfung von feucht hitzeinaktivierten und TNBP behandelten Faktor VIII-Konzentraten

Präparat	Chargen-Nr.	FPA [ng/vial]	FDP [μg/vial]	FDP-RZ	Protein C [U/vial]
A	09A 738 512 S	19768	800	pos.	1,3
A	09A 068 602 S	9378	400	pos.	2,2
B	A6 0880B	12600	neg.	pos.	neg.
B	A6 0880B	14175	neg.	pos.	neg.
C	654104	97	1600	neg.	neg.
C	654106	525	3200	neg.	neg.
D	50B 018	520	1200	neg.	neg.
D	Y50A 016	440	neg.	neg.	neg.
D	Y50B 004	202	neg.	neg.	neg.
E	860130	3160	400	pos.	neg.

gefunden. Immunologisch konnten FDP in den Präparaten A, C und E sowie in einer Charge des Präparates D nachweisen werden. Eine verlängerte Reptilasezeit (FDP-RZ) als funktioneller Nachweis von (Fibrin(ogen)-Spaltprodukten wurde in den Präparaten A, B und E beobachtet. Interessant ist ein Vergleich der FDP-Befunde mit den Fibrinogenkonzentrationen in den F. VIII-Konzentraten. Im Präparat C und einer Charge des Präparates D, die kein Fibrinogen enthielten, konnten immunologisch hohe Fibrin(ogen)-Spaltprodukt-Konzentrationen nachgewiesen werden, die jedoch nach den Ergebnissen der Reptilasezeit offensichtlich keine gerinnungshemmenden Eigenschaften haben.

Da die spezifische Aktivität F. VIII:C als eines der Qualitätskriterien in letzter Zeit mit in den Vordergrund gerückt ist, wurde dieser Parameter in neuen Chargen der untersuchten Präparate nochmals berechnet. Die Ergebnisse, die in Tabelle 7 zusammengestellt sind, zeigen beim Vergleich mit der Tabelle 4, daß hier ein deutlicher Trend in Richtung höherer spezifischer F. VIII:C-Aktivität zu verzeichnen ist. Dies gilt insbesondere für die Präparate B, D und E, wo die spezifische Aktivität um ein Mehrfaches bis auf maximal 21,3 IU/mg Protein gesteigert werden konnte. Die höhere Reinheit der Präparate ist offensichtlich auch mit einer besseren Löslichkeit verbunden.

Diskussion

Die Untersuchung an 5 mit verschiedenen Virusinaktivierungsverfahren behandelten F. VIII-Konzentraten auf wirksame Gerinnungsaktivität sowie auf die Wirksamkeit, Verträglichkeit und Stabilität beeinflussende Aktivitäten, Metaboliten und andere Proteine zeigte, daß eine Beeinträchtigung der Qualität der Präparate durch die Virusinaktivierung, soweit dies aufgrund von in-vitro-Untersuchungen beurteilt werden kann, nicht zu beobachten ist.

Der in Präparat B gefundene hohe Wert zwischen 3,8 und 4,6 für den Quotienten F. VIIIR:Ag/F. VIII:C könnte ein Hinweis auf die biologische F. VIII:C-Aktivität

Tabelle 7. In-vitro-Prüfung von feucht hitzeinaktivierten und TNBP behandelten Faktor VIII-Konzentraten

Präparat	Chargen-Nr.	Vol.	F. VIII:C [IU/vial] deklar.	F. VIII:C [IU/vial] Ist	Spez. Akt.	Löslichkeit [min 37°C]
A	09S178706S-0	20	500	449	1,80	2,0
B	AW 7031A	30	1000	1213	2,70	5,0
B	AC 7001A	20	710	1084	6,78	5,0
C	28401	10	250	294	3,92	2,0
C	28401	10	250	292	3,89	2,0
C	28501	20	500	530	3,79	5,0
D	0040487 i. A.	20	500	869	12,41	2,0
D	0040487 i. A.	20	500	827	11,81	2,0
D	0140687 i. A.	30	1000	1181	7.87	2,0
E	870806-0	10	250	249	12,45	2,0
E	870813-0	20	500	426	21,30	2,0

inaktivierende Eigenschaften des hier angewandten Verfahrens sein, zumal das Verhältnis F. VIII:RCof/F. VIII:C in diesen Präparaten bei 1,0 ermittelt wurde. Sowohl hinsichtlich des Verhältnisses der biologischen Aktivitäten F. VIII:RCof/F. VIII:C als auch des Gehaltes an Fibrinogen und Fibronectin, von dem die Löslichkeit des Lyophilisats wesentlich beeinflußt wird, ist vielmehr in diesen F. VIII-Konzentraten gegenüber früheren Produkten eine deutliche Steigerung der Reinheit zu finden. Das gleiche gilt für die Immunglobuline IgG, IgM und IgA, die in den Präparaten C und D sogar nicht mehr nachweisbar waren. Als Hinweise auf Aktivierungsprozesse in den Ausgangsplasmen und/oder während des Herstellungs- und Inaktivierungsverfahrens kann das Auftreten der Metaboliten FPA und FDP in den F. VIII-Konzentraten erklärt werden. In diesem Zusammenhang ist besonders der hohe Gehalt an FPA in den Präparaten A und B und an FDP im Präparat C sowie in einer Charge des Präparates D zu beachten.

Die zunehmende Reinheit der Präparate hinsichtlich des Gesamtproteingehaltes (spezifische Aktivität) ist einerseits zu begrüßen, sollte jedoch nicht auf Kosten der Ausbeute an F. VIII:C-Aktivität hochgetrieben werden, damit die optimale Nutzung der Resourcen des nur begrenzt verfügbaren Plasmas gewährleistet ist.

Ausführliche Literatur beim Verfasser

Untersuchung der Faktor VIII-Präparate in vitro und in vivo

I. Scharrer (Frankfurt)

Auf Tabelle 1 ist eine in-vitro-Charakteristik von Faktor VIII-Konzentraten dargestellt. Auf der linken Seite sind die einzelnen Methoden aufgeführt, in der Mitte die Grenzwerte der Bestimmungsergebnisse und rechts die Bedeutung der durchgeführten Methode.

Das Verhältnis F. VIII:C Ag/F. VIII:C zeigt die Nativität des Faktor VIII-Moleküls an. Der Wert sollte zwischen 1–3,5 liegen.

Unter spezifischer Aktivität versteht man die Ratio zwischen F. VIII:C und Gesamtprotein. Dieser Meßwert sollte über 5 betragen.

Als Reinheit wird das Verhältnis zwischen F. VIII und Fibrinogenspiegel bezeichnet. Der Grenzwert dafür ist 10.

In den Faktor VIII-Präparaten sollten weiterhin die von Willebrand-Qualitäten bestimmt werden, da sie auch über die Reinheit Ausdruck geben können. Außerdem zeigen sie an, ob das Faktor VIII-Präparat zur Therapie für das von Willebrand-Syndrom geeignet ist.

Bestimmt werden der Ristocetin-Cofaktor, das von Willebrand-Faktor-Antigen ein- und zweidimensional und die Multimerenstruktur. Für die genannten Bestimmungsmethoden des F. VIII:C und des von Willebrand-Faktors ist die Verwendung eines Konzentratstandards als Kontrolle notwendig.

Tabelle 1. In-vitro-Charakteristik von Faktor VIII-Konzentraten

Bestimmung	Grenzwert	Bedeutung
VIII:C (1 u. 2 St. Test), VIII:C:Ag	C-Ag/C: 1–3,5	Reinheit
Gesamtprotein (VIII:C: Gesamtprotein)	> 5	Spez. Aktivität
Fibrinogen (VIII:Fg)	> 10	Reinheit
RCof (RCof/VIII:C)	HT:1 HS:2 Kryo:3	Reinheit/vWS-TH?
vWF:Ag (vWF:Ag (vWF:Ag/VIII:C)	HT:1 HS:2 Kryo:3	Reinheit/vWS-TH?
vWF:Ag (2 dim.)	f/s < 2	Reinheit/vWS-TH?
Multimerenstruktur	WS: mindest. 12 Banden insbes. HMW-Banden Häm.: keine Banden	WS-TH
IgG, IgA, IgM	Nur Spuren	Immunkomplexe etc.
Isoagglutinintiter	A_1-NaCl 1:4, Coombs 1:32 B-NaCl 1:4, Coombs 1:16	Hämolyse!

In den verschiedenen Konzentraten konnten folgende Quotienten festgestellt werden: Ristocetin-Cofaktor/F. VIII:C für HT-Präpartate: 1, für HS-Präparate: 2 und für Kryopräzipitate: 3.

Die gleichen Quotienten wurden gefunden für das Verhältnis von Willebrand-Faktor-Antigen/F. VIII:C.

Bei der zweidimensionalen Analyse des von Willebrand-Faktor-Antigens wird das Verhältnis der schnell zu langsam wandernden Proteine bestimmt, das unter 2 betragen sollte.

Der Ristocetin-Cofaktor und von Willebrand-Antigen-Spiegel eines Präparates sind nicht alleine maßgebend für die Anwendungsmöglichkeit für das von Willebrand-Syndrom. Wichtiger als die Spiegel dieser beiden genannten Parameter ist die Multimerenstruktur. Bei der von uns verwandten Methode sollten mindestens 12 Banden sichtbar sein. Für die effektive Blutstillung des von Willebrand-Syndroms sind die Hochmolekularbanden wichtig (HMW). Zur Therapie der Hämophilie sind keine Banden erforderlich.

Bezüglich des Nebenwirkungsspektrums sollten in erster Linie der Gehalt an Immunglobulinen (IgG, IgA und IgM) wegen der Gefahr der Immunkomplexbildung geprüft werden. Es ist heute zu fordern, daß die derzeit verwandten Präparate nur Spuren dieser Proteine enthalten. Dringend notwendig ist es, in den Präparaten den Isoagglutinintiter sowohl in NaCl als auch im Coombs-Test zu messen. Hohe Werte (über 1:16 und 1:32) führen in vivo zu einer Hämolyse. Auf eine diesbezügliche Komplikation wird meine Mitarbeiterin, Frau Dr. Hach-Wunderle, noch eingehen.

Die nächste Tabelle stellt die in-vivo-Charakterisierung dar (Tabelle 2). Zur Beurteilung eines Faktor VIII-Konzentrates sind Recovery- und Halbwertszeit sowie F. VIII:C-Hemmkörper notwendig. Weiterhin sollten in regelmäßigen Abständen folgende Parameter kontrolliert werden: Thrombozytenzahl, Blutungszeit, immunologische Werte wie T4/T8-Lymphozyten, Leberwerte (Transaminasen in 14tägigen Abständen zur Erfassung der Non-A/Non-B-Hepatitis), Coombs-Test, Bilirubin und LDH (zur Erfassung der Hämolyse) und die Hepatitis-Serologie sowie die hepatotropen Viren wie EBV und CMV, HIV-1 und HIV-2 und zirkulierende Immunkomplexe.

Bei dieser in-vitro- und in-vivo-Analyse von Faktor VIII-Präparaten ist zu hoffen, daß Wirkung und Nebenwirkung für Patienten günstig erfaßt werden.

Tabelle 2. In-vivo-Beurteilung von Faktor VIII-Konzentraten

Recovery und Halbwertszeit
F. VIII:C-Hemmkörper
Thrombozytenzahl, Blutungszeit
T4/T8-Lymphozyten
GOT, GPT, AP, γGT
LDH, Bili, Coombs-Test
HBsAg, Anti-HBs-HBc
EBs und cMV-AK
HIV 1 und HIV 2-AK
Zirkulierende Immunkomplexe

Immunmodulierende Eigenschaften von Faktor VIII-Konzentraten

J. W. Mannhalter, J. Göttlicher, H. Leibl, H. M. Wolf, M. M. Eibl
(Wien, Orth/Austria)

Einleitung

Das Auftreten therapiemediierter Nebenreaktionen bei der Behandlung von Hämophilie-Patienten ist ein lange bekanntes Problem. Während bei Infusionen von Faktor VIII-Präparaten unmittelbare adverse Reaktionen selten vorkommen [1–6], spielen Langzeit-Nebeneffekte wie z. B. Hypertonie [7], Hämolyse [8–10], Thrombozytopenie [11, 12], die Bildung von Faktor VIII-Inhibitoren [13, 14], sowie durch kontaminierende Viren hervorgerufene Erkrankungen (Non-A/Non-B-Hepatitis, AIDS) [15–21] eine wesentliche Rolle bei der Morbidität und Mortalität dieser Patientengruppe. Das Auftreten der Nebeneffekte kann zum Teil auf kontaminierende Proteine wie Isoagglutinine, Fibrinogen, Immunglobuline, Immunkomplexe und Immunglobulinaggregate zurückgeführt werden [7, 22, 23].

In einer kürzlich erschienenen Studie [24] haben wir einen zusätzlichen möglichen Nebeneffekt der Faktor VIII-Behandlung, nämlich immunmodulierende Eigenschaften eines kommerziell hergestellten Faktor VIII-Produkts beschrieben. Die Immunmodulation manifestierte sich durch eine Faktor VIII-induzierte Erniedrigung der Expression von Rezeptoren für das Fc-Stück von IgG (Fc-Rezeptoren, FcR). Diese FcR kommen in der Membran verschiedenster Zellen des Immunsystems (z. B. Monozyten/Makrophagen, B-Zellen, aktivierte T-Zellen) vor und spielen eine wichtige Rolle bei der Initiierung aber auch bei der Steuerung der Immunantwort. Wurden nun Monozyten, isoliert aus dem peripheren Blut gesunder Kontrollspender, in vitro mit therapeutischen Konzentrationen dieses Faktor VIII-Produkts interagiert, führte das zu einer deutlichen (signifikanten) Verminderung der FcR-Expression (gemessen durch Anlagerung IgG-beladener Erythrozyten). Diese Verminderung der FcR-Expression war auch mit Störungen der Monozytenfunktion vergesellschaftet. Es konnte bei Faktor VIII-behandelten Monozyten eine deutliche Erniedrigung der Fähigkeit zur O_2-Radikalfreisetzung beobachtet werden, und diese Zellen zeigten auch eine verminderte Kapazität, Mikroorganismen intrazellulär abzutöten.

Eine Beeinträchtigung der Makrophagenfunktion hat nun bedeutende klinische Konsequenzen. Wie kürzlich in einem experimentellen Tiermodell (in Katzen) beschrieben wurde, resultierte Makrophagenfunktionsstörung in einer erhöhten Suszeptibilität dieser Tiere für Infektionen mit dem Katzenleukämievirus (einem Retrovirus) [25]. Da Monozyten bekanntlich als Reservoir für Retroviren dienen [26], ist es denkbar, daß eine Funktionsstörung dieses Zellentyps auch im Humansystem die Empfänglichkeit für eine Retrovirusinfektion bzw. das Ausbrechen einer bereits bestehenden latenten Infektion begünstigen könnte.

Weiters ist ein ungestört funktionierendes Phagozytensystem für die Abwehr obligat intrazellulärer Mikroorganismen von besonderer Bedeutung. Während Hämophile (im besonderen HIV-negative Hämophilie-Patienten) – trotz einer Langzeitbehandlung mit Faktor VIII-Konzentraten – Alltagsinfektionen gegenüber nicht übermäßig suszeptibel sind, konnte eine verringerte Resistenz gegenüber obligat intrazellulären Pathogenen beobachtet werden [27]. In diesem Zusammenhang sei kurz darauf hingewiesen, daß bei Hämophilie-Patienten auch in vivo Phagozytenstörungen beobachtet wurden. Zirkulierende Monozyten hämophiler Patienten können eine verringerte FcR-Expression aufweisen (J. W. Mannhalter und M. M. Eibl, unveröffentlichte Beobachtungen), und Defekte der antigenpräsentierenden Kapazität dieser Zellen wurden beschrieben [28].

Die hier angesprochene vielschichtige Problematik und die große praktische Bedeutung einer möglichen therapiemediierten Immunmodulation bei Hämophilie-Patienten motivierte uns, weitere Untersuchungen in dieser Richtung vorzunehmen. Die detaillierten Ergebnisse dieser Arbeit sind im Juni 1988 in der Zeitschrift „BLOOD“ erschienen [29]. Hier soll nur kurz auf die wichtigsten Punkte unserer Daten eingegangen werden.

In der bereits erwähnten früheren Arbeit auf diesem Gebiet [24] fanden wir auch erste Hinweise auf die Zusammensetzung der immunmodulierenden Komponente. Sie konnte mit Hilfe von Protein A-Sepharose aus Faktor VIII-Konzentraten entfernt werden. Das, sowie die Fähigkeit zur FcR-Modulation, deutete darauf hin, daß diese Komponente Immunglobulin G enthielt. Deshalb war es wichtig herauszufinden, ob es einen Zusammenhang zwischen den immunmodulierenden Eigenschaften eines Faktor VIII-Produkts und seinem Gehalt an IgG gibt. Weiters werden derzeit – zwecks Elimination kontaminierender Viren – fast alle kommerziell erhältlichen Faktor VIII-Produkte einer Thermobehandlung unterworfen. In diesem Zusammenhang hielten wir die Tatsache, daß Immunglobuline durch Hitzebehandlung aggregiert werden können [30], und daß diese Aggregate eine besonders starke FcR-modulierende Wirkung aufweisen [31], für besonders wichtig. Aus diesem Grund wurde auch die Frage eines möglichen Zusammenhangs zwischen Hitzebehandlung von Faktor VIII-Präparaten und immunmodulierender Wirkung in unsere Untersuchungen inkludiert.

Ergebnisse

Um die oben angesprochenen Fragestellungen zu bearbeiten, untersuchten wir sechs kommerziell erhältliche Faktor VIII-Präparate von vier verschiedenen Herstellern. Die einzelnen Präparate, deren Gehalt an Immunglobulin G, die Lot-Nummern sowie die Hersteller sind in Tabelle 1 aufgelistet. Drei dieser Präparate (Faktor VIII-HS Behringwerke 500, Faktor VIII-HT Hyland 250 I. E., Kryobulin TIM 3) waren thermoinaktiviert.

Die immunmodulierenden Eigenschaften der Faktor VIII-Präparate bestehen unabhängig vom IgG-Gehalt des jeweiligen Produkts

Wie aus Tabelle 1 und Abb. 1 ersichtlich ist, wiesen die untersuchten Faktor VIII-Präparate deutliche Unterschiede in ihrem Gehalt an IgG auf (von 1,0 mg/1000 I. E. F. VIII in Produkt A bis 177,3 mg/1000 I. E. F. VIII in Produkt F). Diese Unterschiede hatten jedoch keinen Einfluß auf die immunmodulierende Kapazität der einzelnen Produkte, ihre immunmodulierenden Eigenschaften waren absolut vergleichbar. Die Daten von Abb. 1 zeigen, daß eine Kurzzeitvorbehandlung (1 h) menschlicher Monozyten mit therapeutischen Konzentrationen von Faktor VIII (2 I. E./ml), gefolgt von einer 16stündigen Inkubation in Abwesenheit von Faktor VIII, zu einer signifikanten Erniedrigung der FcR-Expression in der Membran dieser Zellen führte. Dabei verhielten sich die Faktor VIII-Präparate vergleichbar zu hitzeaggregiertem IgG, einer Substanz mit bekannten FcR-modulierenden Eigenschaften [31]. Die FcR-Expression wurde durch die Fähigkeit der Monozyten, mit

Tabelle 1. Untersuchte Faktor VIII-Produkte

Produkt	Lot-Nr.	Hersteller	IgG-Gehalt* [mg IgG/1000 I. E. F. VIII]
A Faktor VIII-HS Behringwerke 500	DO 35	Behring	1,0
B Kryobulin TIM 3	09A068602S	Immuno	33,6
C Faktor VIII-HT	840628AH11A	Hyland-Travenol	37,9
D Hemofil	840319AH11A	Hyland-Travenol	43,8
E Koate 500	NC-8501	Cutter-Tropon	49,0
F Kryobulin	09M09083	Immuno	177,3

* Bestimmt durch Radial-Immundiffusion

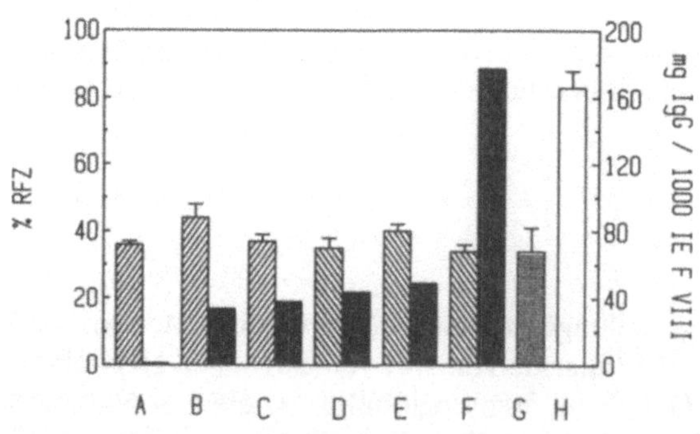

Abb. 1. Immunmodulierende Eigenschaften von F. VIII-Konzentraten. Die immunmodulierenden Eigenschaften der verschiedenen F. VIII-Konzentrate (A–F, die Produkte A, B und C waren thermobehandelt) wurden durch eine Niedermodulierung der FcR-Expression in der Membran menschlicher Monozyten bestimmt. Diese Zellen wurden mit 2 I. E. F. VIII/ml für 1 h vorbehandelt, gefolgt von einer 16stündigen Inkubation in Abwesenheit von F. VIII. Dann wurde die FcR-Expression durch Anlagerung von mit IgG beladenen Erythrozyten bestimmt und als % rosettenformende Zellen (% RFZ) ausgedrückt [24, 31]. Die einzelnen Säulen zeigen den Mittelwert ± Standardabweichung von vier verschiedenen Experimenten. G: FcR-Expression nach Vorbehandlung der Monozyten mit hitzeaggregiertem IgG. H: FcR-Expression unbehandelter Monozyten (Kontrolle). Die schwarzen Säulen zeigen den IgG-Gehalt (bestimmt durch Radial-Immundiffusion) der einzelnen F. VIII-Präparate

IgG beladene Erythrozyten anzulagern, gemessen und als Prozent rosettenformende Zellen (% RFZ) ausgedrückt (Details der hierbei verwendeten Methoden sind in den Literaturstellen [24] und [31] angegeben). Während unbehandelte Kontrollmonozyten 83 ± 5% RFZ aufwiesen, war die FcR-Expression nach Vorbehandlung mit allen untersuchten Faktor VIII-Präparaten – und zwar unabhängig von ihrem IgG-Gehalt – auf 34 ± 3 bis 44 ± 4% RFZ reduziert.

Eine thermische Behandlung hat keinen Einfluß auf die immunmodulierenden Eigenschaften eines Faktor VIII-Präparats

Im Zusammenhang mit der derzeit von allen größeren Herstellern durchgeführten thermischen Behandlung von Faktor VIII-Präparaten wurde verschiedentlich der Sorge Ausdruck gegeben, daß diese Art der Behandlung zur Bildung von Neoantigenen und/oder Aggregaten führen könnte [32]. Deshalb wurden in unsere Untersuchungen auch thermobehandelte Präparate inkludiert. Wie aus Abb. 1 ersichtlich ist, hat die Thermobehandlung augenscheinlich keinen Einfluß auf die FcR-modulierenden Eigenschaften. Sogar Faktor VIII-Präparationen desselben Herstellers, die sich nur durch Thermobehandlung unterschieden, verhielten sich vergleichbar im Hinblick auf FcR-Modulierung.

Die immunmodulierende Komponente ist in Präparationen hoher und mittlerer Reinheit in vergleichbarem Maße enthalten

Zur Beurteilung dieser Fragestellung wurden zwei thermoinaktivierte Produkte (Produkt I Kryobulin S-Tim 3, Lot-Nr. 09A428609S, Immuno und Produkt II Haemate HS 500, Lot-Nr. 18301, Behring) ausgewählt. Diese Produkte unterschieden sich deutlich in ihrem Gehalt an IgG (23,3 mg/1000 I. E. F. VIII in Produkt I und 1,4 mg/1000 I. E. F. VIII in Produkt II). In beiden Produkten wurde die immunmodulierende Komponente zuerst mittels Protein A-Sepharose angereichert und anschließend mit Hilfe einer Gelpermeationschromatographie weiter gereinigt. Danach wurde die Menge der immunmodulierenden Komponente (bezogen auf 1000 I. E. F. VIII) bestimmt. Nach Verdünnung auf eine Konzentration, wie sie in 2 I. E. F. VIII vorhanden ist, wurde die FcR-modulierende Aktivität dieser Komponente getestet. Die Ergebnisse von Abb. 2 zeigen, daß, trotz des deutlich unterschiedlichen IgG-Gehalts im Faktor VIII-Ausgangsprodukt, bei beiden Produkten sowohl der Gehalt der immunmodulierenden Komponente als auch die FcR-modulierenden Eigenschaften absolut vergleichbar sind. In Abb. 2A sind die unterschiedlichen IgG-Gehalte der beiden Produkte (23,3 mg IgG/1000 I. E. F. VIII in Produkt I und 1,4 mg IgG/1000 I. E. F. VIII in Produkt II) dargestellt. Nach den oben angegebenen Reinigungsschritten zeigte sich aber, daß der Gehalt der immunmodulierenden Komponente in beiden Produkten ähnlich war (2,8 mg vs 0,8 mg/1000 I. E. F. VIII) (Abb. 2B), wodurch sich die vergleichbaren FcR-modulierenden Eigenschaften (Abb. 2C) erklären. Diese Ergebnisse deuten darauf hin, daß die immunmodulierende Komponente während des Herstellungsprozesses mit dem F. VIII mitgereinigt wird.

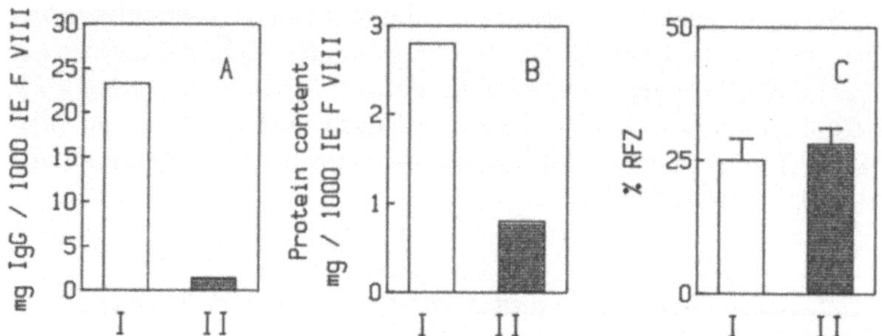

Abb. 2. Die immunmodulierende Komponente ist in Produkten hoher und mittlerer Reinheit in vergleichbarer Menge enthalten (I Kryobulin S TIM 3, Immuno; II Haemate HS 500, Behring)

Zusammenfassung

Hier seien die wichtigsten Punkte unserer Arbeit noch einmal kurz zusammengefaßt: Es konnte in sechs Faktor VIII-Präparaten (von vier verschiedenen Herstellern) eine immunmodulierende Aktivität (ausgedrückt durch eine Erniedrigung der FcR-Expression in der Membran phagozytierender Zellen) nachgewiesen werden. Diese immunmodulierende Aktivität steht in keinem Zusammenhang mit dem IgG-Gehalt des jeweiligen Produkts. Auch Thermoinaktivierung hat auf die immunmodulierenden Eigenschaften der Faktor VIII-Präparate keinen Einfluß. Da die immunmodulierende Komponente in Produkten hoher und mittlerer Reinheit in vergleichbarem Maße vorhanden ist, dürfte diese Kontaminante augenscheinlich mit dem Faktor VIII während des Herstellungsprozesses mitgereinigt werden.

Im Hinblick auf die Wichtigkeit einer intakten Phagozytenfunktion in der Immunabwehr möchten wir anregen, daß Faktor VIII-Konzentrate, die keine FcR-modulierenden Komponenten enthalten, verfügbar werden.

Literatur

1. Ahrons S, Glavind-Kristensen S, Drachmann O, Kissmeyer-Nielsen F (1970) Severe reactions after cryoprecipitated human factor VIII. Vox Sang 18:182–184
2. Burman D, Hodson AK, Wood CBS, Brueton NFW (1973) Acute anaphylaxis, pulmonary oedema, and intravascular haemolysis due to cyroprecipitate. Arch Dis Childhood 48:483–485
3. Eyster ME, Bowman HS, Haverstick JN (1977) Adverse reactions to factor VIII infusion. Ann Intern Med 87:248
4. McVerry BA, Machin SJ (1979) Incidence of allo-immunization and allergic reactions to cryoprecipitate in haemophilia. Vox Sang 36:77–80
5. Helmer RE III, Alperin JB, Yunginger JW, Grant JA (1980) Anaphylactic reactions following infusion of factor VIII in a patient with classic hemophilia. Am J Med 69:953–957
6. Tilsner V, Reuter H (1982) Nebenwirkungen der Faktor VIII-Substitution bei Patienten mit Hämophilie A. Münch med Wschr 124:553–557
7. Allain JP, Verroust F, Soulier JP (1980) In vitro and in vivo characterization of factor VIII preparations. Vox Sang 38:68–80
8. Rosati LA, Barnes B, Oberman HA, Penner JA (1970) Hemolytic anemia due to anti-A in concentrated antihemophilic factor preparations. Transfusion 10:139–141
9. Orringer EP, Koury MJ, Blatt PM, Roberts HR (1976) Hemolysis caused by factor VIII concentrates. Arch Intern Med 136:1018–1020

10. Ashenhurst JB, Langehennig PL, Seeler RA, Telfer MC (1976) Hemolytic anemia due to anti-B in antihemophiliac factor concentrates. J Pediatr 88:257–258
11. Ratnoff OD, Menitove JE, Aster RH, Lederman MM (1983) Coincident classic hemophilia and "idiopathic" thrombocytopenic purpura in patients under treatment with concentrates of antihemophilic factor (factor VIII). N Engl J Med 308:439–442
12. Harris PJ, Kessler CM, Lessin LS (1983) Acquired hemolytic anemia and thrombocytopenia (Evans' Syndrome) in hemophilia. N Engl J Med 309:50
13. Strauss HS (1970) Problems related to anticoagulants in hemophiliacs. Bibl Haematol 34:149–153
14. Shapiro SS, Hultin M (1975) Acquired inhibitors to the blood coagulation factors. Sem Thromb Haemostas 1:336–385
15. Fletcher ML, Trowell JM, Craske J, Pavier K, Rizza CR (1983) Non-A non-B hepatitis after transfusion of factor VIII in infrequently treated patients. Br Med J 287:1754–1757
16. Kernoff PBA, Lee CA, Karayiannis P, Thomas HC (1984) High risk of non-A, non-B hepatitis after a first exposure to volunteer or commercial clotting factor concentrates: effects of pooled human immunoglobulin. Br J Haematol 58:174 (Abstract)
17. Colombo M, Carnelli V, Gazengel C, Mannucci PM, Savidge GF, Schimpf Kl (1985) Transmission of non-A, non-B hepatitis by heat-treated factor VIII concentrate. Lancet II:1–4
18. Centers for Disease Control (1982) Pneumocystis carinii pneumonia among persons with hemophilia A. Morbid Mortal Weekly Rep 31:365–367
19. Centers for Disease Control (1982) Update on acquired immune deficiency (AIDS) among patients with hemophilia A. Morbid Mortal Weekly Rep 31:644–652
20. Ragni MV, Lewis JH, Spero JA, Bontempo FA (1983) Acquired-immunodeficiency-like syndrome in two haemophiliacs. Lancet I:213–214
21. Lederman MM, Ratnoff OD, Evatt BL, McDougal JS (1985) Acquisition of antibody to lymphadenopathy-associated virus in patients with classic hemophilica (factor VIII deficiency). Ann Intern Med 102:753–757
22. Weintrub PS, Koerper MA, Addiego JE jr et al. (1983) Immunologic abnormalities in patients with hemophilia A. J Pediatr 103:692–695
23. Wadsworth C, Blombäck M, Kjellman H, Hanson LÅ (1985) Complexes of IgG and plasma proteins in factor VIII preparations – a possible cause of adverse reactions. Vox Sang 49:319–322
24. Eibl MM, Ahmad R, Wolf HM, Linnau Y, Götz E, Mannhalter JW (1987) A component factor VIII preparations which can be separated from factor VIII activity down modulates human monocyte functions. Blood 69:1153–1160
25. Hoover EA, Rojko JL, Olsen RG (1981) Factors influencing host resistance to feline leukemia virus. In: Olsen RG (ed) Feline leukemia. CRC Press, Boca Raton Florida, p 69–76
26. Gartner S, Markovits P, Markovitz DM, Kaplan MH, Gallo RC, Popovic M (1986) The role of mononuclear phagocytes in HTLV III/LAV infection. Science 233:215–219
27. Beddall AC, Hill FGH, George RH, Williams MD, Al-Rubei K (1985) Unusually high incidence of tuberculosis among boys with haemophilia during an outbreak of the disease in hospital. J Clin Pathol 38:1163–1165
28. Mannhalter JW, Zlabinger GJ, Ahmad R, Zielinski CC, Schramm W, Eibl MM (1986) A functional defect in the early phase of the immune response observed in patients with hemophilia A. Clin Immunol Immunopathol 38:390–397
29. Mannhalter JW, Ahmad R, Leibl H, Göttlicher J, Wolf HM, Eibl MM (1988) Comparable modulation of human monocyte functions by commercial factor VIII concentrates of varying purity. Blood 71:1662–1668
30. Dickler HB, Kunkel HG (1972) Interaction of aggregated-globulin with B-lymphocytes. J Exp Med 136:191–196
31. Mannhalter JW, Ahmad R, Wolf HM, Eibl MM (1987) Effect of polymeric IgG on human monocyte functions. Int Archs Allergy Appl Immun 82:159–167.
32. Bird AG, Codd AA, Collins A (1985) Haemophilia and AIDS. Lancet I:162–163

Abhängigkeit des Konzentratverbrauches zu AIDS bzw. ARC-Manifestation, Thrombopenie sowie IgA- oder SGPT-Erhöhungen in Zusammenhang mit einem HIV-positiven Antikörper

H.-H. Brackmann, D. Niese, Th. Kamradt, U. Hammerstein, H. Egli (Bonn)

Verschiedentlich wurde der Verdacht geäußert, daß bei Hämophilie-Patienten mit positivem HIV-Antikörper zwischen dem Konzentratverbrauch (Faktor VIII- bzw. Faktor IX-Konzentrate) und dem Auftreten von AIDS bzw. ARC sowie der zunehmend bei diesem Patientenkollektiv beobachteten Thrombopenie ein Zusammenhang bestehen könnte.

Wir sind dieser Frage bei unseren Patienten mit positivem HIV-Antikörper nachgegangen ($n = 395$ Patienten, 60% des Patientenkollektivs mit Hämophilie A und B) und haben uns hierbei nicht nur auf den Nachweis eines konzentratabhängigen Zusammenhanges zwischen AIDS bzw. ARC oder der Thrombopenie beschränkt, sondern darüber hinaus auch die Frage hinsichtlich evtl. IgA- sowie SGPT-Erhöhungen in Abhängigkeit vom Konzentratverbrauch gestellt.

In Abb. 1 wurden alle Patienten, die an AIDS bzw. ARC erkrankt sind jenen Patienten gegenübergestellt, die keine entsprechenden AIDS- bzw. ARC-Manifestationen aufwiesen.

In der Abb. 2 wurden alle Patienten mit einer Thrombopenie von maximal 80000 (in den letzten 3 Jahren) jenen Patienten gegenübergestellt, deren Minimalwerte immer > 150000 Thrombozyten gelegen hatten.

In Abb. 3 wurden alle Patienten mit IgA-Erhöhung mit minimal 450 mg/dl (in den letzten 2 Jahren) jenen Patienten gegenübergestellt, deren IgA-Werte immer < 320 mg/dl gelegen hatten.

In der Abb. 4 wurden alle Patienten mit SGPT-Erhöhungen von minimal 100 U/l (in den letzten 2 Jahren) jene Patienten gegenübergestellt, deren maximale-SGPT-Werte nie > 75 U/l gelegen hatten.

Wie aus den Abbildungen und den entsprechenden Ergebnissen hervorgeht, konnte bei allen diesbezüglichen Kollektiven keine statistisch relevante Abhängigkeit hinsichtlich des Konzentratverbrauches festgestellt werden.

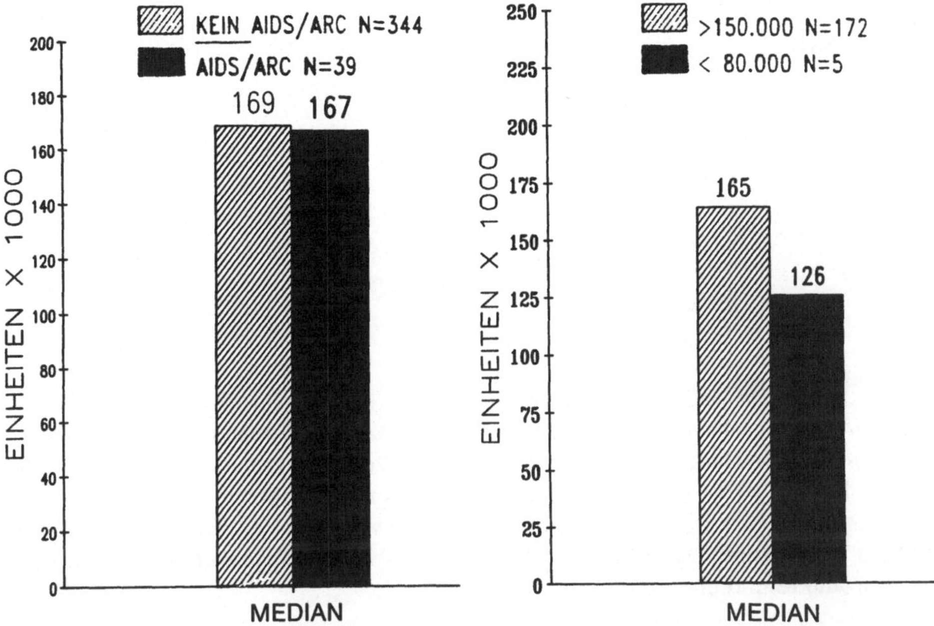

Abb. 1. Konzentratverbrauch (1984–86) und AIDS/ARC-Manifestation. Alle Hämophilie-Patienten HIV-Antikörper-positiv

Abb. 2. Konzentratverbrauch (1984–86) und Thrombopenie (< 80000). Alle Hämophilie-Patienten HIV-Antikörper-positiv

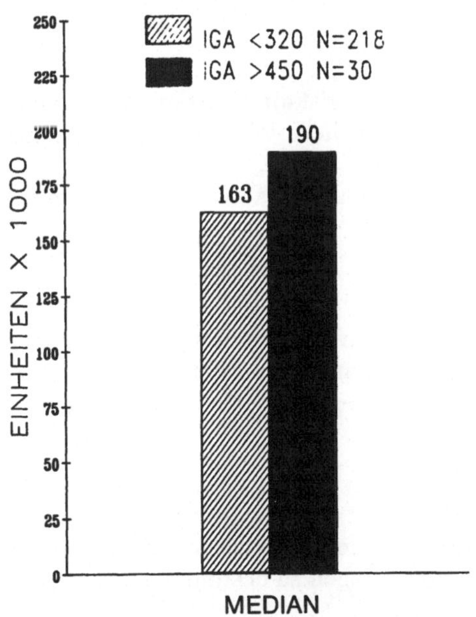

Abb. 3. Konzentratverbrauch (1984–86) und IgA-Erhöhung (> 450 mg/dl). Alle Hämophilie-Patienten HIV-Antikörper-positiv

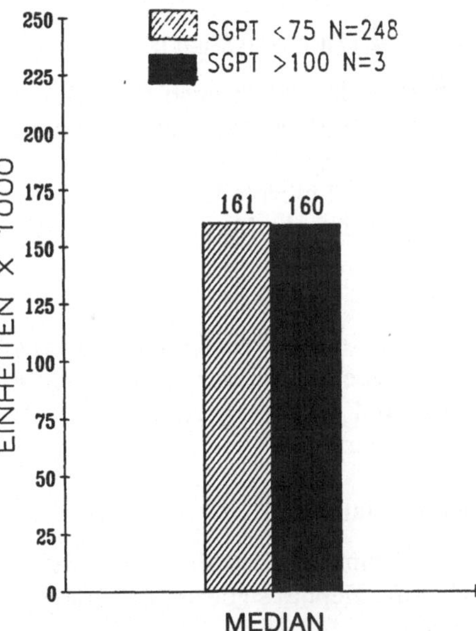

Abb. 4. Konzentratverbrauch (1984–86) und SGPT-Erhöhung (> 100 U/l). Alle Hämophilie-Patienten HIV-Antikörper-positiv

Diskussion

Sutor (Freiburg):

Zum Vortrag von Frau Scharrer möchte ich ergänzen, daß auch die Thrombozytenfunktion und die Blutungszeit geprüft werden sollten. Wir haben früher bei hochdosierten Faktor VIII-Gaben eine Verlängerung der Blutungszeit wie auch klinische Blutungen gesehen und auch kürzlich nach Gabe von 500–1000 Einheiten Veränderungen der Thrombozytenfunktion beobachtet. Manche Präparate enthalten hohe Spaltprodukte und andere nicht.

Frau Scharrer (Frankfurt):

Das ist selbstverständlich. Ich habe das auf der Abbildung nur etwas kurz mit „Thrombozyten" bezeichnet und meine damit auch die Funktion und die Blutungszeit. Wenn wir Präparate testen, untersuchen wir auch die von Willebrand-Aktivität.

Wenzel (Homburg/Saar):

Ich kann das nur unterstützen. Bei der Prüfung von Faktor IX-Präparaten sollten hierzu Fibrinmonomere und Verbrauchsparameter in die in-vivo-Testung aufgenommen werden.

Frau Eibl möchte ich fragen, ob es für diese hochinteressanten in-vitro-Untersuchungen einfache Monozytenparameter in vivo gibt.

Frau Eibl (Wien):

Wir konnten das Prinzip sowohl in vivo als auch ex vivo nachweisen, d. h. wir haben eine Niedermodulierung der Rezeptoren auch bei hämophilen Patienten aus München und Ungarn gesehen. Die Tests sind gut reproduzierbar und nicht sehr kompliziert.

Kuse (Hamburg):

Herr Schimpf, haben Sie in Ihren Studien zur HIV-Infektion auch neue Erkenntnisse über die Hepatitis gewonnen? Kann man Empfehlungen zu bestimmten Präparaten geben?

SCHIMPF (Heidelberg):

Wir haben nur nach Anti-HIV gefragt und vielleicht auch wegen dieser Beschränkung so viele Rückmeldungen erhalten. Für prospektive Studien an noch unbehandelten Kindern ist es schwierig, eine genügende Probandenzahl zu erhalten, da diese zunächst oft einen niedergelassenen Arzt aufsuchen und von diesem anbehandelt werden. Sie sind dann für Konzentratprüfungen nicht mehr geeignet. Wir sollten sehr darauf achten, daß möglichst alle erstzubehandelnden Hämophilen diesen prospektiven Studien zugeführt werden, da wir nur bei diesen Patienten die Infektionssicherheit von Konzentraten mit zureichender Aussagekraft prüfen können.

Frau SCHARRER (Frankfurt):

Es ist sicherlich berechtigt, keine Empfehlungen für ein bestimmtes Präparat zu geben. Auch wenn die Infektionssicherheit sich ganz wesentlich verbessert hat, wird man nicht davon ausgehen dürfen, bezüglich der Hepatitis Non A/Non B oder auch Hepatitis B ein 100% sicheres Präparat haben zu können.

Frau EIBL (Wien):

Zur Tabelle von Frau Prof. Scharrer möchte ich anfügen, daß wir auch daran denken müssen, den Gehalt an heterogenem Material zu untersuchen. Das gilt auch für Immunkomplexe, die durch die unabhängige Reinigung mit mono- oder polyklonalen immobilisierten Antikörpern in der Präparation erfolgt.

SCHIMPF (Heidelberg):

Man sollte wohl grundsätzlich skeptisch auch gegenüber Präparaten sein, die mit neuen Verfahrenstechniken produziert werden. Die Infektionssicherheit wird sich erst in der klinischen Prüfung ergeben.

Ich möchte Frau Eibl fragen, wie es kommt, daß in Präparaten, die praktisch kein Immunglobulin mehr enthalten, Immunkomplexe oder aggregierte Immunglobuline zurückbleiben können.

Frau EIBL (Wien):

Wir waren auch überrascht über die Unabhängigkeit vom IgG-Gehalt der Präparationen. Die Aggregate werden offensichtlich durch das Herstellungsverfahren der Produkte angereichert. Das gilt für alle Produkte, die wir bisher untersucht haben. Auch in jenen, in denen nur noch geringste Mengen IgG vorhanden waren, konnten wir diese Aggregate nachweisen.

Frau SCHARRER (Frankfurt):

Haben Sie auch monoklonal gereinigte Präparate untersucht? Bei unseren in-vitro-Untersuchungen haben wir keine Spuren, auch nicht von Bruchstücken, von Immunglobulinen gefunden.

Frau Eibl (Wien):

Noch nicht, aber dieses wird demnächst geschehen.

Vinazzer (Linz):

Zur in-vivo-Charakteristik möchte ich anmerken, daß mir in den letzten beiden Jahren aufgefallen ist, daß bei Verwendung des Präparates Kryobulin TIM 3 die Halbwertzeit des Faktor VIII, die nach der Injektion gemessen wurde, deutlich länger war als die üblichen 12 Stunden. Ich bekam eine Halbwertzeit von 18 bis 20 Stunden, und das wurde inzwischen auch von anderer Stelle schon bestätigt. Ich glaube, daß das nicht uninteressant ist, auch im Zusammenhang mit der von Frau Eibl vorgebrachten Erklärung.

Pollmann (Münster):

Wenn man auch sicherlich keine Wertung der Präparate vornehmen kann, so glaube ich doch, daß für erstzubehandelnde Hämophile eine Auswahl getroffen werden sollte.

Frau Scharrer (Frankfurt):

Das habe ich eigentlich vorausgesetzt, daß man sich da auf feuchthitzebehandelte oder monoklonal gereinigte Präparate festlegt.

Schimpf (Heidelberg):

Die Infektionssicherheit monoklonal gereinigter Präparate ist klinisch noch nicht erwiesen.

II. Freie Vorträge zur Diagnostik und Behandlung angeborener und erworbener Blutungskrankheiten (ausgenommen HIV-1-Infektion)

Diskussionsleitung: R. Marx (München)
H. Vinazzer (Linz)
E. Wenzel (Homburg/Saar)

Österreichische Erfahrungen bei der Verwendung von RFLP-Analysen zur Konduktorinnen-Diagnose bei Hämophilie A

CH. MANNHALTER, CH. STAIN, E. DEUTSCH (Wien)

Einleitung

Bis vor kurzer Zeit wurden zur Konduktorinnendiagnostik neben Stammbaum-Analysen einerseits die Bestimmung der Faktor VIII-Gerinnungsaktivität (F. VIII:C) und andererseits die Ermittlung des Verhältnisses von F. VIII:C zum von Willebrand Faktor (vwF, F. VIIIR:Ag) verwendet [1, 5].

Beide Methoden lassen nicht immer eine sichere Diagnose zu, wie auch beim XI. Internationalen Thrombose-Kongreß in Brüssel von D. LILLICRAP et al. sehr anschaulich gezeigt wurde (Tabelle 1).

Tabelle 1. Konduktorinnen-Diagnose

F. VIII:C [U/ml]	F. VIIIR:Ag [U/ml]	Ratio	Wahrscheinliche Konduktorin [%]	DNA-Diagnose	Probe
0,95	1,18	0,81	23	Konduktorin	Intragenisch
0,83	1,14	0,73	39	Konduktorin	Intragenisch
0,46	0,66	0,7	73	Nicht-Konduktorin	Intragenisch
0,54	0,87	0,62	78	Nicht-Konduktorin	Assoziiert

Erst die Entwicklung von DNA-Untersuchungen ermöglichte eine sichere Aussage in 97% aller Fälle. Nachdem es gelungen war, das Faktor VIII-Gen zu klonen und eine komplementäre DNA-Sequenz herzustellen, begann man mit der genetischen Untersuchung des Defekts bei Hämophilie A [6, 7]. Es zeigte sich, daß die Hämophilie A sehr heterogen ist und überwiegend durch Punktmutationen an verschiedenen Stellen des Gens hervorgerufen wird [6]. Eine direkte Untersuchung des Gen-Defekts in jedem hämophilen Patienten und seinen Familienangehörigen wäre für die klinische Diagnostik viel zu arbeitsintensiv und nicht praktikabel.

In einer derartigen Situation, wenn es nicht möglich ist, den Gen-Defekt direkt nachzuweisen, muß man den indirekten Weg beschreiten. Man verfolgt die Vererbung eines bestimmten Allels über Restriktionsfragment-Längenpolymorphisem (RFLPs) [8]. Restriktionsfragment-Längenpolymorphismen beruhen auf Basenmutation in der DNA. Abhängig davon ob die von der Endonuklease erkannte spezifische Basensequenz vorhanden ist oder nicht, resultieren unterschiedliche Spaltungsmuster der DNA durch Restriktionsenzyme. Nur in seltenen Fällen ist die

Basenmutation die pathologische Aberation. In den meisten Fällen jedoch handelt es sich um sogenannte neutrale Mutationen, die mit dem eigentlichen Defekt nichts zu tun haben. Die neutrale Mutation kann direkt im zu untersuchenden Gen (intragenisch) oder aber in dessen Nachbarschaft (extragenisch) auftreten und zur Segregationsanalyse eingesetzt werden. Es gelang, mittels Faktor VIII-spezifischer DNA-Proben intragenische und extragenische Restriktionsfragment-Längenpolymorphismen zu identifizieren, die sich für die Segregationsanalyse der Hämophilie A eignen. Tabelle 2 zeigt RFLPs für das Faktor VIII-Gen.

Beim Einsatz zur pränatalen und Konduktorinnendiagnostik muß im Falle extragenischer Proben die Möglichkeit der Rekombination zwischen Marker-Locus (extragenische Probe) und defektem Gen in Betracht gezogen werden. Dies ist bei Verwendung intragenischer Proben, bei denen Marker und Gen-Locus zusammenfallen, praktisch auszuschließen. Allerdings sind intragenische Proben nur in ca. 60% aller Hämophilie-Familien informativ. Durch eine kombinierte Anwendung von verschiedenen extra- und intragenischen Proben kann man mit 97%iger Sicherheit in 95% aller Fälle eine Aussage treffen.

Tabelle 2. RFLPs zur Untersuchung der Hämophilie A. Vorkommen von heterozygoten Frauen in der normalen weiblichen Bevölkerung. Die Tabelle zeigt, mit welcher Häufigkeit mit den einzelnen Restriktionsenzym/Probe Systemen eine Unterscheidung der beiden X-Chromosomen möglich ist, d. h. Frauen heterozygot sind

Restriktionsenzym	Probe	% Heterozygosität in der Normalbevölkerung
Taq I	St 14	78
Bgl II	DX 13	50
Bcl I	p 114,12	42
Bgl I	p 1,8	30
Kpn I/Xba I	p 482,6	55

In der Folge möchte ich einige unserer Erfahrungen bei Verwendung vor RFLP-Analysen für die Konduktorinnendiagnostik berichten. Eine Kalkulation der Häufigkeit von Heterozygoten weiblichen Familienmitgliedern Hämophiler zeigte, daß für die Proben Taq I, Bgl II und Bgl I ähnliche Werte wie in der Normalbevölkerung zu finden sind. Eine Berechnung für die obligaten Konduktorinnen dieser Familien ergab geringfügig andere Zahlen, die aber wahrscheinlich durch die kleine Anzahl von Patienten zu erklären sind. Abb. 1 stellt eine Familie mit 5 Kindern – einem gesunden und einem kranken Sohn und 3 Töchtern vor. Keine der 3 Töchter wäre aufgrund der Gerinnungswerte oder der Ratio F. VIII:C zu F. VIIIR:Ag als Konduktorin diagnostiziert worden. Die DNA-Analyse (Abb. 2) mit dem Restriktionsenzym Taq I und der Probe St 14-12 weist Tochter II 2 als Konduktorin aus, da bei ihr die mit dem defekten Faktor VIII-Gen segregierende 4,0 kb Bande vorhanden ist. Die Töchter II 3 und II 4 besitzen diese 4,0 kb Bande nicht und sind gesund, ebenso wie Sohn II 5. Die Systeme Bgl II/DX 13 und Bgl I/p 1,8 waren bei dieser Familie nicht informativ (Abb. 3).

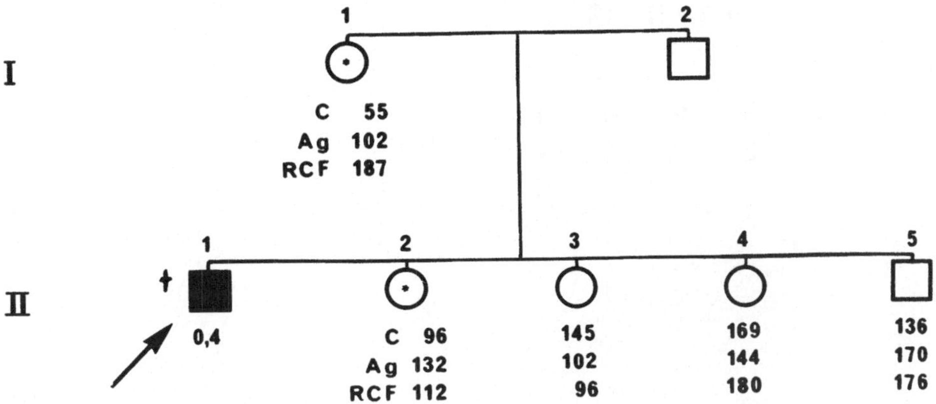

Abb. 1. Stammbaum der Familie A. Die Zahlen repräsentieren Aktivitäten in % von: C–F VIII Gerinnungsaktivität, Ag-F VIII „related" Antigen, RCF-Ristocetin Cofaktor

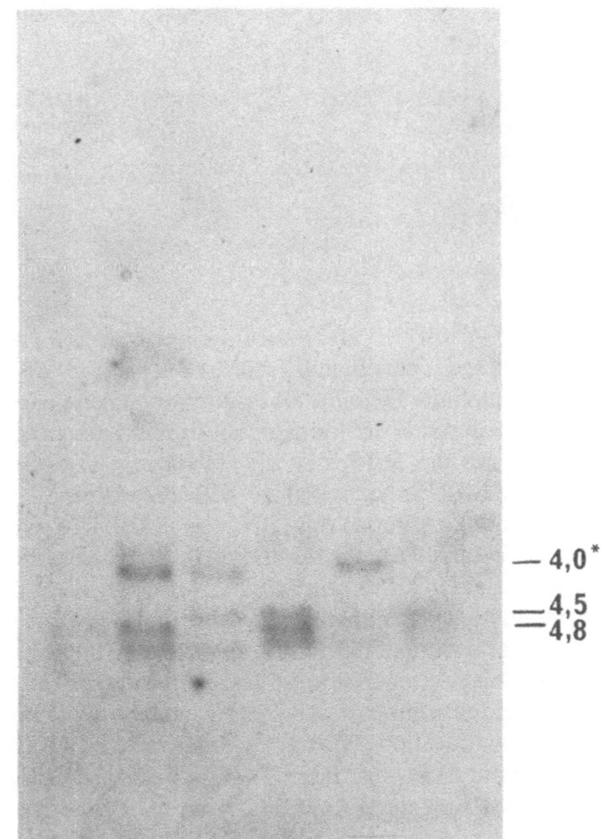

Abb. 2. Familie A. Southern Blot nach Spaltung der genomischen DNA mit Taq I und Hybridisierung mit St 14-12. Die mit * gekennzeichnete Bande mit 4,0 kb ist mit dem defekten F. VIII-Gen assoziiert und ist außer beim Hämophilen, II 1, bei seiner Mutter, I 1, und seiner Schwester, II 2, nachweisbar

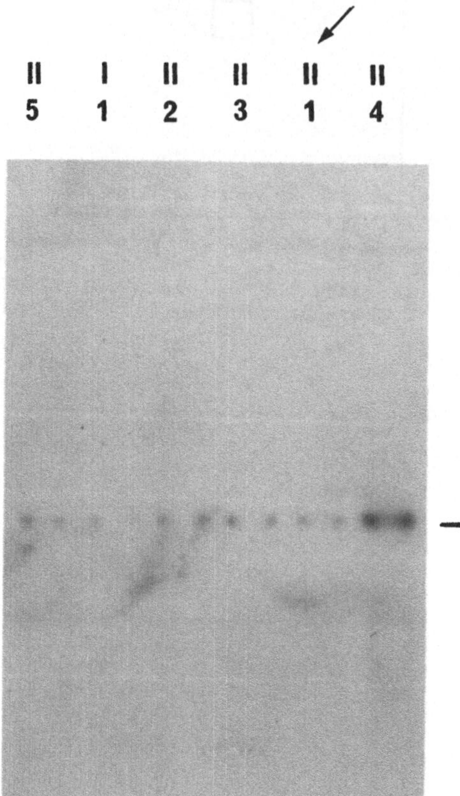

Abb. 3. Familie A. Southern Blot nach Spaltung der genomischen DNA mit Bgl II und Hybridisierung mit DX 13. Mutter und Töchter sind homozygot, eine Unterscheidung zwischen intaktem und defektem F. VIII-Gen nicht möglich

Abb. 4 stellt den Stammbaum einer weiteren Familie mit zwei Familienzweigen vor. Anhand dieser Familie möchte ich zeigen, daß nur bei vollständiger Verfügbarkeit der gesamten Familie eine informative Aussage erwartet werden kann. Für die zu diagnostizierende Tochter einer obligaten Konduktorin, III 1, standen uns weder der Vater noch die Schwester zur Verfügung. Die Gerinnungswerte dieser Patienten lagen bei 0,79 Einheiten Faktor VIII, das Faktor VIII-Antigen betrug 1,44 Einheiten. Aufgrund der Ratio F. VIII:C zu F. VIIIR:Ag würde die Patientin mit hoher Wahrscheinlichkeit als Konduktorin diagnostiziert werden. Abb. 5 zeigt, daß das System Bgl II/DX 13 prinzipiell – Heterozygosität der Mutter, II 1 –, aussagekräftig wäre. Durch das Fehlen von Vater und Schwester konnte allerdings bisher keine Diagnose aufgrund der DNA-Analyse erstellt werden.

Für den zweiten Zweig der Familie bestätigte die DNA-Analyse bei Patientin IV 1 den Konduktorinnenstatus, der aufgrund der Faktor VIII-Gerinnungsaktivität (0,51 E) und der Ratio F. VIII:C zu F. VIIIR:Ag (0,6) bereits sehr wahrscheinlich war. Interessanterweise ist diese Familie heterozygot für die intragenische Probe p 1,8. Eine nutzbringende Anwendung dieser Probe ist allerdings wiederum durch das Fehlen der Väter von III 1 und IV 1 nicht möglich.

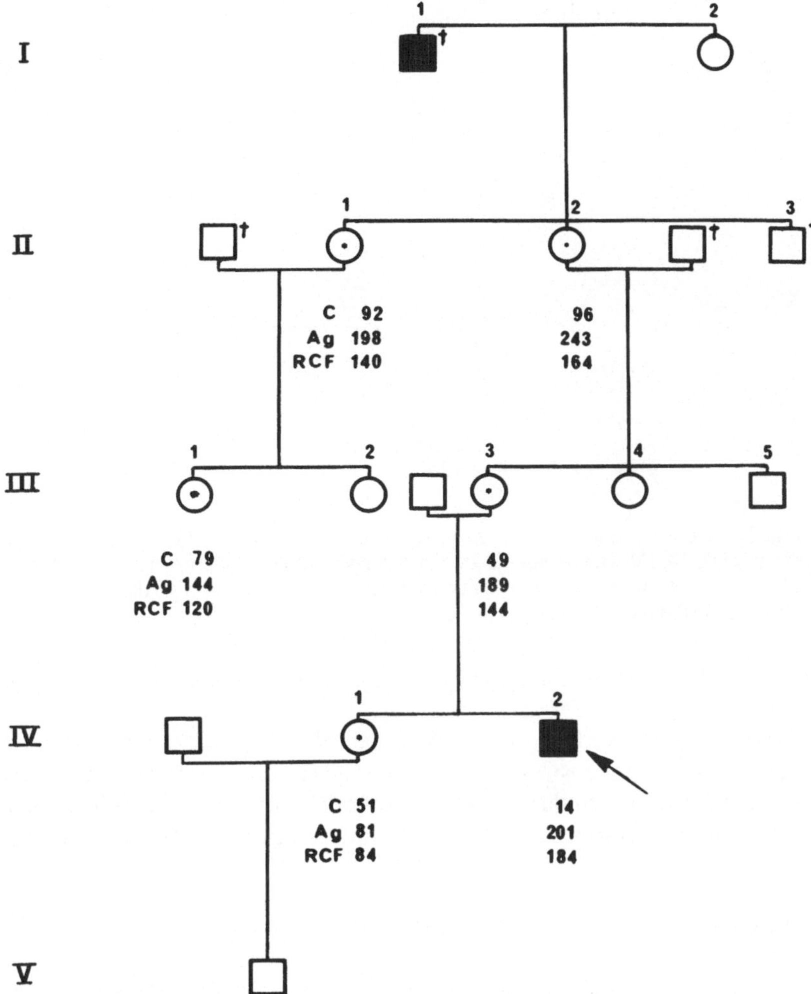

Abb. 4. Stammbaum der Familie B. Die Zahlen repräsentieren wie oben die Aktivitäten in %

Zusammenfassung

Durch kombinierte Anwendung von intragenischen und extragenischen RFLPs kann unter der Voraussetzung, daß möglichst viele Familienmitglieder zur Verfügung stehen, in etwa 95% aller Familien mit Hämophilie A mit 97%iger Wahrscheinlichkeit der Konduktorinnenstatus von weiblichen Angehörigen Hämophiler bestimmt werden.

Sicherlich soll und kann die DNA-Analyse die bisherigen Verfahren nicht völlig ersetzen, da in einigen Fällen Gerinnungstest und Antigenbestimmung bereits zur Diagnose ausreichen werden bzw. bei sehr unvollständig verfügbaren Familien wie bei der in Abb. 4 präsentierten Familie diese Methoden die einzige Möglichkeit zur

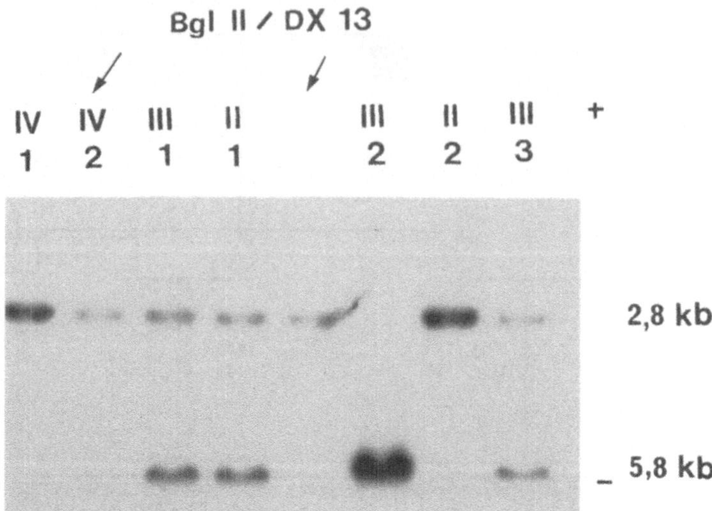

Abb. 5. Familie B. Southern Blot nach Spaltung der genomischen DNA mit Bgl II und Hybridisierung mit DX 13. Die Bande mit 2,8 kb ist beim Hämophilen, IV 2, vorhanden und mit dem defekten F. VIII-Gen assoziiert. Seine Schwester, IV 1, ist homozygot für dieses Allel, erbte demnach auch das defekte F. VIII-Gen

Diagnose darstellen. Die größere Aussagewahrscheinlichkeit und -sicherheit machen es allerdings erstrebenswert, die DNA-Analyse zumindest in Familien mit bekannter Hämophilie A als Primäruntersuchung für die Konduktorinnendiagnostik zusätzlich zu den Gerinnungstests und Antigenbestimmungen einzuführen und anzuwenden.

Literatur

1. Veltkamp JJ, Drion EF, Loeliger EA 1968) Detection of the carrier state in hereditary coagulation disorders. Thromb Diath Haemorrh 19:403
2. Zimmermann TS, Ratnoff OD, Littell AS (1971) Detection of carriers of classic hemophilia using an immunologic assay for antihemophilic factor (factor VIII). J Clin Invest 50:255
3. Elston RC, Graham JB, Miller CH, Reisner HM, Bouma BN (1976) Probabilistic classification of hemophilia A by discriminant analysis. Thromb Res 8:683
4. Wahlberg T, Blombäck M, Brodin U (1982) Carriers and noncarriers of hemophilia A: I. Multivariate analysis of pedigree data, blood coagulation test and factor VIII variables. Thromb Res 25:401
5. Mibashan RS, Peake IR, Newcombe RG, Thumpston JK, Gorer R, Furlong RA, Rodeck CH (1981) Carrier detection of hemophilia A in pregnancy by measurement of F. VIII:C/RAg and F. VIII:CAg/RAg ratios. Thromb Haemost 46:187
6. Gitschier J, Wood WI, Goralka TM, Wion KL, Chen EY, Eaton DH, Vehar GA, Capon DJ, Lawn RM (1984) Characterization of the human factor VIII gene. Nature 312:326
7. Toole JJ, Knopf JL, Wozney JM, Sultzman LA, Buecker JL, Pittman DD, Kaufman RJ, Brown E, Shoemaker C, Orr EC, Amphlett GW, Foster WB, Coe ML, Knutson GJ, Fass DN, Hewick RM (1984) Molecular cloning of a CDNA encoding human antihaemophilic factor. Nature 312:342
8. Botstein D, White RL, Skolnick M, Davis RW (1980) Construction of a genetic linkage map in man using restriction fragment length polymorphism. Am J Human Genet 32:314

Evidence that the Human Hepatocyte Contain and Secrete Factor VIII

J. Ingerslev, B. S. Christiansen, L. Heickendorff, C. Munck Petersen
(Aarhus/Denmark)

Introduction

Human factor VIII (procoagulant: VIII:C, coagulant antigen: VIII:Ag) is a heterodimeric plasma protein consisting of 80 kDa and 90–120 kDa polypeptides linked by divalent metal-ion bridges. In plasma F. VIII circulates non-covalently bound to von Willebrand factor. In spite of recent advances in biochemistry of F. VIII, the specific cellular origin of this protein is still obscure. In the past, several animal studies have failed to clearly indicate the organ most important for F. VIII production (Review 1). Recently it was shown that liver transplantation to a haemophilia A patient resulted in normalization of plasma VIII:C [2]. The molecular cloning of human factor VIII was performed using A DNA library from human liver [3]. Two attempts to demonstrate VIII:Ag in liver tissue biopsies gave inconsistent results, although the same monoclonal antibody was used. In the first study [4] VIII:Ag immune reactivity was disclosed to liver sinusoideal lining cells, whereas the second study [5] demonstrated VIII:Ag in endoplasmatic reticulum of hepatocytes, the site of protein synthesis, but some VIII:Ag reactivity was also seen in sinusoideal cells. It therefore is reasonably assumed that F. VIII synthesis takes place in the liver. The present investigation, performed on isolated and cultivated human hepatocytes, indicates that the hepatocyte is a production site for F. VIII.

Materials and Methods

Human liver was from necro-kidney donors. A wedge of the liver tip was removed and immediately coupled to a peristaltic pump perfusing with calciumfree buffer followed by perfusion with a buffer containing collagenase and calcium. Cells were loosened mechanically from digested material, and hepatocytes ($50-400 \times 10^6$) recovered after two filtrations through nylon mesh followed by Percoll gradient centrifugation. More than 98% of isolated cells were hepatocytes as defined by light microscopic appearance, negative reaction with monoclonal antibodies against monocytes/macrophages, tests for phagocytosis using iron and latex particles, and autoradiography.

Immunoisolation of F. VIII Polypeptides

Isolated cells were sonicated by ultrasound and lysates subjected to immunoisolation using Vinylsulphone agarose coupled with a haemophilic VIII:C inhibiting antibody.

After 10 washes of the affinity gel, absorbed material was eluted using SDS 2%, β-mercaptoethanol 5% and EDTA 5 mM at 60°C for 20 min. Similarly, normal plasma and F. VIII concentrate were subjected to the immunoisolation procedure. All eluates were concentrated approximately ten-fold, and 1μl of each material applied in gradient SDS-PAGE electrophoresis (Phast System, Pharmacia). Eventually, gels were silver stained.

Fast Protein Liquid Chromatography

Concentrated (5 ×) lysate supernatant irom 15 × 10^6 freshly isolated hepatocytes was applied to a Mono-Q FPLC column (Pharmacia) and separated using a 0–1 M NaCl gradient in 0.02M Tris buffer at pH 7.2 and a flow of 2 ml/min. Fractions collected a 0.24 min intervals (480 μl) were assayed semiquantitatively by ELISA for VIII:Ag using a two-site technique previously reported [6].

Cultures of Hepatocytes

Hepatocytes were further studied in culture using serum-free medium: Ultroser G (LKB) 4% in RPMI-1640 supplemented with insulin, glucagon and dexametason all at 10^{-7}M, penicillin 10^6 U/l and streptomycin 100 mg/I. At changes, 75% of the medium was removed and substituted with fresh medium. F. VIII:Ag was recorded by ELISA as above.

Results and Discussion

Freshly isolated and sonicated hepatocytes contained up to 250 mU of VIII:Ag (thousand milliunits of VIII:Ag the amount present in the 1st International Standard for Plasma Factor VIII), whereas < 4 mU of vWf:Ag was recorded per 1 × 10^6 cells/ml. The FPLC chromatogram of concentrated and unreduced lysate gave only one peak, (Fig. 1A) eluting in the same position as the undegraded full length F. VIII material of a highly purified F. VIII concentrate, containing two peaks (Fig. 1B): I. representing undegraded heavy chain plus light chain of F. VIII, and II. containing partially degraded heavy chain plus light chain of F. VIII [7, 8]. Immunoisolated material from hepatocyte lysate contained a number of polypeptides that also were identified in immunoisolates normal plasma and F. VIII concentrate (Fig. 2), among which the light chain of M_r 77–80 × 10^3 was visible in all isolates (lanes A, B and C).

During culture we found a high initial release of VIII:Ag within the first few hours (data not shown here) leading to a high concentration in the medium at 12 h (Fig. 3),

---

Fig. 1. Fast protein liquid Mono-Q chromatography (Pharmacia) of A: 2.9 U of highly purified F. VIII concentrate (Hematrade-M), and B: lysate supernatant of 15 × 10^6 hepatocytes concentrated to 1 ml and prediluted 1:2.5. Ordinate: ELISA for F. VIII:Ag, expressed as absorption at 492 nm (solid line), gradient of NaCl (broken line). Peak I in (A) represents undegraded F. VIII dimeric complex, II: VIII dimers containing partially degraded heavy chain polypeptides

1.0
A 492
NaCl M
1.0
I
II
0.5
0.5
15
35
55
75
95
FRACTION NO.

1.0
A 492
NaCl M
1.0
0.5
0.5
15
35
55
75
95
FRACTION NO

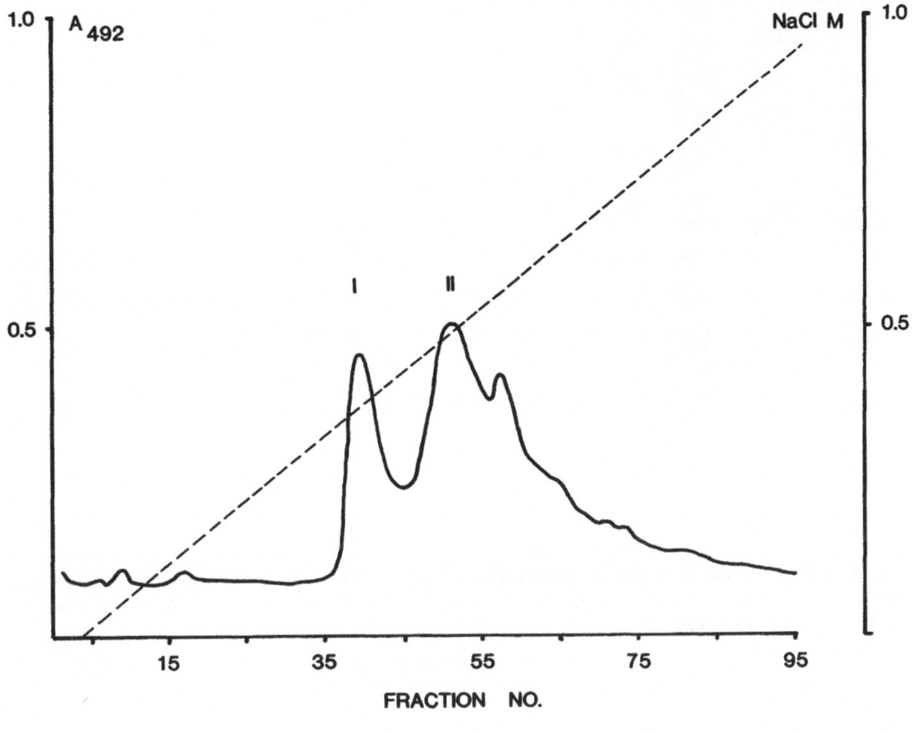

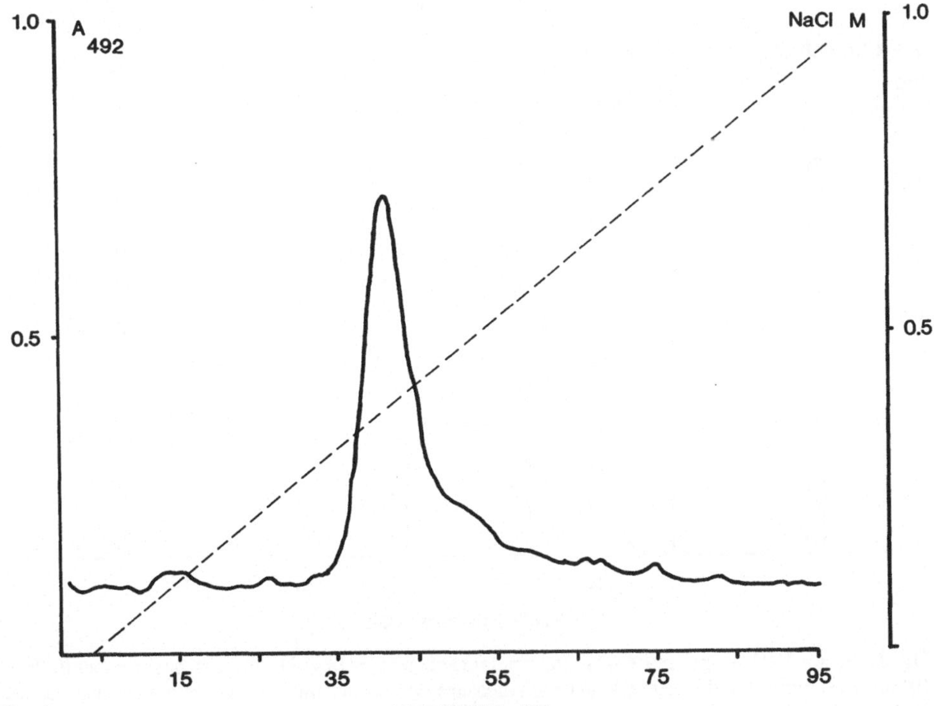

Fig. 1

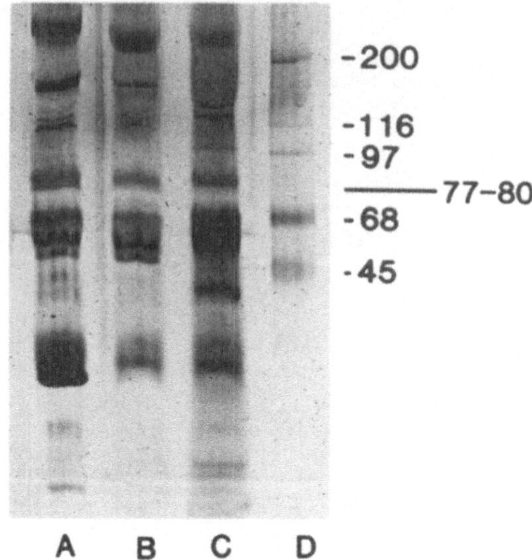

Fig. 2. Silver stained SDS-PAGE electrophoresis gel (gradient 8–25%) with immunoisolated and reduced F. VIII material from A: EDTA-plasma, B: F. VIII concentrate, C: hepatocyte lysate, D: molecular weight markers

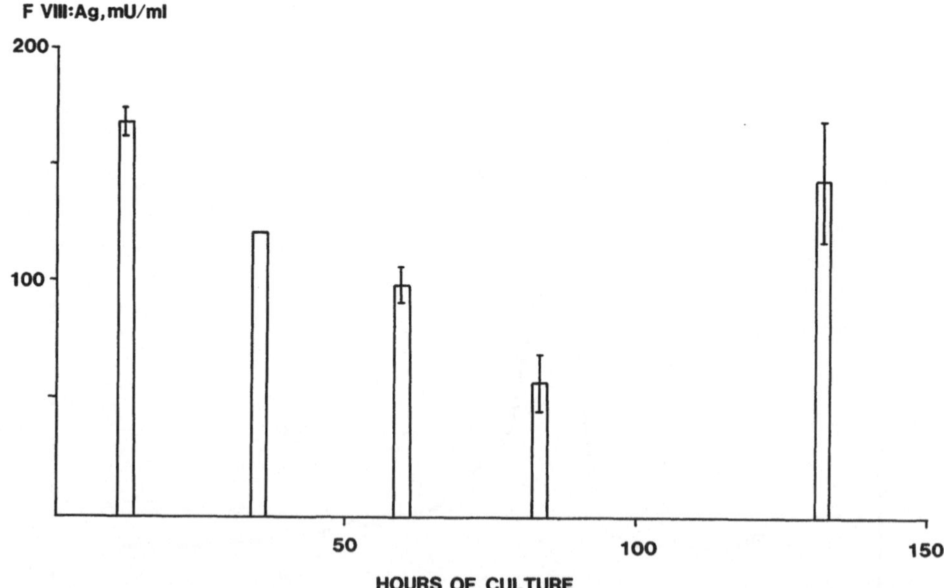

Fig. 3. Factor VIII antigen material in supernatants of cultures ($n = 3$) of human hepatocytes (0.75×10^6 cells/ml) quantitated by ELISA. At each measurement point, medium was renewed, substituting 75% of original

probably due to decay of some of the cells. Following this, a more constant secretion of VIII:Ag was noted, with an average concentration in exchanged medium of around 75 mU of VIII:Ag/0.75 × 10^6 cells/24 h. Medium vWf:Ag was always < 4 mU.

The cellular origin of F. VIII has been much debated. Several lines of evidence indicate that the procoagulant is synthesized in the liver, but it has been questioned whether hepatocytes or endothelial sinusoidal cells are the major producers of this protein. It has consistently been found that the liver endothelial cell contained von Willebrand factor, and that immune reactivity of VIII:Ag also was present. In the present study, we found no vWf:Ag in lysates of freshly isolated hepatocytes, neither did we record any significant amount of vWf:Ag in medium of cultivated cells, whereas highly significant amounts of VIII:Ag was found in both instances. We therefore conclude, that hepatocytes from normal humans contains and secrete F. VIII. Taking the size of liver into consideration, we assume that this organ is responsible for homeostasis of F. VIII.

References

1. Barrow EM, Graham JV (1974) Blood coagulation factor VIII (antihemophilic factor): with comments on von Willebrand's disease and Christmas disease. Physiological Rev 53:23–74
2. Lewis JH, Bontempo FA, Spero JA, Ragni MV, Startzl TE (1985) Liver transplantation in a hemophiliac. New Engl J Med 312:1189–1190
3. Gitschier J, Wood WI, Goralka TM, Wion KL, Chen EY, Baton DE, Vehar GA, Capon CL, Lawn RM (1984) Characterization of the human factor VIII gene. Nature 312:326–330
4. Stel HV, van der Kwast THH, Veerman ECI. Detection of factor VIII/coagulant antigen in human liver tissu. Nature 303:530–532.
5. Zelechowska MG, Mourik JA, Brodniewicz-Proba T (1985) Ultrastructural localization of factor VIII procoagulant antigen in human liver hepatocytes. Nature 312:729–730
6. Ingerslev J, Stenbjerg S (1986) Brit. J. Enzyme linked immunosorbent assay (ELISA) for the measurement of factor VIII coagulant antigen (CAg) using haemophilic antibodies. Haematol 62:325–332
7. Andersson L-O, Forsman N, Huang K, Larsen K, Lundin A, Pavlu B, Sandberg H, Sewerin K, Smart J (1983) Isolation and characterization of human factor VII: molecular forms in commercial factor VIII concentrate, cryoprecipitate, and plasma. Proc Natl Acad Sci USA 83:2879–2983
8. Toole JJ, Pittman DD, Orr EC, Murtha P, Wasley LC, Kaufman RJ (1986) A large region (≃ 95 kDa) of human factor VIII is dispensable for in vitro procoagulant activity. Proc Natl Acad Sci USA 83:5939–5942

Erfassung von leichten Faktorenmängeln im endogenen System – Sensitivität von 4 aPTT-Reagenzien

P. Hellstern, K. Heinkel, M. Köhler, E. Wenzel
(Ludwigshafen, Homburg/Saar)

Einleitung

Die aktivierte partielle Tromboplastinzeit (aPTT) ist der wichtigste Screening-Test zur Erfassung von Störungen im endogenen System der plasmatischen Gerinnung. Eine Reihe von Studien, die kürzlich zusammengefaßt und diskutiert wurden [1] sowie eine multizentrische Untersuchung des Arbeitskreises süddeutscher Hämophilie-Zentren [2] haben jedoch ergeben, daß sich die aPTT-Reagenzien verschiedener Hersteller hinsichtlich ihrer Sensitivität bei der Erfassung von Mängeln an F. VIII, F. IX, F. XI und F. XII erheblich unterscheiden. Ziel der eigenen Untersuchungen war die Prüfung der Faktorensensitivität von 4 kommerziellen aPTT-Reagenzien.

Patienten, Material und Methoden

Patienten

28 Patienten mit leichtem isolierten oder kombinierten Mangel an Faktoren VIII, IX XI und XII wurden in die Studie einbezogen (Tabelle 1). Bei allen Patienten war die Gerinnungsstörung bereits durch mindestens zwei Untersuchungen sowie teilweise auch durch zusätzliche Familienuntersuchungen gesichert. Eine Plasma-Aktivität unter 50 U/dl wurde als Faktorenmangel definiert. Alle Patienten wurden für diese Studie erneut zur Blutentnahme einbestellt.

Tabelle 1. 28 Patienten mit F. VIII:C, F. IX, F. XI oder F. XII unter 50 U/dl

F. VIII:C-Mangel	$n = 16$
F. XI-Mangel	$n = 4$
F. XII-Mangel	$n = 3$
F. VIII:C- und F. XII-Mangel	$n = 2$
F. VIII:C- und F. IX-Mangel	$n = 1$
F. XI- und F. XII-Mangel	$n = 2$

Material und Methoden

Nach Blutentnahme (1 Teil 0,109 mol/l Na-Zitrat + 9 Teile Blut) wurde plättchenarmes Zitratplasma (cPPP) durch 15minütige Zentrifugation bei 3000 g gewonnen. Die aPTT-Zeiten wurden mit 4 Reagenzien von 3 Herstellern innerhalb von 3 h nach Blutentnahme mit einem Schnitger-Gross-Koagulometer in Doppelbestimmung gemessen. Tabelle 2 zeigt die in den verschiedenen aPTT-Reagenzien verwendeten Aktivatoren und die von den Herstellern angegebenen Referenzbereiche. Da die meisten Laboratorien auf die Angaben der Hersteller angewiesen sind, wurde bewußt auf die Erstellung eigener Referenzbereiche verzichtet.

Die Einzelfaktoren wurden unter Verwendung von Mangelplasmen und „Referenzplasma 100%" der Fa. Immuno Heidelberg mit einem Schnitger-Gross-Koagulometer bestimmt.

Alle Untersuchungen wurden von einer einzigen Person unter Verwendung von jeweils einer einzigen Reagenz-Charge durchgeführt. Die Untersuchungsbedingungen sind in Tabelle 3 zusammengefaßt.

Tabelle 2. aPTT-Reagenzien und Referenzbereiche

	Aktivator	Referenzbereich
PTT-Reagenz BM	Kaolin	30–40 s
PTTa-Reagenz BM	Celit	30–40 s
Pathromtin	Kaolin	28–40 s
Actin FS	Ellagesäure	bis 35 s

Tabelle 3. Überblick über die Untersuchungsbedingungen

Gewinnung von cPPP (15 min bei 3000 g)
Messung der aPTT innerhalb von 3 h nach Blutentnahme mit Schnitger-Gross
Einzelfaktoren mit Mangelplasmen von Immuno HD, Referenzkurven mit „Referenzplasma 100%" innerhalb von 3 h nach Blutentnahme
Alle Analysen von 1 Untersucher unter Verwendung von jeweils nur einer einzigen Reagenz-Charge

Ergebnisse

Die Anzahl der mit den verschiedenen Reagenzien gefundenen falsch negativen Ergebnisse (normale aPTT-Zeit bei F. VIII, IX, XI oder XII <50 U/dl) sowie die zugehörigen errechneten Sensitivitäten sind in Tabelle 4 dargestellt. Mit Actin FS wurden in 11 von 28 Fällen falsch normale aPTT-Zeiten gemessen. Dieser Wert unterscheidet sich signifikant von den übrigen (p = 0,007; Chi-Quadrat-Test). Tabelle 5 zeigt die entsprechenden Ergebnisse bei den Patienten mit isoliertem

Tabelle 4. Anzahl falschnegativer aPTT-Zeiten und errechnete Sensitivitäts-Werte

aPTT falschnegativ		Sensitivität RP/RP + FN
PTT-Reagenz BM	1/28	0,96
PTTa-Reagenz BM	6/28	0,79
Pathromtin	4/28	0,86
Actin FS	11/28	0,61

Tabelle 5. Anzahl falschnegativer aPTT-Zeiten und errechnete Sensitivitäts-Werte bei Patienten mit isoliertem Faktor VIII-Mangel

aPTT falschnegativ		Sensitivität
PTT-Reagenz BM	1/16	0,94
PTTa-Reagenz BM	4/16	0,75
Pathromtin	2/16	0,88
Actin FS	4/16	0,75

Tabelle 6. Falschnegative aPTT-Werte und zugehörige Faktor VIII-Werte

PTT BM	PTTa BM	Pathromtin	Actin FS
39,5 s – 48%	39 s – 20,5%	38 s – 20,5%	34 s – 29,5%
	39 s – 29,5%	39 s – 30%	31 s – 30%
	39,5 s – 34,5%		31,5 s – 31%
	39 s – 38%		34,6 s – 34,5%

Faktor VIII-Mangel (n = 16), Tabelle 6 die aPTT-Zeiten mit den dazugehörigen Faktor VIII-Werten. Aufgrund der niedrigen Fallzahl sind die Sensitivitäts-Werte für die 4 Reagenzien bei isoliertem Faktor VIII-Mangel nicht signifikant unterschiedlich. Es ist bemerkenswert, daß ein Faktor VIII-Mangel von 20,5 U/dl von 2 Reagenzien nicht erfaßt wurde.

Diskussion

Die Ergebnisse haben jene früherer Untersuchungen bestätigt. Nach wie vor unterscheiden sich aPTT-Reagenzien verschiedener Hersteller erheblich hinsichtlich ihrer Sensitivität bei der Erfassung von Faktorenmängeln. Das Reagenz, in dem Ellagesäure als Aktivator enthalten ist, scheint zum Screening auf Faktorenmängel besonders ungeeignet zu sein. Diese Schlußfolgerungen gelten jedoch nur unter der Voraussetzung, daß die von den Herstellern angegebenen Referenzbereiche gültig sind. Bei Erstellung eigener Referenzbereiche – wozu allerdings die wenigsten Laboratorien in der Lage sind – hätte sich womöglich ein völlig anderes Bild ergeben.

Die Ergebnisse unterstreichen die Bedeutung von ex-vivo-Untersuchungen an Patienten mit bekanntem Faktorenmangel zur Bestimmung der Faktoren-Sensivität von Screening-Tests.

Literatur

1. Thomson JM, Poller L (1985) The activated partial thromboplastin time. In: Thomson JM (ed) Blood coagulation and haemostasis – a practical guide. Churchill Livingstone London, p 301–339
2. Böttcher B, Brockhaus W, Hellstern P, Klose J, Rasche H, Schimpf KL, Scharrer I, Schramm W, Wenzel E (1979) Die PTT verschiedener Hersteller als Suchtest von Faktor VIII-Mangelzuständen. In: Landbeck G, Marx R, Stolte HP (Hrsg) 10. Hämophilie-Symposion Hamburg 1979. Pharmazeutische Verlagsgesellschaft Heidelberg, S 307–313

Diskussion

MARX (München):

Das sind sehr praktische und für die tägliche Laborarbeit wichtige Ergebnisse. Haben Sie eine Vorstellung, warum die Elage-Säure sozusagen versagt?

HELLSTERN (Ludwigshafen):

Man geht davon aus, daß die Elage-Säure zumindest langsamer aktiviert und vielleicht auch nicht so vollständig wie Kaolin. Es könnten sich besonders auch kurze Inkubationszeiten speziell bei diesem Reagenz ungünstig auswirken.

BECK (Frankfurt):

Es wundert mich, daß gerade das PTTa-Reagenz nicht so gut abgeschnitten hat. Wir haben es zur Erstellung von funktionellen Protein C-Tests untersucht. Dabei hat dieses Reagenz am besten abgeschnitten. Sie erzeugen in diesem Essay praktisch einen artifiziellen Faktor VIII-Mangel dadurch, daß das Protein C den Faktor VIII inhibiert. Ihre Ergebnisse mit dem Actin kann ich bestätigen.

HELLSTERN (Ludwigshafen):

Ich glaube, man kann dieses Problem nur anhand von Patientenplasmen untersuchen, nicht anhand von Mischungen von Mangelplasmen mit Normalplasmen und Steigungen von Kurven. Damit kann man reinfallen, denn gerade der Hersteller von Actin FS hat eine besonders hohe Faktorensensitivität anhand dieser Meßmethodik propagiert, und wir sehen in der Praxis ein ganz anderes Ergebnis.

Behandlung einer hämorrhagischen Diathese im Rahmen einer erworbenen Kollagen-Thrombozyten-Interaktionsstörung durch Plasmapherese

W. Stenzinger, B. Kehrel, M. Klein-Gunnewigk, O. Koch, J. van de Loo (Münster)

Einleitung

Paraproteinämien gehen häufig mit einer hämorrhagischen Diathese einher [4]. Mit der Blutungsneigung korrelieren in zahlreichen Fällen Störungen der plasmatischen Gerinnung oder der Thrombozytenfunktion [2, 6]. Die Plasmapherese ermöglicht eine passagere Verminderung von Plasmafaktoren, denen eine pathogenetische Bedeutung bei verschiedenen Krankheiten zugeschrieben wird [5]. Ihre therapeutische Wirksamkeit in der Behandlung immunologisch bedingter Blutgerinnungsstörungen wie der Hemmkörper-Hämophilie und der idiopathisch thrombozytopenischen Purpura ist nachgewiesen [3, 7]. Über die Plasmapheresebehandlung einer Patientin mit einer hämorrhagischen Diathese im Rahmen einer erworbenen Kollagen-Thrombozyten-Interaktionsstörung bei multiplen Myelom soll im folgenden berichtet werden.

Material und Methoden

Für die Untersuchung der Thrombozytenaggregation wurde Citratblut (1:10 Verdünnung mit 3,13% Natriumcitrat) von der Patientin und gesunden Probanden gewonnen. Die Plättchenaggregation wurde nach der von Born und Gross beschriebenen Methode [1] durchgeführt. Dabei wurde die Thrombozytenzahl im Plättchenreichen Plasma (PRP) durch Zugabe von autologem Plättchen-armen Plasma (PPP) auf $2 \times 10^5/\mu l$ eingestellt. Die Aggregation wurde durch ADP, Adrenalin, Arachidonsäure, Ristocetin (alle Substanzen von Sigma, München) und bovinem methylierten Typ I Kollagen (Herstellungsmethode nach Rauterberg und Kühn [8]) induziert. Die Kollagen-induzierte Thrombozytenaggregation im autologen System wurde ergänzt durch cross-over Untersuchungen (Zugabe von PPP gesunder Spender zum PRP der Patientin und umgekehrt). Messungen der Thrombozytenaggregation wurden zum Zeitpunkt der Diagnosestellung, vor Beginn der Plasmapherese-Behandlung und in regelmäßigen Abständen vor und nach den Plasmaseparationen durchgeführt. Parallel dazu wurden mehrfach Parameter der plasmatischen Gerinnung (Prothrombinzeit, aPTT, Thrombinzeit, Fibrinogen nach Clauss, F. VIII:C und vWF:Ag) und die Blutungszeit mit Simplate II (Gödecke, Freiburg) bestimmt. Routinemäßig wurden vor und nach jeder Plasmapherese das Blutbild und verschiedene Serumparameter (u. a. Gesamteiweiß und Eiweißelektrophorese) untersucht. Dies Plasmapherese erfolgte im diskontinuierlichen Verfahren durch Zentrifugation antikoagulierten (ACD) Blutes in einem Zellseparator (Haemonetics V50). Pro Sitzung wurde jeweils eine dem zirkulierenden Plasmavolumen entsprechende Plasmamenge entfernt, die isovolumetrisch nach standardisierter Methode ersetzt wurde. Die Plasmaseparationen wurden von April bis September 1987 einmal pro Woche und seit Oktober alle 14 Tage durchgeführt.

Kasuistik und Ergebnisse

Die heute 44jährige Patientin wurde vor 5 Jahren zur Abklärung einer seit mehreren Wochen bestehenden Blutungsneigung stationär untersucht. Dabei fanden sich ubiquitär Blutungszeichen in Form von Petechien, Ekchymosen und größeren Hämatomen mit besonderer Ausprägung am oberen Rumpf, am Hals, im Gesicht und im Oropharyngx. Es wurde die Diagnose eines multiplen Myelom (Stadium II A) mit einer monoklonalen Gammopathie vom IgG_K-Typ gestellt. Das Blutbild war unauffällig, insbesondere lag die Thrombozytenzahl im Normbereich. Lichtmikroskopisch fanden sich keine Auffälligkeiten der Thrombozytenmorphologie. Die Parameter der plasmatischen Gerinnung (Prothrombinzeit, aPTT, Thrombinzeit, Fibrinogen nach Clauss, F. VIII:C und vWF:Ag) waren normal. Die Blutungszeit war auf über 20 min verlängert. Die Induktion der Thrombozytenaggregation durch ADP, Adrenalin, Arachidonsäure und Ristocetin ergab Normalwerte. Pathologisch fiel dagegen die Aggregation nach Zugabe von methyliertem bovinen Typ I Kollagen aus. Behandlungsindikation zum damaligen Zeitpunkt war vor allem die hämorrhagische Diathese, die auf die Grunderkrankung zurückgeführt wurde. Die Patientin erhielt zahlreiche Chemotherapiezyklen, anfangs nach dem Alexanian- (Melphalan und Prednison) und später nach dem Barlogie-Protokoll (Vincristin, Adriamycin und Dexamethason). Die mit dem multiplen Myelom einhergehende hämorrhagischen Diathese erwies sich jedoch als therapierefraktär. Im Laufe der Jahre war es zwar zu einer Abnahme der Paraproteinmenge gekommen, eine wesentliche Besserung der Blutungsneigung war jedoch nicht zu konstatieren. Seit April 1987 wird die Patientin regelmäßig plasmapherisiert (siehe Material und Methoden). Jede Plasmapherese führte bei der Patientin zu einer deutlichen Reduktion der Paraproteinmenge um bis zu 40%. Nach mehreren Monaten war der Paraprotein-Anteil (gemessen vor der Plasmapherese) um fast 30% gesunken (Abb. 1). Mit der Reduktion des M-Gradienten korrelierte eine Verbesserung der Kollagen-induzierten Thrombozytenaggregation. Dies konnte sowohl bei Querschnitt- (vor und nach Plasmaseparation (Abb. 2)) als auch in Längsschnittuntersuchungen (jeweils vor Plasmapherese (Abb. 3)) gezeigt werden. So lag der Schwellenwert für die Kollagen-induzierte Thrombozytenaggregation nach mehrmonatiger Behandlung fast im Normbereich (Abb. 3). Durch Zugabe von PPP der Patientin zum PRP gesunder Probanden verschlechtert sich die Kollagen-induzierte Plättchenaggregation (Abb. 4). Umgekehrt wurde die Kollagen-induzierte Aggregation der Patiententhrombozyten durch Beimischung von PPP gesunder Spender verbessert. Mit der stetigen Verbesserung der Kollagen-induzierten Thrombozytenaggregation ging eine fortlaufende Verminderung der Blutungsneigung einher. Die pathologisch verlängerten Blutungszeiten zeigten eine leichte Tendenz zur Besserung (zwischen 12 und 18 min gegenüber 20 min vor Beginn der Plasmapherese).

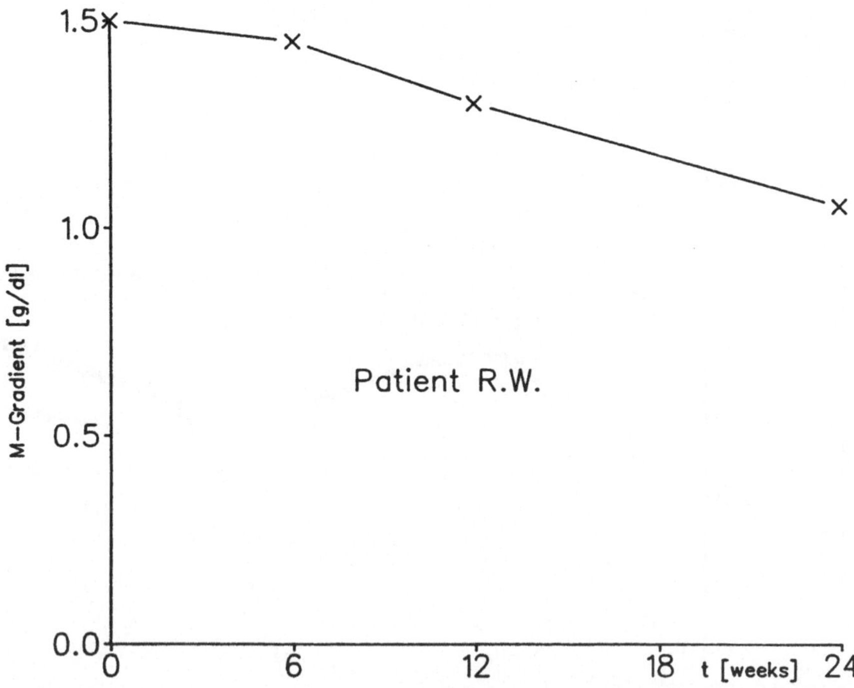

Abb. 1. Abfall des M-Gradienten (Meßwerte vor Plasmapherese) unter mehrmonatiger Plasmaseparations-Behandlung

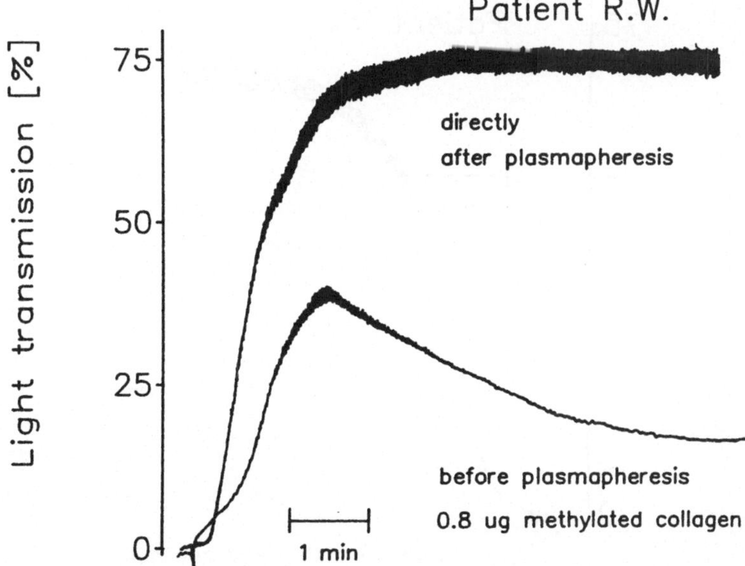

Abb. 2. Kollagen-induzierte Thrombozytenaggregation vor und 15 min nach der Plasmapherese (Normbereich bis 0,3 µg/ml)

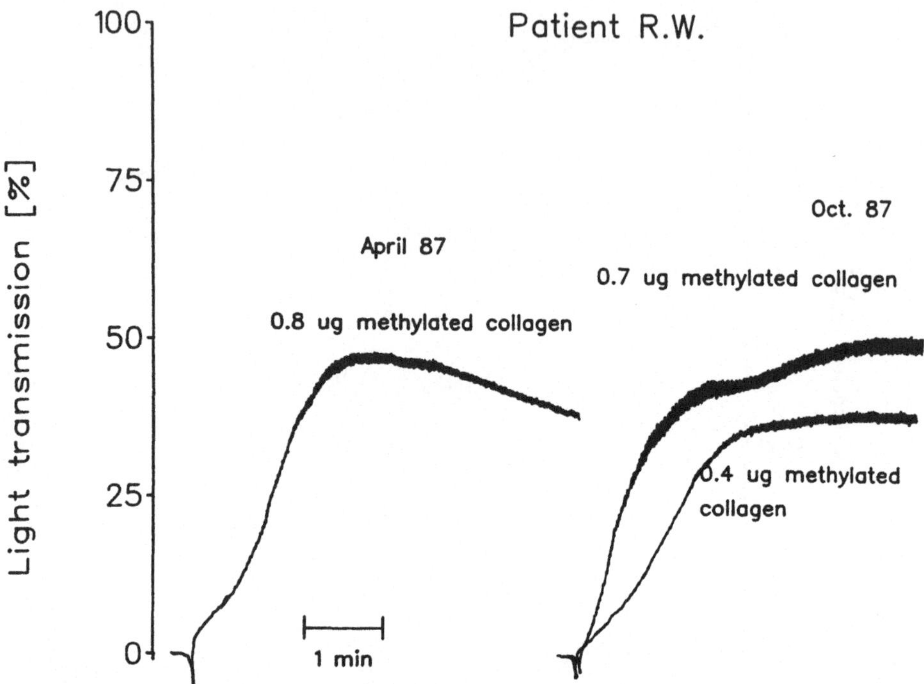

Abb. 3. Schwellendosis für die Kollagen-induzierte Plättchenaggregation unter Plasmapherese; Bestimmung vor Einleitung der Behandlung und nach mehrmonatiger Therapie (Meßwert vor Plasmapherese)

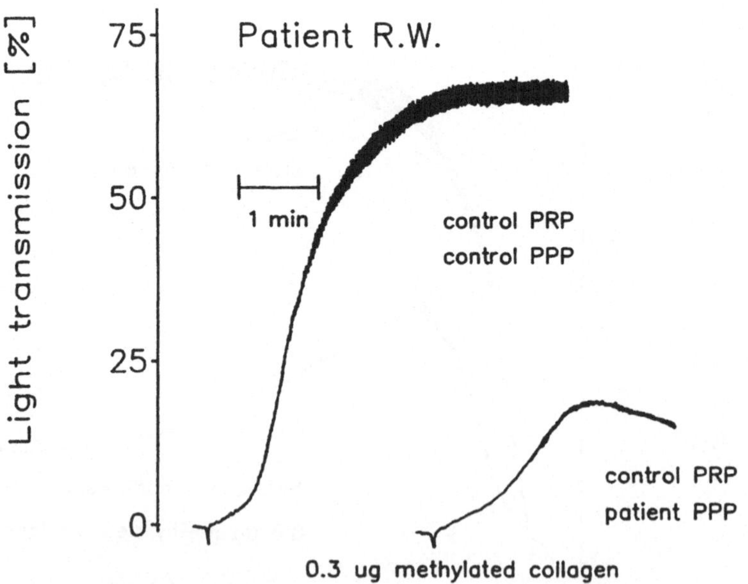

Abb. 4. Einfluß des Patientenplasmas auf die Kollagen-induzierten Thrombozytenaggregation eines gesunden Probanden

Diskussion

Abnorme Blutungsneigungen werden bei Paraproteinämien häufig gefunden [5]. In Einzelfällen konnte bei diesen Patienten eine erworbene Thrombozytopathie nachgewiesen werden [2, 6]. Kürzlich wurde von DiMinno und Mitarbeitern ein Thrombasthenie-ähnlicher Plättchendefekt bei einem multiplen Myelom mit einer ausgeprägten hämorrhagischen Diathese beschrieben [3]. Die Autoren konnten zeigen, daß die Thrombozytenfunktionsstörung durch das an das Plättchen-Glykoprotein IIIa bindende Paraprotein verursacht wurde. In unserem Fall handelt es sich um eine Thrombozytenfunktionsstörung, die mit einer isolierten Kollagen-induzierten Aggregationsstörung einhergeht. Die Anamnese der Patienten zeigt, daß es sich um einen erworbenen Plättchenfunktionsdefekt handelt. Eine andere Ursache für die ausgeprägte Blutungsneigung, wie eine erworbene Koagulopathie, konnte nicht gefunden werden. Es zeigte sich, daß unter der Plasmapherese-Behandlung eine Korrelation zwischen der Verminderung des Paraproteinspiegels und der Besserung der Kollagen-induzierten Thrombozytenaggregation bzw. der Blutungsneigung bestand. Cross-over Untersuchungen durch Zumischung von PPP gesunder Spender zum PRP der Patientin und umgekehrt legen die Vermutung nahe, daß sich im Plasma der Patientin ein oder mehrere Faktoren befinden, die die Kollagen-induzierte Thrombozytenaggregation hemmen. Es ist wahrscheinlich, daß dieser oder diese Faktoren über die Induktion einer Thrombozytenfunktionsstörung direkt an der hämorrhagischen Diathese beteiligt sind.

Literatur

1. Born GVR, Gross MJ: (1963) The aggregation of blood platelets. J Physiol (London) 168:178
2. DiMinno G, Coraggio F, Cerbono AM, Capitanio AM, Manzo C, Spina M, Scarpato P, Dattoli GMR, Mattioli PL, Mancini M (1986) A myeloma paraprotein with specifity for platelet glycoprotein IIIa in a patient with a fatal bleeding disorder. J Clin Invest 77:157
3. Erskine JG (1982) Plasma exchange in patients with inhibitor to factor VIII:C. Plasma Ther Transf Technol 3:123
4. Furie B (1982) Acquired coagulation disorders and dysproteinemias. In: Colman RW, Hirsh J, Marder VJ, Salzman EW (eds) Hemostasis and thrombosis – basic principles and clinical practice. J. B. Lippincott Co., Philadelphia PA USA, p 577
5. Garland HJ, Samtleben W (1983) Klinische Einsatzmöglichkeiten und technische Durchführung der Plasmapherese. Internist 24:14
6. Lackner H (1973) Hemostatic abnormalities associated with dysproteinemas. Semin Hematol 10:125
7. Marder VJ (1981) One-year follow-up of plasma exchange therapy in 14 patients with idiopathic thrombocytopenic purpura. Transfusion 21:291
8. Rauterberg J, Kühn K (1968) The renaturation behaviour of modified collagen molecules. Hoppe-Seyler's Z Physiol Chem 349:611

Erworbene selektive Störung der Kollagen-Thrombozyten-Interaktion

B. Kehrel, W. Stenzinger, J. Rauterberg, M. Klein-Gunnewigk, J. van de Loo (Münster)

Einleitung

Die Anheftung der Thrombozyten an die Gefäßwand ist die erste Reaktion des Organismus bei Gefäßwandläsionen zur Wiederherstellung einer intakten Gefäßwand. Darüber hinaus schreibt man dieser Reaktion eine bedeutende Rolle bei der Entstehung der Thrombose und möglicherweise auch der Arteriosklerose zu. Von den Strukturen der Gefäßwand ist dabei das Kollagen der wichtigste Reaktionspartner [1]. Seit langem sucht man nach den Plättchenmembran-Proteinen, die die Interaktionspartner für das Kollagen sind [4]. Ebenso ist (sind) die Bindungsstelle(n) auf dem Kollagenmolekül noch nicht eindeutig definiert. In der Gefäßwand befinden sich genetisch unterschiedliche Kollagene, die sich in ihrer Aminosäuresequenz, in ihrer Tertiär- und Quartärstruktur und ihrer Verteilung im Gewebe voneinander unterscheiden. Auch zeigen sie eine unterschiedliche Potenz, Thrombozyten zu aktivieren. Dabei ist Kollagen Typ III am wirksamsten. Aus diesem Molekül isolierte Legrand [3] ein Nonapeptid, das die Kollagen-induzierte Aggregation hemmt. Eine Bindung dieses Peptids an Thrombozyten konnte nicht gezeigt werden. Daher ist es unklar, ob dieses Nonapeptid die Bindung der Plättchen an Kollagen hemmt oder die Kollagenstruktur stört.

Weitere Erkenntnisse über die Bindungsstelle(n) für die Plättchen auf dem Kollagenmolekül erwarten wir durch die Untersuchung der Patientin R. W. mit einer erworbenen selektiven Störung der Kollagen-Thrombozyten-Interaktion.

Patienten, Material und Methoden

Bei der Patientin R. W. [7] ist seit 5 Jahren ein multiples Myelom von Typ IgG_K bekannt. Seit dieser Zeit zeigt sie eine starke Blutungsneigung. Aggregationsstudien wurden durchgeführt nach Born und Gross [2]. Kollagen Typ I und III wurden aus Kalbshaut gewonnen [5, 6]. Techniken wie Elektrophoresen, Silberfärbung von Proteinen in Gelen, Wester Blotting, ELISA und Affinitätschromatographie wurden nach etablierten Verfahren durchgeführt.

Ergebnisse und Diskussion

Wiederholte Laboruntersuchungen ($n \geqq 10$) zeigten eine normale plasmatische Gerinnung (Quickwert 90 bis 100%; PTT 30,8 bis 37,8 s; Thrombinzeit 16,9 bis 20,0 s;

Reptilasezeit 19 s). Untersuchungen der Thrombozytenfunktion ergaben stets normale minimale Aggregationsdosen für Adrenalin (2–3 µM), ADP (2–3 µM) und Ristocetin (1,0 mg/ml) (Abb. 1). Im Gegensatz dazu war die Aggregation auf Kollagenstimulus immer gestört. Um Plättchen der Patientin zur Aggregation zu bringen, wurden vom Kollagen Typ III über 9 µg/ml (gesunde Kontrollpersonen: ≦ 6 µg/ml) benötigt. Für Kollagen Typ I lagen die Werte bei über 150 µg/ml (Abb. 2) (gesunde Kontrollpersonen: ≦ 40 µg/ml) und für methyliertes Kollagen Typ I bei über 0,8 µg/ml (gesunde Kontrollpersonen: ≦ 0,3 µg/ml). Versuche, in denen Plättchen gesunder Spender, eingestellt auf 200000/µl mit Plasma der Patientin bzw. dem autologen Plasma aggregiert wurden und cross-over-Versuche vice versa zeigten eine deutliche selektive Hemmung der Kollagen-induzierten Aggregation durch das Patientenplasma (Abb. 3). Im Plasma der Patientin müssen daher eine oder mehrere Substanzen vorhanden sein, die selektiv die Kollagen-induzierte Aggregation hemmen. Da es sich um eine Patientin mit einem multiplen Myelom IgG_K-Typ handelt, wurde untersucht, ob die Paraprotein-Produktion in Zusammenhang mit der Thrombozytenfunktionsstörung stehen könnte. Durch ELISA, Western Blooting (Abb. 4) und Affinitätschromatographie konnte nachgewiesen werden, daß im Plasma IgG vorhanden ist, das an Kollagen Typ III bindet. Kollagen Typ III wurde an Sepharose 4B gekoppelt und Plasma der Patientin über diese Affinitätschromatographiesäule gegeben. Die Hauptmenge des IgG band an die Säule und wurde daher im Elutionspeak gefunden. Eine Subklassenbestimmung mittels ELISA ergab ausschließlich IgG-3. Es ist daher wahrscheinlich, daß es sich um das Paraprotein handelt. Um die Frage zu klären, ob die gegen Kollagen gerichteten Antikörper als Ursache für die Aggregationsstörung zu betrachten sind, wurden Aggregationsunter-

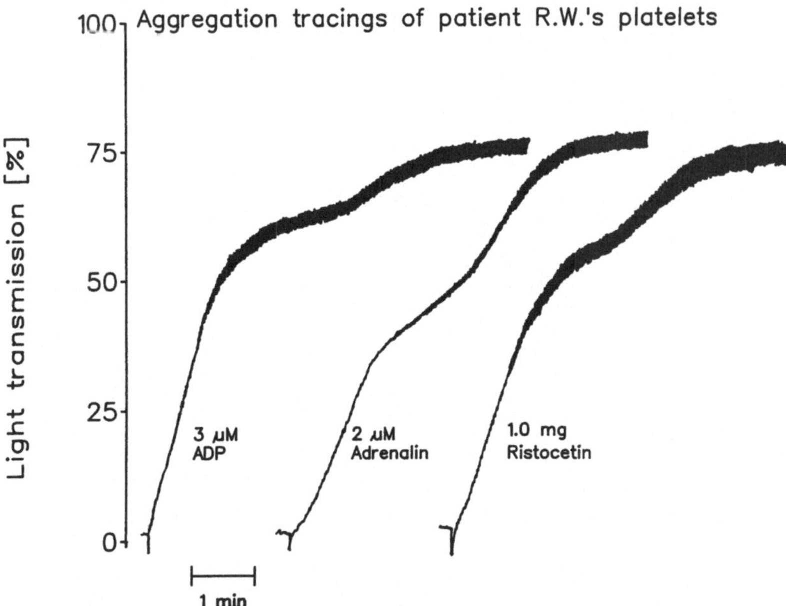

Abb. 1. Normale Thrombozytenaggregation nach Induktion durch ADP, Adrenalin, Ristocetin

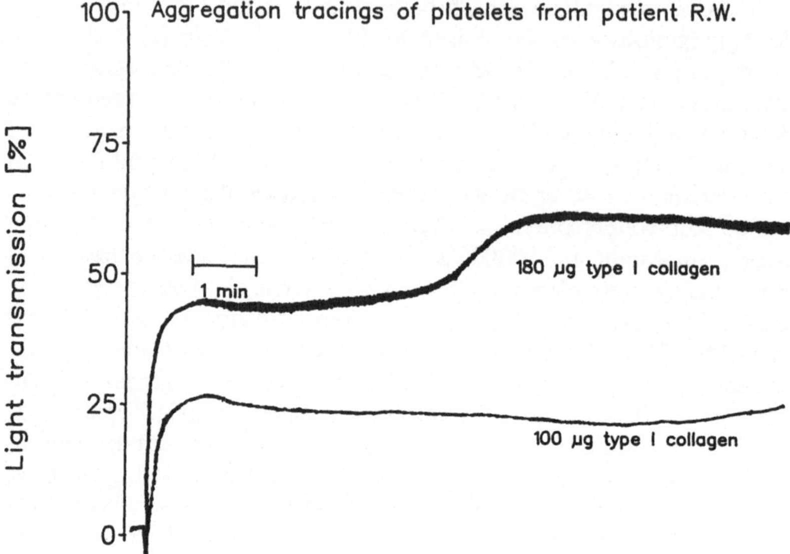

Abb. 2. Gestörte Thrombozytenaggregation nach Induktion durch Kollagen

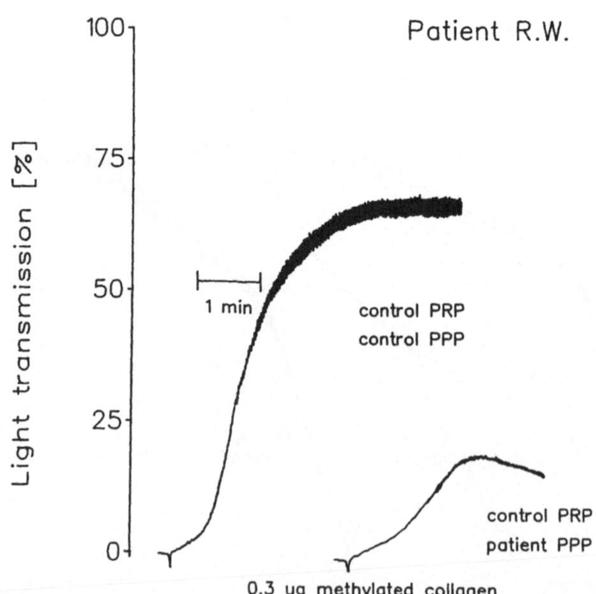

Abb. 3. Einfluß des Patientenplasmas auf die Kollagen-induzierte Aggregation von Kontrollplättchen

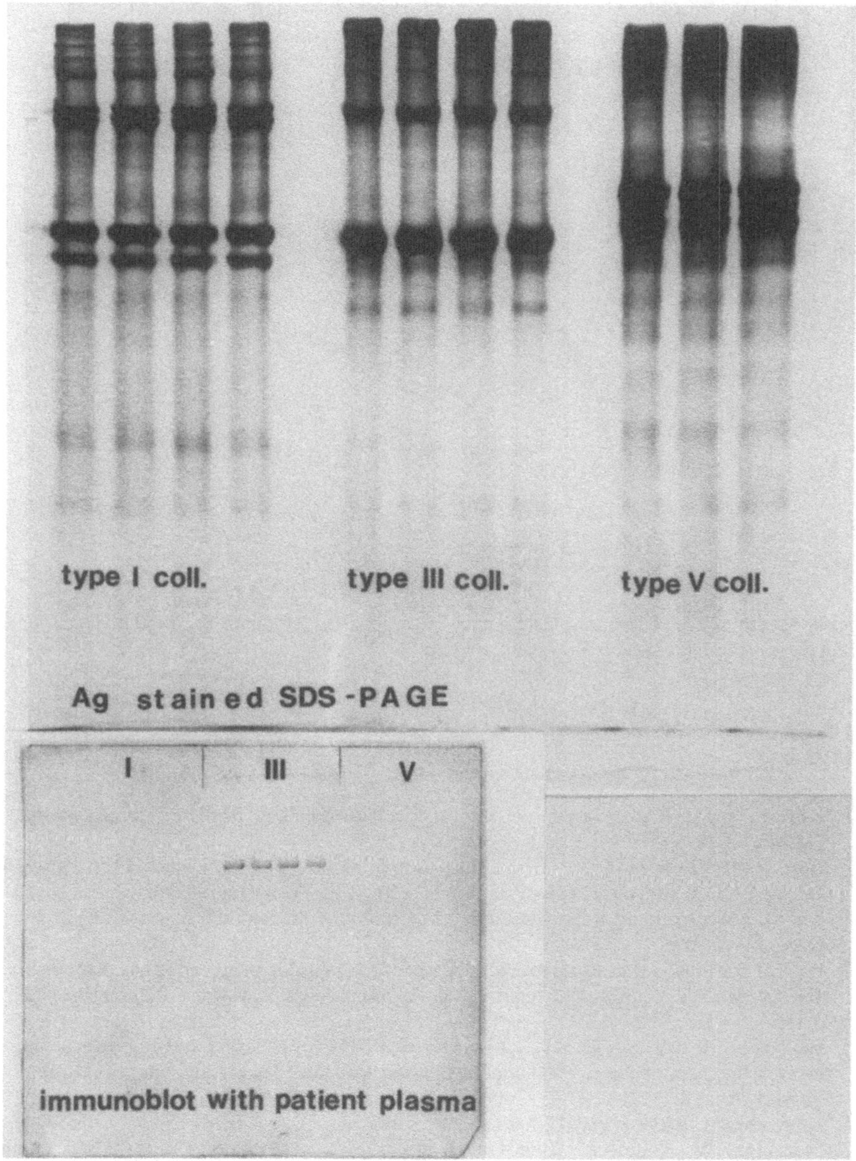

Abb. 4. Gereinigtes Kollagen Typ I, III und V (je 20 µg); 1-dimensionale-SDS-Gelelektrophorese (7% Gel); Western Blotting; Anfärbung von Kollagen Typ III durch Patientenplasma/antihuman-IgG-Peroxidasereaktion

suchungen mit Patientenplasma durchgeführt, das zuvor über eine Affinitätssäule mit Kollagen Typ III als Ligand gegeben wurde. Der hemmende Faktor im Patientenplasma konnte durch dieses Verfahren aus dem Plasma herausfiltriert werden (Abb. 5). Es könnte daher sein, daß die Patientin Antikörper gegen Kollagen produziert, die mit der Kollagen-Bindungsstelle der Thrombozyten in Wechselwirkung stehen.

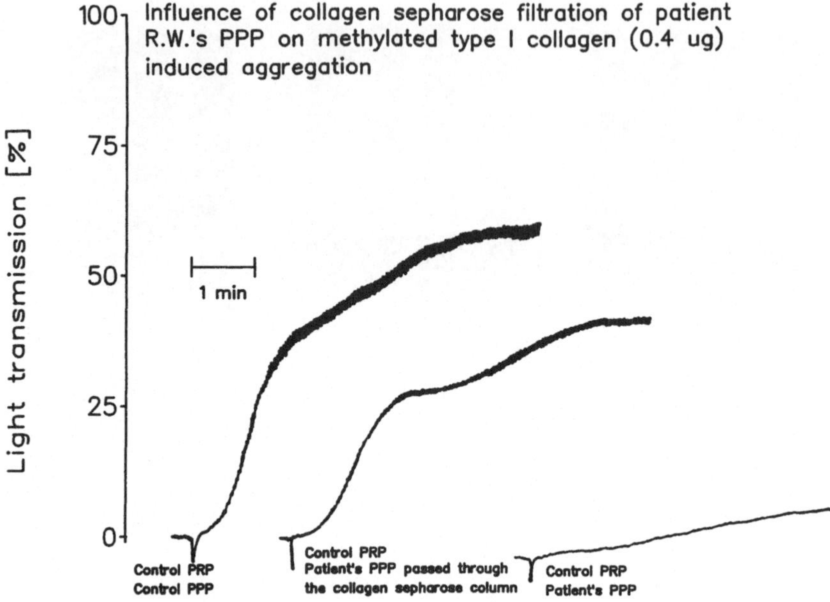

Abb. 5. Einfluß des Patientenplasmas nach Filtration über Kollagen-Sepharose 4B auf die Kollagen-induzierte Aggregation von Kontrollplättchen

Literatur

1. Baumgartner HR (1977) Platelet interaction with collagen fibrils in flowing blood. Thromb Haemost 37:1
2. Born GVR, Gross MJ (1963) The aggregation of blood platelets. J Physiol (London) 168:178
3. Legrand YJ, Karniguian A, LeFrancier P, Fauvel F, Caen JP (1980) Evidence that a collagen derived nonapeptide is a specific inhibitor of platelet-collagen interaction. Biochim Biophys Res Commun 96:1579
4. Phillips DR (1985) Receptors for platelet agonists in platelet membrane glycoproteins. In: George JN, Nurden AT, Phillips DR (eds) Platelet membrane glycoproteins. Plenum Press, New York, p 155
5. Rauterberg J, Allmann H, Henkel W, Fietzek PP (1976) Isolation and characterization of CNBr derived peptides of the α_1 (III) chain of pepsin solubilized calf skin collagen. Hoppe-Seyler's Z Physiol Chem 357:1401
6. Rauterberg J, Kühn K (1971) Acid soluble calf skin collagen. Eur J Biochem 19:398
7. Stenzinger W, Kehrel B, Klein-Gunnewigk M, Koch O, van de Loo J: Behandlung einer hämorrhagischen Diathese im Rahmen einer erworbenen Kollagen-Thrombozyten-Interaktionsstörung durch Plasmapherese. In: Landbeck G, Marx R (eds) 18. Hämophilie-Symposion Hamburg 1988. Springer, Berlin Heidelberg New York London Paris Tokyo (in press)

Diskussion

NIESSNER (Wiener Neustadt):

Es ist immer eindrucksvoll, daß gerade das IgG-Paraprotein solche biologischen Aktivitäten entwickelt. Ich denke an Patienten mit erworbener Thrombasthenie, vor allem auch an solche mit erworbenem von Willebrand-Syndrom, bei denen nicht selten sog. benigne IgG-Paraproteine wie auch Myelome an der Entwicklung dieser Antikörper beteiligt sind.

MARX (München):

Die Empfindlichkeit des Collagen-Typ 1 war am besten. Mit dem Typ 3 ging es nicht ganz so gut.

Frau KEHREL (Münster):

Von diesen aktiven Formen ist der Typ 3 auf jeden Fall der potentere Reaktionspartner. Davon braucht man weniger als vom Typ 1. Nur wenn man jetzt einen Trick anwendet, den wir zusammen mit Herrn BALLEISEN herausgefunden haben, nämlich den Typ 1 zu methylieren, dann wird der Typ 1 noch potenter als der Typ 3. In Wirklichkeit ist der Typ 3 der eigentliche Hauptreaktionspartner für die Thrombozyten.

MARX (München):

Und die weiteren unter dem Endothel sitzenden Collagene konnten noch nicht geprüft werden?

Frau KEHREL (Münster):

Doch, aber sie sind schlechter in der Reaktion. Wir haben Kollagen 4, 6, und 5 auch mit erprobt.

Schwere Verbrauchskoagulopathie mit normaler Thrombozytenzahl. Ein Beitrag zur Diagnostik der Verbrauchskoagulopathie

E. LECHLER, U. HARTMANN (Köln)

Einleitung

Eine einfache und akzeptierte Definition der Labordiagnose einer Verbrauchskoagulopathie lautet: „Die Labordiagnose einer Verbrauchskoagulopathie wird aus der Verminderung der Thrombozyten und des Fibrinogens, einer Verlängerung der Prothrombinzeit und hämorrhagischen oder thrombotischen Zeichen gestellt [1].

Die Anwendung derartiger oder erweiterter Definitionen von Befundkonstellationen setzt typische Standardsituationen voraus, was durchaus nicht immer der Fall ist; Fehldiagnosen und die Anwendung einer inadequaten Therapie können sich ergeben.

Die Betrachtung der Verbrauchskoagulopathie unter dem Aspekt eines Syndroms, das durch intravaskuläre Thrombinbildung entsteht [1], bietet eine zusätzliche und weitgehend spezifische Diagnostik.

Unter dieser Prämisse werden zwei Patientinnen mit einer Verbrauchskoagulopathie und einer ungewöhnlichen Befundkonstellation vorgestellt, die gleichzeitig in der Nevenklinik beobachtet wurden und bei völlig verschiedenartiger Grundkrankheit, einen gleichartigen Befund in der initialen Routinediagnostik aufwiesen: *bei extremer Verminderung des Fibrinogens waren die Thrombozyten im Normalbereich.* Die Prothrombinzeit war verlängert, die PTT normal und die Thrombinzeit mäßig verlängert. Bei Untersuchung im Gerinnungslabor der Medizinischen Klinik war die PTT verlängert, was auf ein methodisches Problem hinweist (unterschiedliche Aktivatoren), hier aber nicht weiter erörtert werden soll.

Die besondere Befundkonstellation veranlaßte uns, ausführliche Querschnittsuntersuchungen durchzuführen.

Kasuistik 1

Die erste Patientin war eine 66jährige Frau, die nach der Fremdanamnese gut 2 Wochen vor der stationären Aufnahme akut mit Kopfschmerzen und Schweißausbruch erkrankte. Zusätzlich wurden erhebliche psychische Störungen wie Gedächtnisstörung, Antriebslosigkeit, Paraphasien, Aufmerksamkeitsschwäche und allgemeine Desorientiertheit beobachtet. Die Prüfung der Hirnnerven, soweit bei der Patientin möglich, und der übrige neurologische Status waren auffällig. An der Haut fielen multiple alte und frische Blutungen auf, das Abdomen war diffus druckempfindlich bei weichen Bauchdecken. Der weitere interne Befund war unauffällig.

Der Liquor, entnommen vor dem Eintreffen der Gerinnungswerte, war normal. Auf Abb. 1 sind die Routinegerinnungsbefunde für den 25tägigen stationären Aufenthalt sowie Therapieversuche mit Antithrombin III-Konzentrat und Plasma synoptisch dargestellt. Die in den ersten 10 Tagen normalen Thrombozytenwerte sind in der obersten Kurve zu erkennen. Auf Abb. 2 sind einige der Verläufe, ergänzt mit den Ergebnissen des Alkoholgelationstestes nach Godal zum Nachweis der Fibrinmonomere [2] und mit der Heparinbehandlung, übersichtlicher dargestellt. Die oberste Kurve stellt den Fibrinogenverlauf dar, wobei *alle* Werte, die mit 50 mg/dl eingetragen sind, tatsächlich unter 50 mg/dl lagen. Nach 2 × 3 Beuteln frisch gefrorenem Plasma erreichte das Fibrinogen mit 78 mg/dl seinen höchsten Wert. Die spätere Plasmagabe führte nicht mehr zu einem Anstieg über 50 mg/dl. Die Quickwerte waren nie höher als 40%, die PTT der Routinetestung war nur 2 × marginal verlängert. Die verlängerte Thrombinzeit (Abb. 1) normalisierte sich weitgehend für kurze Zeit nach Plasmainfusion. Auffallenderweise hatte die Behandlung mit 9000 E Antithrombin III-Konzentrat über 4 Tage auch unter zusätzlicher Heparinapplikation von 5000 bis 15000 E pro Tag praktisch keinen Einfluß auf den Gerinnungsbefund, obwohl das Antithrombin bis 153% anstieg; insbesondere war der Alkoholgelationstest während des gesamten Verlaufs unverändert positiv (unterste Kurve der Abbildung). Die Diagnose „verschleimendes Magenkarzinom" gelang erst 1 Woche vor dem Tode der Patientin aus Magenbiopsien, die nicht zu Blutungen führten.

Wir versuchten aus Querschnittsuntersuchungen ein besseres Verständnis zu gewinnen. Ausführliche Untersuchungen wurden an 3 Tagen – zuletzt am Todestag – durchgeführt (Tabelle 1).

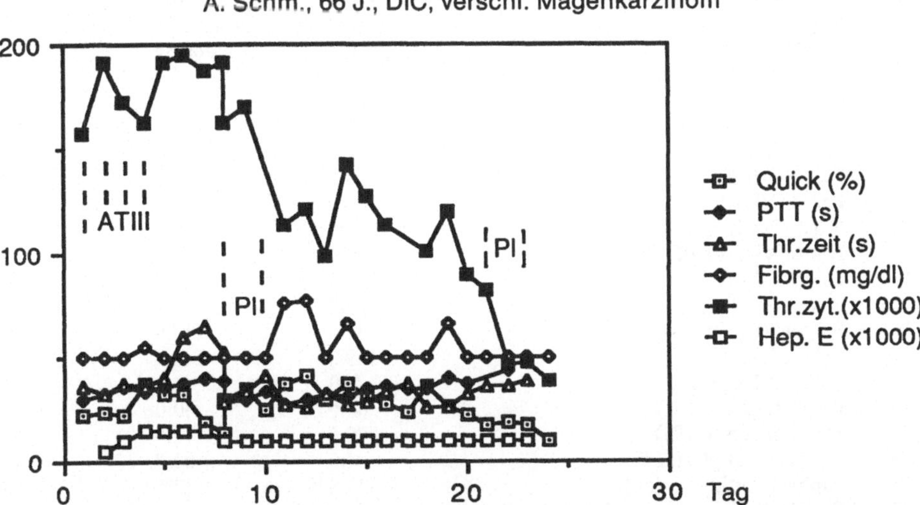

Abb. 1. Verlaufsdarstellung der Routinegerinnungsuntersuchungen und der Heparinbehandlung. Die Verabreichung von Antithrombin III (ATIII) und von Plasma (Pl) ist durch senkrechte Strichmarkierungen gekennzeichnet. Eine Strichmarkierung entspricht 1000 E ATIII bzw. einer Einheit Plasma

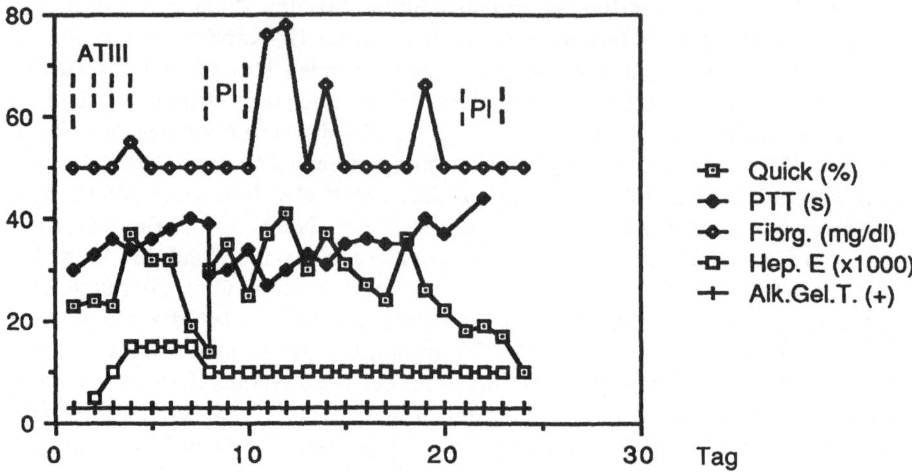

Abb. 2. Teildarstellung der Daten aus Abb. 1 ergänzt durch die Ergebnisse des Alkoholgelationstests

Tabelle 1. Querschnittsuntersuchungen bei der Patientin A. Schm.
i = immunologische Bestimmung, f = funktionelle Bestimmung

	Methode	11. Tag	19. Tag	25. Tag
1	Blutungszeit (Min.)	> 17	–	–
2	Thrombotest (%)	52.0	42.0	43
3	Normotest (%)	130.0	100	78
4	FDP/fdp	192	96	192
5	FM-Test	positiv	positiv	–
6	AT III, i. (%)	–	74	51
7	AT III, f. (%)	103.0	92.5	60
8	Prothrombin (%)	119.7	–	87.6
9	Faktor V (%)	52.7	40	33
10	Faktor VII (%)	106.5	71.0	69.5
11	Faktor VIII:C (%)	360.0	210	167.6
12	Faktor VIII:Ag (%)	1.500	1.500	2.500
13	Faktor VIII:Ricof (%)	400	800	800
14	Faktor IX (%)	240.0	152.6	116.3
15	Faktor X (%)	26.5	9.7	23.1
16	Faktor XI (%)	134.5	133.0	100.5
17	Faktor XII (%)	158.3	145.3	92.3
18	Faktor XIII (%)	100	–	3.2
19	Plasminogen, i. (%)	68.0	40.0	66.0
20	Plasminogen, f. (%)	78.0	70.0	66.0
21	Alpha 2-Antipl., i. (%)	54.0	82.0	74.0
22	Alpha 2-Antipl., f. (%)	75.8	112.5	88.5
23	Protein C (%)	40.0	29.0	21.2
24	ADP-Aggregation	vermindert	–	–
25	Collagen-Aggregation	normal	–	–
26	Adrenalin-Aggregation	vermindert	–	–

Zu einer Zeit als die Thrombozyten 100000 betrugen, war die Blutungszeit sehr stark verlängert und die Thrombozytenfunktionsprüfung (unterster Abschnitt der Tabelle) deckte eine Störung der Thrombozytenfunktion auf. Der Fibrinmonomernachweis mit dem FM-Test bestätigte den Godaltest und die reaktive Fibrinolyse zeigte sich in den hohen Spaltprodukten. Fast alle Faktoren einschließlich Antithrombin III und Prothrombin zeigten normale oder erhöhte Werte. Neben F. V machte insbesondere F. X mit starker Erniedrigung eine Ausnahme, wobei noch zu bedenken ist, daß vor der Testung am 11. bzw. 25. Tag Plasma verabreicht worden war, und daher der Faktor X ohne diese Substitution noch niedriger gewesen wäre.

Zur Wertung der Befunde sei an dieser Stelle nur darauf hingewiesen, daß Pineo und Mitarbeiter [3] eine direkte Aktivierung von Faktor X durch Muzine gezeigt haben und der niedrige Faktor X-Wert unserer Patientin möglicherweise dadurch erklärt ist. Bei der Obduktion der Patientin fand sich histologisch insbesondere in der Lunge reichlich muzinöses Material des metastasierten verschleimenden Magenkarzinoms.

Kasuistik 2

Die zweite Patientin, eine 26jährige Frau, erkrankte 2 Tage vor der Aufnahme mit frontal betonten Kopfschmerzen und einem Lahmheitsgefühl in der rechten Seite. Am Aufnahmetag trat ein rechtsbetonter Krampfanfall ein. Im CT zeigten sich über beiden Hemispheren und basal diffuse Blutansammlungen in den Hirnfurchen und bei einem Kontroll-CT zwei Tage später noch zusätzlich eine intraparenchymatöse Blutung und beidseits hochparietal zwei ca. zweimarkstückgroße hypodense Zonen. Diese Veränderungen waren bei weiteren Kontrollen fortschreitend und die Patientin verstarb nach 10 Tagen im zentralen Herzkreislaufversagen bei multifokaler hämorrhischer Infarzierung und malignen Hirnödem bei Subarachnoidalblutung.

Die Routinegerinnungsuntersuchungen sind auf der Abb. 3 dargestellt. Bei ständig normalen, wenn auch leicht abfallenden Thrombozytenwerten, findet eine kontinuierlicher Abfall des Fibrinogens statt, der am vorletzten Lebenstag der Patientin mit 52 mg/dl den niedrigsten Wert erreicht. Der Verlauf der übrigen Routinetests ist in der Abb. 4 nochmals deutlicher dargestellt. Es zeigte sich erst präfinal ein steiler Abfall des Quickwertes und ein leichter Anstieg der PTT und der Thrombinzeit. Erst am letzten Lebenstag der Patientin konnte eine ausführliche Querschnittsuntersuchung durchgeführt werden (Tabelle 2), nachdem am Tag zuvor über einen positiven Godaltest eine Verbrauchskoagulopathie diagnostiziert wurde. Die Blutungszeit erwies sich als normal bei ca. 150000 Thrombozyten, eine schwere funktionelle Störung dieser Thrombozyten ist daher nicht anzunehmen, wir hatten aber keine Gelegenheit mehr, eine funktionelle Prüfung durchzuführen. Die Verbrauchskoagulopathie war erneut nachgewiesen durch den positiven Godaltest und die erhöhten D-Dimere, die zusammen mit den extrem erhöhten Spaltprodukten die reaktive Fibrinolyse dokumentieren. Die extrem hohen Spaltprodukte sind schwer erklärlich. Möglicherweise war die reaktive Fibrinolyse durch eine drei Tage vorher beendete hochdosierte antifibrinolytische Therapie gehemmt gewesen, so daß sozusagen ein Nachholbedarf bestand. Auch bei dieser Patientin sind – trotz des späten Krankheitsverlaufs – einige Faktoren normal bis erhöht. Dies betrifft das Prothrom-

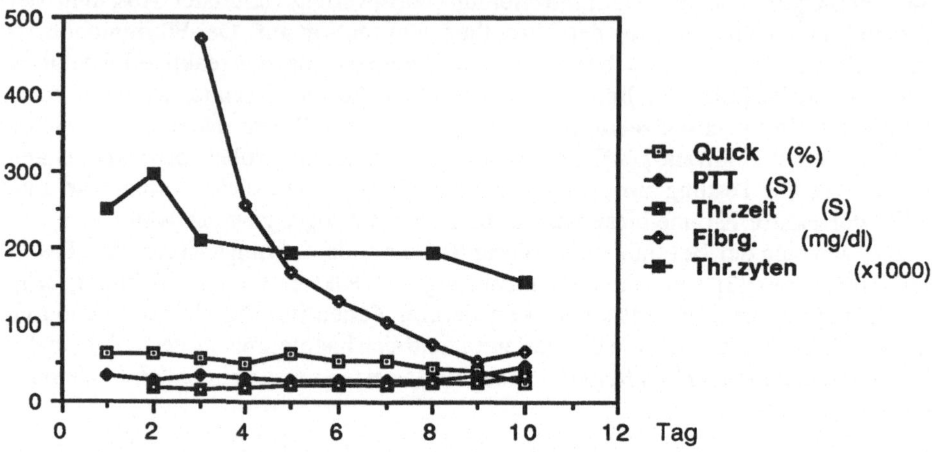

Abb. 3. Verlaufsdarstellung der Routinegerinnungsuntersuchungen

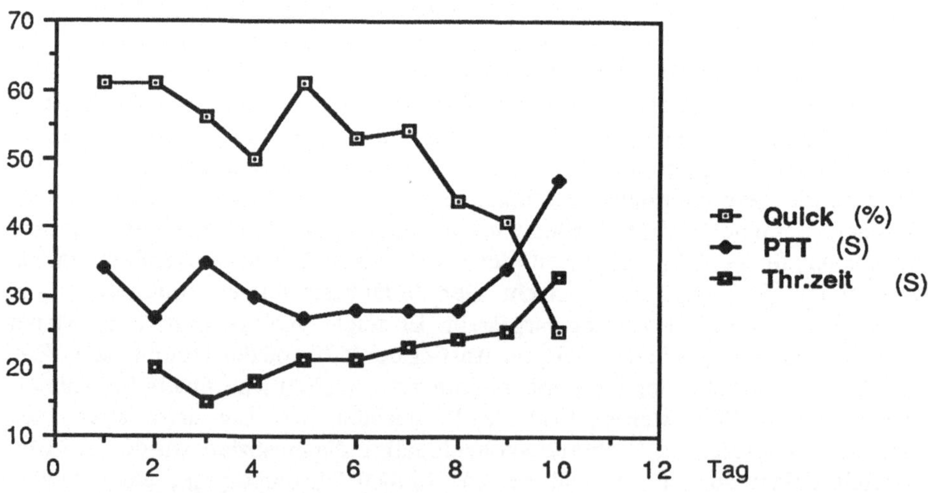

Abb. 4. Teildarstellung der Daten aus Abb. 3

bin, Faktor VII, den Faktor VIII-Komplex, Faktor IX, X und XII. Die hochnormalen Thrombo- und Normotestwerte dieser Patientin sind anhand der Faktorenanalyse verständlich. Der Faktor X-Wert dieser Patientin unterscheidet sich so wesentlich von dem der ersten Patientin, daß dies als ein Hinweis auf einen anderen Pathomechanismus gedeutet werden kann.

Tabelle 2. Querschnittsuntersuchungen bei der Patientin B. Schw.
i = immunologische Bestimmung, f = funktionelle Bestimmung

	Methode I	Wert I	Methode II	Wert II
1	Blutungszeit (Min.)	5	Prothrombin (%)	133.0
2	Quick (%)	35	Faktor V (%)	60.8
3	Thrombotest (%)	> 100	Faktor VII (%)	87.2
4	Normotest (%)	155	Faktor VIII:C (%)	199.6
5	PTT (s)	114.5	Faktor VIII:Ag (%)	1.000
6	aPTT (%)	63.5	Faktor VIII:Ricof (%)	400
7	Thrombozyten (µl)	151.800	Faktor IX (%)	185.3
8	Alk. Gel. Test	positiv	Faktor X (%)	107.7
9	D-Dimer (µg/ml)	16	Faktor XI (%)	64.2
10	FDP/fdp (µg/ml)	1536	Faktor XII (%)	91.8
11	Fibrinogen (mg/dl)	ca. 40	Faktor XIII (%)	25.0
12	AT III, i. (%)	63	Plasminogen, i. (%)	68.0
13	AT III, f. (%)	52	Plasminogen, f. (%)	67.0
14	Protein C (%)	60	Alpha 2-Antipl., i. (%)	37.9
15			Alpha 2-Antipl., f. (%)	52.0

Diskussion

In der Diskussion dieser beiden Untersuchungen sollen nochmals einige Befunde hervorgehoben werden:

1. Bei beiden Patientinnen lag eine Verbrauchskoagulopathie vor, wie durch den Nachweis von Fibrinmonomerenm (und von D-Dimer) dokumentiert wurde. Ohne den Nachweis von Fibrinmonomeren wäre die Diagnose Verbrauchskoagulopathie nicht zu stellen gewesen und es hätte sich der naheliegende Verdacht auf eine primäre Hyperfibrinolyse ergeben.
2. Bei stark erniedrigtem Fibrinogen, was üblicherweise als Ausdruck einer schweren Verbrauchskoagulopathie gewertet wird, waren die Thrombozyten ständig bzw. über eine längere Zeit im Normalbereich.
3. Bei beiden Patientinnen war das Prothrombin trotz der intravasalen Aktivierung nicht erniedrigt.
4. Die Behandlung mit Antithrombin III-Konzentrat, auch in Kombination mit Heparin, konnte die Verbrauchskoagulopathie bei der ersten Patientin nicht unterbrechen.

Ein wesentliches Element der Erklärung liegt sicher darin, daß beide Verbrauchskoagulopathien als chronisch einzuordnen sind. Aus den normalen Prothrombinwerten möchten wir folgern – und erkennbar ist dies an dem langsamen Abfall des Fibrinogens der 2. Patientin – daß die Dynamik des Geschehens niedrig war, d. h. pro Zeiteinheit wurde nur eine geringe Menge an Prothrombin aktiviert. Fibrinogen scheint möglicherweise das sensiblere Substrat für kleine Mengen an Thrombin zu sein, anders ist der Fibrinogen – und Thrombozytenverlauf bei der zweiten Patientin kaum erklärlich. Die Thrombozyten dieser Patientin wurden offensichtlich nicht bzw. nur in begrenztem Umfang von Fibrin mitgerissen und – bei normaler Blutungszeit – nicht oder nur geringfügig von Thrombin geschädigt. Zum Zeitpunkt der Blutungszeitbestimmung bei der ersten Patientin waren die Thrombozyten sicherlich geschädigt, da bei 100000 Thrombozyten die Blutungszeit stark verlängert war. Ob hier bei niedrigerem Fibrinogen trotz des normalen Antithrombins der Umsatz des Prothrombins pro Zeiteinheit höher war, kann bestenfalls vermutet werden.

Die Befunde dieser beiden Patientinen sind in Übereinstimmung mit Tierexperimenten von Marbet et al. [4], die Thromboplastin oder Thrombin bzw. von Müller-Berghaus et al. [5] die Thrombin injizierten. Thromboplastin, das zu einem schweren Abfall des Fibrinogens führte, bewirkte eine kaum meßbare Reduzierung von Prothrombin und Antithrombin. Unter Injektion von Thrombinmengen, die die Antithrombinwerte kaum beeinflußten, fanden beide Arbeitsgruppen einen starken Abfall des Fibrinogens.

Unter klinischen Gesichtspunkten legen wir abschließend nochmal großen Wert auf die Feststellung, daß die Diagnose Verbrauchskoagulopathie ohne Nachweis von Fibrinmonomeren oder anderer Produkte, die unter der Einwirkung von Thrombin entstehen, nicht gestellt werden sollte. Der Godaltest hat sich uns als äußerst hilfreich erwiesen, wobei falsch positive und falsch negative Ergebnisse durch unsere 1976 beschriebenen Modifikationen [6], die wir seither etwas erweiterten, vermieden werden können. In allen Fällen, in denen wir den Godaltest einschließlich der Modifikationen und den FM-Test von Boehringer verglichen, wurde ein übereinstimmendes Ergebnis erzielt.

Zusammenfassung

Anhand der Beschreibung von zwei ungewöhnlich verlaufenen Verbrauchskoagulopathien mit extremer Erniedrigung des Fibrinogens bei normaler Thrombozytenzahl, wird betont, daß eine verläßliche Diagnose der Verbrauchskoagulopathie nur unter Einbeziehung der Folgeprodukte der Thrombineinwirkung (Fibrinomere etc.) in die Diagnostik gestellt werden kann.

Literatur

1. Colman RW, Marder VJ (1982) Disseminated intravascular coagulation (DIC): Pathogenesis, pathophysiology, and laboratory abnormalities. In: Colman RW, Hirsh J, Marder VJ, Salzman EW (eds) Hemostasis and thrombosis. Basic principles and clinical practice. J. B. Lippincott Company, Philadelphia Toronto, p 654
2. Godal HC, Abildgaard U (1966) Gelation of soluble fibrin in plasma by ethanol. Scand J Haemat 3:342
3. Pineo GF, Regoeczi E, Hatton MWC, Brain MC (1973) The activation of coagulation by extracts of mucus: a possible pathway of intravascular coagulation accompanying adenocarcinomas. J Lab Clin Med 82:255
4. Marbet GA, Griffith MJ, Roberts HR (1985) Heparin-enhanced inhibitors during reversible disseminated intravascular coagulation. Scand J Clin Lab Invest [Suppl 178] 45:95
5. Müller-Berghaus G, Niepoth M, Rabens-Alles B, Rump E, Murano G (1985) Normal antithrombin-III activity and concentration in experimental disseminated intravascular coagulation. Scand J Clin Lab Invest [Suppl 178] 45:107
6. Lechler E (1976) Ein modifizierter Alkoholgelationstest. In: Gaspar H (Hrsg) Onkohämostaseologie. Schattauer, Stuttgart New York, p 89

Plättchenfunktionstests durch Impedanzaggregometrie aus Zitratvollblut bei Kindern

E. Bandi, W. Baden, E. Jakob, B. Zieger, A. H. Sutor, W. Künzer (Freiburg)

Vollbluttests haben sich gerade in der Pädiatrie als vorteilhaft erwiesen, da sie nur ein geringes Problemvolumen erfordern und außerdem alle gerinnungsaktiven Substanzen und deren Interaktionen erfassen. Sie sind darüber hinaus aufgrund der einfachen Probenbereitung rasch durchführbar.

Insbesondere bei der Plättchenfunktionstestung zur Diagnose erworbener oder vererbter Thrombozytenfunktionsstörungen werden für die Herstellung von Plättchenreichem Plasma üblicherweise größere Probenmengen benötigt, weshalb bei Neugeborenen mit ihrem hohen Hämatokrit eine Thrombozytenfunktionstestung häufig entfallen mußte.

Die Vollblut-Impedanzaggregometrie mit dem Chronolog [1] hingegen ermöglicht eine Plättchenfunktionstestung aus einem Milliliter Vollblut und bietet zusätzlich die Möglichkeit einer kinetischen Beobachtung durch kontinuierliche Registrierung.

Dem Meßprinzip liegt eine kontinuierliche Widerstandsmessung zwischen den beiden in die Meßprobe eingetauchten Metall-Elektroden zu Grunde. Im einzelnen bildet sich zunächst auf den Elektroden eine dünne Schicht von Thrombozyten, die schlagartig durch Zugabe von Ristocetin, Kollagen oder ADP als Aggregans zu einem dicken Thrombozytenaggregat reagieren. Dieser Thrombus wiederum beeinflußt den kontinuierlichen Stromfluß zwischen den Elektroden, bewirkt also eine Widerstandszunahme in der Probe [1].

Bei unseren Untersuchungen standen die folgenden Ziele im Vordergrund:

1. Anpassung und Optimierung der Methode für die Pädiatrie
2. Erstellung von Normalwerten für die Pädiatrie
3. Sichere Erfassung von hämorrhagischen Diathesen
4. Möglichkeiten der Therapieüberwachung

Methodik

Als Proben dienten 1,5 ml Zitratvollblut (1 + 3 gemischt), die innerhalb von 2 h nach venöser Entnahme aufgearbeitet wurden. Für die Messung wurden eine 1 : 4 Vedünnung des Zitratvollblutes mit 0,9%iger NaCl-Lösung als gut geeignet ausgetestet, da sich bei dieser Impedanzänderung von etwa 15 Ω bei gesunden Normalpersonen finden ließen (Abb. 1).

Als Aggregantien wurden

1. Kollagen (Fa. Hormon-Chemie, München) in einer Endkonzentration von 2 μg/ml,

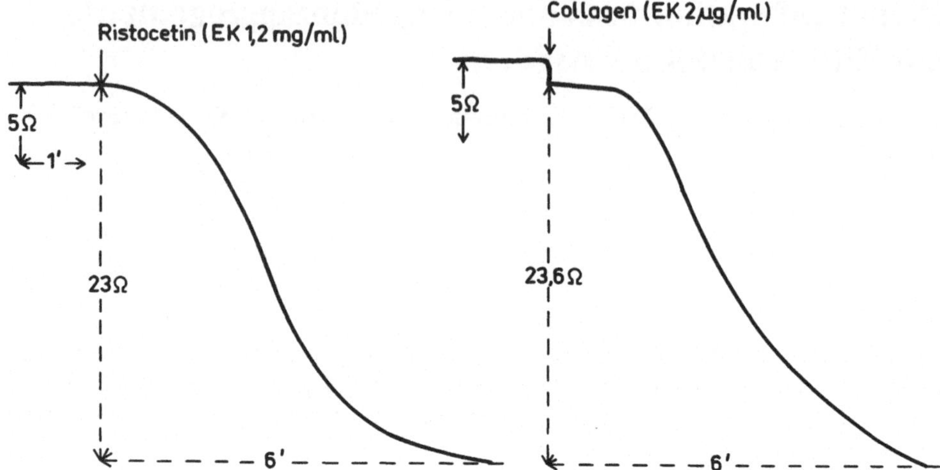

Abb. 1. Plättchenaggregationskurven nach Ristocetin- und Kollagenzugabe zu Normalplasma

2. Ristocetin (Fa. Lundbeck, Kopenhagen) in der Endkonzentration von 1,2 mg/ml,
3. ADP (Fa. Merck, Darmstadt) in der Endkonzentration von 10 µM/ml,
4. Arachidonsäure (Fa. Chronolog Corporation, Havertown, PA) in der Endkonzentration 0,5 µM/ml

eingesetzt.

Die Registrierung wurde mit Zugabe des Aggregans gestartet und die Impedanz in Ohm standardisiert 6 min später nach Erreichen des Endwiderstandes abgelesen.

Ergebnisse

Normalwerte

Bei unseren Untersuchungen fanden wir nach Zugabe von Ristocetin nach Messung von 42 Patientenproben eine mittlere Impedanz von 25,8 Ω. Der Median beträgt 24 Ω, die Standardabweichung beläuft sich auf 9,9 Ω. Die Extremwerte des Normbereiches von 16,6 bzw. 40,4 Ω spiegeln die Schwankungsbreite wider (Abb. 2).

Bei Verwendung von Kollagen als Plättchenaggregans wurde in einem Kollektiv von 47 Patienten ein Median von 22,4 Ω bei einem Mittelwert von 22,3 Ω und einer geringen Standardabweichung von 3,5 Ω ermittelt, als unterste Grenze des Normbereichs wurden 16,4 Ω bestimmt (Abb. 3).

Hämorrhagische Diathesen

Folgende Plättchenfunktionsstörungen können mit der Impedanzaggregometrie diagnostiziert werden:

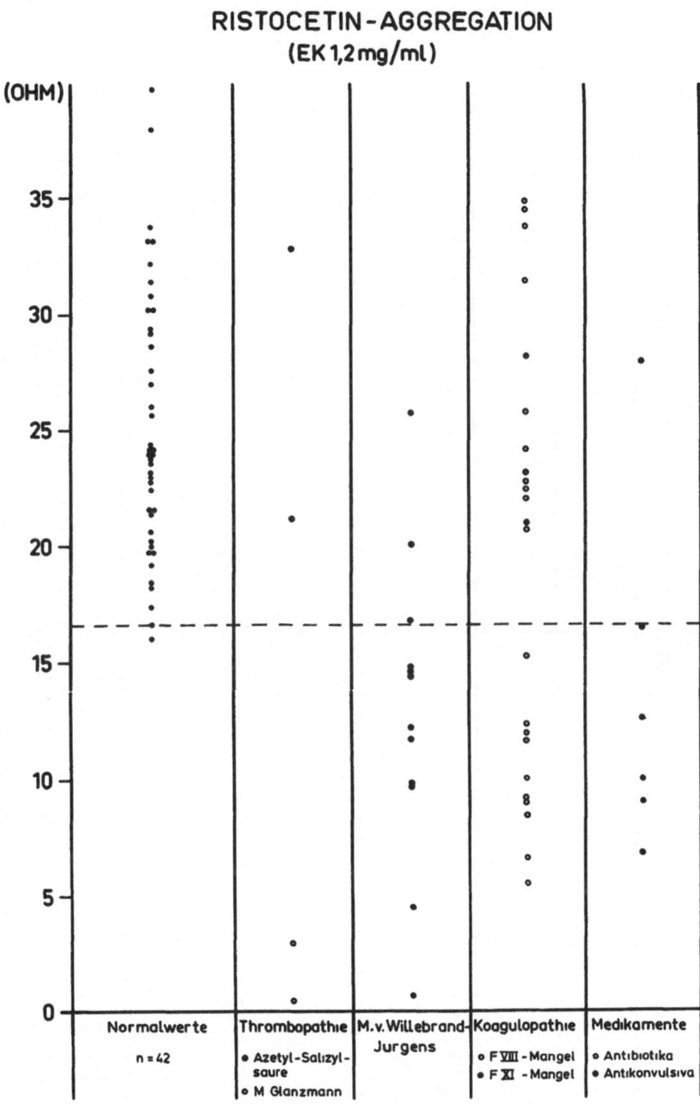

Abb. 2. Impedanzmessung nach Ristocetin-induzierter Plättchenaggregation in Vollblut bei Normalpersonen und Patienten mit hämorrhagischen Diathesen

M. Glanzmann

Die beiden Patienten mit M. Glanzmann zeigten deutlich pathologische Werte bei der Kollagen-, ADP- und Arachidonsäure-induzierten Plättchenaggregation (Abb. 2, 3 und 4).

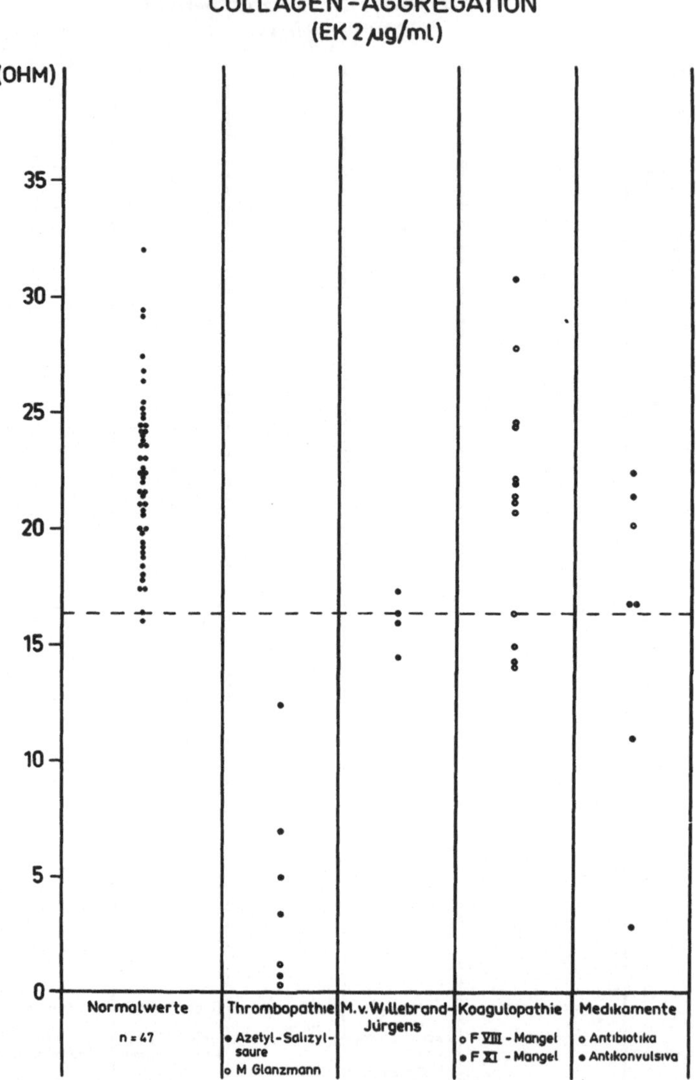

Abb. 3. Impedanzmessung nach Kollagen-induzierter Plättchenaggregation in Vollbut bei Normalpersonen und Patienten mit hämorrhagischen Diathesen

Von Willebrand-Syndrom

Je nach Ausprägung und Typ des von Willebrand-Syndromes, eingestuft nach den klassischen Parametern F. VIII:C, vWFAg, Ristocetin-Cofaktor (RiCof) und Blutungszeit, zeigt sich auch eine unterschiedliche Impedanz bei der Ristocetin-induzierten Vollblutaggregation. Stark pathologische Werte fanden sich auch bei 9 Patienten mit einem schweren von Willebrand-Syndrom, während sich für Patienten mit milden Formen und einer normalen Blutungszeit Wert im Normbereich fanden. Bei allen

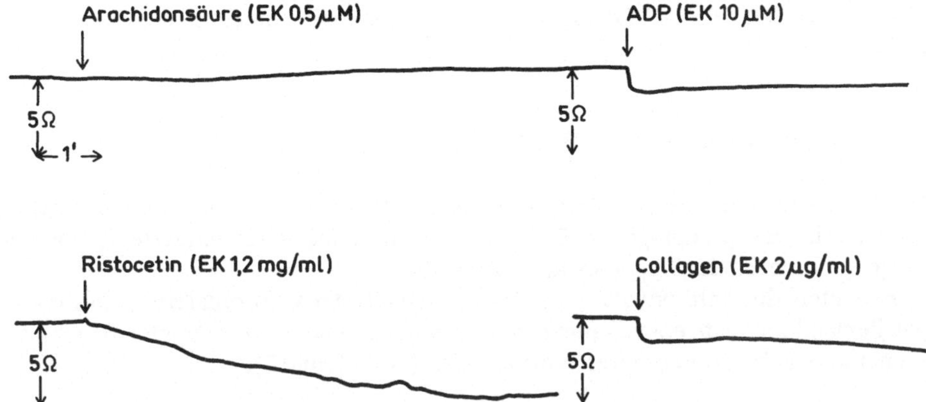

Abb. 4. Plättchenaggregationskurven in Vollbut eines Patienten mit M. Glanzmann nach Zugabe von Ristocetin, ADP und Archidonsäure

Patienten mit von Willbrand-Syndrom fanden sich normale Werte für die Kollagen-induzierte Plättchenaggregation (Abb. 2, 3 und 5).

Darüber hinaus eignet sich die Impedanzaggregometrie auch zur Therapieüberwachung: Bei 3 Patienten wurde eine Testung mit 0,4 µg DDAVP/kg Körpergewicht als Kurzinfusion über 20 min durchgeführt. Zur Erfassung der Pharmakokinetik wurde unmittelbar vor, 1 h und 4 h nach Verabreichung von DDAVP die Ristocetin-, Kollagen- und ADP-Aggregation vergleichend nach der Impedanzmethode, der Rotationsmethode nach Sutor [2] gemessen und ergänzend F. VIII:C, vWFAg, RiCof, PTT und Plättchenzahl bestimmt. Hierbei zeigten sich eindeutige Impedanzsteigerungen um das 1,5- bis 2fache vom Ausgangswert. Außerdem ist bemerkenswert, daß entgegen bisherigen Erkenntnissen [3] bei zwei Patienten auch 4 h nach

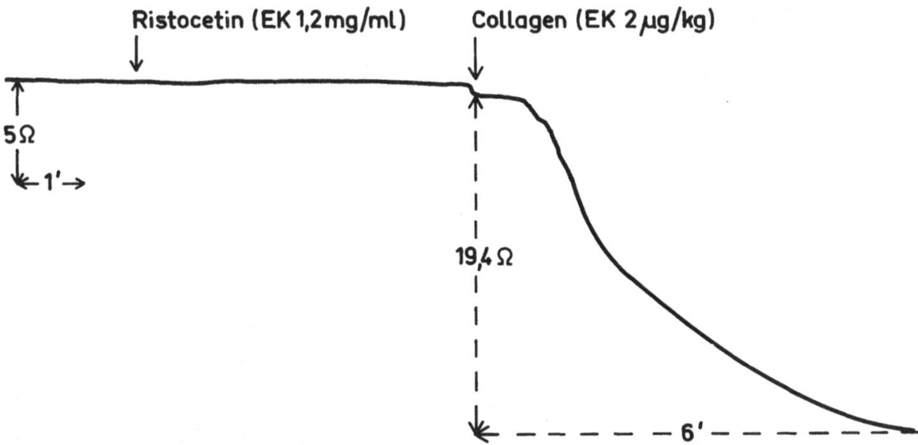

Abb. 5. Plättchenaggregationskurven in Vollblut eines Patienten mit von Willebrand-Syndrom nach Zugabe von Ristocetin und Kollagen

Gabe von DDAVP ein Maximum der Plättchenaktivität noch nicht erreicht wird (Abb. 7, 8).

Patienten unter Einnahme von Medikamenten

Bei Patienten, die Acetyl-Salicylsäure-haltige Medikamente eingenommen hatten, fanden wir eine pathologische Collagen- und eine leicht verminderte Ristocetin-Aggregation nach der Impedanzmethode (Abb. 6).

Patienten, die Antikonvulsiva wie Phenobarbital oder Valproinat bzw. Antibiotika wie Penicillinderivate oder Cephalosporine eingenommen hatten, zeigten Ergebnisse im pathologischen und unteren Normbereich (Abb. 2 und 3).

Koagulopathien

Bei der Untersuchung von Patienten mit Faktor VIII-Mangel fanden sich teilweise deutliche pathologische Werte für die Ristocetin-Aggregation, jedoch Werte im Normbereich für die Kollagen-Aggregation. Möglicherweise handelt es sich bei diesen Patienten um eine Störung der Thrombozytenfunktion, wie sie nach hoch dosierter AHG-Gabe häufig beobachtet wird (Abb. 2 und 3).

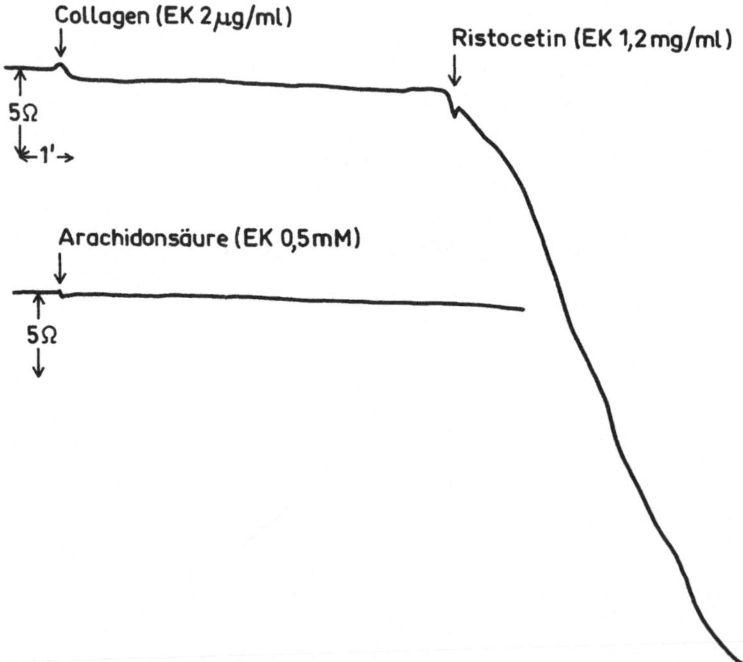

Abb. 6. Plättchenaggregationskurven in Vollblut nach Zugabe von Ristocetin, Arachidonsäure und Kollagen bei Patienten nach Einnahme von Acetylsalicylsäure

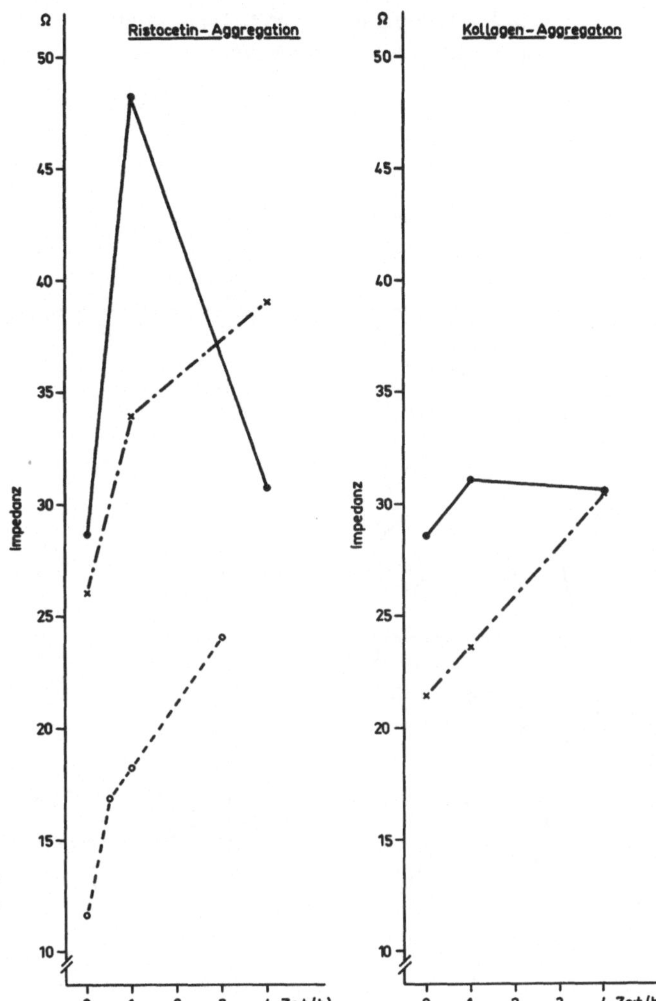

Abb. 7. Vollblutimpedanzaggregometrie nach Zugabe von Ristocetin bzw. Kollagen unter DDAVP-Testung bei 3 von Willebrand-Patienten

Zwei Patienten mit einem Faktor XI-Mangel zeigten eine normale Ristocetin- und Kollagen-Aggregation (Abb. 2 und 3).

Zusammenfassung

Zusammenfassend bestehen die Vorteile der Plättchenfunktionstestung in Vollblut mittels der Chronolog-Impedanzmethode für die Pädiatrie in

1. einem geringen Probenvolumen von 0,25 ml Vollblut pro Messung durch die Verwendung einer 1 : 4 Arbeitsverdünnung mit 0,9% NaCl,
2. der raschen, einfachen Präparation der Probe zur Bestimmung,
3. sichere Erfassung thrombozytär bedingter Blutungsübel,

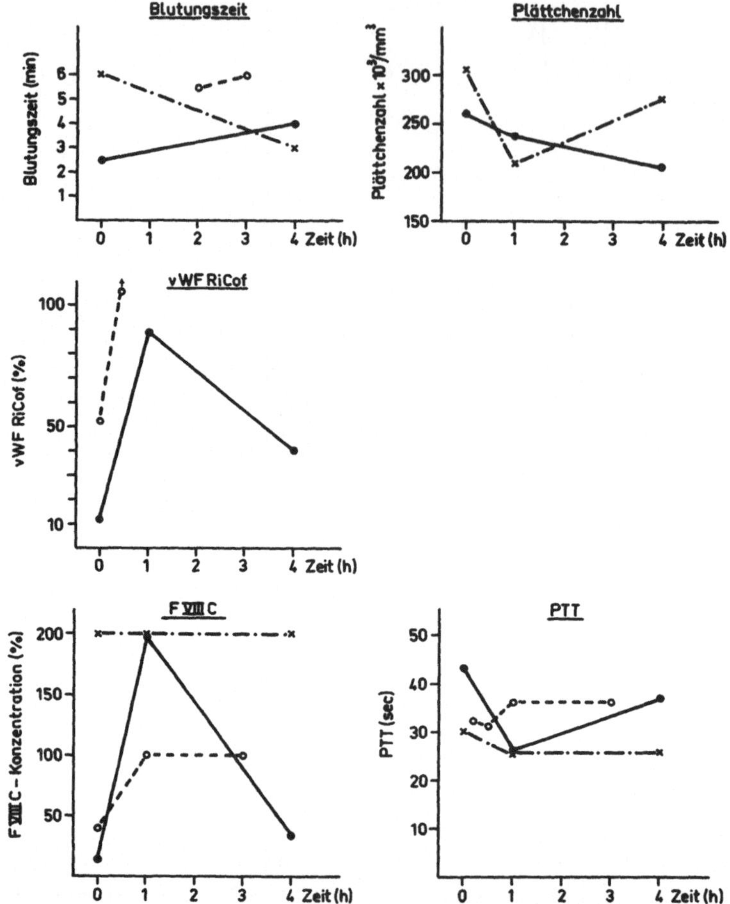

Abb. 8. Verlauf von Blutungszeit, Plättchenzahl, PTT, Konzentrationen von F. VIII:C und Ristocetin-Cofaktor unter DDAVP-Testung bei 3 von Willebrand-Patienten

4. gute Möglichkeit der Therapieüberwachung bei von Willebrand-Patienten,
5. zusätzliche information durch kinetische Messung, die hier nicht berücksichtigt wurde,
6. Beurteilung der Plättchenfunktion im physiologischen Milieu unter Miterfassung anderer zellulär vermittelter Interaktionen (Leukozyten) im Gegensatz zur Messung im PRP.

Nachteilig ist der komplizierte apparative Aufbau zu bewerten.

Wesentliche Ergebnisse dieser Veröffentlichung sind der Dissertation von Frau E. Bandi entnommen.

Literatur

1. Chronolog-Manual for testing with the whole-blood aggregometer. Chronolog Corporation, Havertown, Pa., U.S.A.
2. Sutor AH, Schäuble R, Frede-Schweder I, Balleisen L, Budde M (1980) Eine neue Vollblut-Methode zur Bestimmung der Plättchenfunktion. In: Voss H v, Göbel U (Hrsg) Praktische Anwendung der Thrombozytenfunktionsdiagnostik. Thieme, Stuttgart
3. Sutor, AK (1980) Gegenwärtiger Stand der DDAV-Anwendung bei Blutern. 2nd International Symposium on DDAVP and Glycylpressin in Bleeding Disorders. Schattauer, Stuttgart

Arterielle Thromboembolien als klinische Erstmanifestation eines erworbenen Antithrombin III-Mangels bei nephrotischem Syndrom

D. Ellbrück, E. Seifried (Ulm)

Einleitung

Das gehäufte Auftreten venöser Thrombosen ist bei Patienten mit angeborenem Antithrombin III-Mangel (AT III-Mangel) eine bekannte Komplikation [1, 2]. In einer Zusammenstellung von Thaler und Lechner [3] waren bei 109 von 120 Patienten die Thrombosen in den Bein- und Iliacalvenen lokalisiert. Über arterielle Thrombosen wird in der Literatur nur in Einzelfällen berichtet [4].

Bei erworbenen AT III-Mangelzuständen, z. B. im Rahmen des nephrotischen Syndroms, werden neben venösen Thrombosen [5, 7] in Einzelfällen auch arterielle Komplikationen wie periphere Thrombosen oder Herzinfarkt bzw. koronare Herzerkrankung beschrieben [8–10].

Im folgenden soll über einen Patienten berichtet werden, der als Erstmanifestation eines nephrotischen Syndroms rezidivierende arterielle thromboembolische Ereignisse aufwies.

Material und Methoden

Die Gerinnungsuntersuchungen wurden mit Zitratblut (1:10 Verdünnung mit 3,8%iger Natriumzitratlösung) durchgeführt. Für die Bestimmung der Prothrombinzeit (PTZ) wurde Calcium-Thromboplastin (Behring Institut) verwandt, die partielle Thromboplastinzeit (PTT) wurde mit Pathrombtin (Behring Institut) sowie Fibrinogen nach Clauss (Immuno) bestimmt. Die biologische Aktivität des Faktor VIII:C wurde mit Faktor VIII-Mangelplasma (Immuno) im Einstufentest gemessen. Faktor VIII-Antigen wurde durch Immunelektrophorese nach Laurell ermittelt, der Ristocetin-Cofaktor wurde mit einem kommerziell erhältlichen Agglutinationstest (Behring Institut) gemessen. Faktor IX wurde koagulatorisch mit Faktor IX-Mangelplasma (Merz & Dade) bestimmt. Protein C (Behring), Plasminogen und alpha-2-Antiplasmin (Kabi) wurden mit chromogenem Substrat, Protein S immunelektrophoretisch (Stago) ermittelt.

Die Thrombozytenfunktionen wurden mit der Blutungszeit nach Ivy, modifiziert nach Miehlke (1969), die Thrombozytenadhäsion nach Hellem I und Hellem II und die Thrombozytenaggregation nach Born (1962) bestimmt.

Fallbericht

Die Vorgeschichte des 58jährigen Patienten war bis auf einen 3 Monate vor Aufnahme aufgetretenen Leistungsknick unauffällig. Das akute Ereignis, weswegen der Patient sofort in die gefäßchirurgische Abteilung der Universitätsklinik Ulm eingewiesen wurde, äußerte sich in einem plötzlich einschließenden stechenden Wadenschmerz rechts. Die Feinnadel-DSA der rechten Arteria femoralis zeigte einen Verschluß der Arteria poplitea unmittelbar vor dem Trunkus tibialis bei ansonsten unauffällig erscheinenden Gefäßen (Abb. 1). Es wurde notfallmäßig eine transpopliteale und transtrunkale Embolektomie durchgeführt; das postoperative Angiogramm zeigt eine freie Durchgängigkeit der 3 Unterschenkelarterien im Abgangsbereich sowie einen alten A. tibialis anterior-Verschluß ca. 10 cm kaudal des Abgangs von der Arteria poplitea (Abb. 2). Im weiteren Verlauf kam es nach einem Zeitintervall von etwa 8 Stunden zu einem erneuten Verschluß im Bereich der Arteria poplitea (Abb. 3). Die Gefäßdarstellung zeigte außerdem ein subtotal okkludieren-

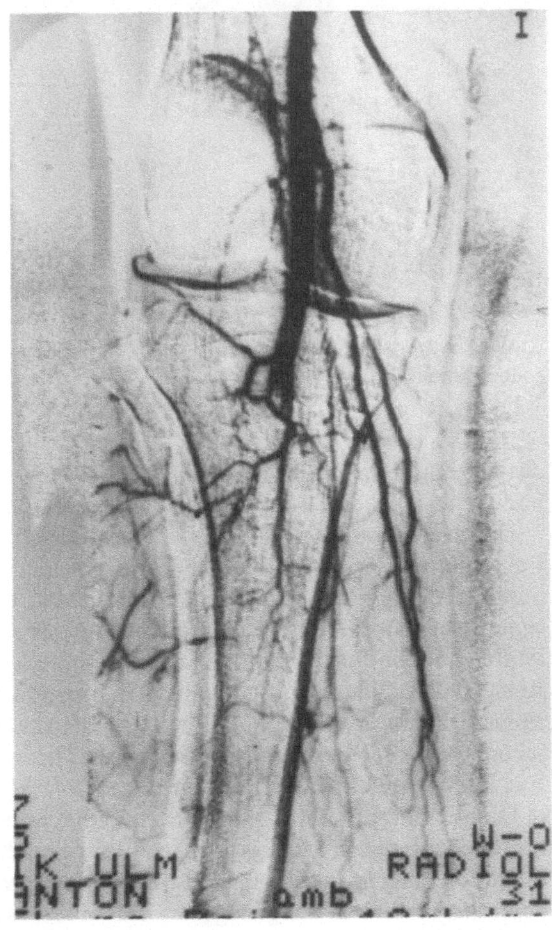

Abb. 1. DSA der rechten Arteria femoralis mit A. poplitea-Verschluß

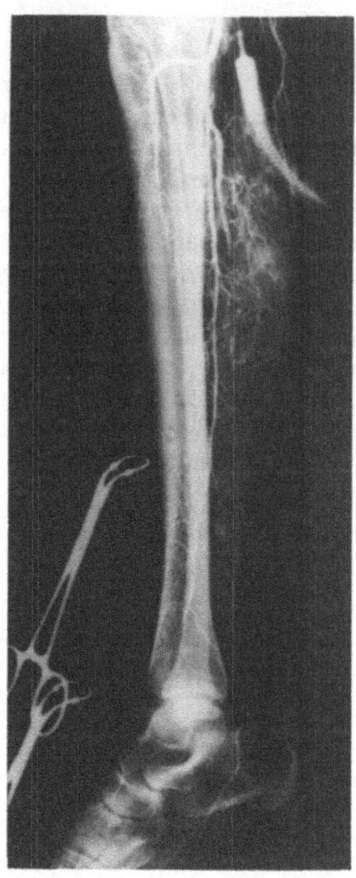

Abb. 2. Postoperatives Angiogramm nach Embolektomie

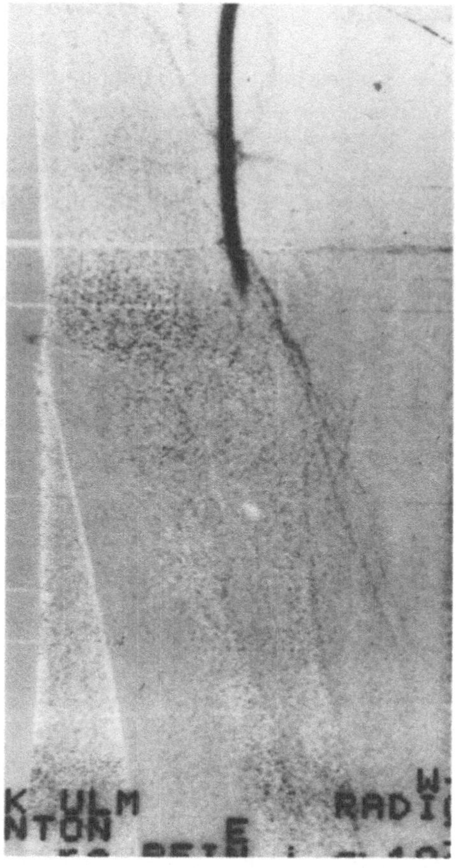

Abb. 3. Rezidiv-Verschluß im Bereich der Arteria poplitea

des Gerinnsel im Abgangsteil der Arteria femoralis superficialis (Abb. 4). Klinisch bot der Patient jetzt das Bild einer inkompletten Ischämie.

Durch eine transfemorale und transtrunkale Embolektomie, eine Thrombendarteriektomie im Trunkus fibularis sowie Anlage eines Venenpatch von der Arteria poplitea bis zur A. tibialis posterior gelang es wiederum, in der A. femoralis superficialis sowie im Bereich des Abgangs der 3 Unterschenkelarterien einen freien Abfluß zu schaffen. 36 Stunden später mußte wegen eines erneuten langstreckigen Rezidivverschlußes der A. tibialis posterior mit Sistieren der gesamten peripheren Mikrozirkulation und kompletter Ischämie mit Kompartmentsyndrom des Unterschenkels ein 3. Notfalleingriff mit offener Thrombendarteriektomie und subkutaner Fasziotomie durchgeführt werden.

Dieser Eingriff hatte zwar erneut eine freie Gefäßdurchgängigkeit mit einer kräftigen fortgeleiteten Pulsation in die periphere Strecke der A. tibialis posterior zur Folge, die langen Phasen der gestörten Mikrozirkulation führten jedoch bereits zu einer beginnenden Fußganggrän. Ein erneutes Ereignis mit klinisch kompletter

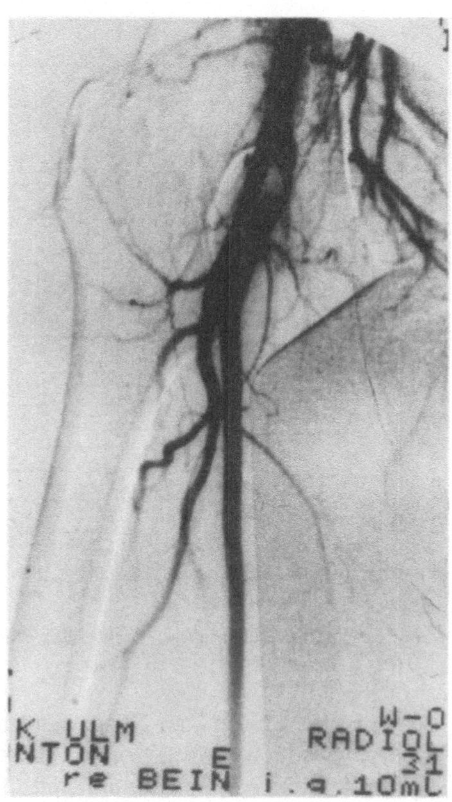

Abb. 4. Thrombus im Abgangsteil der Arteria femoralis superficialis

Ischämie des rechten Unterschenkels machte schließlich eine Exartikulation im rechten Kniegelenk unumgänglich.

Unmittelbar vor der Amputation erfolgte die internistische Abklärung der thrombophilen Diathese, die 3 wesentliche pathologische Befunde ergab: Eine Proteinurie zwischen 6 und 19 g/Tag, eine Hypalbuminämie (9,6 g–20 g/l) sowie einen deutlich verminderten AT III-Spiegel. Die biologische Aktivität betrug bei mehreren Messungen um 30%; immunologisch wurden AT III-Werte im selben Größenordnungsbereich gemessen. Die weiteren hämostaseologischen Untersuchungen erbrachten eine Erhöhung des Fibrinogens (> als 6 g/l), des Faktor VIII-Komplexes (F. VIII:C 181%, F. III:Ag > als 130%, F. VIII:RCoF 205%) sowie des F. IX (135%). Die Faktor XIII-, Protein C- und alpha-2-Antiplasmin-Aktivität und Protein S-Antigen lagen im Normbereich. Blutungszeit, Thrombozytenretention nach Hellem I und Thrombozytenaggregation mit ADP, Ristocetin, Kollagen und Adrenalin waren normal, die Thrombozytenadhäsion nach Hellem II war mit 46% geringgradig erniedrigt.

In der Abb. 5 sind der weitere Verlauf der Proteinurie und des AT III-Spiegels nach dem Zeitpunkt aufgeführt, zu dem erstmals ein AT III-Mangel festgestellt wurde. Vor der Exartikulation wurde mit der intravenösen Infusion von insgesamt 4500 E Antithrombin III-Konzentrat (Kybernin HS, Behringwerke) begonnen;

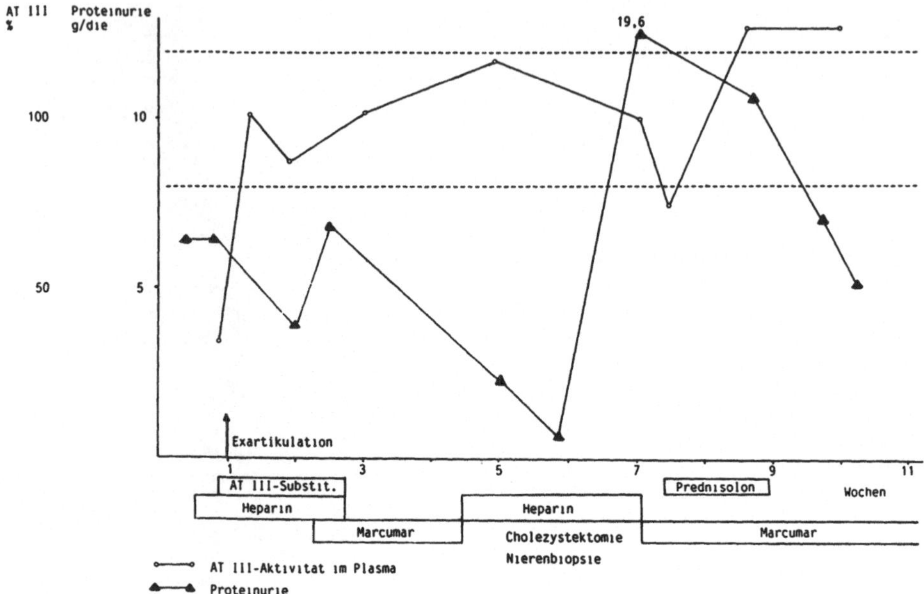

Abb. 5. Therapieschema und Verlauf der Plasma-AT III-Aktivität und Proteinurie

postoperativ wurden über 2 Tage zunächst 3000 E/Tag kontinuierlich, über 10 weitere Tage jeweils 1500 E Antithrombin III kontinuierlich intravenös appliziert. Gleichzeitig wurde eine Antikoagulation mit 20000 E Heparin/Tag i.v. eingeleitet. Unter dieser Behandlung, die zu einer Normalisierung des Plasma-AT III-Spiegels führte, war der postoperative Verlauf komplikationslos; thromboembolische Ereignisse traten nicht mehr auf. In der Phase der sich anschließenden oralen Antikoagulation besserte sich der Allgemeinzustand des Patienten. Die Eiweißausscheidung nahm ab, die AT III-Spiegel im Plasma lagen ohne Substitution im Normbereich (Abb. 5). Die zur Abklärung des nephrotischen Syndroms veranlaßte Nierenbiopsie sicherte die Diagnose Glomerulonephritis („minimal change").

Im Rahmen einer komplizierend auftretenden Cholezystitis, die eine Cholezystektomie des wieder mit Heparin antikoagulierten Patienten erforderlich machte, kam es zu einer akuten Verschlechterung des Allgemeinzustandes und der Nierenfunktion mit Erhöhung der Proteinurie und parallelem Absinken der AT III-Aktivität. Die jetzt eingeleitete spezifische Behandlung mit Methylprednisolon in einer Dosierung von 1 mg/kg Körpergewicht führte zu einem Rückgang der Eiweißausscheidung im Urin sowie zu einer Normalisierung der Plasma-AT III-Aktivität. Erstere lag bei dem jetzt wieder oral antikoagulierten Patienten bei 2 g/Tag.

Diskussion

Arterielle thromboembolische Komplikationen beim erworbenen AT III-Mangel sind im Vergleich zu venösen Thrombosen selten. Ihre Ursachen sind im einzelnen noch nicht abgeklärt. Für die thrombophile Diathese beim nephrotischen Syndrom werden verschiedene Veränderungen der thrombozytären und plasmatischen Gerinnung sowie der Fibrinolyse verantwortlich gemacht:

1. Erhöhte Plättchenzahl
2. Gesteigerte Plättchenfunktion
3. Verminderte Fibrinolyse
4. Erhöhung akuter Phaseproteine: Fibrinogen, F. V, F. VIII:C
5. Verminderte AT III-Aktivität im Plasma
6. Ein vermindertes Plasmavolumen (in der Entstehungsphase der Ödeme) sowie ein Anstieg der Blutviskosität

Aufgrund der Pathogenese arterieller Thrombosen sind in diesem Zusammenhang Plättchenzahl und -funktion von besonderer Bedeutung. In der Literatur finden sich bei Patienten mit nephrotischem Syndrom erhöhte Thrombozytenzahlen [7, 11, 13, 14, 15], einige Autoren fanden dies nicht [16, 17]. In vielen Arbeiten wird über gesteigerte Thrombozytenfunktionen, gemessen an Thrombozytenadhäsion und -aggregation berichtet [7, 12–14, 16, 20]. In dem vorliegenden Fall konnten mit Ausnahme einer leichten Verminderung der Thrombozytenretention nach Hellem II normale Thrombozytenfunktionen gemessen werden. Die Thrombozytenzahl im peripheren Blut lag ebenfalls im Normbereich.

Verminderte Plasminogen-Spiegel im Blut [6], wahrscheinlich als Folge einer erhöhten Plasminogen-Ausscheidung im Urin, sowie erhöhte Aktivitäten von Fibrinolyseinhibitoren können zu einer Beeinträchtigung der Fibrinolyse mit entsprechender Verschiebung des physiologischen Gleichgewichts zwischen Blutgerinnung und Fibrinolyse führen. In unserem Fall lag der Plasminogen-Spiegel im Blut im Normbereich. Eine Beeinträchtigung der Fibrinolyse durch eine gesteigerte alpha-2-Antiplasminaktivität [8] konnte nicht nachgewiesen werden.

Die häufig beschriebene Erhöhung der prokoagulatorischen Gerinnungsfaktoren Fibrinogen und Faktor VIII [11, 14] konnte bei unserem Patienten bestätigt werden. Sie ist am ehesten im Sinne einer akuten Phasereaktion zu interpretieren. Mit radioaktiv markiertem Fibrinogen konnte eine erhöhte Fibrinogensyntheserate in der Leber nachgewiesen werden [21]. Eine Verstärkung der Thrombozytenaggregation durch hohe Fibrinogenspiegel wird diskutiert. Hierfür gab es im vorliegenden Fall keinen Hinweis.

Eine verminderte Aktivität der Inhibitoren der plasmatischen Gerinnung spielt möglicherweise eine entscheidende Rolle für die thrombophile Diathese bei Patienten mit nephrotischem Syndrom. In der Literatur liegen kontroverse Ergebnisse über die Beeinflussung der Plasma-AT III-Aktivität und des AT III-Antigens vor.

Von Kanfer und Mitarbeitern [11] wurden erhöhte AT III-Aktivitäten bei Patienten mit nephrotischem Syndrom gemessen. Panicucci und Mitarbeiter fanden normale AT III-Aktivitäten und -Proteinkonzentrationen im Plasma [14], während in anderen Arbeiten sowohl biologisch als auch immunologisch erniedrigte AT III-Spiegel vorgefunden wurden. Möglicherweise liegt die Ursache dieser Diskrepanzen in der Beeinflussung einiger Bestimmungsmethoden durch in-vitro-Interaktionen mit anderen Proteine mit Antithrombin-Aktivitäten [14]. Hierzu zählen möglicherweise alpha-1-Antitrypsin, alpha-2-Makroglobulin und β-Lipoprotein, welche bei Patienten mit nephrotischem Syndrom einen erhöhten Plasmaspiegel aufweisen können. Erniedrigte AT III-Spiegel wurden entweder auf einen erhöhten Verlust mit dem

Urin [5, 6, 18] oder zusätzlich auf einen gesteigerten AT III-Katabolismus mit erhöhtem Einstrom vom extravaskulären in das intravaskuläre Kompartiment und gesteigertem Verbrauch [19] zurückgeführt. In dem hier vorgestellten Fall konnte aufgrund wiederholter Bestimmungen sowohl der biologischen als auch der immunologischen AT III-Aktivität die Diagnose eines erworbenen AT III-Mangels gestellt werden.

Die Bedeutung der Gerinnungs-Inhibitoren Protein C und Protein S ist bei Patienten mit thrombophiler Diathese bei nephrotischem Syndrom noch nicht abschließend geklärt. In der Literatur finden sich Hinweise auf erhöhte Protein C-Spiegel bei diesen Patienten [22, 23]. Bei unserem Patienten wurde mit chromogenem Substrat eine normale Protein C-Aktivität sowie immunologisch normales Protein S-Antigen bestimmt. Letzteres ist möglicherweise in seiner Aussagekraft unzureichend, da eine Verminderung der ungebundenen, aktiven Protein S-Fraktion durch eine Bestimmung des totalen Protein S-Antigens nicht erfaßt wird [24].

Zusammenfassend bleibt festzustellen, daß die Komplexität der Gerinnungsveränderungen beim nephrotischen Syndrom eine sichere Abgrenzung der Ursache der thromboembolischen Ereignisse auf einen erworbenen Antithrombin III-Mangel nicht zuläßt. Das Ausbleiben thromboembolischer Rezidive nach Substitution mit Antithrombin III-Konzentrat mit daraus resultierendem normalen AT III-Spiegel kann jedoch für diese Hypothese sprechen.

Eine frühzeitig durchgeführte Diagnostik und Behandlung mit AT III-Konzentrat ist für betroffene Patienten möglicherweise von lebenswichtiger Bedeutung. Es sollte deshalb bei unklaren rezidivierenden Thromboembolien im arteriellen Gefäßbett auch ein AT III-Mangel ausgeschlossen werden.

Literatur

1. Egeberg O (1965) Inherited antithrombin deficiency causing thrombophilia. Thromb Diath Haemorrh 13:516–530
2. Brüster HTH, Scheja JW, Seifried E, Pindur G (1987) Kongenitaler Antithrombin III-Mangel während Schwangerschaft und Geburt. Lab Med 5:224–227
3. Thaler E, Lechner K (1981) Antithrombin III deficiency and thromboembolism. Clin Haematol 10:369–390
4. Shapiro ME, Rodivieen R, Bauer KA, Salzman EW (1981) Acute aortic thrombosis in antithrombin III deficiency. JAMA 245:1759–1761
5. Kaufmann RH, Veltkamp JJ, Van Tilburg NH, van Es LA (1978) Acquired antithrombin III deficiency and thrombosis in the nephrotic syndrome. Am J Med Vol 65:607–613
6. Thaler E, Balzar E, Kopsa H, Pinggera WF (1978) Acquired antithrombin III deficiency in patients with glomerular proteinuria. Haemostas 7:257–272
7. Kuhlmann U, Blättler W, Pouliadis G, Siegenthaler W (1979) Komplikationen des nephrotischen Syndroms unter besonderer Berücksichtigung thromboembolischer Zwischenfälle. Schweiz med Wschr 109:200–209
8. Andrassy K, Ritz E, Bommer J (1980) Hypercoagulability in the nephrotic syndrome. Klin Wschr 58:1029–1036
9. Mallick NP, Short CD (1981) The nephrotic syndrome and ischaemic heart disease. Nephron 27:54–57
10. Cameron JS, Ogg CS, Ellis FG, Salmon MA (1971) Femoral arterial thrombosis in nephrotic syndrome. Archs Dis Childh 46:215–216
11. Kanfer A, Kleinknecht D, Broyer M, Josso F (1970) Coagulation studies in 45 cases of nephrotic syndrome without uremia. Thromb Diathes Haemorrh 24:562–571

12. Bang N, Trygstad C, Sthroeder J, Heidenreich R, Csisko C (1973) Enhansed platelet function in glomerular renal disease. J Lab Clin Med 81:651–660
13. Walter E, Deppermann D, Andrassy K, Koderisch J (1981) Platelet hyperaggregability as a consequence of the nephrotic syndrome. Thromb Res 23:473–479
14. Panicucci F, Sagripanti A, Vispi M, Pinori E, Lecchini L, Barsotti G, Giovanetti S (1983) Comprehensive study of haemostasis in nephrotic syndrome. Nephron 33:9–13
15. Kendall AG, Lohmann RC, Dossetor JB (1971) Nephrotic syndrome. A hypercoagulable state. Arch Int Med 127:1021–1027
16. Schulz W, Brockhaus G, König R, Gessler U (1975) Gerinnungsstörungen beim nephrotischen Syndrom. In: Schulz W, Gessler U (Hrsg) Gerinnungsstörungen und Anämie bei Nierenerkrankungen. Dustry, München, S 60–70
17. McGinley E, Lowe GDO, Boulton-Jones M, Forbes CD and Prentince CRM (1983) Blood viscosity and haemostasis in the nephrotic syndrome. Thromb Haemost 49:155–157
18. Vaziri ND, Paule P, Toohey J, Hung E, Alikhani S, Darwish R, Pahl MV (1984) Acquired deficiency and urinary excretion of antithrombin III in nephrotic syndrome. Arch Int Med 144:1802–1803
19. Drijfhout HH, Knot EAR, ten Cate JW (1987) Antithrombin III metabolism in two patients with a nephrotic syndrome caused by minimal chain nephritis and primary amyloidosis. Haemost 17:286–292
20. Kuhlmann U, Steurer J, Rhyner K, von Felten A, Briner J, Siegenthaler W (1981) Platelet aggregation and β-thromboglobulin levels in nephrotic patients with and without thrombosis. Clin Neph 15:229–235
21. Takeda Y, Chen AY (1976) Fibrinogen metabolism and distribution in patients with the nephrotic syndrome. J Lab Clin Med 70:678
22. Pabinger-Fasching I, Lechner K, Niessner H, Schmidt P, Balzar E, Mannhalter CH (1985) High levels of plasma protein C in nephrotic syndrome. Thromb haemost 53:5–7
23. Mannucci PM, Valsecchi C, Bottasso B, D'Angelo A, Casati S, Ponticelli C (1986) High plasma levels of protein C activity and antigen in the nephrotic syndrome. Thromb Haemost 55:31–33
24. Vigano-D'Angelo S, D'Angelo A, Kaufman CE, Sholer C, Esmon CT, Comp PC (1987) Protein S deficiency occurs in the nephrotic syndrome. Ann Int Med 107:42–47

Diskussion

VINAZZER (Linz):

Dazu möchte ich einiges sagen. Zunächst ist von über 1000 Fällen mit Antithrombin III-Mangel schon bekannt, daß das Antithrombin III zwar in einem sehr hohen Prozentsatz venöse Thrombosen verursacht, daß aber arterielle Thrombosen bei Antithrombin III-Mangel nicht häufiger sind als arterielle Thrombosen oder Thromboembolien bei gerinnungsgesunden Patienten. Aus diesem Grunde ist es, wenn ein einziger Fall vorliegt, eigentlich nicht ohne weiteres möglich, zu sagen, daß der Antithrombin III-Mangel schuld an diesen Thromboembolien ist. Woher kommen die Embolien? Ich nehme an, aus dem linken Vorhof.

ELLBRÜCK (Ulm):

Es wurde eine kardiale Diagnostik durchgeführt, und im Grunde wurden anhand dieser Diagnostik keinerlei Emboliequellen verifiziert. Es muß wohl davon ausgegangen werden, daß eine thrombophile Diathese des Patienten per se zu einer Disposition, zu solchen Geschehnissen in der arteriellen Peripherie geführt haben könnte.

VINAZZER (Linz):

Wurde die Fibrinolyse des Patienten untersucht?

ELLBRÜCK (Ulm):

Soweit diese untersucht wurde, fanden wir Normalwerte. Plasminogen war ebenso wie die Spaltprodukte im Normalbereich. Weitere Untersuchungen der Fibrinolyse sind bei dem Patienten nicht durchgeführt worden. Die Thrombozyten befanden sich während der gesamten Beobachtungsdauer im Normalbereich.

VINAZZER (Linz):

Das ist die häufigste Ursache auch von arteriellen Thromboembolien, wenn eine Verminderung der TPA-Release bzw. eine Vermehrung des TPA-Inhibitors vorliegt.

ELLBRÜCK (Ulm):

Diesbezüglich wurden keine Untersuchungen angestellt.

SCHRAMM (München):

Hat die Pathologie etwas über die Gefäßerkrankung ergeben? Es sieht so aus, als ob hier eine Gefäßerkrankung per se da ist, die zu dem nephrotischen Syndrom führte, und bei der der AT III-Mangel eine Art Trigger-Mechanismus spielt, aber nicht die Hauptursache ist.

ELLBRÜCK (Ulm):

Nach den klinischen Untersuchungen und auch nach der Pathologie ergab sich keine disseminierte arterielle Gefäßerkrankung. Die histologisch untersuchten Thromben waren eindeutig graue Thromben, die als Embolus zu einem Verschluß in der Gefäßwand geführt hatten.

SCHRAMM (München):

Und die Gefäße waren unauffällig?

ELLBRÜCK (Ulm):

Die Gefäße waren nicht ganz unauffällig. Eine der drei Unterschenkelarterien, die Arteria tibialis anterior, wies wohl einen älteren stenotischen Bereich bzw. mehrere Stenosen auf. Aber die anderen zwei Unterschenkelarterien waren unauffällig.

SCHRAMM (München):

Ich frage nur, weil es auch die Kombination einer peripheren arteriellen Verschlußkrankheit mit etwas anderem sein könnte. Das gibt es auch bei der Hämophilie.

ELLBRÜCK (Ulm):

Es gab bei den Patienten mit Sicherheit keine entsprechende Anamnese. Eine Claudicatio war nie aufgetreten. Es war ein absolut akutes Ereignis, wobei sicherlich auch eine arteriosklerotische Komponente zu einer entsprechenden Exacerbation beigetragen haben mag.

WENZEL (Homburg/Saar):

Sie haben angegeben, daß Sie dem Patienten Heparin gegeben haben. Hat er aufgrund des AT III-Mangels nicht auf das Heparin angesprochen? Haben Sie das gemessen? War das die Ursache dafür, daß Sie den AT III-Mangel entdeckt haben?

ELLBRÜCK (Ulm):

Der AT III-Mangel wurde im Rahmen der internistischen Abklärung festgestellt. Der AT III-Spiegel wurde als erstes bestimmt, nachdem bekannt war, wie hoch die Eiweißausscheidung bzw. das Albumin im Plasma war. Das ist also nicht im Zusammenhang mit der nicht effektiven Heparinbehandlung entdeckt worden.

Hämolysereaktion nach Substitution mit einem konventionellen Faktor VIII HS-Konzentrat

V. Hach-Wunderle, D. Teixidor, P. Zumpe, P. Kühnl, I. Scharrer
(Frankfurt)

Einleitung

Faktor VIII-Konzentrate enthalten je nach Zusammensetzung des Blutspenderkollektivs unterschiedlich hohe Mengen an Isoantikörpern, die gegen die Blutgruppeneigenschaften A und B gerichtet sind. Bei Zufuhr einer geringen Dosis von Faktor VIII-Konzentrat kommt diesen Isoantikörpern in der Regel kaum Bedeutung zu. Die Verabreichung größerer Mengen kann jedoch für Patienten mit den Blutgruppen A, B oder AB schwere Hämolysereaktionen zur Folge haben (Seeler 1972, Ashenhurst et al. 1976, Orringer et al. 1976, Rosati et al. 1970). Wir haben kürzlich eine derartige Komplikation beobachtet.

Kasuistik

Ein 72jähriger Mann kam Ende Juli 1987 mit einer Makrohämaturie unklarer Genese zur stationären Aufnahme. Labordiagnostisch wurden erniedrigte Faktor VIII:C-Werte zwischen 12 und 22%, verursacht durch erworbene Hemmkörper gegen Faktor VIII:C (initial unter 5 Bethesda-Einheiten/ml Plasma), festgestellt. Die Ursache hierfür blieb bis zuletzt unklar. Der Patient hatte die Blutgruppe A Rh positiv.

In den ersten 6 Wochen nach stationärer Aufnahme wurden nacheinander folgende Therapeutika eingesetzt: Faktor VIII HS-Konzentrat, aktiviertes Prothrombinkomplex-Konzentrat, Immunglobuline (0,4 g/kg KG/die) sowie kombiniert Cyclophosphamid und Steroide. Keine dieser Behandlungsmaßnahmen eliminierte die Hemmkörper mit nachfolgendem Anstieg des Faktor VIII:C. Wegen fortbestehender Makrohämaturie und Verdacht auf Blutung aus erweiterten Prostatavenen erfolgte schließlich die abdominelle Prostatektomie unter hochdosierter Gabe von Faktor VIII HS-Konzentrat. Die Hemmkörper konnten damit erfolgreich überspielt werden. Der Hemmkörpertiter fiel unter 1 Bethesda-Einheit/ml Plasma ab; der Faktor VIII:C-Spiegel stieg parallel dazu auf maximal 120% an.

Am 3. postoperativen Tag trat eine massive Hämolysereaktion auf. Dabei fiel das Hämoglobin von 11 auf 5,6 g/dl ab. Der direkte Coombs-Test war positiv. Lactat-Dehydrogenase und Bilirubin waren leicht erhöht; die Haptoglobinkonzentration lag im Normbereich. Die Retikulozytenzahl betrug 54‰. In den folgenden 5 Tagen stiegen LDH und Bilirubin weiter auf Maximalwerte von 493 U/l (normal unter 215 U/l), bzw. 3,1 mg/dl (normal unter 1,5 mg/dl) an, obwohl das verwendete Faktor VIII-Konzentrat sofort abgesetzt wurde.

Die Bestimmung der Isoagglutinin-Titer in den verabreichten Chargen des Faktor VIII-Konzentrats ergab auffallend hohe Anti-A-Titer von 1:128 bis 1:512 im Coombs-Test (Tabelle 1). Nach 14tägiger spezifischer Therapie waren keine Hämolysezeichen mehr nachweisbar; der direkte Coombs-Test fiel negativ aus. Bis zu dem Hämolysezwischenfall hatte der Patient insgesamt 169000 E Faktor VIII HS-Konzentrat und 24 Erythrozyten-Konzentrate der Blutgruppe A Rh positiv erhalten. Wegen des positiven Coombs-Tests wurde bei fortbestehender Makrohämaturie nur noch Blut der Gruppe A2 Rh positiv sowie ein anderes Faktor VIII-Konzentrat mit niedrigem Isoagglutinin-Titer verabreicht.

Der schwerkranke Patient verstarb nach einem erneuten operativen Eingriff an Kammerflimmern. Bei der Sektion stellte sich ein Hämangiom der Harnblase als wahrscheinliche Blutungsquelle dar.

Tabelle 1. Isoagglutinin-Titer im verabreichten Faktor VIII HS-Konzentrat

Chargen	NaCl		Coombs	
	Anti A	Anti B	Anti A	Anti B
A	1:4	1:2	1:128	1:32
B	1:64	1:32	1:512	1:256
C	1:16	1:8	1:256	1:128
D	1:16	1:4	1:128	1:64

Schlußfolgerung

Der kasuistische Beitrag sollte auf die Gefahr einer Hämolysereaktion hinweisen, die potentiell mit der Applikation großer Mengen von Faktor VIII-Konzentrat verbunden ist. Vor Anwendung von Blutplasmaderivaten sollten immer die Isoagglutinin-Titer überprüft werden. Die Grenze für eine diesbezüglich gefahrlose Behandlung setzen wir bei einem Titer von 1:32 im Coombs-Ansatz an.

Literatur

1. Seeler A (1972) Hemolysis due to anti-A and anti-B in factor VIII preparations. Arch Intern Med 130:101–103
2. Ashenhurst JB, Langehennig PL, Seeler RA, Telfer MC (1976) Hemolytic anemia due to anti-B in antihemophiliac factor concentrates. J Pediatrics 88:257–258
3. Orringer EP, Koury MJ, Blatt PM, Roberts HR (1976) Hemolysis caused by factor VIII concentrates. Arch Intern Med 136:1018–1020
4. Rosati LA, Barnes B, Oberman HA, Penner JA (1970) Hemolytic anemia due anti-A in concentrated antihemophilic factor preparations. Transfusion 10:139–141

Diskussion

SCHRAMM (München):

Der Isoagglutinintiter ist sicherlich sehr wichtig. Haben Sie einen Anhalt für eine Autoimmunerkrankung?

Frau HACH-WUNDERLE (Frankfurt):

Eine Autoimmunkrankheit haben wir mit den herkömmlichen Labortests nicht nachweisen können. Wir haben auch pathologisch-anatomisch überhaupt keine Ursache dafür gefunden. Aber es ist bekannt, daß so etwas auch dann auftreten kann, wenn Sie einen Hemmkörperhämophilen mit hohen Faktor VIII-Mengen behandeln.

Frau SCHARRER (Frankfurt):

Wir haben ausführlich nach der Ursache dieses erworbenen Hemmkörpers gesucht. Ein Zusammenhang mit dem Hämangiom ist nicht auszuschließen. Für einen Tumor, eine Kollagenose oder eine Immunerkrankung haben wir keinen Anhalt. Es gab auch vorher keine Anzeichen einer Hämolyse.

Frau HACH-WUNDERLE (Frankfurt):

Es sind in der Literatur auch Fälle von Hämophilie A beschrieben, die mit hohen Mengen Konzentrat behandelt wurden, bei denen auch Hämolysereaktionen aufgetreten sind, unabhängig von Hemmkörpern. Aber natürlich sind Hemmkörperpatienten insbesondere gefährdet, weil sie größere Mengen Faktor VIII-Konzentrat benötigen.

BUDDE (Hamburg):

Konnten Sie Anti-A von den Erythrozyten eluieren? Falls Sie persistierendes Anti-A im Serum nachweisen können, können Sie natürlich immer mit gewaschenen Null-Erythrozyten behandeln, die ja dann nicht abgebaut werden.

Frau HACH-WUNDERLE (Frankfurt):

Das ist völlig richtig. Man kann natürlich auch Blut der Blutgruppe O als Konsequenz nehmen. Aber was das A2-Blut angeht, das wir verwendet haben, so gehen wir davon aus, daß relativ wenige Rezeptoren an den Erythrozyten sind und daß dadurch bei den Patienten weiter keine Hämolyse ausgelöst wird. Es wurde vorher auch in vitro getestet. Es wurden ein Crossmatch und zuvor ein Coombs-Test gemacht, bevor der Patient das A2-Blut bekommen hat.

Pharmakokinetische Untersuchungen an Hämophilie B-Patienten nach Infusion eines Faktor IX-Konzentrates

E. SEIFRIED, M. KÖHLER, G. PINDUR, F. FASCO, G. LEIPNITZ, P. HELLSTERN
(Ulm, Homburg/Saar, Ludwigshafen)

Einleitung

Die Lebenserwartung und die Lebensqualität hämophiler Patienten blieb bis in die 70iger Jahre deutlich eingeschränkt. Frischplasma, Kryopräzipitate, vor allem aber Faktoren-Hochkonzentrate führten zu einer dramatischen Verbesserung der Lebensqualität dieser Patienten und ließen eine normale Lebenserwartung erhoffen. Die sogenannte kontrollierte Heimselbstbehandlung mit diesen Faktoren-Hochkonzentraten ermöglichte eine nahezu normale Lebensführung. Transfusionsbedingte virale Infektionen zwangen zur Revision dieser Erwartungshaltung und veranlaßten die Hersteller von Faktoren-Konzentraten, die Präparationen mit Virus-inaktivierenden Verfahren zu behandeln, um das Risiko transfusionsbedingter Infektionskrankheiten zu reduzieren (HEINRICH et al. 1982, MANNUCCI et al. 1985, SCHIMPF et al. 1987 a–c).

Für die Steuerung der Therapie ist es von erheblicher Bedeutung, ob die Inaktivierungsverfahren einen Einfluß auf das pharmakokinetische Verhalten der entsprechenden Gerinnungsfaktoren haben. Zur Beleuchtung dieser Fragestellung wurden in den Hämophilie-Zentren Ulm und Homburg/Saar in einer gemeinsamen prospektiven Studie bei insgesamt 10 Patienten mit schwerer Hämophilie B (F. IX < 1%) serielle Untersuchungen der biologischen Faktor IX-Aktivität nach Verabreichung eines dampfbehandelten Faktor IX-Hochkonzentrates durchgeführt und pharmakokinetische Parameter bestimmt.

Patienten, Material und Methoden

Insgesamt 10 Patienten im Alter von 17–51 Jahren (x = 33 J.) und einem Körpergewicht von 44–81 kg (x = 67 kg) mit einer Faktor IX-Restaktivität < 1% wurde ein dampfbehandeltes Faktor IX-Hochkonzentrat (S-TIM4, Fa. Immuno, Heidelberg) intravenös verabreicht und über die folgenden 24 Stunden serielle Untersuchungen der biologischen Faktor IX-Aktivität und weiterer Hämostaseparameter durchgeführt. Voraussetzung für die Aufnahme in die Studie war, daß zwischen der letzten Substitutionsbehandlung mit einem Faktor IX-Konzentrat oder Faktor IX-haltigen Blutprodukten und dem Studienbeginn mindestens 7 Tage lagen. Patienten mit einer akuten Blutung oder einer sonstigen Erkrankung wurden von der Studie ausgeschlossen.

Tabelle 1. Charakteristika von Patienten mit schwerer Hämophilie B (Faktor IX < 1%) zum Untersuchungszeitpunkt. Patienten 1–4 wurden in Homburg, 5–10 in Ulm behandelt

	1	2	3	4	5	6	7	8	9	10
Alter	28	52	23	47	51	26	17	24	28	40
Körpergewicht (kg)	64	44	66	81	70	72	60	70	75	72
Hämatokrit	48	49	49	47	51	45	53	51	46	47
Plasmavolumen	2631	1780	2655	3436	2744	3168	2256	2744	3240	3052
F. IX-Aktivität vor Infusion (U/ml)	<0,01	0,03	0,02	0,02	<0,01	<0,01	<0,01	<0,01	<0,01	<0,01
F. IX-Dosierung (U/kg KG)	31,5	34,1	30,3	30,5	21,4	27,7	25,0	21,4	20,0	20,8

Die Patientendaten für alle Patienten sind detailliert in der Tabelle 1 aufgeführt. Die applizierte Faktor IX-Dosis orientierte sich jeweils an der individuellen, im Rahmen der Heimselbstbehandlung angewandten Dosierung und lag im Mittel bei 26,4 (20–34) E/kg Körpergewicht. Bei 3 Patienten wurden Faktor IX-Restakivitäten zwischen 2 und 3% als Folge einer mindestens 7 Tage zuvor verabreichten Substitutionstherapie nachgewiesen, die restlichen 7 Patienten hatten eine Faktor IX-Ausgangsaktivität < 1%.

Die Patienten 1–4 (Homburg/Saar) erhielten Konzentrate unterschiedlicher Herstellungschargen, die Patienten 5–10 (Ulm) aus einer einheitlichen Charge appliziert. Vor sowie 15 und 30 Minuten, 1, 4, 8, 10, 12, 24 und 48 (nur Patienten 1–4) Stunden nach Infusion wurden Zitratblutproben abgenommen, zentrifugiert, das Plasma portioniert und bei −20°C bis zur Analyse tiefgefroren gelagert. Die Faktor IX-Aktivitäten aller Proben wurden mit einem Faktor IX-Mangelplasma der Firma Immuno (Homburg), die der Patienten 5–10 zusätzlich mit einem Mangelplasma der Firma Merz & Dade (Ulm) bestimmt. Die Bestimmungen erfolgten nach Angaben der jeweiligen Hersteller in jedem Zentrum durch eine einzige technische Assistentin. Die Variationskoeffizienten der Faktor IX-Methoden lagen innerhalb einer Bestimmung bei 4,1% an einem Faktor IX-Mangelplasma eines Hämophilie B-Patienten und bei 3,7% an einem Normalplasma (Ulm) und 6,8 und 3,8% für die entsprechenden Untersuchungen in Homburg. Die Variationskoeffizienten an verschiedenen Tagen lagen für dieselben Proben bei 6,9 und 9% in Ulm und 11,9 und 9,2% in Homburg/Saar. Für die mit beiden Methoden erhaltenen Aktivitäten wurden die in-vivo-Recovery und Halbwertszeiten berechnet (Allain et al. 1980).

Ergebnisse

Die Verabreichung des Faktor IX-Konzentrates in den angegebenen Dosierungen wurde von allen Patienten ohne jegliche Nebenwirkungen vertragen. Die Verläufe der mittleren Faktor IX-Aktivitäten nach Verabreichung von dampfbehandeltem Faktor IX-Hochkonzentrat für die Patienten 1–4 sind in Abb. 1, für die Patienten 5–10 in Abb. 2 dargestellt. Während die maximalen Anstiege, gemessen mit der

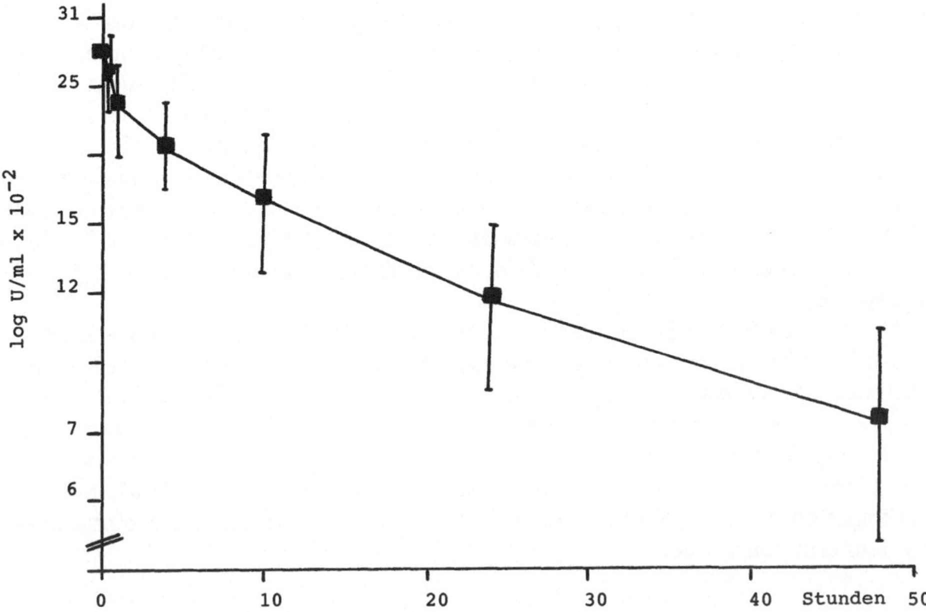

Abb. 1. Mittlere Faktor IX-Aktivitätsverläufe bei 4 Patienten (Patient 1–4, Homburg) nach Infusion mit einem dampfbehandelten Faktor IX-Hochkonzentrat. Ergebnisse mit der Immuno-Methode, angegeben als Mittelwert ± Standardabweichung

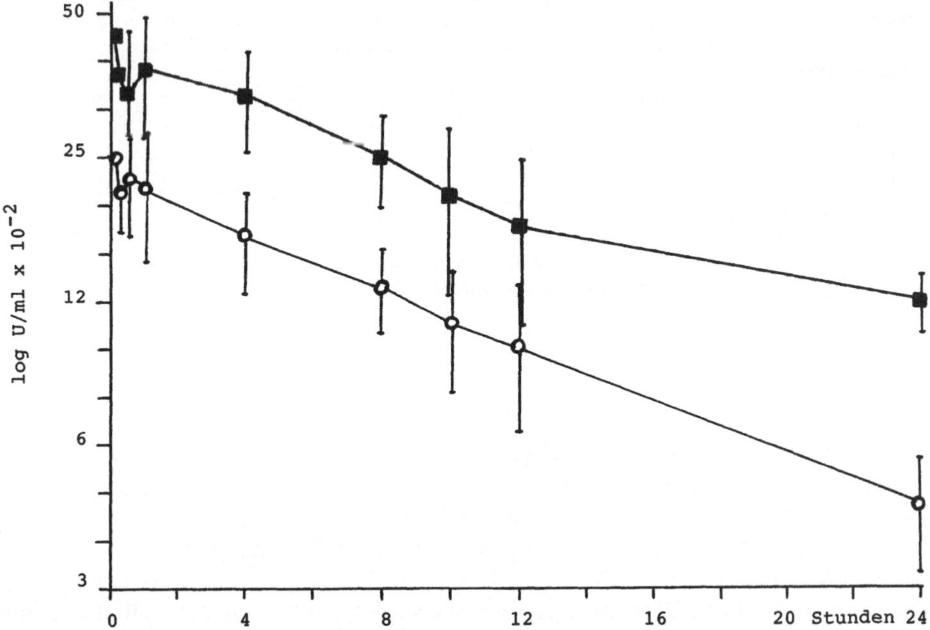

Abb. 2. Mittlere Faktor IX-Aktivitätsverläufe bei 6 Patienten (Patient 5–10, Ulm) nach Infusion eines dampfbehandelten Faktor IX-Konzentrates. Ergebnisse mit der ○ Immuno-Methode bzw. der ■ Merz & Dade-Methode, angegeben als Mittelwert ± Standardabweichung. Die Verläufe sind statistisch signifikant unterschiedlich

Immuno-Methode, unmittelbar nach Infusion des Faktor IX-Konzentrates in beiden Gruppen vergleichbar waren, waren die weiteren Verläufe signifikant unterschiedlich. Nach 24 Stunden wurden bei den Patienten 1–4 noch ca. 50% der Ausgangsaktivitäten gemessen, während bei den Patienten 5–10 nur noch etwa 20% der maximalen Faktor IX-Aktivitäten meßbar waren. Bei letzteren Patienten wurde zu jedem Zeitpunkt eine zusätzliche Faktor IX-Bestimmung mit einer Meßmethode nach Merz & Dade vorgenommen. Mit dieser Methode wurden einerseits höhere Maximalaktivitäten gemessen, andererseits fielen die Restaktivitäten langsamer ab. Nach 24 Stunden wurden mit dieser Methode noch ca. 50% der maximalen Ausgangswerte nachgewiesen.

Die aus den Faktor IX-Aktivitäten errechneten pharmakokinetischen Parameter sind in Tabelle 2 zusammengefaßt. Die Faktor IX in-vivo-Recovery mit der Immuno-Methode war bei beiden Gruppen vergleichbar, während sie bei der Ulmer Patientengruppe mit der Merz & Dade-Methode signifikant höher lag. Die mittleren Halbwertszeiten lagen in der Homburger Gruppe mit 24,5 Stunden signifikant höher als in der Ulmer Gruppe (10,4 Stunden); basierend auf der Merz & Dade-Methode verlängerten sie sich auf 14,0 Stunden, wobei mit dieser Methode ein biphasischer Verlauf erhalten wurde.

Tabelle 2. In-vivo-Recovery und Halbwertszeiten bei 10 Patienten mit schwerer Hämophilie B nach Infusion mit einem dampfbehandelten Faktor IX-Hochkonzentrat. Die Patienten 1–4 wurden in Homburg, 5–10 in Ulm behandelt

Patient	1	2	3	4	5	6	7	8	9	10
Recovery (%)										
Ulm[a]	–	–	–	–	56	100	61	50	79	67
Homburg[b]	28	33	36	56	38	54	37	31	52	32
Halbwertzeit (h)										
Ulm[a]	–	–	–	–	23	12	16	14	12	9
Homburg[b]	23	41	31	30	12	11	8	10	12	9

[a] mit Reagenzien und Standard von Merz & Dade durchgeführt
[b] mit Reagenzien und Standard von Immuno durchgeführt

Diskussion

Die gemessenen pharmakokinetischen Parameter bestätigten im wesentlichen die Ergebnisse früherer Untersuchungen (Zauber und Levin 1977, Smith und Thompson 1981, Grath et al. 1985). Die mittleren in-vivo-Recoveries mit ca. 40% und die mittleren Halbwertszeiten von 17 Stunden liegen im Rahmen der bisher mit nicht inaktivierten Produkten publizierten Daten. Sie bestätigen die an Hämophilie A-Patienten publizierten Studienergebnisse, die keinen Einfluß der Dampfbehandlung auf das pharmakokinetische Verhalten von Faktor VIII erbrachten (Hellstern et al. 1986).

Die unterschiedlichen Halbwertszeiten bei den Gruppen sind anhand der erhobenen Daten nicht eindeutig klärbar. Die nachträgliche Analyse ergab zwei wesentliche

Unterschiede: Während in Homburg jedem Patienten ein Konzentrat unterschiedlicher Charge verabreicht wurde, kam in Ulm bei allen 6 Patienten dieselbe Charge zur Anwendung. Die Ergebnisse könnten darauf hindeuten, daß die pharmakokinetischen Charakteristika Chargen-abhängig variieren.

Die verschiedenen Ergebnisse, die durch Anwendung unterschiedlicher Mangelplasmen erhalten wurden, spiegeln die Schwierigkeit wider, gerinnungsphysiologische Untersuchungsmethoden zu standardisieren und weisen gleichzeitig auf die Problematik der Unter- oder Überdosierung in der Behandlung hämophiler Patienten hin. Die individuelle Streubreite der Daten, die Chargen-abhängige Variation der pharmakokinetischen Parameter und die methodischen Differenzen belegen, daß die Dosierung von Faktor IX-Hochkonzentraten individuell und in einem speziellen hämostaseologischen Zentrum mit großer klinischer und labortechnischer Erfahrung erfolgen muß.

Acknowledgements. Für die Durchführung der Untersuchungen bedanken wir uns bei Frau H. Beinhofer, M. Haussler und C. Miyashita. Das Manuskript wurde dankenswerterweise von Frau R. Matzke fertiggestellt.

Literatur

Allain JP, Verroust F, Soulier JP (1980) In vitro and in vivo characterization of factor VIII preparations. Vox Sang 38:68–69

Grath KM, Thomas KB, Herrington RW, Turner PJ, Taylor L, Ekert H, Schiff P, Gust ID (1985) Use of heat-treated clotting-factor concentrates in patients with haemophilia and a high exposure to HTLV III. Med J Aust 143:11–13

Heinrich D, Kotitschke R, Berthold H (1982) Clinical evaluation of the hepatitis safety of a beta-propiolactone/ultraviolet treated factor IX concentrate (PPSB). Thromb Res 28:75–83

Hellstern P, Kiehl R, Miyashita C, Schwerdt H, von Blohn G, Köhler M, Büttner M, Wenzel E (1986) Factor VIII:C (F. VIII:C) recovery and half-life after infusion of a steam-treated high purity factor VIII concentrate in severe haemophilia A – comparison of one-stage assay, two stage assay and a chromogenic substrate assay. Thromb Haemostas 56:353–359

Mannucci PM, Morfini M, Gatti L, Rafanelli D, Colombo M, Geroldi D, Einarsson M, Zanetti AR (1985) No hepatitis after treatment with a modified factor IX concentrate in previously untreated haemophiliacs. Ann Int 103:226

Schimpf K, Mannucci PM, Kreuz W, Brackmann HH, Auerswald D, Ciavarella N, Mösseler J, DeRosa V, Kraus B, Brueckmann CH, Mancuso G, Mittler U, Haschke F, Morfini M (1987 a) Absence of hepatitis after treatment with a pasteurized factor VIII concentrate in patients with haemophilia and no previous transfusions. N Engl Med 316:918–922

Schimpf KL, Brackmann HH, Bock D et al. (1987 b) Not anti-HIV seroconversion after replacement therapy with steam-treated factor VIII concentrate. A study of 60 patients with haemophilia A and von Willebrand's disease. Thromb Haemostas 58:346 (abstract)

Schimpf KL, Brackmann HH, Kreuz et al. (1987 c) No anti-HIV seroconversion after replacement therapy with pasteurized factor VIII concentrate. A study of 151 patients with haemophilie A and von Willebrand's disease. Thromb haemostas 58:322 (abstract)

Smith KJ, Thompson AR (1981) Labeled factor IX kinetics in patients with haemophilia B. Blood 58:625–629

Zauber NP, Levine J (1977) Factor IX levels in patients with haemophilia B (christmas disease) following transfusion with concentrates of factor IX or fresh frozen plasma (FFB). Medicine 56:213–224

Diskussion

SCHIMPF (Heidelberg):

Es wird darüber diskutiert, daß die Virusinaktivierung einen Einfluß auf die Halbwertzeiten hat. Waren die beiden Präparate verschiedenartig inaktiviert?

SEIFRIED (Ulm):

Es waren beides dampfbehandelte Präparate von Faktor IX-Hochkonzentraten der Firma Immuno. Es war nur so, daß in Homburg vier verschiedene Chargen verwandt wurden und in Ulm nur eine einzige Charge.

SCHIMPF (Heidelberg):

Es waren also nur Chargendifferenzen, nicht mit verschiedenen Methoden hergestellte Präparatedifferenzen?

SEIFRIED (Ulm):

Ja.

Radiologische Gelenkveränderungen bei an schwerer Hämophilie Erkrankten und die Zusammenhänge von klinisch-orthopädischen Parametern

H. Pohlmann, J. Hamel, B. Heimkes, W. Schramm (München)

Einleitung

Im folgenden wird über die radiologischen Veränderungen an den Gelenken von Patienten mit schwerer Hämophilie A berichtet. Zudem wird kurz die „Korrelation" zwischen klinischen Veränderungen und den radiologisch gefundenen aufgezeigt.

Im weiteren wird über die klinischen Veränderungen und Fehltage, über die klinischen Veränderungen und Gelenkschmerz sowie über klinische Veränderungen und Blutungshäufigkeit und Blutungshäufigkeit und Krankentage berichtet.

Patienten und Methoden

In Tabelle 1 werden die Charakteristika des untersuchten Kollektivs kurz dargestellt. Ausführlicher wurden die klinischen Daten des Kollektivs bereits an anderer Stelle referiert [1].

Für die Untersuchungen wurden die vom „orthopedic advisory committe" empfohlenen Methoden benutzt. Die Auswertung und Beurteilung der Röntgenbilder erfolgte nach dem von Pettersson entwickelten Score [2].

Tabelle 1. 87 Patienten mit schwerer Hämophilie A (F. VIII unter 1%)

Alter:	im Mittel 24,9 Jahre (Spannweite von 1–62 Jahren)
Blutungshäufigkeit:	im Mittel 15,3 Blutungen/Jahr
Faktorenverbrauch:	im Mittel 63600 Einheiten/Jahr

Die Zusammenhänge zwischen den klinischen und anderen Daten

Abbildung 1 zeigt den Zusammenhang zwischen radiologischem und klinischem Score. Es zeigt sich ein gutes Übereinstimmen der beiden Evaluierungen.

Abbildung 2 geht auf die Zusammenhänge zwischen klinischem Score und Fehltagen ein. Hier wird deutlich, daß das Ausmaß der klinischen Veränderungen nicht in Zusammenhang mit den Fehltagen steht.

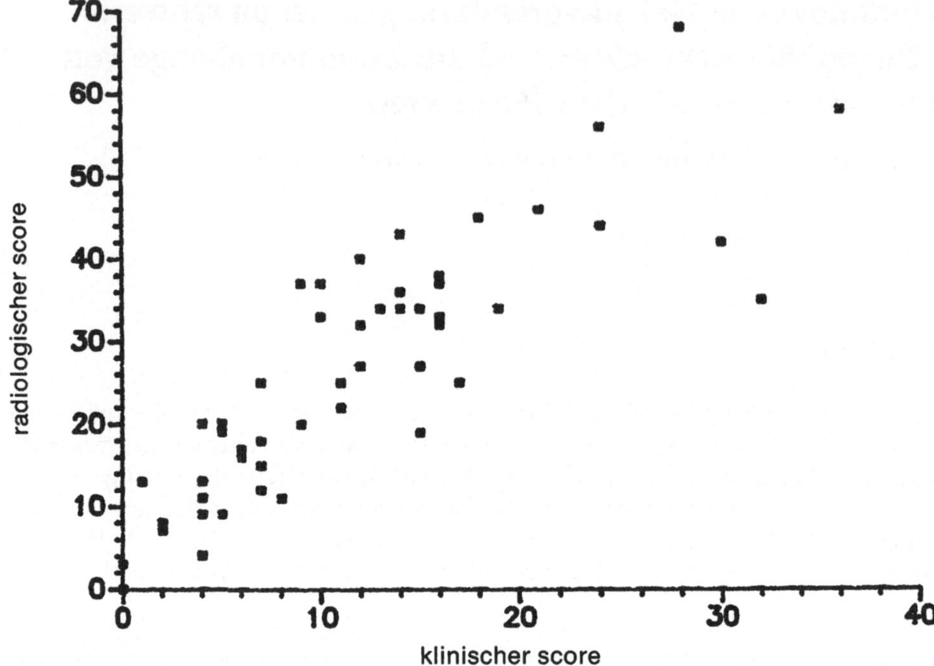

Abb. 1. Klinischer und radiologischer Score bei 52 Hämophilie-Patienten

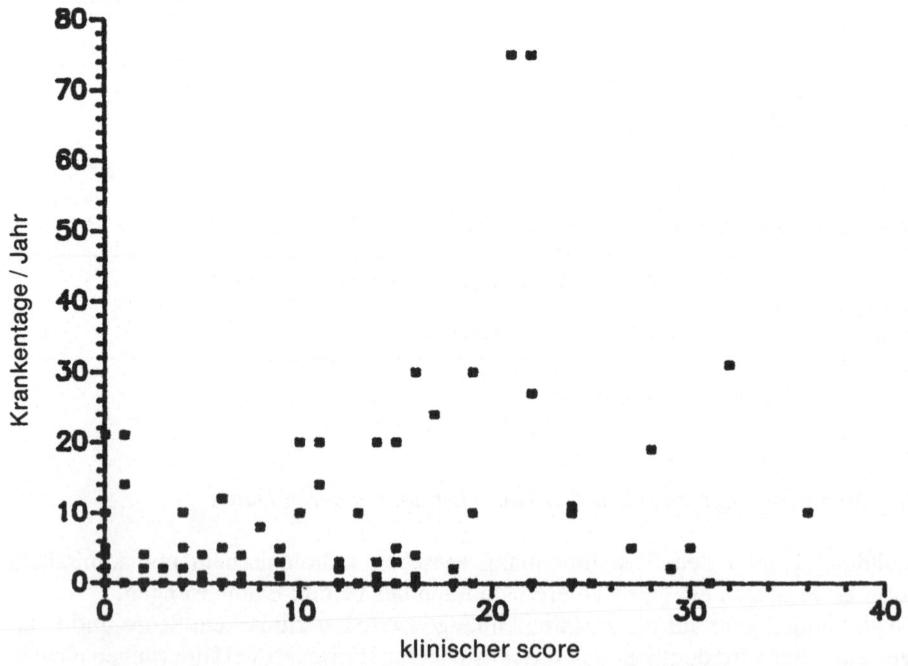

Abb. 2. Klinischer Score und Krankentage/Jahr bei 87 Hämophilie-Patienten

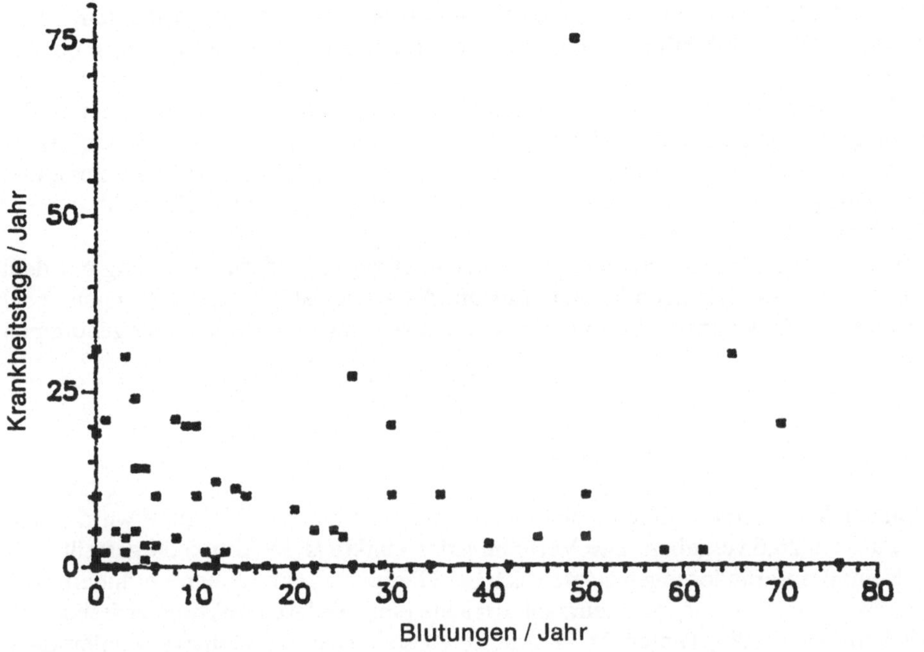

Abb. 3. Blutungshäufigkeit und Krankheitstage bei 87 Hämophilie-Patienten

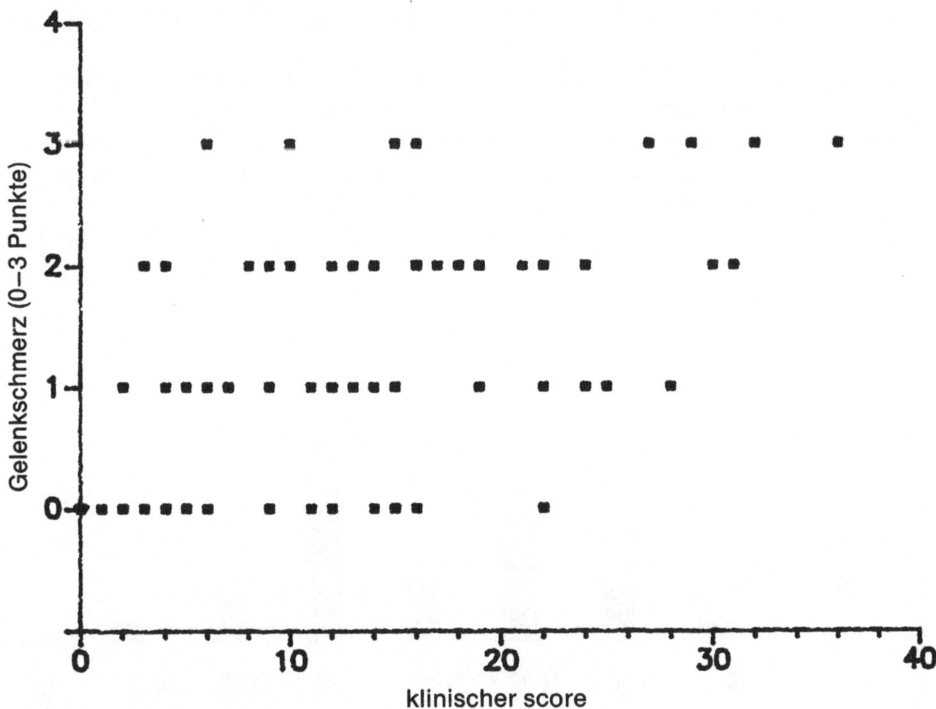

Abb. 4. Klinischer Score und Gelenkschmerz bei 87 Hämophilie-Patienten

Aus Abb. 3, die die Blutungen/Jahr gegen die Krankheitstage darstellt, wird deutlich, daß auch häufiges Bluten nicht eindeutig mit erhöhten Fehltagen einhergeht.

Aus den beiden Abbildungen ist ableitbar, daß zusätzliche Faktoren, neben der Blutungshäufigkeit und dem klinischen Score, die Anzahl der Fehltage beeinflussen.

Abbildung 4 versucht dem Zusammenhang zwischen Schmerzwahrnehmung und klinischem Score nachzugehen, dabei wird deutlich, daß hier allenfalls lockere Zusammenhänge bestehen.

Die wahrgenommene Schmerzintensität steht kaum in Zusammenhang mit dem Ausmaß der degenerativen Veränderungen. Allerdings ist bekannt, daß Schmerz bei chronischen Gelenkprozessen interindividuell sehr unterschiedlich wahrgenommen wird.

Die radiologischen Veränderungen

Von den 87 Patienten willigten 56 in Röntgenaufnahmen ein. Im Mittel wurden von 72 Punkten 26,6 vergeben. Die Verteilung der Punkte ist in Abb. 5 dargestellt.

Keinerlei Veränderungen zeigten sich bei 2 Patienten, nur geringe Veränderungen wiesen 6 Patienten auf, die Mehrzahl erreichte eine mittlere Punktzahl zwischen 11–40 Punkten (70%), (unter 21 Punkte 28%) sehr schwere Gelenkveränderungen zeigten sich bei 8 Patienten.

Die älteren Patienten wiesen deutlich höhere Punktzahlen auf. Drei Altersgruppen wurden gebildet: 13–19 Jahre (n = 13), 20–29 Jahre (n = 25) und ab 30 Jahre (n = 18).

In Tabelle 2 werden die gefundenen Gelenkveränderungen aufgelistet, auch in den verschiedenen Altersgruppen, nach Häufigkeit gelistet.

Beim Vergleich der prophylaktisch Substituierten mit denen, die nur bei Blutungen substituieren, zeigen sich keine wesentlich günstigeren Werte für die Gruppe der prophylaktisch Behandelten.

Tabelle 3 stellt die mittleren Scores der beiden Gruppen an den einzelnen Gelenken gegenüber.

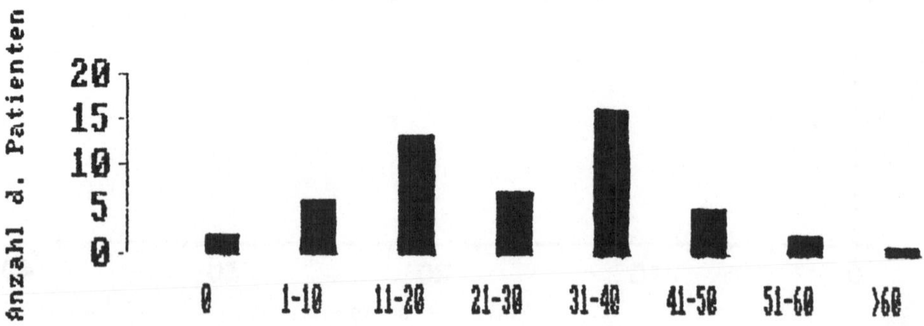

Abb. 5. Radiologischer Score/Punkte

Tabelle 2

Veränderung	Prophylaxe	„demand"		
		13–19 J.	20–29 J.	ab 30 Jahre
	(n = 10) [%]	(n 9) [%]	(n = 20) [%]	(n = 16) [%]
Unregelmäßige Gelenkoberfläche				
teilweise	40	24	44,2	14,7
ganz	28,3	9,2	36,7	55,6
Verschmälerung des Gelenkspalts				
> 1 mm	43,3	34,3	51,7	46,3
< 1 mm	11,7	19,1	15,8	27,3
Gelenkzysten				
eine	23,3	18,5	18,3	16,7
mehr als eine	30	9,2	36,7	51,5
Gelenkerrosionen	53,3	25,9	41,2	70,6
Inkonkruenz der Gelenkflächen				
leicht	41,7	16,7	30,8	40,9
ausgeprägt	1,7	1,9	1,7	2,1
Vergrößerung der Epiphysen	31,7	14,8	33,3	44,1
Osteoporose	18,3	14,8	41,6	37,9
Gelenkdeformität				
leicht	13,3	9,2	15	30,3
schwer	5,5	–	0,8	9,5

Tabelle 3

	Bei Bedarf (n = 40)	Prophylaxe (n = 10)
Kniegelenke	4,7	4,8
Sprunggelenke	4,1	4,4
Ellenbogengelenke	3,7	5,1

Zusammenfassung

a) In unserem Kollektiv zeigt sich eine deutliche Progredienz der radiologischen Gelenkveränderung mit zunehmenden Alter, ob dies auch in der Ära der Faktorenkonzentrate und Dauersubstitution so bleibt, werden neuere und follow-up Studien zeigen.

b) Die prophylaktische Substitution scheint nur wenig Nutzen zu haben, so zumindest nach unseren Daten und den ersten Auswertungen der multizentrischen orthopedic-outcomes study. Ob einzelne Gelenke profitieren muß zum gegenwärtigen Zeitpunkt offen bleiben.

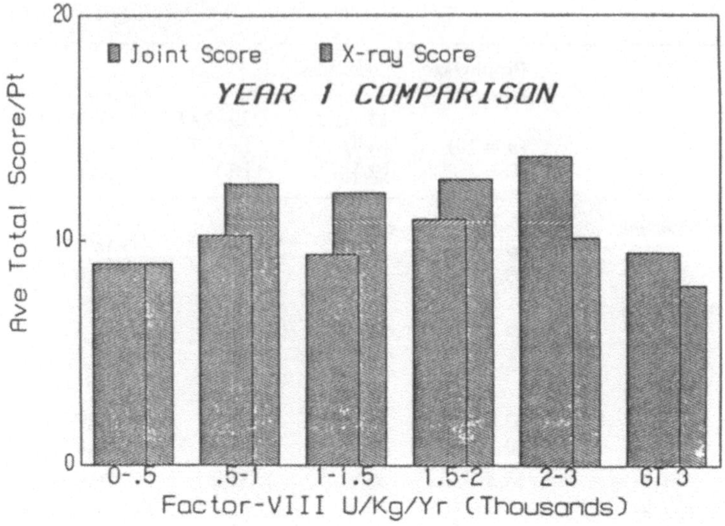

Abb. 6. Durchschnitlicher Score/Patient (aus der internen Kommunikation der „orthopedic outcomes study“, ALEDORT et al.)

Die gemachten Aussagen sind als vorläufige Ergebnisse einer Querschnittsuntersuchung zu werten. Zur eindeutigeren Validierung ist es nötig, größere Gruppen im Zeitverlauf zu untersuchen. Die prophylaktisch substituierte Gruppe ist bei uns klein und von der Altersverteilung heterogen. Zudem begann die prophylaktische Substitution nur bei einzelnen Patienten vor ersten Gelenkschäden.

Literatur

1. Pohlmann H, Hamel J, Spannagl M, Heimkes B, Schramm W (1986) Arthropathia haemophilica. Haemostasis [Suppl] 16:5 (abstract)
2. Pettersson A, Ahlberg A, Nilsson JM (1980) A radiologic classification of hemophilic arthropathy. Clin Orthop Rel Res 140:153–159

Diskussion

SCHIMPF (Heidelberg):

Die Frage der Dauersubstitution ist eine ganz wichtige. Müßte man aber nicht nur solche Patienten heranziehen, die von klein auf so behandelt wurden, um die Dauerbehandlung richtig zu bewerten? Es bedürfte eigentlich einer prospektiven Studie. Ich habe bei unseren Patienten einmal geprüft, wie wir in der täglichen Routine vorgegangen sind. Wieviele Patienten haben wir nach Bedarf behandelt, wieviele einer Dauertherapie zugeführt. Dabei stellte sich heraus, daß nur eine kleine Zahl ständig dauerbehandelt wurde, während bei dem größeren Teil wechselhaft vorgegangen worden ist.

POHLMANN (München):

Die Dauersubstitution unserer Patienten wurde im Mittel ungefähr 3 Jahre durchgeführt, d.h. mindestens über 1 Jahr oder länger.

Häufigkeit von Gelenkblutungen bei Kindern und Jugendlichen mit Hämophilie

H. Pollmann (Münster)
(Für die Nordwestdeutsche Therapieverlaufsstudie)

Einleitung

Auch unter der heute üblichen Substitutionstherapie der Hämophilie mit dem den Patienten fehlenden Gerinnungsfaktor kann die Entwicklung einer Serienblutung in ein Gelenk nicht in jedem Fall verhütet werden. Aber gerade diese Serienblutungen führen langfristig zu den bekannten Gelenkschäden im Sinne einer hämophilen Osteoarthropathie.

In der Tat konnten durch die Einführung der Dauerbehandlung und besonders durch die Entwicklung der Heimselbstbehandlung bei der jüngeren Generation der Hämophilen schwere, verkrüppelnde Gelenkveränderungen sowie Beugekontrakturen fast in allen Fällen bei Patienten unter 20 Jahren vermieden werden.

Bei einem Teil der Patienten kommt es aber auch unter den jetzigen Therapiebedingungen zur Ausbildung von Serienblutungen mit folgender Synovitis, durch die weitere Gelenkblutungen im Sinne eines circulus vitiosus ausgelöst werden. Somit müssen wir auch in der Zukunft mit, wenn auch geringeren und später auftretenden hämophilen Arthropathien rechnen. Auch in Anbetracht der hohen Therapiekosten bei der Bereitstellung der Gerinnungskonzentrate müssen wir nach Wegen suchen, diese Serienblutungen zu verhüten.

Nach Auswertung der uns zur Verfügung stehenden Literatur fanden wir keine Aussagen zur Häufigkeit von Serienblutungen unter den heute üblichen Therapiemaßnahmen. Insbesondere stellt sich die Frage, wann man von einer Serienblutung sprechen muß. Weiterhin konnte im Rahmen der Literaturrecherche keine einheitliche Definition der Dauerbehandlung von Hämophilen gefunden werden. Auch Beginn und mögliches Ende einer Dauertherapie sind in der Literatur nicht durch kontrollierte Studien zu belegen.

Der Nutzen und die Richtigkeit einer Hämophiliebehandlung muß sich aber am Erfolg in der Vermeidung von Serienblutungen messen lassen.

Die hier angeschnittenen Fragen sollen im Rahmen der Nordwestdeutschen Therapieverlaufsstudie im folgenden bearbeitet werden.

Patienten

In der vorliegenden Therapiestudie konnten Daten von 39 Kindern und Jugendlichen mit schwerer Hämophilie (Restaktivität $< 2\%$) ausgewertet werden, die zu Beginn des Beobachtungszeitraums vom 1. Januar 1981 bis zum 31. Dezember 1985 weniger als 50 kg Körpergewicht aufwiesen. Aus der Gesamtgruppe dieser Gewichtsgröße von 89 Patienten erfüllten 50 (56%) nicht die Voraussetzung der vollständigen Dokumentation während des gesamten Beobachtungszeitraums von 5 Jahren.

Einer der 39 auszuwertenden Patienten wies eine Faktor VIII-Restaktivität von 1,3% auf. Er hatte während der 5 Jahre insgesamt 7 Gelenkblutungen, wovon 6 in das linke Sprunggelenk erfolgten. Im Gegensatz zu den restlichen Patienten konnten alle Blutungsepisoden dieses Patienten mit DDAVP (Minirin R) behandelt werden. Eine Substitutionsbehandlung mit Faktor VIII-Konzentraten war somit während der 5 Jahre nicht erforderlich.

Die auszuwertenden 39 Patienten verteilten sich in der multizentrisch angelegten Studie auf 9 Behandlungszentren.

Bei Studienbeginn am 1. 1. 1981 betrug der Mittelwert für das Lebensalter der 39 auszuwertenden Patienten 8,2 Jahre (Tabelle 1).

Da in dieser Altersgruppe Blutungen fast ausschließlich in den Ellenbogen-, Knie- und Sprunggelenken auftraten und andererseits Folgeschäden besonders in diesen Gelenken zu befürchten sind, beschränkt sich die Auswertung der Daten auf diese drei Gelenkpaare.

Ergebnisse

Bei der ersten Betrachtung der Blutungshäufigkeit in Knie-, Ellenbogen- und Sprunggelenke fallen drei Qualitäten der Gelenke auf:

Tabelle 1. Altersverteilung der 39 Studienpatienten

Alter/Jahre	n = Patienten
Neugeborener	1
1	2
2	1
3	4
4	2
5	4
6	–
7	1
8	3
9	2
10	5
11	5
12	5
13	1
14	1
15	1
18	1
Mittelwert	8,2 Jahre

1. Gelenke, die nicht bluten

Keiner der 39 Patienten war im Beobachtungszeitraum von 5 Jahren völlig blutungsfrei. 28 von 39 Patienten (72%) wiesen während des dokumentierten Zeitraums von 5 Jahren mindestens ein völlig blutungsfreies Gelenk auf. 7 der 28 Patienten (25%) mit mindestens einem blutungsreichen Gelenk hatten ausschließlich eine Behandlung bei Bedarf, d. h. im Blutungsfalle. 21 dieser 28 Patienten (75%) standen unter einer Dauertherapie.

In der Gesamtgruppe wiesen 61 von 234 Gelenken (39 Patienten × 6 Gelenke = 234 Gelenke) und somit 26% der möglichen Gelenke während der 5jährigen Beobachtung keine Blutungen auf.

2. Gelenke, die nur wenig bluten

Die untersuchten 39 Patienten weisen im Beobachtungszeitraum von 5 Jahren bei 6 untersuchten Gelenken 1170 Gelenkjahre auf (39 Patienten × 5 Jahre × 6 Gelenke = 1170 Gelenkjahre). 699 (60%) der jährlich ausgewerteten Gelenke weisen keine Gelenkblutung auf. 471 (40%) Gelenke weisen während eines Jahres zwischen 1 und 52 Gelenkblutungen auf.

Während 166 (14%) von 1170 Gelenkjahren ist nur eine Gelenkblutung pro Jahr zu verzeichnen, Im Zeitraum von 89 (8%) Gelenkjahren finden sich 2 Blutungsepisoden und während 60 (5%) Gelenkjahren kommt es zu 3 Blutungen jährlich. Somit wurden in 1014 von 1170 Gelenkjahren (87%) 3 bzw. weniger als 3 Blutungen pro Jahr dokumentiert (Abb. 1).

In der Quersumme weisen die Gelenke mit weniger/gleich 3 Blutungen pro Jahr 524 Blutungen während des Zeitraums von 5 Jahren auf. Blutungen in Gelenken mit mehr als 3 Blutungen pro Jahr kommen in 1547 Einzelblutungen vor. Somit bluten die meisten Gelenke gar nicht oder nur selten (87%), die meisten Gelenkblutungen (75%) treten jedoch in nur wenigen Gelenken auf.

3. Gelenke, die eine sehr hohe Blutungsfrequenz aufweisen

Bei der Einzelanalyse der Blutungshäufigkeiten in Knie-, Ellenbogen- und Sprunggelenke gewinnt man den Eindruck, daß sich ein Gelenk bei Überschreiten von 5 Blutungen pro Jahr zu einem häufig blutenden Gelenk mit dann deutlich mehr als 5 Blutungen pro Jahr entwickelt. Bei den folgenden 15 von 39 Patienten aus 7 Zentren konnten in 21 Gelenken ein Sprung von <5 auf >5 Gelenkblutungen pro Jahr registriert werden.

Es entwickelte sich somit im Zeitraum von 5 Jahren in 21 von 234 Gelenken (39 Patienten × 6 Gelenke) eine Serienblutung mit mehr als 5 Blutungen pro Jahr.

Bei 19 Patienten aus 9 Behandlungszentren fanden sich 21 Gelenke, die bereits bei Dokumentationsbeginn mehr als 5 Gelenkblutungen pro Jahr aufwiesen.

Unter der Hypothese, daß ein Gelenk dann als ein häufig blutendes Gelenk zu werten ist, wenn es mehr als 5mal pro Jahr eine Gelenkblutung aufweist, ließ sich die in Tabelle 2 dargestellte Blutungshäufigkeit ermitteln: 12 von 39 Patienten (31%)

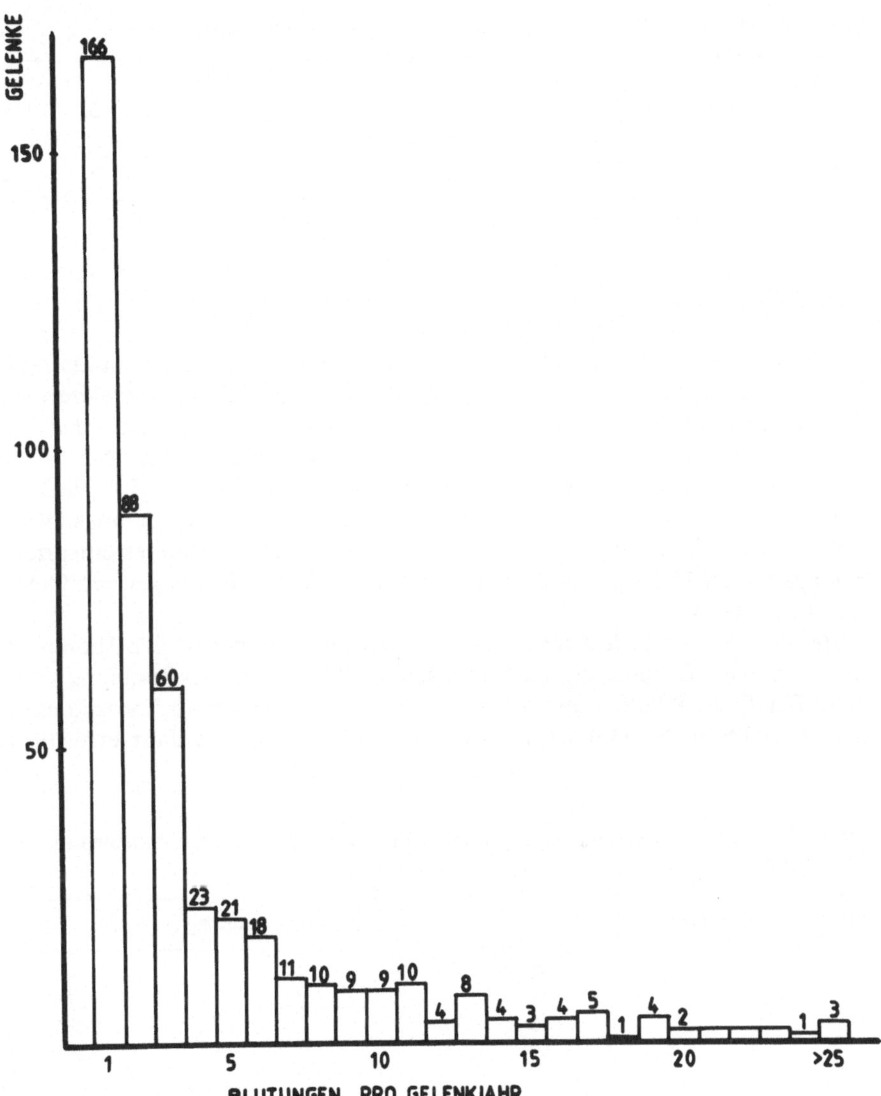

Abb. 1. Häufigkeit der Gelenkblutungen pro Jahr (n = 1170 Gelenkjahre)

wiesen kein bevorzugt blutendes Gelenk auf; 11 Patienten (28%) bluteten bevorzugt in ein Gelenk; jeweils 7 Hämophile (18%) wiesen 2 bzw. 3 bevorzugt blutende Gelenke auf; 2 Patienten (5%) bluteten gehäuft in 4 von 6 möglichen Gelenken.

Bei Betrachtung der Serienblutungen unter Berücksichtigung der Gesamtgelenkzahl ergibt sich folgende Häufigkeit: von 234 möglichen Gelenken (39 Patienten × 6 Gelenke) weisen 54 (23%) mehr als 5 Blutungen pro Jahr auf.

Die Patienten mit Serien-Gelenkblutungen traten in allen 9 beteiligten Behandlungszentren auf, so daß unterschiedliche Therapieformen bzw. zentrumspezifische Einflüsse nicht nachzuweisen waren.

Tabelle 2. Verteilung der häufig blutenden Gelenke auf 39 Studienpatienten

Anzahl der häufig blutenden Gelenke (> 5 Blutungen/Jahr)	0	1	2	3	4
Anzahl der Patienten ($n = 39$)	12	11	7	7	2

Dauerbehandlung

Bei 17 der dokumentierten 39 Patienten wurde während des gesamten Zeitraums von 5 Jahren eine Dauerbehandlung durchgeführt. Diese 17 Patienten wiesen während der 5 Jahre 684 Gelenkblutungen auf. Hieraus läßt sich eine Blutungshäufigkeit von 8 Gelenkblutungen pro Patient und Jahr für die 6 großen Gelenke berechnen, was einer Blutungsfrequenz von 1,3 pro Gelenk und Jahr entspricht (Tabelle 3).

Die 13 Patienten, die während der 5 Jahre ausschließlich im Blutungsfall substituiert wurden, wiesen insgesamt 1009 Gelenkblutungen auf. Dieses entspricht einer Häufigkeit von 15,5 Gelenkblutungen pro Jahr oder 2,6 Blutungen pro Gelenk und Jahr (Tabelle 3).

Bei 8 Patienten wurde während des Untersuchungszeitraums eine Therapieumstellung von einer Behandlung im Blutungsfall auf eine Dauerbehandlung vorgenommen. Bei diesen 8 Patienten konnte bereits im ersten Jahr nach Therapieumstellung eine Reduktion der Gelenkblutungen von 131 auf 55 pro Jahr erreicht werden

Tabelle 3. Summe der Gelenkblutungen im Zeitraum von 5 Jahren bei Patienten mit und ohne Dauertherapie

mit Dauerbehandlung (n = 17)			ohne Dauerbehandlung (n = 13)		
Patient	1	68	Patient	18	193
	2	24		19	16
	3	36		20	131
	4	14		21	167
	5	54		22	126
	6	18		23	110
	7	94		24	11
	8	33		25	71
	9	4		26	104
	10	66		27	42
	11	21		28	18
	12	4		29	18
	13	82		30	2
	14	84			
	15	5			
	16	6			
	17	71			
	Summe:	684		Summe:	1009
Mittelwert/Jahr = 8 Blutungen			Mittelwert/Jahr = 15,5 Blutungen		

Tabelle 4. Reduktion aller Gelenkblutungen im 1. Jahr der Dauertherapie

Summe der Gelenkblutungen pro Patient und Jahr ohne Dauerbehandlung	Summe der Gelenkblutungen pro Patient und Jahr im *1. Jahr* der Dauerbehandlung
22	8
28	25
14	1
15	13
11	4
8	2
30	1
3	1
131	55

(Tabelle 4). Vier der 9 Patienten wiesen bereits bei Therapieumstellung in 2 von 6 großen Gelenken mehr als 5 Blutungen pro Jahr auf. Bei den anderen 4 Patienten bestand vor Beginn der Dauertherapie ein bevorzugt blutendes Gelenk mit mehr als 5 Blutungen pro Jahr.

Bei den 8 Patienten erfolgten vor Therapieumstellung 111 von 131 Blutungen in Gelenke, die pro Jahr mehr als 5mal eine Gelenkblutung aufwiesen. Betrachtet man ausschließlich diese häufig blutenden Gelenke, so konnte durch den Beginn der Dauerbehandlung die Blutungsfrequenz von 111 Blutungen pro Jahr in 12 Gelenke auf 39 Blutungen in 10 Gelenke gesenkt werden (Tabelle 5). Bei dem Patienten 20001 konnte die Blutungsfrequenz im linken Sprunggelenk von 17 auf 0, im rechten

Tabelle 5. Reduktion der Blutungsepisoden in häufig blutende Gelenke (mehr als 5 Blutungen pro Jahr) im 1. Jahr der Dauertherapie

	Blutungen pro Jahr ohne Dauerbehandlung	Blutungen pro Jahr mit Dauerbehandlung
Pat.-Nr.:		
5001	8	4
	6	1
5020	17	15
	5	–
17010	9	3
	6	8
20001	11	1
	17	–
5025	12	1
17026	10	4
17045	7	1
20036	3	1
Gesamt:	111	39

Ellenbogen im gleichen Zeitraum von 11 auf 1 gesenkt werden. Eine ähnliche Reduzierung der Blutungsfrequenz ließ sich bei den Patienten 5001, 5025, 17026 und 17045 dokumentieren. Lediglich bei dem Patienten 17010 erfolgte nach Beginn der Dauerbehandlung im linken Sprunggelenk eine Steigerung der Blutungsfrequenz von 6 auf 8 Blutungen pro Jahr, während gleichzeitig im rechten Sprunggelenk eine Reduzierung der Blutungen von 9 auf 3 erfolgte. Insgesamt war somit durch die Umstellung von einer Bedarfsbehandlung im Blutungsfall auf eine Dauerbehandlung in 11 von 12 bevorzugt blutenden Gelenken eine zum Teil deutliche Reduzierung der jährlichen Blutungsfrequenz zu erreichen. Lediglich 1 von 12 bevorzugt blutenden Gelenken reagierte trotz Therapieumstellung mit einem Anstieg der Blutungsfrequenz.

Durch Umstellung der Therapie von einer Behandlung im Blutungsfall auf eine kontinuierliche Dauerbehandlung war ein Anstieg des Verbrauchs an Faktorenkonzentrat in der Gesamtgruppe der 8 Patienten von 11762 auf 30750 Einheiten zu verzeichnen (Tabelle 6). Unter Berücksichtigung des Körpergewichts läßt sich somit ein Anstieg der verbrauchten Gerinnungsfaktoren von 1470 auf 3844 Einheiten pro kg Körpergewicht errechnen. Es wurden also in der Gesamtgruppe der 8 Patienten unter Dauertherapie 21 Einheiten pro kg Körpergewicht pro Substitution während der Dauerbehandlung verabreicht.

Tabelle 6. Menge des jährlichen Konzentratverbrauchs pro kg KG vor und nach Einführung einer Dauertherapie

	Verbrauch pro kg KG und Jahr vor Dauerbehandlung in E	Verbrauch pro kg KG und Jahr mit Dauerbehandlung in E
Pat.-Nr.:		
5001	1143	1746
5020	1180	2231
5025	2877	4126
17010	812	1864
17026	1750	5532
17045	1500	6015
20001	1690	3208
20036	842	6028
	11762	30750
Mittelwert:	1470	3844

Diskussion

Nach Auswertung der Blutungshäufigkeit in Sprung-, Knie- und Ellenbogengelenke stellte sich bei Kindern und Jugendlichen zunächst heraus, daß nicht alle Gelenke eines Hämophilen gleich häufig von Blutungen betroffen sind.

Als erstes Ergebnis mußten wir zur Kenntnis nehmen, daß 26% der Sprung-, Knie- und Ellenbogengelenke während des gesamten Beobachtungszeitraums von 5 Jahren keine Blutung aufwiesen. Bei der Auswertung der 1170 Gelenkjahre, die sich aus

39 Patienten während 5 Beobachtungsjahren für 6 Gelenke errechnen ließen, stellte sich mit 60% sogar der überwiegende Teil der Gelenke als völlig blutungsfrei im Verlauf eines Jahres dar. Nimmt man die wenig blutenden Gelenke mit bis zu 3 Blutungen pro Jahr hinzu, so stellte sich heraus, daß während 1014 von 1170 Gelenkjahren – also in 87% – drei bzw. weniger als drei Gelenkblutungen pro Jahr zu verzeichnen sind.

Da die Gelenke mit drei und weniger Blutungen während des Gesamtzeitraums von 5 Jahren 524 Blutungsepisoden aufwiesen und auf der anderen Seite die Gelenke mit mehr als drei Blutungen pro Jahr mit 1547 Blutungsepisoden dokumentiert wurden, kann man schließen, daß der überwiegende Teil der Gelenke gar nicht oder nur selten blutet, die meisten Gelenkblutungen hingegen in nur wenigen Gelenken auftraten.

Diese Tatsache legt nahe, daß Gelenkblutungen in den meisten Fällen nicht per se durch den Gerinnungsdefekt der Hämophilie bedingt sind, sondern daß sie in 87% Folge einer Serienblutung im Sinne einer Synovitis sind. Die derzeitige Hämophilietherapie stellt sich somit in erster Linie als eine Therapie von Gelenk-Serienblutungen dar. Dieses Ergebnis legt den Schluß nahe, daß auch unter den heute üblichen therapeutischen Maßnahmen größter Wert auf eine Vermeidung von Serienblutungen in ein und dasselbe Gelenk gelegt werden muß.

Da die Patienten mit häufig blutenden Gelenken in allen 9 beteiligten Hämophilie-Zentren auftraten, können zentrumspezifische Therapieeinflüsse bzw. -unterschiede beim Auftreten von Serienblutungen ausgeschlossen werden.

Nach der Einzelanalyse der Blutungsfrequenzen in den untersuchten Gelenken gewinnt man den Eindruck, daß ein Gelenk dann Serienblutungen entwickelt, wenn im Zentrum von 12 Monaten mehr als 5 Blutungen auftreten. Diese „5er-Regel" bestätigt sich auch in der radiologischen Untersuchung von Erlemann, die ebenfalls im Rahmen der Nordwestdeutschen Therapieverlaufsstudie durchgeführt wurde: es konnte dort nach den Kriterien des Pettersdson-Scores gezeigt werden, daß es während des Beobachtungszeitraums zu keinen radiologischen Gelenkveränderungen gekommen ist, wenn ein Gelenk im Zeitraum von 12 Monaten weniger als 5 Blutungen aufweist.

Als wirksames therapeutisches Mittel zur Reduktion der Blutungsepisoden in häufig blutenden Gelenken hat sich bei 8 Patienten der Beginn einer Dauertherapie mit Faktorenkonzentraten herausgestellt. Der Zeitpunkt, wann eine Dauertherapie zu beginnen bzw. auch zu beenden ist, läßt sich bisher nicht exakt definieren. Somit erscheint eine Folgestudie mit dem Ziel der Vermeidung von Serienblutungen dringend notwendig. Nach den vorliegenden Ergebnissen sollte in dieser Studie mit der fünften Blutung im Zeitraum von 12 Monaten in ein und dasselbe Gelenk mit einer Dauerbehandlung für den Zeitraum von 6 Monaten mit etwa 25 Einheiten Faktorenkonzentrat unter einer zweitägigen Verabreichung begonnen werden. Wenn es hierdurch gelingt, den Bginn von Serienblutungen in einem Gelenk und somit die folgende Synovitis frühzeitig zu vermeiden, müßte sich die Gesamtbutungsfrequenz eines Hämophilen deutlich senken lassen. Unter der gegebenen Voraussetzung, daß jede Gelenkblutung mit der gleichen Menge an Faktorenkonzentrat behandelt wird, muß somit auch langfristig neben der verbesserten Gelenksituation eine deutliche Reduktion der benötigten Konzentratmenge zu erzielen sein.

Ein für die Zukunft anzustrebendes Therapiekonzept setzt jedoch in jedem Fall eine engmaschige Dokumentation der Gelenkblutungen nach den Erfahrungen der Nordwestdeutschen Therapieverlaufsstudie voraus.

(Die Zusammenfassung aller Ergebnisse der Nordwestdeutschen Therapieverlaufsstudie sind beim Thieme-Verlag, Stuttgart New York im Druck)

Diskussion

Schimpf (Heidelberg):

Ich glaube, daß man das Problem nicht nur durch sorgfältige Dokumentation meistern kann. Wie bei allen chronischen Krankheiten hängt sehr viel von der Kooperation des Patienten mit dem Arzt und umgekehrt ab. Wenn wir die Versorgung verbessern wollen, müssen wir diese sozusagen soziale Komponente der Therapie mehr in den Vordergrund rücken.

Pollmann (Münster):

Das ist sicherlich richtig, doch glaube ich, daß wir diese Kooperation durch eine fortlaufende Dokumentation fördern können.

Wenzel (Homburg/Saar):

Wie gehen Sie bei sog. Seriengelenkblutungen vor? Wie lange behandeln Sie?

Pollmann (Münster):

Bei einer Serienblutung kann ich die Dauerbehandlung etwa nach einem Jahr abbrechen und unter engmaschiger Dokumentation die weitere Entwicklung abwarten. Es handelt sich also nicht um eine Dauerbehandlung des Patienten, sondern um die eines schwierigen Gelenks. Es bleibt jedoch zu bedenken, ob das in der Hämophiliebehandlung ausreicht.

Schramm (München):

Die Dosis ist von Patient zu Patient individuell immer etwas unterschiedlich, und im Zweifelsfall gehen wir, was Sie angedeutet haben, mit der Dosis etwas höher, und wir versuchen durchaus, nach einem halben oder Dreivierteljahr auch eine Dauersubstitution wieder zu beenden. Sollten frühzeitig Blutungen auftreten, wäre das ein Argument, diese länger beizubehalten.

Vinazzer (Linz):

Wir haben im Hämophilie-Zentrum Linz seit 11 Jahren insgesamt 15 Kinder unter Dauerbehandlung, und zwar setzte die Behandlung nach den ersten Blutungen ein, gewöhnlich im zweiten Lebensjahr. Die Dosis entspricht dem alten Schimpf'schen

Schema: 12 Einheiten pro Kilogramm Körpergewicht dreimal pro Woche bei Faktor VIII-Mangel, zweimal pro Woche bei Faktor IX-Mangel. Damit konnte in fast allen Fällen der Faktor VIII bzw. der Faktor IX über dem kritischen Wert von 1% gehalten werden. Von diesen 15 Kindern sind jetzt nach elf Jahren 11 vollkommen blutungsfrei geblieben. Zwei haben einen Hemmkörper entwickelt und haben auch Blutergelenke, und bei zwei ist das Gewicht so angestiegen, daß die Knie- und Sprunggelenke trotz Dauerbehandlung nicht mehr ganz mitgemacht haben. Es ist sicherlich möglich, bei Kindern, wenn man frühzeitig genug anfängt, und die Behandlung lange genug macht, zu einer ganz wesentlichen Reduktion der Blutergelenke zu kommen.

Diagnostische Probleme beim von Willebrand-Syndrom Typ I mit verstärkter Ristocetin-induzierter Aggregation (Typ I New York)

U. BUDDE, R. KÜCHLER, R. KUSE (Hamburg)

Zusammenfassung

Eine zur Zeit 29jährige Patientin mit lebenslanger hämorrhagischer Diathese, deren Ursache bei mehreren Untersuchungen nicht abgeklärt werden konnte, kam während ihrer ersten Schwangerschaft zur Untersuchung. Globale Gerinnungsteste und Untersuchung des F. VIII/vWF-Komplexes einschließlich der vwF-Multimere ergaben keinen Hinweis auf das Vorliegen eines von Willebrand-Syndroms (vWS). Faktor VIII:C und vWF:Ag lagen im oberen Normbereich oder waren erhöht. Die Ristocetin Cofaktor-Aktivität lag im unteren Normbereich. Hierbei muß berücksichtigt werden, daß sich die Patientin im letzten Drittel ihrer Schwangerschaft befand. Erst bei der Untersuchung der Thrombozyten-Aggregation unter Einschluß niedriger Ristocetin-Konzentrationen fiel eine deutlich erhöhte Ristocetin-Empfindlichkeit auf. Der Grenzwert lag zwischen 0,5 und 0,6 mg/ml.

Die Mutter der Patientin zeigte eine ähnliche Befundkonstellation. Der Grenzwert für eine normale Ristocetin-induzierte Aggregation des PRP lag bei 0,8 mg/ml. Die spontane Zwillingsgeburt verlief ohne Blutungskomplikationen bei Mutter und Zwillingen. Postpartale Untersuchungen bei Mutter und Kindern konnten bisher nicht durchgeführt werden.

Mehrere in letzter Zeit publizierte Fälle und der oben geschilderte mit unauffälligen vWF-Multimeren und erhöhter Ristocetin-Empfindlichkeit zeigen, daß keine Methode für sich alleine (auch nicht die Multimer-Analyse) eine sichere Diagnose und Zuordnung des vWS erlauben, sondern im Verdachtsfalle das gesamte diagnostische Spektrum eingesetzt werden muß.

Das vWS wird aufgrund phänotypischer Befunde unter Einschluß der vWF-Multimere in die Typen I, II und III unterteilt. Am komplexen vWF-Molekül können während der in mehreren Schritten ablaufenden Synthese jedoch so viele Defekte entstehen, daß diese Einteilung dem Krankheitsbild nicht mehr gerecht wird, da die bisher beschriebenen Varianten eine Unterteilung in viele Subtypen nötig machen, die wiederum in sich nicht homogen sind. Für den Typ I gibt es nach der jetzigen Klassifizierung die in Tabelle 1 aufgeführte Einteilung.

Der Typ I New York, der 1986 erstmals von WEISS und Mitarbeiter HOLMSEN und Mitarbeiter beschrieben wurde, wird charakterisiert durch eine erhöhte Interaktion von Thrombozyten und vWF in Gegenwart von Ristocetin, ohne daß große Multimere aus dem Plasma eliminiert werden, wie es beim Typ IIB der Fall ist. Es sind im

Tabelle 1. Subtypen des von Willebrand Syndroms Typ I (Blood, Oktober 87)

Nomenklatur	Charakteristik
IA	Alle vWF-Multimere sind im Plasma vorhanden; die Verteilung ist normal; kein Hinweis auf Fehlfunktion
IB	Alle vWF-Multimere sind im Plasma vorhanden; die großen Multimere sind relativ vermindert (Ristocetion Cofaktor vermindert)
IC	Alle vWF-Multimere sind im Plasma vorhanden; die Verteilung ist normal; jedoch abnormale Struktur der induviduellen Multimere (Ristocetin Cofaktor vermindert)
Pl.* normal	Pl. vWF:Ag und Pl. Ristocetin Cofaktor normal; im Plasma vermindert; wahrscheinlich Subtyp von IA; gutes Ansprechen auf DDAVP
Pl. niedrig	Pl. vWF:Ag und Pl. Ristocetin Cofaktor wie im Plasma vermindert; wahrscheinlich Subtyp von IA; schlechtes Ansprechen auf DDAVP
Pl. diskordant	Pl. vWF:Ag normal, jedoch Pl. Ristocetin Cofaktor vermindert; wahrscheinlich Subtyp von IB; schlechtes Ansprechen auf DDAVP
I-1	vWF:Ag ist im Plasma und in Pl. vermindert; ähnlich dem Subtyp Pl. niedrig
I-2	vWF:Ag ist im Plasma vermindert, aber in Pl. normal; ähnlich dem Subtyp Pl. normal
I-3	Normale Konzentration des vWF:Ag im Plasma, aber niedrig in Pl.; einer der 2 beschriebenen Patienten war der klinisch unauffällige Vater eines Patienten mit schwerem vWS Typ III
I, New York	PRP reagiert mit niedrigen Ristocetin-Konzentrationen als bei Normalen; alle vWF-Multimere vorhanden (s. Typ IIB)
Unbenannt	wie Typ I, New York
Unbenannt	Pro-vWF in vWF-Multimeren nachweisbar (die Untereinheiten sind größer als normal); bisher eine Familie beschrieben
Unbenannt	Größere Multimere im Plasma vorhanden als bei Normalen; ähnelt dem Bild von Normalen nach DDAVP-Infusion

* Pl. = Plättchen

Gegensatz zum Typ IIB auch keine Thrombozytopenien durch DDAVP induziert oder spontan auftretend beschrieben worden. Neben der Bestimmung des F. VIII/vWF-Komplexes ist zur Diagnose dieses Subtyps die Durchführung der Ristocetin-induzierten Aggregation im plättchenreichen Plasma (PRP) mit abgestuften Ristocetin-Konzentrationen notwendig. Zur Unterscheidung vom Pseudo-vWS sollte noch mit vWF (als Kropräzipitat oder gereinigter vWF) ohne Ristocetin-Zusatz aggregiert werden. Das Vorhandensein aller vWF-Multimere im Plasma ermöglicht die Unterscheidung vom Typ IIB. Der differentialdiagnostisch wichtige Typ IIB ist ebenfalls sehr heterogen (Tabelle 2).

Im Juli 1987 wurde eine damals 29jährige Patientin in der 32. Schwangerschaftswoche (SSW) ihrer ersten Schwangerschaft untersucht (Tabelle 3). Anamnestisch ergab sich eine lebenslange milde hämorrhagische Diathese. Die Mutter der Patientin litt unter ähnlichen Blutungssymptomen. Auffallend war eine deutlich erhöhte Ristocetin-Empfindlichkeit. Mit 0,6 mg/ml aggregierte das PRP noch mit über 70% Endaggregation. Eine Spontanaggregation war nicht meßbar. Die vWF-Multimere

Tabelle 2. Subtypen des von Willebrand-Syndroms Typ IIB

Nomenklatur	Charakteristik
IIB	PRP zeigt verstärkte Aggregation mit niedrigen Ristocetin-Konzentrationen; große Multimere fehlen im Plasma; in Pl. sind alle Multimere vorhanden; gesteigerte Proteolyse des vWF; Thrombopenie nach DDAVP; einige Fälle mit rezessivem Erbgang; in den meisten Fällen normale Thrombozytenzahl
IIB Typ Tampa	Chronische Thrombopenie, Spontanaggregation
IIB	Intermittierende Thrombopenie; oft Spontanaggregation; autosomal rezessiv
IIB	vWF-Pl.-Interaktion nur wenig gesteigert
IIB	Doppelt heterozygot (Vater gesteigerte Aggregation, Mutter Typ I)

Tabelle 3. Untersuchungsergebnisse bei Mutter und Tochter

	Mutter	Tochter		
		26. SSW	33. SSW	37. SSW
Thrombozyten-Zahl (/nl)	249	169	227	164
vWF:Ag (%)	88	172	n.u.*	228
RistoCof (%)	98	136	n.u.*	72
F.VIII:C (%)	72	143	n.u.*	250
Grenzkonzentration Risto (mg/ml)	0,8	n.u.*	0,6	0,5
Multimere	normal	n.u.*	normal	normal

* n.u. = nicht untersucht

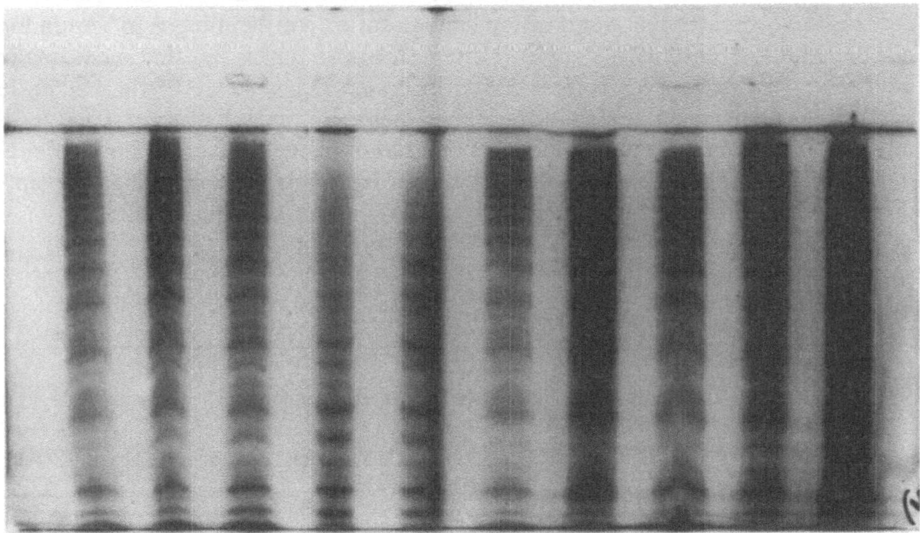

Abb. 1. vWF-Multimere bei der Probandin (6. von links) und deren Mutter (9. von links) im Vergleich zum normalen Plasma-Pool (10. von links), einem Patienten mit Typ IIB (4. von links) und einem F. VIII-Konzentrat 5. von links)

zeigten keine Abweichungen von der Norm. Insbesondere waren alle großen Multimere vorhanden (Abb. 1). Eine Wiederholungsuntersuchung in der 37. SSW ergab als Grenzkonzentration für eine deutlich auslösbare Ristocetin-induzierte Aggregation 0,5 mg/ml. Dies war deutlich höher als für die von WEISS und HOLMSEN beschriebenen Patienten. Eine Aggregation mit gereinigtem vWF ließ sich auch mit hohen Konzentrationen nicht herbeiführen. Der F. VIII/vWF-Komplex lag im unteren Normbereich für den Ristocetin Cofaktor. Faktor VIII:C und vWF:Ag waren erhöht. Die Multimere zeigten wiederum keine Abweichungen von der Norm (Abb. 1). Die Blutungszeit war bei allen Untersuchungen nicht verlängert. Eine Untersuchung in einem auswärtigen Labor in der 26. SSW hatte außer einer Aggregationshemmung, die durch Einnahme von Aspirin bewirkt war, keinen auffälligen Befund ergeben. Auch hier war der F. VIII/vWF-Komplex normal und die Blutungszeit nicht verlängert (Tabelle 3).

Aufgrund dieser Untersuchungen bei Mutter und Tochter diagnostizierten wir ein vWS Typ I New York. Die Ristocetin-Empfindlichkeit stuften wir jedoch als deutlich weniger ausgeprägt ein als bei den übrigen von WEISS und HOLMSEN beschriebenen Fällen. Solche wenig gesteigerte Ristocetin-vWF-Interaktionen sind von FEDERICI und Mitarbeiter (1986) für den Typ II B und von CASONATO und Mitarbeiter (1987) für das Pseudo-vWS beschrieben worden.

Für die bevorstehende Entbindung wurde keine prophylaktische Therapie geplant. Bei auftretenden Hämorrhagien sollte vorsorglich bereitgestelltes hitzeinaktieviertes Faktor VIII-Konzentrat, das zur Behandlung des vWS geeignet ist (Haemate S), verabreicht werden. Die spontane Entbindung von Zwillingen in der 40. SSW verlief ohne hämorrhagische Komplikationen bei Mutter und Neugeborenen. Postpartale Untersuchungen bei Mutter und Kindern konnten bis heute nicht durchgeführt werden.

Zusammenfassend soll noch einmal betont werden, daß erst die Ristocetin-induzierte Thrombozyten-Aggregation in abgestuften Verdünnungen in Verbindung mit der Multimeren-Analyse zur korrekten Diagnose führte. Es sind nicht in allen Fällen die Ristocetin-vWF-Interaktionen so dramatisch gesteigert, wie dies in den Erstbeschreibungen zu finden war. Daher sollte für jede Ristocetin-Charge ein unterer Normalbereich vom untersuchenden Labor festgelegt werden und Patienten mit hämorrhagischer Diathese mit Ristocetin-Konzentrationen geringfügig unter dieser Grenze aggregiert werden.

Tabelle 4. Vorgeschlagene neue phänotypische Klassifikation

1. Rein quantitativer Defekt
   IA; Pl. normal; I-2; Pl. niedrig; I-1; Variante mit persistierendem pro-vWF; Variante mit größeren Multimeren
2. Patienten, deren vwF niedrige Ristocetin Cofaktor-Aktivität aufweist (Ristocetin Cofaktor vWF:Ag)
   IB; Pl. diskordant, IC; II AC; II A-1; II A-2; II A-3), II C–II H; Typ B
3. Patienten mit verstärkter Ristocetin-induzierter Aggregation I-New York; I-Schweden; II B; Pseudo vWS
4. Patienten mit schwerem homozygotem vWS

Wegen der großen Probleme mit der Einteilung des vWS nach Ruggeri und Zimmerman, die in den letzten Jahren mehr und mehr Verbreitung gefunden hat, heute jedoch durch die Vielzahl beschriebener Sub- und Sub-Sub-Typen kaum mehr praktikabel ist, hat Ruggeri bei der letzten Sitzung des Subkomitees vWF in Brüssel 1987 eine neue phänotypische Unterteilung in vier Typen angeregt (Tabelle 4). Diese Unterteilung erscheint geeignet, die Zeit bis zur genotypischen Klassifizierung zu überbrücken.

Literatur

Ruggeri ZM, Zimmerman TS (1987) von Willebrand factor and von Willebrand disease. Blood 70:895

Weiss HJ, Sussman II (1986) A new von Willebrand variant (type I, New York): Increased ristocetin-induced platelet aggregation and plasma von Willebrand factor containing the full range of multimers. Blood 68:149

Holmberg L, Berntorf E, Donner M, Nilsson IM (1986) von Willebrand's disease characterized by increased ristocetin sensitivity and the presence of all von Willebrand factor multimers in plasma. Blood 68:668

Federici AB, Mannucci PM, Bader R, Lombardi R, Lattuada A (1986) Heterogeneity in type IIB von Willebrand disease: two unrelated cases with no family history and mild abnormalities of ristocetin-induced interaction between von Willebrand factor and platelets. Am J Hematol 23:381

Casonato A, de Marco L, Del Ben MG, Mazzucato M, Fabris F, Ruggeri ZM, Girolami A (1987) A new platelet dysfunction charactrized by spontneous platelet aggregation and enhanced von Willebrand factor-platelet interaction. Thromb Haemostas 58:358 (abstract)

Diskussion

Frau Hach-Wunderle (Frankfurt):

Wie würden Sie denn die klinische Relevanz dieses Typs einschätzen? Sie haben gesagt, daß Sie im Rahmen der Geburt keine Therapie gegeben haben, aber daß sowohl bei der Patientin als auch bei deren Mutter eine hämorrhagische Diathese, wenn auch mild ausgeprägt, vorliegt. Wie würden Sie sich bei solch einer Patientin verhalten, wenn jetzt eine größere Operation erforderlich wäre, z. B. eine abdominelle Operation? Würden Sie die vorher behandeln, würden Sie das vorher austesten, würden Sie es mit DDAVP mal probieren?

Budde (Hamburg):

Ich würde in jedem Fall DDAVP austesten. Es ist noch sehr wenig bekannt, wie diese Patienten reagieren, und man muß auf jeden Fall darauf achten, daß keine Thrombopenie auftritt. Ansonsten glaube ich, daß man bei der sehr milden hämorrhagischen Diathese nicht gezwungen sein wird, von Willebrand-Faktor-Konzentrat einzusetzen. Wir haben diese Patientin noch nicht behandelt.

Von Willebrand-Faktor-Multimeranalyse mittels vertikaler Agarose-Polyacrylamid-Gelelektrophorese: Methode zur schnellen Analyse einer größeren Probenanzahl

B. PÖTZSCH, G. MÜLLER-BERGHAUS (Gießen)

Der von Willebrand-Faktor (vWF), ein Adhäsivprotein, wird von Endothelzellen und Megakaryozyten synthetisiert [1]. Das hochmolekulare Glykoprotein vermittelt die Adhäsion von Plättchen an freigelegtes Subendothel, indem es gleichermaßen an Rezeptoren der Plättchenoberfläche und der Extrazellulärmatrix binden kann [2]. Im Plasma zirkuliert der vWF in einer Reihe von Multimeren mit einem Molekulargewicht zwischen $0{,}44 \times 10^6$ und 20×10^6 [3]. Diese Multimere werden auf zellulärer Ebene in einem aus mehreren Schritten bestehenden enzymatischen Prozeß gebildet, der mit der Exprimierung eines Prae-Pro-vWF-Moleküls beginnt. Diese Vorläufermoleküle können am C-terminalen Ende miteinander reagieren, so daß ein etwa $0{,}56 \times 10^6$ großer Pro-vWF entsteht. Nach Glykosylierung und Abspaltung eines $0{,}80 \times 16^6$ großen Proteinfragmentes am jeweiligen N-terminalen Ende kann eine unterschiedliche Zahl dieser Pro-vWF-Moleküle über Disulfidbrücken miteinander verknüpft werden [4]. Diese Multimerisation, mit der Vervielfachung der zur Verfügung stehenden Rezeptoren, ist für die biologische Funktion des vWF entscheidend. Nur die höchstmolekularen Formen ermöglichen eine stabile Plättchenformation an verletzten Gefäßwandabschnitten [5]. Die pathogenetische Vielfalt des von Willebrand-Syndroms (vWS) wird dadurch erklärt, daß nicht nur eine verminderte Bildung des vWF, sondern auch eine Störung dieser komplizierten Multimerbildung vorliegen kann [5]. Nur die Analyse der Quartärstruktur des vWF mittels der Multimeranalyse ermöglicht die Unterscheidung zwischen einem rein quantitativen und einem qualitativen Defekt und ist damit neben der Bestimmung der Plasmakonzentration und des Ristocetin Cofaktors die wichtigste Methode zur Diagnostik und Klassifikation des vWS. Die von RUGGERI und ZIMMERMAN 1981 erstmals beschriebene Analysentechnik, in der die Multimere in einer horizontalen Elektrophorese in einem diskontinuierlichen Puffersystem aufgetrennt und anschließend mit radioaktiv markierten Antikörpern detektiert werden, ist inzwischen mehrfach modifiziert worden [3]. Der elektrophoretische Transfer der aufgetrennten Proteine auf eine Nitrocellulosefolie mittels der Western Blot-Technik und der Ersatz der radioaktiv markierten Antikörper durch enzymgekoppelte Antikörpersysteme führten zu einer Vereinfachung der Technik und zu einer Verminderung des Zeitaufwandes von 5–6 Tage auf 2–3 Tage.

Methode

Die in der vorliegenden Arbeit vorgestellte Alternative zur horizontalen Elektrophorese beruht auf der Technik der vertikalen Flachbettelektrophorese. Zum Anfertigen der Gele und zum eigentlichen elektrophoretischen Trennvorgang wird eine Flachbettelektrophoresekammer verwendet. Die Gele werden nicht auf eine Kunststoffträgerfolie aufgegossen, sondern zwischen zwei vertikalen Glasplatten zum Auspolymerisieren gebracht. Das Trenngel besteht aus einer mittelporigen Agarose, die in einer Konzentration von 1,4%, 2% oder 3% in einem 0,375 M Tris-Puffer mit einem pH-Wert von 8,8 und 0,1% Natriumdodecylsulfat (SDS) gelöst wird. Die Konsistenz dieses Gels wird durch Zugabe von 0,8% Polyacrylamid verbessert. Das zum Auftragen und Ankonzentrieren der Proben verwendete Sammelgel hat einen pH-Wert von 6,8 und eine Agarosekonzentration von 0,8%. Ein 4–5 cm langes hochprozentiges Polyacrylamidstoppgel am unteren Rand des Trenngels verhindert dessen Abrutschen während des elektrophoretischen Trennvorganges, der mit 15–20 mA über 4–6 Stunden durchgeführt wird. Als Elektrophoresepuffer findet ein SDS-haltiger Tris/Glycin-Puffer mit einem pH-Wert von 8,35 Verwendung. Gleichzeitig mitlaufende Referenzproteine werden zur Berechnung des Molekulargewichtes herangezogen. Die vWF-Multimeranalyse wird mit Citratplasma, das im Verhältnis 1:10 mit einem 10 mM Tris, 1 mM EDTA-Puffer mit einem pH-Wert von 8,0 verdünnt wird, durchgeführt. Vor dem Auftragen werden die Proben 20 min bei 60°C inkubiert. Es können maximal 20 verschiedene Plasmen in einem elektrophoretischen Lauf analysiert werden.

Ergebnisse

Abbildung 1 zeigt die Multimeranalyse eines Poolplasmas von 20 gesunden Probanden mit einem 1,4% Trenngel. Die elektrophoretische Laufrichtung erfolgt von der Kathode zur Anode, so daß die hochmolekularen Multimere in der oberen Hälfte des Gels zu finden sind, während die nierdermolekulare Dimerbande am Ende des Gels liegt. Die einzelnen Multimere sind deutlich voneinander abzugrenzen und liegen im Vergleich der einzelnen Proben auf gleicher Höhe. Dies ist ein Zeichen für die nur geringe Schwankung des elektrischen Feldes während der Elektrophorese bedingt durch den direkten Kontakt des Gels mit dem Elektrophoresepuffer. Abbildung 2 läßt die Multimeranalyse zweier Patientenplasmen im Vergleich mit Normalplasma erkennen. Während im Fall des Patienten mit einem Typ I vWS alle Multimere erkennbar sind und nur die schwache Anfärbung einen Hinweis auf die verminderte Gesamtkonzentration des vWF gibt, fehlen im Plasma des Typ IIb Patienten (das uns Herr Prof. Dr. H. Niessner, Wien, freundlicherweise überlassen hat) die höhermolekularen vWF-Multimere. Zur Diskriminierung einzelner Subgruppen des vWS ist unter Umständen die Analyse mit einem hochauflösenden 3% Gel notwendig. Die beschriebene Technik ermöglicht bei diesen Gelen die Verminderung der Gelstärke, da die Gefahr der Austrocknung nicht besteht, und erhöht somit die Trennschärfe.

Die dargestellten Beispiele belegen, daß diese Elektrophoresetechnik eine exakte Diagnostik der einzelnen Unterformen des vWS ermöglicht. Darüber hinaus bietet sie gegenüber der horizontalen Elektrophorese den Vorteil eines verminderten Zeitaufwandes von 5–6 Stunden, einer Probenzahl von maximal 20 Proben und im Falle der hochauflösenden Gele eine bessere Trennschärfe. Aus diesen Gründen halten wir die vertikale Elektrophorese für eine sinnvolle Alternative in der vWF-Multimeranalyse, die sich insbesondere für einen Routinelaborbetrieb eignet.

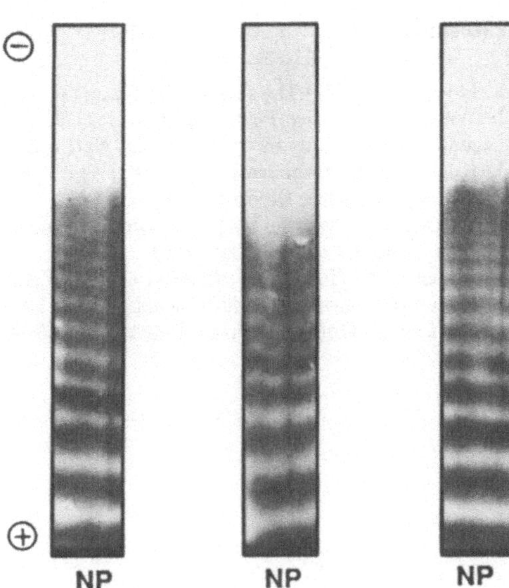

Abb. 1. Von Willebrand-Faktor-Multimeranalyse mittels vertikaler Elektrophoresetechnik unter Verwendung eines 1,4% Agarose-Polyacrylamid-Gels. In dieser Abbildung werden drei Multimeranalysen desselben elektrophoretischen Laufes miteinander verglichen. Als Probenmaterial diente ein Poolplasma von 20 gesunden Probanden in einer Verdünnung von 1:10. Die einzelnen Multimerbanden lassen sich gut voneinander abgrenzen und man erkennt das typische Multimermuster eines normalen von Willebrand-Faktors mit den höhermolekularen Multimeren im Bereich der Kathode. Multimere mit einem kleineren Molekulargewicht wandern aufgrund der höheren elektrophoretischen Beweglichkeit weiter zur Anode

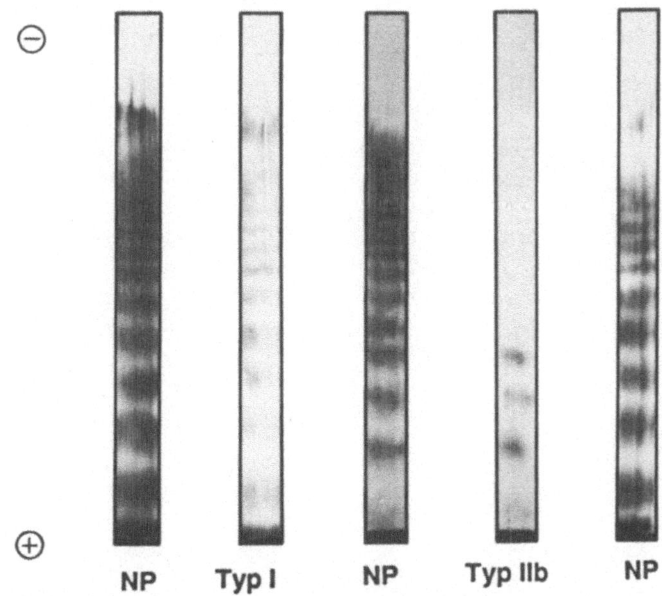

Abb. 2. Von Willebrand-Faktor-Multimeranalyse mittels vertikaler Elektrophoresetechnik. Die Plasmaproben wurden im Verhältnis 1:10 verdünnt, und die Analyse mit einem 2% Agarose-Polyacrylamid-Gel durchgeführt. Im Plasma des Patienten mit einem Typ I von Willebrand-Syndrom sind alle Multimere darstellbar. Ihre geringere Farbintensität ist ein Hinweis auf die verminderte Gesamtkonzentration des von Willebrand-Faktors. Das Multimermuster des Patienten mit einem Typ IIb von Willebrand-Syndrom zeigt ein vollständiges Fehlen der hochmolekularen Banden. NP: Normalplasma

Literatur

1. Hoyer LW (1981) The factor VIII complex. Structure and function. Blood 58:1–13
2. Wagner DD, Urban-Pickering M, Marder VJ (1984) von Willebrand protein binds to extracellular matrices indepently of collagen. Proc Natl Acad Sci USA 81:471–475
3. Ruggeri ZM, Zimmerman TS (1981) The complex multimeric composition of factor VIII/von Willebrand factor. Blood 57:1140–1143
4. Wagner DD, Marder VJ (1983) Biosynthesis of von Willebrand protein by human endothelial cells. J Biol Chem 258:2065–2067
5. Ruggeri ZM (1987) Classification of von Willebrand's disease. In: Verstraete M, Vermylen J, Lijnen HR, Arnout J (eds) Thrombosis and haemostasis 1987. Internat Soc Thromb Haemostas and Leuven University Press, Leuven, pp 419–445

Diskussion

WENZEL (Homburg/Saar):

Sie haben auf die Vorteile der Methode hingewiesen. Der Laboranalytiker, der auch klinisch ausgerichtet ist, will natürlich auch gern wissen, ob nicht nur das Handling besser ist, sondern auch die Effizienz der Methode, ob sie also auch in ihrer Aussagekraft besser ist. Haben Sie dazu schon Ergebnisse, können wir das diskutieren?

PÖTZSCH (Gießen):

Das kann man diskutieren. Vergleicht man diese Methode mit der horizontalen Agarosegelelektrophorese, ist die Aussagekraft sicherlich genausogut, wenn nicht manchmal sogar etwas besser einfach aus dem Grunde, weil die Trennstrecke länger ist. Sie haben in der horizontalen Elektrophorese eine Begrenzung der Trennstrecke auf etwa 8 cm, und in der vertikalen Elektrophorese können Sie die Trennstrecke verlängern. Man kann das im Extremfall auch mit der horizontalen Elektrophorese machen, nur braucht man dann besondere Einrichtungen.

WENZEL (Homburg/Saar):

Sie glauben, daß diese Methode besser zur Differenzialdiagnose der Typisierung geeignet wäre? Kann man das auch schon sagen, oder glauben Sie jetzt nur an die theoretischen Vorteile?

PÖTZSCH (Gießen):

„Besser“ würde ich nicht sagen. Ich würde sagen, sie ist genauso gut. Dadurch, daß sie technisch einfacher ist, kann sie eine Alternative darstellen.

Spätform der Vitamin K-Mangelblutung. Bericht über 57 Fälle

A. H. Sutor, H. Pollmann, R. v. Kries, Ch. Brückmann, H. Jörres, W. Künzer (Freiburg, Münster, Düsseldorf, München)

Die Spätform der Vitamin K-Mangelblutung wird mit zunehmender Häufigkeit diagnostiziert. Berichteten wir 1983 (Sutor u. Mitarb., 1983) über 4 Patienten, so übersehen wir jetzt 57 Säuglinge mit Vitamin K-Mangelblutung jenseits der 1. Lebenswoche (Tabelle 1), wodurch uns die folgende Charakterisierung des Krankheitsbildes ermöglicht wird.

Anamnese

Bei 8 Fällen wurde über Auffälligkeiten während der Schwangerschaft berichtet, zumeist über vorzeitige Wehen, die z.T. mit einer Zerklage behandelt wurden. 8 (14%) [Nr. 1, 13, 25, 39, 41, 50, 53 und 56] Säuglinge wiesen perinatale Risikofaktoren, wie Früh- und Mangelgeburt, traumatische Geburt sowie peripartale Asphyxie auf. Hinweise auf neonatale Risikofaktoren boten 12 (21%) [Nr. 6, 8, 11, 13, 16, 17, 32, 37, 40, 44, 48 und 57] Säuglinge durch einen therapiebedürftigen Icterus prolongatus, 4 Säuglinge durch Gedeihstörungen [Nr. 17, 41, 51 und 57]. Bei 3 Säuglingen deutete ein positiver BM-Test [Nr. 36, 52 und 55] auf eine Mukoviszidose hin, die in 2 Fällen [Nr. 36 und 52] bestätigt wurde; bei einem Kind kam es postpartal zu passageren Bradykardien [Nr. 4, 6 und 44], 2 Säuglinge erhielten Medikamente, die potentiell einen Vitamin K-Mangel hervorrufen können, wie Antibiotika [Nr. 57] und Antikonvulsiva [Nr. 18]. Damit boten 22 (39%) der Patienten (2 hatten mehrere Risikofaktoren) neonatale Risikofaktoren, wodurch sich die Gesamtzahl der Säuglinge mit Risikofaktoren, die eine Vitamin K-Prophylaxe sinnvoll erscheinen ließen (Künzer u. Mitarb. 1983), auf 29 (51%) (davon hatten 3 Kinder mehrere Risikofaktoren) erhöht. Tatsächlich erhielten aber nur 2 Patienten eine Vitamin K-Prophylaxe, einmal oral und einmal parenteral.

51 (91%) Säuglinge waren vollgestillt. Von den restlichen 6 Säuglingen erhielten 3 Humana SL, 2 Aptamil bzw. Präaptamil, 1 Milupa Som.

Die Muttermilch von Müttern von 4 erkrankten Säuglingen wurde auf ihren Vitamin K-Gehalt überprüft und ergab Werte im unteren Normbereich (v. Kries u. Mitarb. 1984).

Vor der Blutungsmanifestation fielen die Säuglinge nur durch unspezifische allgemeine Krankheitszeichen, wie Erbrechen (34%), Durchfall (11%), Trinkschwäche (27%), Unruhe (23%) und Blässe (14%) auf. Bei den Patienten, bei denen später eine ZNS-Blutung diagnostiziert wurde, wurde außerdem über auffällige Schläfrigkeit (13%), Berührungsempfindlichkeit (9%) und klägliches Jammern (14%) berichtet.

Tabelle 1. Einzeldaten von 57 Säuglingen mit der Spätform der Vitamin K-Mangelblutung (+ verstorben; ZNS: Zentrales Nervensystem)

Nr.	m/w	Alter Wochen	Lokalisation	PTT [sec]	PT [%]	Cholostase-Hinweis
1	m	4,1	Haut, ZNS	>120	8	
2	m	4,5	Thorax	66	<10	
3	m	4,1	Punktionsstelle	>120	< 1	
4+	m	3,9	Haut, ZNS	120	< 1	Alpha-1-Antitrypsinmangel
5	w	23,6	Haut	76	8	
6	m	5,9	Zungenband, Darm	99	<10	
7+	w	4,0	ZNS	>120	<10	zentrale Cholostase (Autopsie)
8	w	5,7	Thorax	105	<10	
9	w	3,1	Haut, Darm	>120	3,7	Zytomegalie
10	m	3,4	Schleimhaut, ZNS	>120	< 1	
11+	m	6,0	Nase, ZNS	>120	< 5	
12	w	4,1	Nabel	>120	<10	
13a	m	3,0	Punktionsstelle	>120	<10	Alpha-1-Antitrypsinmangel
b	m	6,0	ZNS	>120	<10	
14	w	1,9	Nabel	>120	<10	Zytomegalie
15	m	3,9	Haut, Nabel	>120	1	Gallengangsatresie
16	m	7,1	Punktionsstelle, ZNS	117	1	Gallengangsatresie
17	w	2,4	Nabel, Darm	>120	4,2	Alpha-1-Antitrypsinmangel
18+	m	4,9	Haut, ZNS	>120	< 1	
19+	w	5,0	ZNS	>120	< 1	zentrale Cholostase (Autopsie)
20	m	4,6	Haut, Schleimhaut	>120	<10	
21	m	1,7	Nabel	>140	4	Alpha-1-Antitrypsinmangel
22+	m	4,6	ZNS, Thorax	>200	<12,5	
23	m	6,4	ZNS	110	9,5	
24+	m	6,6	ZNS	97	17	cholostatische Hepatose (Autopsie)
25	w	2,4	ZNS	>240	< 5	
26	m	5,9	ZNS	>150	<10	
27	m	4,4	ZNS	>160	< 2	Alpha-1-Antitrypsinmangel
28	m	4,0	ZNS	>180	< 1	Alpha-1-Antitrypsinmangel
29	m	3,7	ZNS	>250	< 3	
30	w	3,0	Haut, Scheimhaut	>120	<10	
31	m	1,6	Nabel	147	5,8	Alpha-1-Antitrypsinmangel
32	m	5,0	ZNS	>300	< 3	
33	m	5,6	ZNS	67	< 3	
34	m	9,0	Punktionsstelle, Scheimh.	>250	< 3	
35+	w	5,8	ZNS	>300	< 3	Riesenzellinfiltrate (Autopsie)
36	m	8,0	Schleimhaut, ZNS	125	10	Mukoviszidose
37+	w	3,9	ZNS	170	9	
38+	w	3,0	ZNS	200	3	
39	w	5,3	ZNS	120	8	
40	m	5,0	ZNS	>300	< 9	
41	m	9,7	Haut	>250	< 5	Mukoviszidose
42	w	3,1	Haut	>250	< 5	Alpha-1-Antitryxpsinmangel
43	m	6,3	Schleimhaut	200	2	
44	m	6,7	Haut	200	10	
45+	w	5,7	ZNS	200	10	
46+	w	5,3	ZNS	90	3	
47	m	3,4	ZNS	153	10	
48	w	5,7	Haut, Punktionsstelle	>250	< 5	
49	w	4,1	ZNS	>250	< 5	Alpha-1-Antitrypsinmangel
50+	w	6,3	ZNS	>250	< 5	Siderose der Sternzellen (Autopsie)
51	w	13,0	Schleimhaut		<10	
52	m	5,0	Nase	124	10	Mukoviszidose
53	m	1,1	Darm	>120	< 5	
54	m	4,9	Haut, ZNS, Nabel	>180	< 5	
55	m	4,6	Haut, Schleimhaut	>360	< 3	
56	m	3,6	Punktionsstelle	>210	<10	
57	m	6,9	Darm, Punktionsstelle	>120	7	

36 der 57 Säuglinge waren männlich, woraus sich eine Knabenwendigkeit von 1,6 : 1 ableitet.

Das Alter der Patienten schwankte zwischen 1,1 bis 23,6 Wochen, wobei 80% zwischen 3 und 7 Wochen alt waren. Das Durchschnittsalter betrug 5,2 Wochen.

Auffallend war, daß in der warmen Jahreszeit (April bis September) fast doppelt so viele Säuglinge erkrankten.

Klinik

Der Schweregrad der Blutung geht davon hervor, daß bei mehr als der Hälfte (54%) der Patienten intrakranielle Blutungen auftraten. Die Gesamtmortalität betrug 23%. Ein Drittel der Säuglinge hatte Hautblutungen oder Blutungen aus dem Magen-Darmtrakt. Ein Sechtel der Patienten bot Nasen- oder Nabelblutungen. Zu Nachblutungen aus Punktionsstellen kam es bei 28% der Patienten. Bei 3 Kindern (5%) wurde ein Hämatothorax diagnostiziert. Ein Kind blutete aus einem eingerissenen Zungenbändchen, ein Kind bot ein retroaurikuläres Hämatom.

Die ZNS-Blutung trat zumeist unerwartet auf, da Warnzeichen entweder ganz fehlten oder in Form eines winzigen Hämatoms so unauffällig waren, daß sie als solche erst retrospektiv erkannt wurden. Sechs der Patienten mit ZNS-Blutungen kamen im Koma in die Klinik. Zwei Kinder waren bei der Aufnahme somnolent. Sechs Säuglinge boten zerebrale Krampfanfälle. Bei 13 Patienten war die Fontanelle gespannt, einen Opisthotonus zeigten vier Kinder. Bei zwei Patienten bestand eine Fazialisparese, davon einmal in Kombination mit einer Hemiparese.

Laborbefunde

Gerinnungsstatus

Bei 55 von 57 Säuglingen (96%) lag der Quicktest unter 10%, bei den restlichen 2 Patienten mit 12,5 bzw. 17% ebenfalls deutlich unterhalb der altersentsprechenden Normgrenze (Abb. 1). Die PTT war bei allen Patienten mit Werten von über 65 sec deutlich verlängert, bei 55 Patienten (96%) lag die PTT über 80 sec, bei 51 Patienten (89%) über 100 sec (Abb. 2). Die Aktivität des Prothrombins lag bei allen 21 getesteten Patientenproben unter 10%. Faktor VII wurde bei 20 Säuglingen bestimmt. Der Spiegel lag bei 15 Fällen (75%) unter 10%, vier weitere Werte lagen mit 11, 12,5, 16 und 22% ebenfalls deutlich, ein Wert mit 50% nur geringfügig unterhalb der Normgrenze. Bei 80% der 16 getesteten Patientenproben lag der Faktor IX-Gehalt unter 10%, bei den übrigen 2 bei 28%. Die Aktivität des Faktors X wurde in 15 Fällen bestimmt. Dabei wurden bis auf einen Wert mit 20% nur Werte unter 10% gemessen. Akarboxy-Vorstufen von Prothrombin (PIVKA II) wurden bei allen getesteten Säuglingen nachgewiesen. Das Vitamin K-abhängige Protein C war bei allen 4 getesteten Patientenproben mit Werten unterhalb von 20% deutlich erniedrigt. Die Gerinnungsfaktoren I (Fibrinogen), V und VIII, die nicht Vitamin K-abhängig sind, waren ausnahmslos im Normbereich, z. T. sogar erhöht.

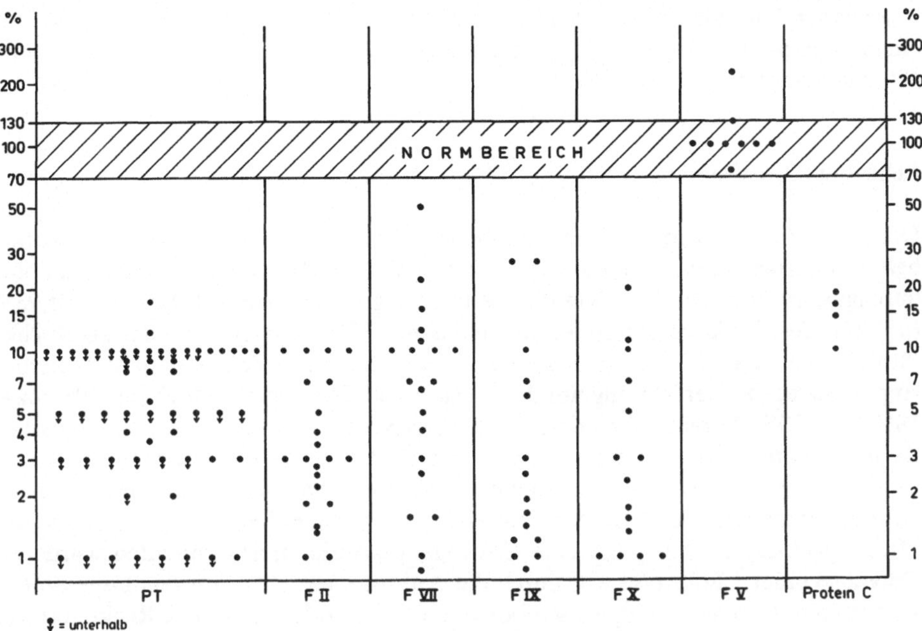

Abb. 1. Spätform der Vitamin K-Mangelblutung (Laborparameter)

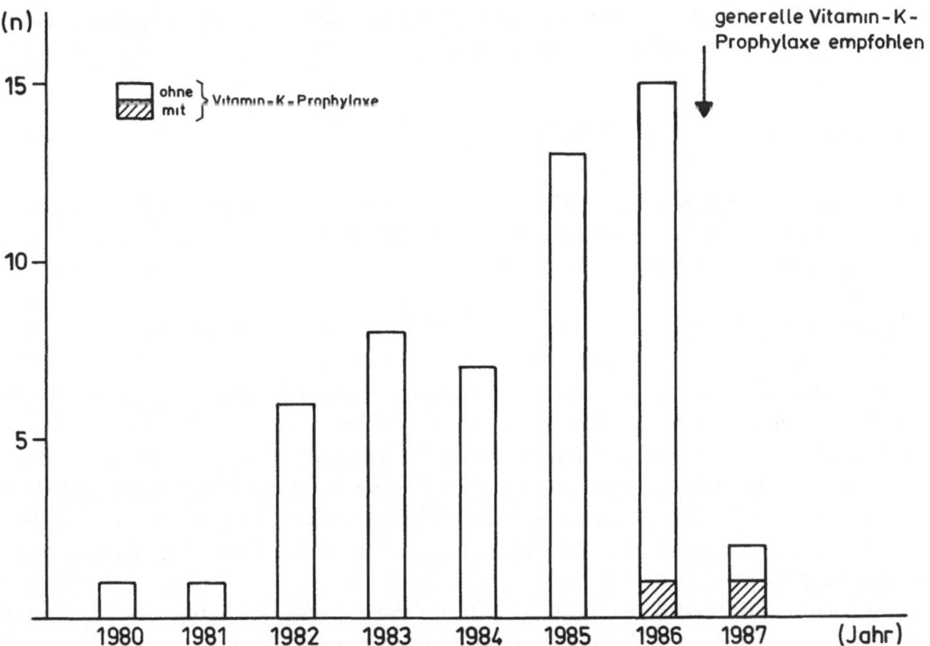

Abb. 2. Auftreten der Spätform von Vitamin K-Mangelkblutungen

Angaben über Plättchenzahlen lagen bei 41 Patienten vor. In keinem Falle wurde ein pathologisch niedriger Wert gefunden, bei 37% lagen erhöhte Werte von mehr als 400000/cmm vor.

Leberfunktionsteste

Die prozentualen Werte von pathologischen Leberfunktionstesten sind mit Vorbehalt zu interpretieren, da diese nur gezielt, und deshalb bei nur wenigen Patienten durchgeführt wurden. So zeigte die Bestimmung des gesamten Bilirubins mit 93% ($n = 22$), des direkt reagierenden Bilirubins mit 77% ($n = 10$) und der alkalischen Phosphatase mit 72% ($n = 13$) einen relativ hohen Anteil von pathologischen Ergebnissen, die Berechnung auf das Gesamtkollektiv ergibt jedoch mit 39% bzw. 18% bzw. 23% bedeutend niedrigere pathologische Befunde. Diese pathologischen Befunde waren fast ausschließlich mit den 22 Patienten mit Hinweisen auf eine Cholostase zu finden. Dabei handelte es sich bei 9 Säuglingen um einen alpha-1-Antitrypsinmangel, bei 2 Kindern um eine Zytomegalie, bei 3 Säuglingen um eine Mukoviszidose und bei 4 um eine Gallengangsatresie. Bei 4 Patienten wurde die Diagnose einer Cholostase erst durch die Autopsie gestellt. Von den insgesamt 22 Patienten mit Cholostasehinweisen boten nur 7 peri- oder postnatale Risikofaktoren [Nr. 13, 16, 17, 39, 41, 49 und 52]. Bei 4 von 22 Kindern mit Hinweisen auf Cholostase wurden keine Leberparameter bestimmt, bei 2 Kindern waren die Leberparameter trotz autoptisch nachgewiesener Cholostase im Normbereich, bei den übrigen 16 Kindern bot die Cholostase laboranalytisch Hinweise durch pathologische Leberfunktionsteste. Bei 6 Kindern machten die labordiagnostischen Befunde das Vorliegen einer Leberfunktionsstörung wahrscheinlich, ohne daß diese durch weitere klinische Befunde bestätigt werden konnte.

Therapie

56 Patienten erhielten Vitamin K, wobei die Applikationsart (oral, i. m., i. v., s. c.) und die Dosis (1–10 mg) erheblich variierten. 28 Patienten erhielten außerdem Blut und Blutderivate, zumeist in Form von PPSB, ein Patient erhielt nur PPSB und Vollblut.

Eine Normalisierungstendenz der pathologischen Gerinnungsteste konnte bereits 20 min nach i. v.-Appikation beobachtet werden (Sutor u. Mitarb. 1986). Nach oraler Vitamin K-Applikation zeigte die Kontrolle nach einer Stunde eine Erhöhung des Quickwertes von unter 10% auf 35%, woraus spätestens zu diesem Zeitpunkt eine ausreichende hämostatische Wirkung abgeleitet werden kann. Nach i. m.-Applikation wurde frühestens nach 4,5 Stunden gemessen, wobei sich eine Normalisierung des Quickwertes und der PTT nachweisen ließ. Nach s. c.-Applikation konnte in 2 Fällen eine Normalisierungstendenz des Gerinnungsstatus beobachtet werden.

Insgesamt läßt sich feststellen, daß die hämostatische Wirkung des Vitamin K nach i. v.-Applikation viel früher, nämlich bereits nach 20 min einsetzt, und daß die Erfahrungen der Erwachsenenmedizin, wonach eine Normalisierungstendenz des Quickwertes frühestens 3–4 Stunden nach Vitamin K (Koller-Test) zu erwarten ist, für die Vitamin K-Mangelblutungen im Säuglingsalter nicht zu übertragen sind.

Verlauf

25 Patienten ohne ZNS-Blutungen hatten einen komplikationslosen Verlauf. Von den 31 Säuglingen mit ZNS-Blutungen verstarben 42%, 24% zeigten Defekt-Syndrome, 16% heilten ohne Residualsymptome aus. Über den Verlauf von 16% liegen keine näheren Angaben vor.

Prophylaxe

Es gibt mehrere Hinweise dafür, daß die Vitamin K-Prophylaxe am 1. Lebenstag auch die Spätform der Vitamin K-Mangelblutung verhindert:

1. Die Spätform kommt nicht vor in Ländern, in denen eine generelle Vitamin K-Prophylaxe empfohlen wird, wie in den USA (Lane u. Hathaway 1985), in der Schweiz (Tönz 1986), und in Schweden (Ekelund 1986).
2. Das Krankheitsbild ist häufig in Ländern ohne generelle Vitamin K-Prophylaxe, wie in Japan (Suzuki 1986). Für Deutschland läßt sich aus unseren Daten von 1983 bis Ende 1986, die viele, aber sicher nicht alle Patienten erfassen, eine Häufigkeit von mindestens 1:50000 mit zunehmender Tendenz ableiten.
3. Als weiterer Beweis für die Wirksamkeit der Vitamin K-Prophylaxe beim Neugeborenen für die Verhinderung der Spätform der Vitamin K-Mangelblutung kann der deutliche Abfall der Krankheitsfälle nach der Empfehlung der allgemeinen Vitamin K-Prophylaxe im Mai 1986 (Freiburger Arbeitstagung über Physiologie und Pathophysiologie des Vitamins K) angesehen werden (Abb. 2). An der klinischen Wirksamkeit der Vitamin K-Prophylaxe besteht nach diesen Daten kein Zweifel, wobei über die Applikationsart, die Dosierung und die Dauer keine Einigung unter den Experten erzielt werden konnte. Wahrscheinlich spielt dabei die Auffüllung des Speichers in der Leber für die Langzeitwirkung der Vitamin K-Prophylaxe eine entscheidende Rolle (McCarthy 1986).

Acknowledgements. Wesentliche Teile der vorliegenden Arbeit wurden von Frau Helene Jörres als Dissertation der Universität Freiburg im Breisgau vorgelegt. Folgenden Kollegen danken wir für die Überlassung von Krankenunterlagen: Arends (Deggendorf), Auerswald (Bremen), Bernsau (Hannover), Bickel (Bremerhaven), Biskup (Neuss), Breu (Dortmund), Dremsek (Wien), Hamann (Hannover), Helwig (Freiburg), Kerstan (Hildesheim), Merz (Aachen), Müller (Speyer), Schenck (Böblingen), Schindera (Karlsruhe), Schmid (Altötting), Schröter (Kiel), Schwenk (Konstanz), Schwarzer (Nürnberg) und Wille (Heidelberg).

Vortrag gehalten bei der 83. Tagung der Deutschen Gesellschaft für Kinderheilkunde, 13.–16. September 1987 in Wolfsburg

Literatur

Ekelund H (1986) Vitamin K-Mangelblutungen in Schweden. In: Sutor AH, Künzer W (Hrsg) Physiologie und Pathophysiologie des Vitamin K. Editiones (Roche), S 181–183

Kries R von, Sutor AH, Pollmann H, Göbel U, Shearer M (1984) Vitamin K-Gehalt der Muttermilch bei gestillten Säuglingen mit bedrohlicher Blutungsneigung infolge Vitamin K-Mangels. Mschr Kinderheilk 132:725

Künzer W, Niederhoff H, Pancochar H, Sutor AH (1983) Das Neugebprene und Vitamin K. Dt med Wschr 108:1623–1624

Lane PA, Hathaway WME (1985) Vitamin K in infancy. J Pediatr 106:351–359

McNinch AW, Orme LER, Tripp JH (1983) Haemorrhagic disease of the newborn returns. Lancet I:1089–1090

Sutor AH, Pancochar H, Niederhoff H, Pollmann H, Hilgenberg F, Palm D, Künzer W (1983) Vitamin K-Mangelblutungen bei vier vollgestillten Säuglingen im Alter von 4–6 Lebenswochen. Dtsch Med Wschr 108:1635–1639

Sutor AH (1986) Spätmanifestation der Vitamin K-Mangelblutung bei vollgestillten Säuglingen. Kinderarzt 9:1246–1250

Suzuki S, Terao T (1986) Vitamin K-Mangelblutung in Japan. In: Sutor AH, Künzer W (Hrsg) Physiologie und Pathophysiologie des Vitamins K. Editiones (Roche), S 169–172

Tönz O (1986) Vitamin K-Mangelblutungen in der Schweiz. In: Sutor AH, Künzer W (Hrsg) Physiologie und Pathophysiologei des Vitamins K. Editiones (Roche), S 175–178.

Diskussion

MÖSSELER (Dillingen):

Haben Sie irgendwelche Vorstellungen zur Ätiologie, gibt es diesen Vitamin K-Mangel schon seit Menschengedenken, oder ist das ein Problem des 19., 20. Jahrhunderts?

SUTOR (Freiburg):

Die niedrigen Vitamin K-Spiegel des Neugeborenen, die unterhalb der Nachweisgrenze beim Erwachsenen liegen, sind sicherlich als Normalwerte für dieses Lebensalter einzustufen. Wir haben uns daher gegen eine routinemäßige Gabe von Vitamin K lange Zeit gewehrt. 999 von 1000 Neugeborenen brauchen auch kein zusätzliches Vitamin K. Wir wissen aber nicht, wer dieser eine Patient ist, dem Vitamin K zugeführt werden muß. Um diesen zu schützen, insbesondere vor fatalen ZNS-Blutungen, verabfolgen wir allen Vitamin K.

MARX (München):

Sie haben da Fälle von Gallengangatresie. Haben Sie bei denen auch per oral einen Effekt gesehen?

SUTOR (Freiburg):

Nein. Bei Resorptionsstörungen ist eine orale Vitamin K-Gabe wahrscheinlich sinnlos.

MARX (München):

Es ist gefährlich, intravenös Konakion zu geben, und zwar nach mehrfacher Beschreibung. Ich glaube, es gab 30 Todesfälle.

SUTOR (Freiburg):

Das ist richtig. In bedrohlichen Situationen muß man das Risiko abwägen.

SCHRAMM (München):

Anschließend an den Einwand von Prof. Marx mit der Gefährlichkeit der i.v.-Applikation bei der Hirnblutung frage ich mich, warum Sie kein PPSB geben. Das wirkt rascher.

SUTOR (Freiburg):

Die 57 Patienten, die verstorben sind, haben alle zusätzlich PPSB bekommen.

WANK (Wien):

Wie hoch ist die Plazentaschranke für das Vitamin K? Wäre es nicht vorstellbar, daß die Mutter Vitamin K bekommt?

SUTOR (Freiburg):

Die Plazentaschranke ist hoch. Müttern, die Anticonvulsiva nehmen müssen, muß man ungefähr 20 bis 30 Milligramm täglich geben, um einen gewissen Schutz für den Säugling zu haben.

Immunologische Veränderungen nach Milzteilresektion

U. Specht, H. Mau, S. Jahn, K. Neuhaus, K. Haensel, H.-D. Volk, S. Kiessig, R. Grunow, W.-R. Cario (Berlin/DDR)

Die Entfernung der Milz ist prinzipiell mit dem Leben vereinbar. Die Patienten sind jedoch lebenslang mit einer erhöhten Infektionsmorbidität belastet, da der Verlust der milzspezifischen immunologischen Funktion (Tabelle 1) durch das übrige RHS nur partiell kompensiert werden kann. Durch zahlreiche Untersuchungen sind die Veränderungen im Immunstatus nach Splenektomie belegt: Serumimmunglobuline [1, 4, 8], Fibronectinspiegel [9], Veränderungen in der Lymphozytensubpopulation [4, 10], in-vitro-Stimulierbarkeit der Lymphozyten durch Mitogene [3, 11]. Die Uneinheitlichkeit, teilweise widersprüchlichen Ergebnisse dieser Untersuchungen betonen den Einfluß der zur Splenektomie führenden Grunderkrankung und der Zeitspanne zwischen Operation und Erhebung des Immunstatus. Das Risiko für infektiös-septische Komplikationen nach Splenektomie ist bei Kleinkindern am größten. Fatale Ausgänge einer postoperativen Pneumokokkensepsis sind in dieser Altersgruppe häufiger anzutreffen als im Schulkind- bzw. Adoleszentenalter. Diese bekannte Tatsache wird durch eigene Beobachtungen einer „overwhelming post-splenectomy infection" (OPSI) bei zwei Kleinkindern mit portaler Hypertension unterstützt. Nach derzeitigem Kenntnisstand bietet allein die orthotope Präservation von Milzgewebe einen sicheren Schutz vor septischen Pneumokokkeninfektionen [3].

In der vorliegenden Arbeit wird der Einfluß einer partiellen Splenektomie (MTR) bzw. Milzübernährung auf den Verlauf der Grunderkrankung und den Immunstatus der Kinder untersucht.

Tabelle 1. Milzfunktionen

Regulation zellulär vermittelter und humoraler Immunreaktionen
- Produktions- und Rezirkulationsort für T-, B-Lymphozyten und Plasmazellen
- Determinierung der Lymphozyten-Subpopulationen nach Antigen-Kontakt
- Beteiligung an der primären IgM- und sekundären IgG-Antikörper-Produktion
- Produktion von Opsoninen und Tuftsin
- Hauptbildungsort für Immunglobuline der M-Klasse
- Splenopentinbildung

Clearence-Funktionen
- Clearence partikulärer Antigene
- Clearence pathologischer Zellen aus dem Blutstrom

Hämatologische Funktionen
- Beteiligung an der Erythropoese in der Fetalperiode
- Sequestration und Destruktion von Gerontozyten
- Speicherorgan für Thrombozyten

Patienten und Methoden

An der Kinderchirurgischen Abteilung der Chirurgischen Klinik der Charité wurden von 1982 bis Oktober 1987 an 29 Kindern im Alter von 3 bis 16 Jahre Milzteilresektionen (MTR) ausgeführt. Die Indikationen zu diesem Eingriff sind aus Tabelle 2 ersichtlich. Die Kontrollgruppen bestehen aus 14 gesunden Kindern (Alter: 2 bis 10 Jahre) und 15 Splenektomierten (SE), die zum Zeitpunkt der immunologischen Untersuchungen ein durchschnittliches Alter von 13,4 Jahren (6 bis 18 Jahre) aufwiesen, wobei die Milzentfernung im Durchschnitt 6,4 Jahre (1 bis 14 Jahre) zurücklag. Für die Charakterisierung der postoperativen immunologischen Situation der Patienten dienten folgende Parameter:

1. Serum-Immunoglobulinspiegel (IgA, IgG, IgM)
2. Human-Immunglobulinsynthese (G, M) in vitro vor und nach Stimulation mit Pokeweed-Mitogen
3. Lymphozytensubpopulationen

Tabelle 2. Indikationen zur Milzteilresektion in der Kinderchirurgischen Abteilung der Charité von 1982–1987

Indikation	*n*	Nachbeobachtungszeitraum
Hypersplenie-Syndrom		
portale Hypertension	9	1 Jahr bis 4,5 Jahre
M. Gaucher	2	1,5 Jahre bis 5 Jahre
idiopathisch	1	4,5 Jahre
Chronische ITP	5	2 Monate bis 3,5 Jahre
Hämolytische Anämie	3	1,5 Jahre bis 4,5 Jahre
Trauma	4	1 Jahr bis 3,5 Jahre
M. Hodgkin (Staging)	3	2 Monate bis 1 Jahr
Milzzyste	1	1,5 Jahre
Milzinfarkt	1	3 Jahre

Lymphozytenpräparation und Zellkultivierung

Heparinisiertes Venenblut wurde durch Gradientenzentrifugation separiert und die darin enthaltenen mononukleären Zellen (MNZ) in Kultur gebracht. Nach 8tägiger Zellkultur wurde die Konzentration von Human-IgG und IgM im Überstand mittels Enzymimmunoassay bestimmt. Die Stimulation der Ig-Synthese erfolgte durch Pokeweed-Mitogen. Die Resultate wurden als Nettoproduktion ($Ig_{PWM}-Ig_{Kontrolle}$) in µg/ml angegeben.

Immunfluoreszenz

Sie diente der Darstellung der prozentualen Verteilung der Lymphozytensubpopulationen im peripheren Blut unter Verwendung von monoklonalen Maus-Antikörpern

(Prof. KNAPP, Wien): VIT-3 (Pan T-Zell-Ak), ViD-1 (Antikörper gegen monomorphe HLA-Klasse-II-Antigenstrukturen), ViB-C5 (gegen B-Lymphozyten), ViT-4 (gegen T-Helfer-Zellen), ViT-8 (gegen T-Suppressor-Zellen). Die Auswertung erfolgte mit einem Jenalumar-Fluoreszenzmikroskop durch Auszählen von je 100 pro Ansatz. Zur Bestimmung des Anteils HLA-DR^{+}-T-Lymphozyten erfolgte neben separater auch die Kokultivierung von Zellen mit ViT-3 und ViD-1 in einem zusätzlichen Ansatz [5, 6].

Ergebnisse

Serum-Immunglobuline

Unabhängig von Grunderkrankung und Alter der Patienten zum Zeitpunkt der Operation führt die MTR in keinem Fall zu signifikanten Veränderungen der Serum-Immunglobulinspiegel (Tabelle 3). Alle Ig-Fraktionen lassen jedoch trendmäßig in der postoperativen Periode einen diskreten Anstieg der Mittelwerte erkennen.

Demgegenüber wurden für die 15 splenektomierten Kinder folgende Ig-Spiegel im peripheren Blut bestimmt:
IgA = 3,10 ± 1,64 g/l
IgG = 17,33 ± 3,94 g/l
IgM = 0,93 ± 0,51 g/l

Im Vergleich der Ig-Spiegel beider Patientengruppen (MTR und SE) fiel auch hier bei deutlich differenten Mittelwerten die Signifikanzprüfung negativ aus.

Tabelle 3. Vergleich prä- und postoperativer Serum-Immunglobulinspiegel nach Milzteilresektion ($\bar{x} \pm s$) [g/l]

Indikation	*n*	Präoperativ			3–6 Monate post OP		
		IgA	IgG	IgM	IgA	IgG	IgM
Hypersplenie-Syndrom	11	1,60 ±0,65	11,90 ±2,66	1,84 ±1,34	2,35 ±1,27	14,35 ±2,18	1,92 ±0,66
Chronische ITP	4	1,71 ±0,55	8,15 ±0,88	2,22 ±0,72	1,76 ±0,68	14,79 ±4,92	2,47 ±0,80
Hämolytische Anämie	3	3,91 ±1,55	12,67 ±5,05	1,25 ±0,55	4,80 ±3,23	17,50 ±7,71	2,26 ±1,02
Trauma	3				1,68 ±0,54	9,01 ±1,99	1,37 ±0,56
Milzzyste	1	5,60	14,00	1,50	3,95	21,40	1,86
	22	2,23 ±1,43	12,20 ±4,26	1,80 ±1,15	2,60 ±1,73	14,44 ±4,41	1,96 ±0,73

Human-Immunglobulinsynthese in vitro

Bei der PWM-Stimulierung von Lymphozyten aus dem peripheren Blut ist die IgG- bzw. IgM-Menge im Kulturüberstand ein Maß für die unter Einfluß der T-Zellen erfolgte Differenzierung der B-Lymphozyten auf eine polyklonale Stimulation. Unmittelbar nach MTR konnte weder eine IgG- noch eine IgM-Synthese induziert werden. Die Wiederaufnahme der Ig-Syntheseleistung verläuft individuell unterschiedlich, ist für den einzelnen Patienten zeitlich nicht prognostizierbar und beginnt in der Regel mit der Restauration der IgM-Synthese.

Die in Tabelle 4 dargestellten Ergebnisse der Nettoproduktion von Human-Ig nach PWM-Stimulation widerspiegeln den Einfluß der beiden operativen Verfahren MTR/SE auf die Human-Ig-Synthese bei Kindern mit portaler Hypertension (PH). Die Milzteilresektion lag bei diesen Kindern mehr als 6 Monate, die Splenektomie 6 bis 10 Jahre zurück.

Tabelle 4. Human-Immunglobulin-Synthese in vitro nach PWM-Stimulation bei Kindern mit portaler Hypertension (PH) vor OP, nach Milzteilresektion (MTR) und Splenektomie (SE) (Angabe der Nettoproduktion in $\bar{x} \pm$ SEM, [μg/l])

	n	IgG	IgM	Non-response	
				IgG	IgM
Gesunde	14	1,46 ± 0,20	2,15 ± 0,30	0/14	0/14
PH ohne OP	8	1,38 ± 0,33	1,11 ± 0,40	0/8	0/8
PH nach MTR	9	0,42 ± 0,24	1,10 ± 0,52	6/9	4/9
PH nach SE	9	0,50 ± 0,24	0,66 ± 0,15	4/9	0/9

Im Vergleich der Nettoproduktion von Human-IgG nach MTR bzw. SE, ohne Berücksichtigung der verschiedenen Grunderkrankungen, konnte in Langzeituntersuchungen kein statistisch signifikanter Unterschied zwischen beiden Vergleichsgruppen ermittelt werden. Allerdings muß festgestellt werden, daß:

1. die IgG-Synthese häufiger (19/37) gestört ist als die von IgM (9/37)
2. die Rekonstitution innerhalb von 6 Monaten bis 3 Jahren bei Patienten nach MTR in 15 von 21 Fällen auftrat, während lediglich bei 6 von 15 splenektomierten Patienten eine Wiederaufnahme der IgG-Synthese zu verzeichnen war
3. nach Milzteilresektion in jedem Fall ein starker Anstieg der HLA-DR$^+$-T-Zellen (aktivierte Lymphozyten) zu beobachten war.

Möglicherweise besteht ein Zusammenhang zwischen der in-vivo-Aktivierung von T-Lymphozyten (HLA-DR$^+$-T-Lymphozyten) und der verringerten Ig-Synthese nach PWM-Stimulation in vitro (Korrelationskoeffizient nach Spearman $r = -0{,}839$, $p < 0{,}01$). Abbildung 1 reflektiert den möglichen Zusammenhang und veranschaulicht ebenso die individuellen Varianzen in der Restitution der IgG-Synthese in vitro nach MTR.

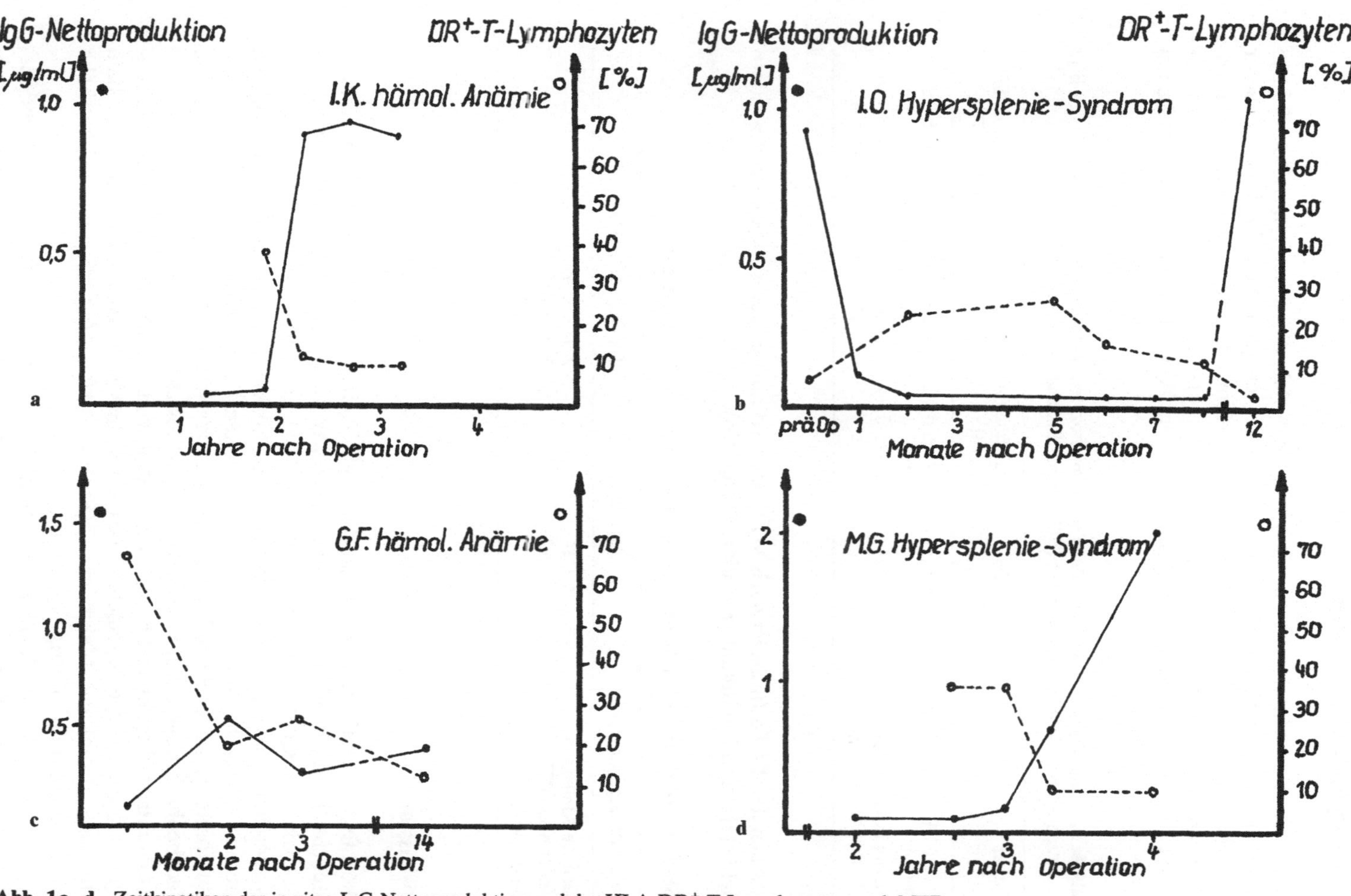

Abb. 1a–d. Zeitkinetiken der in vitro IgG-Nettoproduktion und der HLA-DR⁺-T-Lymphozyten nach MTR

Lymphozytensubpopulationen

Nach Milzteilresektion tritt ein signifikanter Abfall der absoluten T-Zell-Zahl je Volumeneinheit Blut auf, während sich Patienten nach Splenektomie in dieser Hinsicht nicht von der Kontrollgruppe unterscheiden (Tabelle 5). Keine signifikanten Unterschiede traten in den verschiedenen Patientengruppen hinsichtlich des prozentualen Anteils von T- und B-Lymphozyten an der Population mononukleärer Zellen auf.

Tabelle 5. Unterschiede in der Verteilung der Lymphozyten-Subpopulationen im peripheren Blut bei Patienten mit portaler Hypertension (PH) ohne OP, nach MTR, nach SE

Marker	Gesunde [n = 19]	PH ohne OP [n = 4]	PH nach MTR [n = 6]	PH nach SE [n = 7]
T3 (GPT/l)	1,07 ± 0,17	0,70 ± 0,18	0,59 ± 0,23	1,08 ± 0,34
T3 (%)	38 ± 3	45 ± 6	37 ± 9	37 ± 5
B-Lymphozyten (GPT/l)	0,50 ± 0,12	0,19 ± 0,08	0,40 ± 0,17	1,80 ± 0,60
B-Lymphozyten (%)	14 ± 3	21 ± 4	16 ± 3	18 ± 4

Auch der T4/T8-Index ist nach MTR oder SE im Vergleich zu gesunden Kindern nicht statistisch signifikant verändert (Tabelle 6).

Tabelle 6. T4/T8-Index bei Kindern nach Splenektomie oder Milzteilresektion

Untersuchungsgruppe	Anzahl	T4/T8 ($\bar{x}$ ± SEM)
Gesunde Kinder	14	2,38 ± 0,59
Kinder nach MTR	12	2,30 ± 0,30
Kinder nach SE	9	1,94 ± 0,10

Diskussion

Die infektiös-septischen Komplikationsmöglichkeiten nach Splenektomie im Kindesalter sind hinreichend bekannt und allgemein anerkannt [3]. Folgerichtig geraten die sogenannt klassischen Indikationen zur Milzentfernung im Kindesalter in den wissenschaftlichen Meinungsstreit zugunsten milzkonservierender Eingriffe. Bei den von uns durchgeführten 28 milzpräservierenden Eingriffen war in jedem Fall eine dauerhafte positive Beeinflussung der Grunderkrankung (bei einem maximalen Nachbeobachtungszeitraum von fünf Jahren) festzustellen.

Garantiert aber die orthotope Präservation von Milzgewebe a priori die vollständige immunologische Kompetenz des kindlichen Organismus und macht deshalb adjuvante protektive Maßnahmen (Pneumokokken-Vakzinierung, antibiotische Dauertherapie) überflüssig?

Es existieren bislang keine klinischen Kriterien, laborchemische oder Funktionsparameter, welche die postoperativen Milzfunktionen in ihrer Komplexität erfassen und das individuelle Sepsis-Risiko relativieren! Aus dem Nachweis von Partialfunktionen der Milz, z. B. Reduktion des Serum-IgM-Spiegels und erniedrigte Serum-Fibronectin-Gehalt [9], auf die individuelle Sepsis-Gefährdung des Patienten zu schließen, erscheint fragwürdig.

Die Beschreibung der postoperativen Phagozytoseleistung des Milzgewebes (Nachweis vakuolisierter Erythrozyten im peripheren Blut, dynamische Milzszintigraphie) dürfte sicherlich mit der Bakterien-Clearence im Falle einer Bakteriämie korrelieren. Tierexperimentelle Versuchsanordnungen, welche den positiven Einfluß unterschiedlicher Residualmengen von Milzgewebe auf die Bakterien-Clearence-Leistung nach Injektion dosierter Pneumokokkenmengen demonstrieren [2, 7], unterstreichen die klinische Bedeutung von Phagozytosetests für die postoperative Einschätzung der Milzfunktion. Jedoch ist der Nachweis einer suffizienten Phagozytoseleistung keine Garantie für die Vermeidung septischer Komplikationen [3].

Ziel unserer Untersuchungen war es, markante Veränderungen im Immunstatus milzteilresezierter Kinder auszuschließen bzw. Unterschiede in der immunologischen Kompetenz in beiden Vergleichsgruppen (MTR/SE) nachzuweisen. Abwehrmechanismen gegen Pneumokokken sind wesentlich von einer intakten humoralen Immunantwort abhängig (DI PADOVA et al. [3]). Die in-vitro-Stimulation von Lymphozyten mit PWM gilt als Standardversuch, um die funktionelle Immunglobulin-Sekretion von B-Zellen im peripheren Blut zu testen. Damit bot sich die Möglichkeit, mit den von uns vorgenommenen Untersuchungen zum Immunstatus, immunologische Aspekte der Milzfunktion nach Milzteilresektion weiter zu charakterisieren.

Nach MTR trat bei jedem Patienten eine Suppression der Human-Ig-Synthese auf. Gleichzeitig beobachteten wir einen starken Anstieg des Anteils HLA-DR$^+$-T-Lymphozyten (29 ± 6%) gegenüber 12 ± 3% bei splenektomierten Kindern. In der Mehrzahl der Fälle erfolgte eine Restitution der durch PWM induzierbaren IgG-Synthese innerhalb von 12 bis 18 Monaten nach MTR, während bei Splenektomierten in einem höheren Prozentsatz auch noch nach Jahren eine PWM induzierte IgG-Synthese nicht nachzuweisen war. Sowohl die vollständige als auch die teilweise Organentnahme führen damit zu Störungen in der Ig-Produktion in vitro.

Zur Bestimmung des funktionellen Stellenwerts dieser Veränderungen: Passagere Immundefizienz des kindlichen Organismus nach Milzteilresektion oder Ausdruck der immunologischen Reaktion auf proliferierendes Milzgewebe? – sind weitere Untersuchungen in Vorbereitung.

Literatur

1. Blaszczyk N, Meier zu Eissen P, Müller GM (1975) Das Verhalten der Immunglobuline nach Exstirpation von traumatisch bedingten Milzrupturen. Dtsch Gesundheitswesen 30:2039–2040
2. Cooney DR, Dearth JC, Swanson SE, Dewanjee MK, Telander RL (1979) Relative merits of partial splenectomy, splenic reimplantation and immunization in preventing postsplenectomy infection. Surgery 86:561–569
3. Düring M, Harder F (1985) Die Splenektomie und ihre Alternativen. Neue klinische und experimentelle Befunde. Aktuelle Probleme in Chirurgie und Orthopädie, Band 30. Huber, Bern
4. Eibl M (1985) Immunological consequences of splenectomy. Progr Ped Surg 18:139–145
5. Jahn S, Kiessig S, Lukowsky A, Volk HD, Porstmann T, Grunow R, von Baehr R (1986) Pokeweed mitogen induced synthesis of human IgG and IgM in vitro. Biomed Biochem Acta 45:467–476

6. Jahn S, Specht U, Neuhaus K, Haensel K, Klemp E, Volk HD, Kiessig S, Grunow R, Mau H (1987) Unterschiede im Immunstatus bei Kindern nach Splenektomie bzw. Milzteilresektion. Z Klin Med 42:1137–1140
7. Malangoni MA, Dawes LG, Droege EA, Rao SA, Collier BD, Almagro UA (1985) Splenic phagocytic function after partial splenectomy and splenic autotransplantation. Arch Surg 120:275–278
8. Schneck HJ, von Hundelshausen B, Tempel G, Oberdorfer A, Rastetter J (1984) Verhalten der Immunglobuline nach traumatologisch indizierter Splenektomie. Fortschr Med 102:263–268
9. Seifert J, Brieler S, Reese F, Hammelmann H (1986) Infektionsrisiko nach Splenektomie. Langenbecks Arch Chir 369:269–272
10. Sieber G, Breyer HG, Herrmann F, Rühl H (1984) Störungen der B-Zellaktivierung bei splenektomierten Patienten. Langenbecks Arch Chir 363:93–101
11. Tauris P, Nielsen JL (1983) Irradiated autologous T-cells restore the in vitro responsiveness of PWM-activated peripheral blood lymphocytes from splenectomized individuals. Acta Path Microbiol Immunol Scan Sect C 91:257–261